U0176547

航天科工出版基金资助出版

元器件简明要求和应用指南

翁荣泉　主编

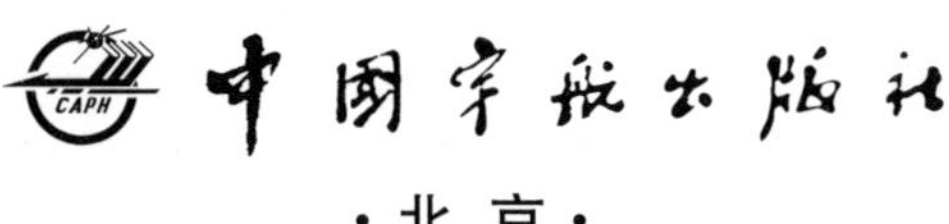

·北京·

图书在版编目（CIP）数据

元器件简明要求和应用指南 / 翁荣泉主编. -- 北京：中国宇航出版社，2022.12

ISBN 978-7-5159-2110-5

Ⅰ.①元… Ⅱ.①翁… Ⅲ.①元器件－指南 Ⅳ.①TB4-62

中国版本图书馆 CIP 数据核字(2022)第 162700 号

责任编辑　舒承东　　　**封面设计**　宇星文化

出版 发行　中国宇航出版社

社　址　北京市阜成路 8 号　邮　编　100830
(010)68768548

网　址　www.caphbook.com

经　销　新华书店

发行部　(010)68767386　(010)68371900
(010)68767382　(010)88100613（传真）

零售店　读者服务部　(010)68371105

承　印　北京中科印刷有限公司

版　次　2022 年 12 月第 1 版
2022 年 12 月第 1 次印刷

规　格　787×1092

开　本　1/16

印　张　20

字　数　487 千字

书　号　ISBN 978-7-5159-2110-5

定　价　188.00 元

《元器件简明要求和应用指南》
编 委 会

主　编　翁荣泉

编　写　罗俊杰　张　洁　申永青　赵润海

王文明　朱丽娜　刘春宇　曹秋立

审　校　姚志方　张　东

序

元器件是电子仪器设备的最基本组成部分，是航天复杂巨系统中的“神经元”，其性能对系统的可靠运行至关重要。元器件的种类繁多、参数庞杂、原理各异，它的设计、制造、测试、试验、选型、验收、筛选、安装及整机直至系统试验等各个环节都需要深入的理论研究和细致的规范要求，在实际操作层面也有许多值得探究的关键质量控制点。因此，把元器件学深、吃透、控住、用好在航天系统工程中具有非常重要的基础性、战路性意义。

中国航天事业历经六十多年的砥砺奋进，取得了举世瞩目的辉煌成就，元器件领域亦是成果丰硕、人才辈出。本书的作者翁荣泉老先生就是航天元器件领域老专家的杰出代表。翁老六十年代初毕业于成都电讯工程学院（今电子科技大学），在航天元器件战线深耕近六十载，是中国航天科工集团有限公司元器件专家组资深专家，八十多岁高龄仍然担当技术顾问并指导型号元器件工作。

翁老对元器件设计、生产、试验等环节的关键质量控制有着极为深入的研究，主持开展了大量的元器件技术分析工作，解决了一系列电子仪器设备难题。作为航天老一辈的元器件专家，翁老桃李满天下，学生遍及航天各个领域，且笔耕不辍，将多年来积累的元器件知识和技术经验做了凝炼，形成此书手稿。该手稿由北京航天新立科技有限公司和航天科工防御技术研究试验中心联合组织编校，对百余种元器件进行了详细的介绍，内容丰富，实用性强，既可作为设计和工艺人员的工作手册，也可作为新入职员工的教学用书。

谨向编撰本书的专家和工作人员的辛勤劳动表示衷心的感谢。

郭祥德

北京航天新立科技有限公司

前　言

当前，面对百年未有之大变局的加速演进，国防建设的高性能、高度信息化、网络化和智能化的武器装备，对于元器件的高性能、高可靠性的需求更加迫切。

元器件分类、标准体系、质量认证体系、质量技术体系、试验技术、分析技术、应用验证和评价技术等，涉及广泛的学科门类，贯通所述的知识需要经过常年多岗位的学习、工作实践与总结。

随着元器件制造技术的迅速发展，元器件种类越来越多，功能越来越复杂，应用范围也越来越广泛。因此，使用者对元器件的某些应用特点和有关注意事项常常缺乏经验和认识，所以元器件的使用问题已经成为影响元器件可靠性和设备可靠性的首要问题。

在此情况下，北京航天新立科技有限公司、航天科工防御技术研究试验中心共同组织编写了《元器件简明要求和应用指南》（以下简称《指南》），旨在提高从事元器件的工作相关人员对元器件的选择和应用水平，尽可能避免由于不正确选择和应用导致元器件的质量与可靠性的降低。

本《指南》包括：主要种类元器件及其用途、主要元器件性能参数及其含义、元器件质量保证标准及质量等级、元器件监制和验收、可靠性试验及可靠性设计、静电和辐射损伤及其防护、部分元器件应用注意事项、失效分析及失效机理和制造工艺共九个部分，以及附表。

本《指南》几乎不涉及深奥的数理知识，紧密结合应用中的实际问题，深入浅出、通俗易懂、简明扼要地叙述了与元器件有关的一般要求及应用的基本知识。本《指南》具有较强的实用性、可操作性并兼具手册特点，可供从事元器件的质量控制、管理、验收、测试和工程技术等人员查阅和参考。本《指南》也可作为元器件的基本知识培训教材。

本《指南》在编写过程中得到了北京航天新立科技有限公司、航天科工防御技术研究试验中心领导和编者家人的大力支持与帮助，在此致以衷心的感谢。

由于编者水平有限，书中错误、疏漏和不妥之处在所难免，请读者批评指正。

编　者

2022 年 10 月于北京

作者简介

翁荣泉，1938年生，福建省福州市人，1965年毕业于成都电讯工程学院半导体专业，获工学学士学位，高级工程师。航天科工集团某院元器件专家组成员，北京航天新立科技有限公司元器件技术顾问。长期从事半导体器件制造工艺以及重点型号系列元器件的筛选、检测和验收等工作。曾荣获航天科工集团某院先进工作者、质量部型号突出贡献奖等。负责和参与了航天科工集团某院元器件优选目录、多项元器件技术标准的编写。研究元器件应用课题十余项，在军用元器件质量保证、失效分析、制造工艺、下厂验收等方面取得了多项研究成果。

目　录

第一部分　主要种类元器件及其用途

1　元器件（3E 元器件）

GJB4027—2000《军用电子元器件破坏物理分析方法》将元器件定义为：在电子线路或电子设备中执行电气、电子、电磁、机电和光电功能的基本单元。该基本单元可由一个或多个零件组成，通常不破坏是不能将其分解的。

现参照我国 2000 年版军用电子元器件合格目录（QPL），列出部分元器件涵盖的主要种类如下：

a）电气元件：电阻器和电位器、电容器、线圈和变压器、电线和电缆、光纤和光缆、熔断器等；

b）电子器件：半导体分立器件（微波二极管和微波晶体管、整流二极管、开关二极管、电压调整二极管、双极型晶体管、晶闸管和场效应晶体管等），微电路（数字集成电路、模拟集成电路、接口集成电路、微型计算机与存储器集成电路、混合集成电路和微波集成电路等），电子模块，电子真空器件（空间电荷控制电子管、微波电子管、阴极射线电子管、真空光电子器件、等离子和荧光及辉光显示器、离子器件等），光电子器件（发光二极管、光敏二极管、光敏三极管、光电耦合器、红外探测器、固体激光器和气体激光器等），纤维光学器件和声表面波器件等；

c）机电元件：断路器、开关、电连接器、继电器和微特电机等；

d）其他元件：石英晶体元件、霍尔元件、波导和同轴元件、电池和磁性元件等。

2　标准元器件

航天工业标准 QJ3057—98《航天用电气、电子和机电（EEE）元器件保证要求》对标准元器件的定义为：凡是按国家军用标准或军工部门认可的其他标准组织生产的元器件，为标准元器件。在一般情况下符合上述定义的标准元器件比非标准的元器件质量更有保证。

3 关键元器件

关键元器件是指含有关键特性的元器件。参照航天工业标准 QJ2671—94《进口电子元器件质量管理要求》，提出了确定关键元器件的准则，凡符合以下情况之一者，都属于关键元器件：

a）影响军工产品任务成败和危及人身安全的；

b）严重影响整机可靠性的；

c）寿命较短的。

4 元器件系列型谱

元器件系列型谱是指：从标准化、系列化、通用化的要求出发，根据需求和对国内外同类产品的现状和发展前景的分析和预测，除对元器件性能参数按一定数列做出合理安排和规划外，还对元器件结构参数进行规定或统一，并以简明图表把基型产品和变型产品的关系以及系列品种发展的总趋势反映出来的一种特殊形式的标准。

元器件系列型谱更加突出重点、博中选新、新中选精，具有需求的明确性、性能的先进性、应用的广泛性、投入的经济性、品种的代表性、系列的扩展性和型谱的完整性等。

5 标准化

为在一定范围内获得最佳秩序，对实现问题或潜在问题制定共同使用和重复使用的条款的活动。

标准化的目的是为在一定范围内获得最佳秩序；标准化的对象是实现问题或潜在问题；标准化是制定共同使用和重复使用的条款的活动。

标准化是标准的制（修）定、标准的实施和标准的监督这三方面活动的总和。

6 通用化

它是指在互相独立的系统中，最大限度地扩大具有功能互换和尺寸互换的功能单元使用范围的一种标准形式。换句话说，通用化是选定或研制具有互换性特征的通用单元，并将其用于新研制的某些系统，以满足这些系统需求的一种标准化形式。

7 系统化

它是指根据同一类产品的发展规律和使用需求，将其性能参数按一定数列做合理安排和规划，并且对其形式和结构进行规定或统一，从而有目的地指导同类产品发展的一种标准化形式。

8 模块化

它是指在对一定范围内的不同产品进行功能分析和分解的基础上，划分并设计、生产出一系列通用模块或标准模块。然后，从这些模块中选取相应模块并补充新设计的专用模块和零部件一起进行相应的结合，以构成满足各种不同需要的产品的一种标准化形式。

模块分为通用模块、标准模块、专用模块和特别模块四种。

9 无源元件（元件）

一种主要对电路的电压和电流无交换、且无控制作用的元件。它是一种主要对电路提供电阻、电容或电感的功能，或以上这些功能组合的元件，如电阻器、电容器、电感器、石英和陶瓷滤波器、石英和陶瓷谐振器、互连导电带等。

10 有源元件（器件）

一种主要对电路提供整流、开关和放大功能的（电路）元件，如二极管、双极型晶体管、晶闸管、场效应管、电子真空器件、集成电路和光电器件等。

此外，元件和器件不能绝对化，有些器件也可提供可变电阻或可变电容功能，有些元件也可能提供开关功能。

11 分立元器件

它是指在结构上独立的单个，并能单独完成电路中某种功能的元器件，如电阻器、电容器、电感器、二极管、双极型晶体管、晶闸管、场效应管、光电（光敏）二极管、光电（光敏）三极管、微波二极管、微波双极型三极管、微波场效应晶体管和霍尔元件等。

12 有源结

指电路器件正常工作时，传导电流的任何一个 PN 结、PIN 结或肖特基势垒结，如发射结、集电结等。

13 有源电路区

它是包括功能电路器件、工作金属化层及其相连的集合（除梁式引线外）的全部区域。

梁式引线：集成电路中的一种引线形式，金属的多层结构在电路表面制作成梁式结构。

梁式结构：其一端固定在芯片上，另一端可与别的材料相连，形成电连接和（或）机械支撑。

14 电子真空器件

它是一种利用空间电场控制电流（栅极电压控制阳极电流）的电子真空器件。其基本结构是在一个抽真空的玻璃外壳内装有能够发射电子的阴极和收集电子的阳极，以及其他一些控制的电极。由于电子管在某些特性方面还具有一定的优点，所以还广泛应用于大功率高频、开关、变频、微波领域等场合。

电子真空器件包括：放大管、调谐指示管、数码管、整流管、开关管、发射管、调制管、磁控管、放电管、光电管、计数管、稳定管（稳压、稳流、稳幅）、闸流管、电子束管、显像管、录像管、X 射线管、反射速调管、直射速调管和离子器件等。

15 价带、导带和禁带（能带图）

电子在原子的各层轨道（电子层）上绕着原子核作圆周运动，都具有一定的能量，这个能量称为能级。当很多原子结合在一起时，所有电子的能级分裂的结果，形成一组密集相互之间相差极微的能级带（相差数量级为 10^{-22} 电子伏），简称能带或容带。用电子能量来衡量，能带可分为价带、导带和禁带。

（1）价带

它是由价电子能级分裂出来的价电子能带，价带的宽度约为几个电子伏。当晶体处于绝对温度为零 K 和无外界能量激发时，价带中的价电子全部被共价键束缚住，是不导电的。所以价带中所有的能级都被电子填满的，因此价带也称为满带。价带中的价电子被外界能量激发到导带后，留下来的空穴始终在价带内并以与电子运动相反“接力赛跑方式”正电荷的运动，在外加电场作用下形成空穴电流而导电。价带中内层的电子受原核的束缚很紧，不能参加导电的。

价电子是原子核最外层的电子。价电子数量也是元素原子的价数，决定这一元素的化学性质。

（2）导带

它是自由电子能带，在没有自由电子的情况下，这个能带是空着的，称为空带。如果价带中的价电子获得足够大的动能而激发到空带中参与导电，则空带又称为导带。自由电子始终可在导带内自由运动，在外加电场作用下形成自由电子电流而导电。由于自由电子迁移率是空穴迁移率的 2 倍多，因此，自由电子导电能力大于空穴导电能力。

（3）禁带

若在固体中价带（满带）与导带（空带）之间存有一定的间隔区域，即两个相邻能级之间不存能级的区域，所以称此间隔为禁带。这个间隔区域不存在电子。禁带的宽度往往表示价带顶和导带底之间的能量间隔值（表示价电子从价带跳到导带所必须获得的最小激发动能），单位为电子伏。半导体和绝缘体的区别仅在于禁带的宽度不同，半导体的锗禁带宽度为 0.75 电子伏，半导体的硅禁带为 1.2 电子伏，其他纯净半导体的禁带宽度约在 1 个电子伏左右。绝缘体的禁带宽度约在 10 个电子伏左右。因绝缘体的禁带太宽，在常温下价带中的价电子热激发困难，就很难形成自由电子，因此在一般情况下绝缘体基本不能导电。半导体的禁带宽度比绝缘体小得多，在温室下，价带中总会有少量价电子被能量激发到达导带，所以导电率很低。导体的价带与导带部分重叠（没有禁带）或价带能级中未填满电子，在常温下自由电子数目很多，所以导体导电能力很强。

能带图和共价键结构都是用来说明原子内部规律的，因此它们之间是有密切联系的。能带图从能量观点来表明原子中电子的运动状态，而共价键形象地表明了半导体内部的结构和原子之间的联系。

共价键是指由于原子间共有化的价电子对而结合起来的化学键。化学键还有离子键和金属键。

16　杂质能级

固体中由杂质原子所形成的能级叫做杂质能级。杂质能级一般处在禁带中（在本征半导体中掺入少量三价元素的受主杂质能级靠近价带的顶部，在本征半导体中掺入少量五价元素的施主杂质能级靠近导带的底部）。施主杂质能级中的价电子或受主杂质能级中的空穴虽然不参与导电，但是受到热激发时，施主杂质能级中的价电子就很容易跃迁到导带中，成为自由电子参加导电，或受主杂质能级中的空穴就很容易被价带中价电子所填充，在价带中形成空穴参加导电。施主杂质因失去电子而成为正离子；受主杂质因得到电子而成为负离子。

施主杂质能级的电离能越小（离导带的底部越近），施主杂质能级中的价电子越容易跃迁到导带中，成自由电子；受主杂质能级的电离能越小（离价带的顶部越近），受主杂质能级中的空穴越容易被价带中的价电子填充，并在价带上形成相同数目的空穴。

杂质能级的电离能大小随杂质材料而不同，如在常温下硅单晶中受主硼杂质能级和施主磷杂质能级的电离能，分别为 0.045 电子伏和 0.044 电子伏；在常温下锗单晶中受主硼杂质能级和施主磷杂质能级的电离能，都是 0.01 电子伏。

在杂质半导体中，虽然施主原子数目或受主原子数目不多，由于杂质能级的电离能很小，在常温下电子很容易被激发，从杂质施主能级中的价电子跃迁到导带，或者从价带中的价电子跃迁到杂质受主能级，所以在常温下几乎所有施主原子或者受主原子都电离成自由电子或空穴，因此杂质半导体的导电能力远大于本征半导体的导电能力。

17 半导体

半导体由载流子浓度在一定温度范围内，随温度升高或光照强度增强而增大的电子和空穴来导电的物质，且可通过外部掺杂方法改变其载流子浓度。其电阻率通常为 10^{-3}～10^{8} Ω·cm，介于金属导体与绝缘体之间。

1）最常见的半导体材料包括有：单质半导体，如硅（Si）、锗（Ge）、砷（As）、硒（Se）、碲（Te）等；化合物半导体，如氧化亚铜（Cu_2O）、氧化锌（ZnO）、砷化镓（GaAs）、砷化铟（InAs）、硫化镉（CdS）、硫化锌（ZnS）、硒化铅（PbSe）、硒化镉（CdSe）、碲化镉（CdTe）、碳化硅（SiC）、铅化铟（InPb）、碲化锌（ZnTe）、磷化铝（AlP）、磷化铟（InP）、磷化镓（GaP）、氮化镓（GaN）、砷铝化镓（GaAlAs）、磷砷化镓（GaAsP）等；有机半导体，如聚二乙烯苯、聚丙烯腈等。

2）纯净的半导体称为本征半导体，掺杂少量其他元素的半导体称为杂质半导体（P 型半导体和 N 型半导体）。半导体的导电取决于载流子（导带中自由电子、价带中空穴）的运动。

a）本征半导体：本征半导体在热平衡下，自由电子和空穴密度几乎相等的高纯半导体。本征半导体内自由电子和空穴总是成对产生和成对复合的。在常温、无光照条件下，本征激发所产生的自由电子空穴对的数目很少（锗材料中载流子密度比硅材料中载流子密度大一千多倍），且受温度影响很大，所以本征半导体导电能力差。若在绝对温度为零 K 和没有外界能量激发时，价带被价电子填满，而导带全是空的，本征半导体不会产生自由电子空穴对，所以本征半导体没有导电能力。在常温下，本征激发所产生的电子空穴对数目很少，所以本征半导体导电性能是很差的。本征半导体导电能力取决于禁带宽度、热和光。

本征半导体具有热敏特性、光敏特性和掺杂特性等。

b）P 型硅、锗半导体：在纯单晶硅（Si）、锗（Ge）中常掺入少量三价元素硼（B）或铟（In）或铝（Al）或镓（Ga）等，由于硼原子比硅（锗）原子少一个价电子，所以在形成共价键时便产生一个空位，这个空位极易被邻近硅（锗）原子共价键中的价电子填补，而失去价电子的共价键中出现一个空穴。这个空穴又被邻近的共价键的价电子填补，导致空穴逐渐移位。在外加电场作用下，空穴将沿电场方向运动，形成空穴电流而导电。实际空穴电流也是电子电流，只不过是移动方向与电子电流相反而已。它导电能力取决于掺杂浓度大小。

可见，掺入杂质硼原子后，半导体硅（锗）中空穴的浓度可由掺入杂质的多少来控制。在P型半导体中空穴浓度远大于本征激发所产生的自由电子浓度，所以P型半导体中的空穴是多数载流子，自由电子为少数载流子。

c）N型硅、锗半导体：在纯单晶硅（Si）、锗（Ge）中常掺入少量五价元素磷（P）或锑（Sb）或砷（As）等，由于磷原子比硅（锗）原子多一个价电子，所以在形成共价键时便产生一个价电子，这个价电子受磷原子的束缚力比共价键价电子要小得多，只要较小的能量，就能挣脱磷原子的吸引而跃迁到导带成为自由电子。在外加电场作用下，自由电子沿电场逆方向运动，形成电子电流而导电。它导电能力取决于掺杂浓度。

可见，掺入杂质磷原子后，半导体硅（锗）中自由电子的浓度可由掺入杂质的多少来控制。在N型半导体中自由电子浓度远大于本征激发所产生的空穴浓度，所以N型半导体中的自由电子是多数载流子，空穴为少数载流子。

3）半导体器件在生产工艺中的硼扩散和磷扩散就是掺杂的过程。掺杂的目的，不单是为了增加多数载流子数量，提高导电能力，而主要是为了实现对掺杂载流子浓度进行精确地控制，可制造各种半导体器件。

应注意，当掺杂浓度高到可使电阻率小于0.38 Ω·cm时，这样杂质半导体材料不适用制造晶体管。

4）多数载流子是掺杂形成的，随着掺杂浓度的提高，导电能力也增强；少数载流子是本征激发形成的，随光照强度增强、温度升高，少子数量也增大。

掺杂半导体中产生多数载流子（电子或空穴）的同时，并不会产生新的少数载流子（空穴或电子），这与本征半导体受到激发的同时，成对地产生或复合电子和空穴的不同。

在相同的温度或光照下，掺杂半导体中的少数载流子（自由电子或空穴）浓度，由于它与多数载流子（空穴或自由电子）复合机会增加，反而低于本征半导体中的少数载流子（自由电子或空穴）浓度。

5）通常，掺入杂质是提炼单晶的工艺中一起完成的，单晶硅和单晶锗就是指掺杂后的半导体材料。

18　PN结（耗尽层、阻挡层）

PN结是构成半导体二极管、三极管和大规模集成电路等半导体器件的基础。

在P型半导体和N型半导体结合后，在它们的交界面上就存在空穴和自由电子的浓度差别，即P区的空穴浓度远大于N区的空穴浓度，N区的自由电子浓度远大于P区的电子浓度。这样，空穴和自由电子都要从浓度高的地方向浓度低的地方扩散。扩散结果：在P区靠近N区一侧，失去空穴，留下不能移动的负离子；在N区靠近P区一侧，失去自由电子，留下不能移动的正离子。因此，在P型和N型交界面上出现了由不可移动的数量相等的正、负离子构成的很薄带电的空间电荷区（电荷浓度在$10^{14}\sim10^{20}/cm^3$，厚度为几微米到几十微米），这就是PN结。由于在这个空间电荷区域内，多数载流子（自由电子或空穴）分别已扩散到对方并复合掉了，或者说多数载流子已消耗尽了，只剩下不能导电的正负离子，因此空间电荷区也称为耗尽层（电阻率很高）。由于空间电荷区带电层的内电场方向（N 区指向 P 区）阻挡多数载流子（自由电子或空穴）扩散作用，因此空间电荷区又称为阻挡层或势垒区。

若 PN 结上无外加电场时，则扩散电流与漂移电流大小相等、方向相反，从宏观上所产生电流为零。

PN 结分为对称 PN 结和不对称 PN 结。如果 P 区和 N 区掺杂浓度相同，交界面两侧的正、负离子空间电荷层的宽度也相同，称为对称 PN 结；如果 P 区和 N 区掺杂浓度不同，则掺杂浓度高的一侧的离子电荷密度大，形成的空间电荷层就薄，掺杂浓度低的一侧离子电荷密度小，空间电荷层就厚，这样就形成不对称 PN 结。结型场效应管就是利用 PN 不对称性来改变导电沟道宽窄，从而控制漏极电流大小。

PN 结具有单向导电特性、反向击穿特性和结电容效应等。利用这些特性可制成具有各种功能的半导体器件。

19　PN 结单向导电性

PN 结的基本特性——单向导电性只有在外加电压时才能显示出来。PN 结正偏时，外电场与 PN 结内电场方向相反，从而削弱了内电场，PN 结变窄（阻挡层变薄），PN 结电位差降低，从而扩散运动加强，有利于多数载流子（自由电子和空穴）越过 PN 结，形成很大的正向电流，PN 结呈导通状态，结电阻很小，相当于开关接通。PN 结反偏时，外电场与 PN 结内电场方向相同，从而加强了内电场，PN 结变宽（阻挡层变厚），PN 结电位差增高，从而漂移运动加强，阻止多数载流子扩散，扩散电流趋近于零，仅有浓度很低的一定数量少数载流子（自由电子和空穴）漂过 PN 结，形成很小的反向电流，PN 结呈截止状态，结电阻很大，相当于开关断开。由此可见，PN 结具有单向导电性。

应指出的是，当反向电压（电场）超过一定数值后，反向电流将急剧增大，PN 结发生雪崩击穿或齐纳击穿现象。这是由于 PN 结不存在势垒，PN 结的单向导电性就被破坏。

20　PN 结反向击穿特性

当外加到 PN 结上的反向电压（电场）增大到一定值时，PN 结的反向电流突然急剧增大，这现象称为 PN 结的反向击穿特性。

PN 结反向击穿有电击穿（包括雪崩击穿、齐纳击穿）和热击穿两种。

（1）PN 结反向电击穿

①雪崩击穿

当半导体材料掺杂浓度较低时，PN 结很宽，随着 PN 结反向电压的增大，PN 结中电场也增强，通过 PN 结的少数载流子（电子或空穴），在电场作用下获得的动能。当 PN 结反向电压增大到一定值时（硅材料电场强度达到 $10^5 \sim 10^6$ V/cm），获得动能相当大的少数载流子（电子或空穴）会与PN结内中性原子碰撞，可把中性原子的电子碰撞出来，产生电子—空穴对，这个过程称为碰撞电离。

在PN结内碰撞产生的新的电子和空穴又在强电场作用下，向相反地方向运动，重新获得能量，再去碰撞PN结内其他中性原子，结果又产生新的电子—空穴对。如此循环下去使PN结中载流子数量雪崩倍增，造成了反向电流急剧增大，PN结发生雪崩击穿。可见雪崩击穿本质是碰撞电离。

雪崩击穿电压值随半导体材料掺杂浓度降低而增大，随PN结扩散深度增长（杂质浓度的梯度减小）而增大，还随半导体材料缺陷、扩散工艺缺陷和光刻工艺缺陷而降低。

②齐纳击穿

当半导体材料掺杂浓度很高时，PN结很窄，只要加上不大的反向电压，PN结中电场强度就会非常高。强电场（约 2×10^5 V/cm）可把PN结内中性原子的电子直接从共价键中拉出来，变成自由电子，同时产生空穴，这个过程称为场致激发。强电场使PN结内许多中性原子发生场致激发，产生大量载流子（电子和空穴），造成了反向电流剧增，PN结发生反向击穿，这种击穿常称为齐纳击穿。

齐纳击穿，从PN结势垒高低理论来说，当PN结的反向电压比较大，势垒变得相当高时，P区的价带顶可以比N区的导带底还要高，就是说有一部分P区的价带中价电子的能量比N区的导带中自由电子的能量还要高，P区价带中价电子从能量上来讲是可以跑到N区导带去的。但中间有了禁区存在，P区价带中价电子就不能那么随便过去。理论证明，有一种叫“隧道效应”的作用，可以使一定数量的P区价带中价电子，像火车通过隧道一样地，穿过禁区而到达N区导带中去，变成自由电子。由于“隧道效应”随着外加电场强度增强而增强，那么就会产生反向电流急剧增加，于是出现PN结反向击穿，叫做隧道击穿。

齐纳击穿电压值随半导体材料电阻率增大而增大。当半导体材料电阻率相当低时，击穿电压小于4 V，属于齐纳击穿（电压负温系数）；当半导体材料电阻率较高时，击穿电压大于7 V，属于雪崩击穿（电压正温系数）；击穿电压在4～7 V之间，齐纳击穿和雪崩击穿共存，电压正、负温度系数补偿，其电压温度系数较小。

雪崩击穿和齐纳击穿，当反向击穿电压和反向击穿电流的乘积不超过PN结允许耗散功率时，PN结电击穿过程是可逆的，管子一般不会被烧毁。

电击穿与温度、加电时间无关，纯粹是电场作用结果。

(2) 热击穿

当反向击穿电压和反向击穿电流的乘积超过PN结允许耗散功率时，引起结温度升高，使少数载流子数量进一步增加，反向击穿电流再增大，结温再升高，使功耗增大，如此循环下去，将导致管子过热烧毁，这种现象称为PN结热击穿。热击穿是破坏性击穿，不可逆的。

热击穿与电压、温度、加电持续时间有关。

21 PN 结电容效应

PN 结电容 C 含有势垒电容 C_B 和扩散 C_D 电容两种。

(1) 势垒电容 C_B

它由耗尽层引起的。耗尽层只有不能移动的正、负离子，相当于存储的空间电荷；耗尽层内缺少导电的载流子，导电率很低，相当于介质；而两侧的 P 区和 N 区的导电率相对来说比较高，相当于金属。当 PN 结两端外加电压改变时，耗尽层的空间电荷量将随着改变，从而显示出电容效应。这些现象都和普通电容的作用类似，但普通电容与外加电压无关。

势垒电容 C_B 作用如下；当 PN 结两端加正向电压时，外加电场将使 P 区和 N 区的多子（空穴和电子）向着交界面运动，则耗尽层中的空间电荷量减小，耗尽层变窄，相当于空穴和电子分别由结电容“放电”。而当 PN 结加反向电压时，外加电场将使 P 区和 N 区的多子背离着交界面运动，则耗尽层中的空间电荷量增加，耗尽层变宽，相当于电子和空穴分别向结电容“充电”。C_B 的大小随外加 PN 结的电压的平方根成反比而变，是一种非线性电容。在电子设备中，常利用改变外加电压的方式来改变结电容以达到自动调谐的目的。

在 PN 结加正向偏置时，PN 结的电阻很小与 C_B 并联，虽然 C_B 很大，但 C_B 作用不明显。在 PN 结加反向偏置时，PN 结的电阻很大与 C_B 并联，虽然 C_B 很小，但 C_B 显得更加重要。

(2) 扩散电容 C_D

它是由于 N 区电子和 P 区空穴在相互扩散过程中积累引起的。当 PN 结正向电压加大时，正向电流随着增大，就要有更多的载流子积累；而当正向电压减小时，正向电流减小，积累载流子就要相对减少。这样就相应地有载流子的“充入”和“放出”，就相当于 PN 结有一个等效电容。扩散电容 C_D 反映了在外加作用下载流子在扩散过程中积累的情况。C_D 大小随外加通过 PN 结的电流成正比而变，是一种非线性电容。

在 PN 结加正向偏置时，C_D 较大，C_D 显得更加重要。在 PN 结加反向偏置时，C_D 很小，C_D 作用不明显。

PN 结电容 C 除了与 PN 结的结构和工艺有关外，还与外加电压大小有关。

22 半导体器件

它的基本特性是由半导体的内部载流子（自由电子、空穴）流动来决定的器件。它种类有很多，如二极管、双极型晶体管、晶闸管、场效应管和单片集成电路等。

生产自由电子和空穴有以下三种：本征半导体中载流子，满带中的价电子受外界能量激发而跃迁到导带后成为自由电子，同时在满带中留下空穴；N 型半导体中载流子，施主能级中的价电子被外界能量激发而跃迁到导带产生自由电子，同时使施主杂质成为正离子；P 型半导体中载流子，满带中的价电子被外界能量激发而跃迁到受主能级，在满带中出现空穴，同时使受主杂质成为负离子。

23 半导体二极管

具有不对称电压-电流特性（PN 结单向导电），且电压和电流不是正比关系的两接端半导体器件。它由 PN 结，加上欧姆接触电极、引线和封装外壳构成的。二极管不仅用于直流电路，也用于交流电路。它主要用作整流、开关、检波和稳压等，但它没有放大信号的能力。

半导体二极管分类如下：

二极管按材料，可分为锗二极管、硅二极管、砷化镓二极管和碳化硅二极管等。

二极管按结构及工艺，可分为点接触型二极管、面接触型和平面型（平面、台面）二极管等。

二极管按用途及功能，可分为检波二极管、混频二极管、参量二极管、隧道二极管、变容二极管、肖特基势垒二极管、PIN 二极管、雪崩渡越二极管、体效应二极管、阶跃恢复二极管、整流二极管、开关二极管、阻尼二极管、稳压二极管、限幅二极管、恒流二极管、双向触发二极管、瞬态电压抑制二极管、双基极二极管、光敏二极管、温敏二极管、压敏二极管、磁敏二极管和发光二极管等。

二极管按封装材料，可分为玻璃封装二极管、金属封装二极管、塑料封装二极管和环氧树脂封装二极管等。

对于微波器件来说，砷化镓半导体比硅半导体器件更有吸引力。其理由有两点：一点是砷化镓的电子迁移率比硅的电子迁移率高好几倍，所以它缩短了这些器件的渡越时间，提高了器件的高频特性。二点是砷化镓的禁带比硅的禁带宽，所以能够耐受较高的工作温度。这对于几何形状非常小的微波器件来说尤为重要。

24 检波二极管

它是指把调制（迭加）在高频载波（电磁波）中的低频信号检出（分离）的一种器件。检波多采用 2AP 型锗二极管、肖特基势垒检波二极管。检波二极管采用玻璃、陶瓷封装，减小管壳分布电容，提高频率特性。

它具有较高检波效率和良好频率特性，多用于小信号、高频的电路中作为检波、鉴频和限幅等。

检波二极管，要求正向电压降要低（0.2 V），结电容要小，否则就不起检波作用。

25 整流二极管

利用 PN 结具有单向导电特性，能将交流电变成单向脉动直流电的一种器件。整流二极管由硅半导体材料制成，采用面接触型结构。高压整流二极管是由多只整流二极管串联而成的。

整流二极管具有工作温度高、正向平均电流大、反向击穿电压高等优点，在电路中除了主要起低频整流作用外，还可作为限幅、保护和箝位等。

26 快恢复整流二极管

快恢复整流二极管是近期问世的新型半导体器件。它的内部结构与普通整流二极管不同，在 P 型层和 N 型层硅材料中间夹一层本征区 I，形成 P-I-N 结构。由于基区（本征区）很薄，反向恢复电荷很少，使反向恢复时间 t_{rr} 大大缩短，还可降低瞬态正向压降。

它具有反向击穿电压高、功率容量大、开关特性好等特点，被广泛用于脉冲调宽器、交流电机变频调速器、开关电源、不间断电源和逻辑控制电路等电子装置中，作为高频、高压、大电流的整流及续流等。

27 开关二极管

由于半导体 PN 结具有单向导电的特性，在正偏压下 PN 结导通的电阻很小（约为几十至几百欧），而在反偏压下 PN 结截止的电阻很大（硅管在 10 MΩ 以上）。利用这一特性，开关二极管在脉冲数字电路中起到控制电流接通或关断作用，成为一个理想的电子开关。开关二极管的开关速度一般每秒几万到几千万，最高达每秒几亿次。

它有点接触型、平面型（平面、台面），多采用环氧树脂、玻璃和陶瓷片式的封装，以减小管壳分布电容，提高频率特性。

它有高速开关二极管（开关时间，1.0～50 ns）、中速开关二极管（开关时间，150～500 ns）和标准开关二极管（开关时间大于 800 ns）。

它具有反向恢复时间 t_{rr} 很短（ns 级）、开关特性好、体积小、可靠性高等特点，被广泛应用于电子设备中的开关电路、检波电路、高频电路和脉冲整流电路及自动控制电路等。

28 稳压二极管（齐纳二极管）

它是一种工作在反向击穿区的硅半导体材料的面型接触型二极管。它在整个规定工作电流范围内（从稳定电流 I_Z 到最大工作电流 I_{ZM}），在其两端电压基本上是恒定的，表现出很低的动态阻抗，相当于一个恒压源。

稳压二极管由“击穿”转化“稳压”的先决条件是外电路中必须有限流的措施，使电击穿不致引起热击穿而使管子损伤。

稳压二极管分为电压调整二极管（一个 PN 结）和电压基准二极管（两个 PN 结背靠背地连接）。电压基准二极管，由于两个 PN 结其中一个反向偏置和另一个正向偏置，可使电压正、负温度系数相互补偿，其电压温度系数较小，所以又称温补二极管。稳压二极管有平面型和台面型，采用金属封装和玻璃封装等。

利用稳压二极管的反向击穿特性，被广泛应用于电子设备中的过压保护电路、基准电压电路、限幅电路、电平转换器和稳压提升电路等。

稳压二极管与整流二极管相比较：两者相同的是，在一定电压范围内具有单向导电性。两者不同的是，稳压二极管工作在反向击穿区，整流二极管工作在正向导通区；稳压二极管反向击穿电压（稳定电压）较低，大多数为几伏到几十伏，整流二极管反向击穿电压较高，都在 50 伏至 1 000 伏以上。

恒压源：如果把发生器的阻抗加倍而被测参数的变化不大于要求的测试精度，则此电压源就被认为是恒定的，或相对影响量的变化能稳定输出电压的电源。

29　瞬态电压抑制二极管（TVS）

它的芯片由硅半导体材料扩散而制成 PN 结，实际上是一种特殊结构的稳压二极管。它在规定的反向击穿应用条件下，当承受一个高能量的瞬时过压脉冲时（瞬时脉冲功率可达上千瓦），其工作阻抗能立即降至很低的导通值（响应时间可达 10^{-12} s 量级），允许瞬时脉冲电流可达到 50～200 A，并能将电压钳制到预定的水平。

瞬态电压抑制二极管可分为单向（一个 PN 结）瞬态电压抑制二极管（适用于直流瞬态电压保护电路）和双向（两个 PN 结背对背地连接）瞬态电压抑制二极管（适用于交流瞬态电压保护电路）。

它是一种安全保护器件，对电路中瞬间出现的不连续浪涌脉冲电压可起到分流、箝位作用，可有效降低雷电及电路中开关通断的感性元件产生的高压脉冲，避免对电子设备的损坏。

瞬态电压抑制二极管具有体积小、瞬时脉冲功率大、抗浪涌电压能力强、击穿电压特性曲线好、双向 TVS 击穿电压特性曲线的对称性好、齐纳阻抗低、反向电流小以及响应时间快等特点。它适合在恶劣环境条件下工作，是目前比较理想的防雷击、防静电、防过压和抗干扰的保护器件之一。

TVS 与稳压二极管相比较：两者相同的是，TVS 和稳压二极管都是工作在击穿区内。两者不同的是，TVS 箝位电压 $V_{C(\max)}$ 是瞬态，稳压二极管稳定电压 V_Z 是稳态；TVS 箝位电压 $V_{C(\max)}$ 范围比稳压二极管稳定电压 V_Z 大；TVS 箝位响应时间比稳压二极管响应时间短。

TVS 与氧化锌压敏电阻器相比较：TVS 瞬态保护范围（6～200 V）比氧化锌压敏电阻器瞬态保护范围（30～1 000 V）小；TVS 箝位响应时间（5 ns）比氧化锌电阻器响应时间（25 ns～2 μs）短；TVS 承受最高瞬态电流容量和能量容量都比氧化锌压敏电阻器小 1～2 个数量级。氧化锌压敏电阻器，瞬态电流容量可达 1 000 A，瞬态能量容量可达 1 000 J/cm^2。

30 恒流二极管（电流调整二极管）

它是一种具有稳流特性的新型二极管，在整个规定工作电压范围内（从起始电压 V_L 到击穿电压 $V_{(BR)}$），在其两端电流基本上是恒定的，表现出很高的动态阻抗，相当于一个恒流源。恒流二极管通常是栅、源极之间短接的 N 沟道结型场效应晶体管。

它具有稳定性好、可靠性高、恒流范围宽等特点，被广泛用于恒流、限流偏置和电压基准电路等中。

恒流源：如果把发生器的阻抗减半而被测参数的变化不大于要求的测试精度，则此电流源就被认为是恒定的，或相对影响量的变化能稳定输出电流的电源。

31 双向触发二极管（二端交流器件）

它由硅半导体材料的 N 型、P 型和 N 型的三层结构组成。它是一个具有对称性的两只背靠背连接的半导体二极管器件，可等效为基极开路、集电极与发射极对称的 NPN 型半导体三极管（发射区掺杂浓度与集电区掺杂浓度相同）。它的伏安特性曲线的正向和反向具有对称的负阻特性。

当它的两端所加电压低于正向转折电压 V_{BO} 或反向转折电压 $-V_{BO}$ 时，管子呈高阻状态；当它的两端所加电压升高到 V_{BO} 或 $-V_{BO}$ 时，管子被击穿而导通，由高阻转为低阻进入负阻区。

双向触发二极管的结构简单、价格低廉，被常用于触发双向晶闸管的调压电路、双向过压保护电路和双向交流开关等电路中。

32 单结晶体管（UJT）

它是一种常用 N 型或 P 型硅半导体材料器件。它虽有三个管脚，很像半导体三极管，但只有一个 PN 结，即一个发射极 e 和两个基极 b_1、b_2，所以它又称双基极二极管。

单结晶体管的结构，在一块高电阻率的 N 型或 P 型硅基片一侧的两端制作两个欧姆接触的电极，分别叫做第一基极 b_1 和第二基极 b_2。在 N 型或 P 型硅基片的另一侧靠近 b_2 极处扩散三价硼等元素或扩散五价磷等元素制作一个 PN 结，在 P 型或 N 型半导体上引出电极叫做发射极 e，这样构成 N 型或 P 型硅单结晶体管。

单结晶体管工作状态分为三个区域：峰点左边的区域称为截止区（发射极回路的 R_{b1}

上没有电流，R_{b1} 呈现很大电阻。控制基极回路也不导通电流）；峰点和谷点之间的区域称为负阻区（R_{b1} 随 I_e 增大反而变小，表现负阻变化。随 R_{b1} 变小，发射极回路电流进一步增大）；谷点右边的区域称为饱和区（直到谷点电压 V 时刻以后，R_{b1} 的特性不再是负阻变化特性，而转变为纯电阻特性，R_{b1} 的阻值不再发生变化。控制基极回路电流 I_{bb} 不再增大）。

它在一个很宽的温度范围内，从关态转换到通态具有一个稳定的负阻（不随温度变化）特性，利用这一特性可以组成双稳态电路、张弛振荡电路、多谐振荡电路、阶梯发生器、定时电路、电压偏置电路、晶闸管触发电路和温度传感器等。这些电路具有的结构简单、耐脉冲电流能力强、开关特性好和热稳定性好（基本上不随温度而变化）等优点。

33　点接触二极管

它是用一根 S 型的金属丝（铝丝、铂丝或磷铜丝）压接在 N 型半导体（锗、硅或砷化镓）外延片的表面上，然后通入脉冲电流而形成的二极管。它属于点接触型的金属—半导体接触势垒二极管。对不同频段的微波二极管，所采用的铝丝的粗细和接触面（点）的大小以及铝丝触在半导体上的压力各不相同。它不能承受较高的反向电压和较大的正向电流。

由于它的结面积非常小（结电容小），适用于毫米波以上频率范围内作检波器和混频器。

由于点接触二极管可靠性差，在军用场合中原则上不能使用点接触二极管。

34　肖特基势垒二极管（SBD）

肖特基势垒二极管是一种金属-半导体的面接触势垒二极管。利用金属（铝、金、铬、镍、钼、铂、钛等）-半导体（N 型 Si 或 N 型 GaAs）接触界面上的肖特基势垒起到单向导电特性而构成的一种低、中、高肖特基势垒的面接触二极管。它是以多数载流子（自由电子）工作，没有少数载流子的存贮电荷和移动效应，反向恢复时间短，并结电容小，正向压降小。所以肖特基势垒二极管的开关速度非常快。

利用肖特基势垒可制成肖特基变容二极管、肖特基开关二极管、肖特基高频整流二极管、肖特基混频二极管和肖特基检波二极管等。

它按势垒高度，可分为零偏置（导通电压≤230 mV、反向击穿电压 1 V）肖特基二极管，低势垒（导通电压 200～300 mV、反向击穿电压 2 V）肖特基二极管，中势垒（导通电压 300～500 mV、反向击穿电压 4 V）肖特基二极管和高反向电压（导通电压 300～500 mV 反向击穿电压 10～几十伏）肖特基二极管。

它具有反向恢复时间 t_{rr} 很短（≤10 ns）、功耗小、正向压降低（0.4～0.5 V）、温度特性好、频率高、频带宽、负载能力强、灵敏度高、转换效率高的特点。它被广泛应用于检波、整流、限幅、混频、调制、调幅、解调、鉴相、电调衰减、高速开关、超高速开关、取样门电路、高速脉冲电压箝位、高频低压整流和续流等电路中。

肖特基势垒二极管优于点接触二极管有：较能抗烧毁（工作频率越高、抗烧毁能力越差）、一致性好、串联阻抗低、通断阻抗比高、噪声系数小、闪变噪声低（或 $1/f$ 噪声低）和牢固性强等。

硅或砷化镓材料的肖特基势垒二极管缺点：对静电敏感、反向击穿电压低（一般 100 V 左右）和反向漏电流较大。它不适用于对反向击穿电压要求高的电路中。

目前，还有碳化硅肖特基二极管（SiC SBD），其特点：额定正向平均电流可达 60 A，最大反向工作电压（峰值）可达 6 500 V，反向平均电流为 μA 级，最高工作温度可达 175 ℃，反向恢复时间短，且反向恢复特性几乎不受温度影响，但正向平均压降可达 1.54 V。

碳化硅肖特基二极管不适用于小信号设备场合中，适用于大电流、高反压场合中作为整流。

35 变容二极管

它是采用特制半导体的 PN 结，其结电容随外加反向偏压大小而非线性变化很大的一种特殊二极管。它是掺杂浓度较高的 P^+ 区和掺杂浓度较低的 N^- 区组成的 PN 结的二极管。它随着控制外加反向偏置电压变化来改变电容，通常可代替可变电容器，可实现电子电路中的频率和相位的改变。

变容二极管的变容特性，取决于 PN 结中低掺杂 N^- 区的掺杂浓度的分布情况。变容二极管按低掺杂 N^- 区的掺杂浓度分布不同，可分为突变结（$m=0$）、超突变结（$m<0$）和缓变结（$m=1$）的变容二极管。注：m 为 PN 结中低掺杂端的杂质分布指数。

根据微波不同的应用场合，选用不同的变容二极管。如参量放大器应选用突变结变容二极管，限幅器和倍频器应选用缓变结变容二极管，电调谐应选用突变结或超突变结变容二极管。

它有台面型和平面型两种结构，所用半导体材料有硅和砷化镓两种，采用陶瓷和环氧树脂封装。它有硅、砷化镓电调变容二极，硅功率变容二极管，砷化镓倍频变容二极管等。

它主要应用于电压调谐振荡器（即压控振荡器）、电调滤波器，也用于移相器、混频器、鉴相器、变频器、倍频器、限幅器、扫频器、调制器、参量放大器、频率自动微调和稳频等。

36 隧道二极管

这种在面结合型的二极管中 P 型和 N 型半导体都是重掺杂的，PN 结中正、负离子密度都很高，空间电荷区很薄。它在较低正向电压下，由于隧道效应就有较大电流。当正向电压增加到足够大时，隧道效应减退，接着电流就按普通二极管伏安特性变化。它所用半导体材料有锗和砷化镓两种。

由于它的隧道效应特性曲线中有一部分斜率为负，具有负阻特性可以用来产生高频微波振荡器或作为高速开关（开关时间通常在纳秒级，有的可达 50 皮秒）、检波和混频等。

隧道二极管的优点是低费用、低噪声、简单、高速、耐环境特性好和低功耗等。它的缺点是管子输出电压的摆幅较低等。

37 体效应二极管（TED）

它也称耿氏二极管，是一种能将直流能量转变成微波能量输出的成熟微波半导体功率器件。它结构比较简单，没有结区，通常是将一块 N 型砷化镓外延片的两面做上欧姆接触电极，装入管壳内并焊上内引线即成。它是把体效应二极管装到一个谐振腔体内，利用当管子两端外加直流电压超过域值电场强度（3 200 V/cm）时，砷化镓电子在导带上双能谷（主能谷和子能谷）之间的主能谷（低能谷）上电子跃迁到子能谷（高能谷）上而产生负阻效应原理制成的微波振荡器件，又称转移电子器件。它有普通体效应二极管、小功耗体效应二极管和脉冲体效应二极管。

它具有稳定性好、可靠性高、噪声低、频带宽、电源电压低及工作寿命长等优点，被广泛应用于本机振荡器、放大器、信号源、泵源、微波测量功率源以及中、小功率发射源等。

38 阶跃恢复二极管（SRD）

它也是一种 PN 结二极管，只是其杂质分布比较特殊，即在硅或砷化镓材料中高掺杂 P^+ 型层和高掺杂 N^+ 型层之间夹一低掺杂的 N^- 型层，也有采用 PIN 结构的。

当外加电压由正向转变为反向时，反向电流并不马上截止，而是继续有很大的反向电流流通，直到某一时刻才迅速跳变至截止状态，于是产生了反向电流的跳变，形成了一个很峭的“阶跃”。它是一种充分利用正向偏压储存电荷效应的器件。

利用它的阶跃波形包含丰富的高层次谐波分量，只要电路设计合适，可作为高次倍频器（相比一般变容二极管具有更高倍频次数与倍频效率）、微波信号源和脉冲发生器等。

39 PIN 二极管

它是两边分别为重掺杂的 P^+ 型层和 N^+ 型层半导体，中间夹一层本征半导体 I 层的半导体二极管。实际上，本征 I 层不易获得，一般采用高阻 P 型（称 π 层）或高阻 N 型（称 γ 层）代替本征 I 层。所以实际的 PIN 二极管不是 $P^+\pi N^+$ 二极管，就是 $P^+\gamma N^+$ 二极管。

PIN 二极管对交流信号所呈现的特性与信号的频率有关。在信号低频段，由于交流信号的周期很长，载流子进出Ⅰ层的渡越时间与之相比可以忽略。这时，PIN 二极管和普通 PN 结二极管一样，具有单向导电性，可作为整流器件。

随着信号频率的升高，载流子进出Ⅰ层的渡越时间与交流信号周期相比不能忽略，单向导电性逐渐减小，整流作用逐渐减弱。最后，当频率足够高时，整流作用完全消失。PIN 二极管所呈现的阻抗大小取决于直流偏压的极性及其量值，PIN 二极管类似一个线性元件。

形成这一变化的物理原因是载流子在Ⅰ层中的渡越时间效应。PIN 二极管处在正向偏置时，由于正向电流使Ⅰ层中有大量的存贮电荷，PIN 管对微波信号无论是正半周或负半周均呈现低阻抗导通状态；PIN 二极管处在反向偏置时，当微波的信号频率足够高时，其正半周信号来不及将载流子注入到整个Ⅰ层中，PIN 二极管仍处于截止状态。这样，在微波信号与直流偏置同时作用时，PIN 二极管所呈现的阻抗大小取决于直流偏置的极性及其量值。因此，PIN 二极管可以用较小的直流功率来控制 PIN 二极管的工作状态，从而控制较大的微波功率。

PIN 二极管的管芯主要有两种结构形式，通常台面结构（适用于大功率 PIN 二极管）和平面结构（适用于小功率 PIN 二极管）。

PIN 二极管具有反向击穿电压高、功率容量大、开关速度快和插入损耗小等特点。

由于Ⅰ层存在，使 PIN 二极管具有随偏压连续改变阻抗的特性，被广泛应用于各种微波控制电路中，如微波开关、电调衰减器、移相器、调制器和限幅器等。

40　雪崩渡越时间二极管

它是一种由 N^+PIP^+ 或 P^+NIN^+ 特殊结构来实现雪崩倍增效应和渡越时间效应相结合而产生负阻特性的器件。这种器件尺寸比较小，输出功率比较高而且可靠。它应用范围与体效应二极管相同。

它按材料，分为硅雪崩管和砷化镓雪崩管。它按输出功率形式，分为连续波雪崩管和脉冲雪崩管等。

41　发光二极管（发射二极管）

发光二级管是一种能将电信号转变成光信号的二极管。发光二极管是采用磷化镓（GaP）或磷砷化镓（GaAsP）或砷铝化镓（GaAlAs）等化合物半导体材料制成的，其内部结构为 PN 结，具有单向导电性。当在发光二极管的 PN 结上加正向电压时，PN 结势垒降低，载流子扩散运动大于漂移运动，致使 P 区的空穴注入到 N 区，N 区的电子注入到 P 区。相互注入 PN 结的电子和空穴相遇后就会产生复合，复合时释放的能量大部分以光的形式呈现。它发光强度基本上与正向电流大小成线性关系。

它可以分为可见光发光二极管（光的波长为380～780 nm）和不可见红外线发光二极管（光的波长为940 nm）。

可见光发光二极管（LED）由于使用半导体材料和工艺的不同，发出的光颜色也会不同（红、橙、黄、绿、蓝、白）。可见光发光二极管可分为普通型、电压型和闪烁型的可见光发光二极管。

可见光发光二极管的基本特点：工作电压低（2～3 V）、正向电流小（5～30 mA）、对温度敏感低、工作温度范围大（－200～400 ℃）、发光响应速度快（10^{-7}～10^{-9} 秒）、功耗小、耐振动、可靠性高、使用寿命长（一般可达100万小时）和抗辐射能力强等。它适用于小电流、防震、抗冲击和短距离数据传输等场合中。

可见光发光二极管常用来作显示器件、光电开关和光辐射源。除单个使用外，也可以做成七段式或矩阵列显示器。不可见光发光二极管（红外线发射二极管）常用来长距离（5～8 m）遥控、控制其他电器。

砷化镓的波长为940～950 nm范围时，功率最大，是理想的光源。

42　半导体晶体管

它能够作信号（电流、电压和功率）放大、电子开关或阻抗变换等功能，并具有三个或更多接端的一种有源半导体器件。它包括有双极型晶体管（BJT）、单极型场效应晶体管（FET）和绝缘栅双极晶体管（IGBT）。

43　双极型晶体管（BJT）

其特征是半导体内存在两种载流子—多子和少子都参与导电的晶体管，称为双极型晶体管。它是以控制极（三极管基极或晶闸管控制极）的电流来控制三极管集电极电流或晶闸管阳极电流大小的电流控制型器件，包括有三极管、晶闸管等。它的优点，制造工艺比较成熟、频率特性好、驱动能力强等。它的缺点，生产工艺复杂、功耗较大、集成度低等。

现今，大多数模拟集成电路都是以双极型晶体管构成的，尤其在通信和高频的模拟集成电路领域中具有突出优势。

44　三极管

它有三个区，发射区（向基区注入多数载流子）、基区（扩散和复合多数载流子）和集电区（收集扩散过来的多数载流子）；有两个PN结，发射区和基区间的PN称为发射结，集电区和基区间的PN结称为集电结；有三个电极，从发射区引出电极为发射极E，从基区引出电极为基极 B，从集电区引出电极为集电极 C。三极管具有电流、电压和功率增益。

（1）三极管分类

它按材料，可分为锗三极管、硅三极管和砷化镓三极管等。

它按导电特性，可分为 PNP 型三极管和 NPN 型三极管。

它按工作频率，可分为低频三极管（截止频率 $f_a<3$ MHz）、高频三极管（截止频率 $f_a\geqslant 3$ MHz）和超高频三极管。

它按耗散功率，可分为小功率三极管（$P_{CM}\leqslant 0.3$ W）、中功率三极管（P_{CM} 为 0.3～1 W）和大功率三极管（$P_{CM}>1$ W）。

它按功能及用途，可分为放大三极管、开关三极管、调整三极管、振荡三极管、低噪声三极管、高反压三极管和复合三极管（达林顿三极管）、带阻三极管（除发射极与基极之间并联一只电阻器外，还在基极上串联一只电阻器）和带阻尼三极管（除发射极与集电极之间反向并联一只二极管外，还在发射极与基极之间并联一只电阻器）等。

它按制造工艺，可分为合金型、台面扩散型（二重扩散台面型、外延台面型、三重扩散台面型）和平面扩散型（平面型、外延平面型、三重扩散平面型）的三极管。

它按封装材料，可分为金属封装、玻璃封装和塑料封装等三极管。

塑料封装，由于容易发生密封泄漏和热性能差。因此一般不用于军用设备中，尤其是在相对湿度比较高的地区。

（2）三极管工作状态

三极管的工作状态可分为三个工作区域：饱和区（发射结、集电结均为正向偏置，I_C 仍有放大作用，只不过 I_C 不受 I_B 控制而趋向饱和）；放大区（发射结为正向偏置、集电结为反向偏置，I_C 受 I_B 控制（$I_C=\beta I_B$），但 I_C 基本上与 V_{CE} 大小无关，可视为受基极 I_B 控制的受控电流源）介于饱和区与过损耗区之间区域；截止区（发射结、集电结均为反向偏置，$I_B=0$ 那一条输出特性曲线以下的区域，I_C 仅有微小反向漏电流 I_{CEO}）。

三极管非工作状态可分二个区域：过损耗区（$I_C\cdot V_{CC}$ 大于 P_{CM} 区域）和击穿区（三极击穿区域）。

在放大电路中，三极管工作于放大区，作为放大器件应用；在脉冲、数字电路中，三极管交替工作于饱和区和截止区，作为开关器件应用。

（3）三极管具有电流放大作用的内、外部条件

内部条件：发射区掺杂浓度高，基区宽度薄且掺杂浓度很低，集电区掺杂浓度较低且结面积大。外部条件：外部施加直流偏置电压，应使发射结正偏、集电结反偏，以及静态工作点（电压、电流）合理设置。

（4）三极管放大电路基本组态

三极管放大电路基本组态有共发射极、共基极和共集电极三种放大电路。

共发射极放大电路，具有电压、电流和功率的增益都比较大，但稳定性差。因而适用于一般的输入电阻，输出电阻和频率没有特殊要求的电路场合。它在放大交流信号时，输

入、输出电流的相位相同，输入、输出电压的相位相反。

共基极放大电路，具有输入电阻低、输出电阻高、功率增益大、电流增益小于1、高频响应好和稳定性较好等特点，适用于高频及宽频带放大器、电流源电路和振荡电路等。它在放大交流信号时，输入、输出电流的相位相反，输入、输出电压的相位相同。

共集电极放大电路，具有输入电阻高、输出电阻低、电压放大倍数略小于1、电流放大倍数为（$1+\beta$）、功率增益较小、频率特性好和稳定性较好等特点，常用于多级放大器的输入级、输出级和缓冲级等。它在放大交流信号时，输入、输出电流的相位相反，输入、输出电压的相位相同。

45　晶闸管（晶体闸流管或可控硅器件）

它是一种包括三个或更多的PN结，能由断态转入通态，或能由通态转入断态的双稳态的三端半导体器件。晶闸管能在控制极的弱电流触发下，可靠地控制漏极的较大功率。它实际上既可控制的高压、大电流整流作用，又有可控制的交直流无触点大功率开关作用；也可以将直流电变成交流电或将一种频率的交流电变成另一种频率的交流电；还可以构成倒相电路及脉冲调制电路等。

晶闸管分为单向晶闸管、双向晶闸管和特殊晶闸管（可关断晶闸管、光控晶闸管、快速晶闸管、逆导晶闸管等）。

晶闸管的优点，体积小、重量轻、耐电压高、电流容量大、效率高、控制特性好、寿命长、灵敏度高、耐振动、应用线路简单和使用方便等。它的缺点，承受过电压、过电流的能力差，抗干扰能力较差和控制电路较复杂等。它主要用于高压大电流可控整流、交直流无触点功率开关、交流调压、电机调速、逆变过压保护、逆变电源、变频电源、功率负载的调压、电磁阀控制、灯光控制、温度控制、变频和其他自动控制等领域中。

逆变电源：直流电源变成交流电源。变频电源：变换频率电源。

46　单向晶闸管

单向晶闸管内有三个PN结，分别用J_1、J_2、J_3表示，是由P_1、N_1、P_2、N_2型四层半导体硅材料交叠所构成的三端单向导电半导体器件。晶闸管三个电极是从P_1层引出阳极A，从N_2层引出阴极K，从P_2层引出控制极G。它外形有，螺旋式、平板式和模塑式。

当在单向晶闸管A－K极之间加上正向电压的同时，G－K极之间（控制极）也加上正向触发脉冲电压和电流信号或直流电压和电流到达规定值时，就会立即导通。它一旦导通，即使控制极G触发信号消失，仍能保持导通状态（正向导通电流主要取决于外电路阻抗大小）。只有A－K极之间的导通工作电流小于导通维持电流最小值，或控制极G加反向触发信号，或A－K极之间电压降到零或加反向时，才能转为关断状态。

单向晶闸管的伏安特性曲线分为五个区，即反向击穿区、反向阻断区、正向阻断区、负阻区和正向导通区。大多数情况下，单向晶闸管的应用电路均工作在正向阻断和正向导通的两个区域中。

47 双向晶闸管

双向晶闸管内有四个PN结，是由N、P、N、P、N型五层半导体硅材料交叠所制成的，相当于两个单向晶闸管的反向并联。它有三个电极，一个是控制极G，另外两个电极没有阳极、阴极之分，统称主电极，用 T_1、T_2 表示。因此双向晶闸管的电参数没有反向重复峰值电压，而只有正、反向的正向阻断重复峰值电压，其他电参数与单向晶闸管相同。

双向晶闸管与单向晶闸管一样，也具有触发控制特性。双向晶闸管无论在主电极 T_1 和 T_2 间接入任何极性的工作电压，只要在它的控制极G上加上一个任意极性的规定值触发脉冲电压和电流信号或直流电压和电流达到规定值时，都可以使它导通。它一旦导通，即使触发信号消失，仍能保持导通状态。只有主电极之间的导通工作电流小于导通维持电流的最小值或主电极电源电压降至零或断开时，才能由导通状态转为关断状态，这与单向晶闸管的关断特性相同。双向晶闸管，采用负极性触发所需触发电流比采用正极性触发的小。

由于双向晶闸管的伏安特性曲线的正、反具有对称性，正、反两个方向都能控制导电特性。所以它可在任何工作电压极性下均导通，是一种理想的交流无触点开关器件。它适用于电机调速、调光、温控、各种交流调压、无触点交流开关以及自动控制等地方。

48 可关断晶闸管

可关断晶闸管也属于P、N、P、N型四层半导体硅材料交叠构成的三端器件，其等效电路与普通单向晶闸管相同。可关断晶闸管的工作状态与普通单向晶闸管不同，控制极G施加适当极性的规定值触发脉冲信号，既能触发管子由断态转入通态，又能由通态转入断态，突出地表现了可关断特点，因此称为可关断晶闸管。这种关断原理上的区别就在晶闸管导通之后的饱和状态不同，普通单向晶闸管在导通之后处于深饱和状态，而可关断晶闸管导通之后只处于临界饱和状态，因此只要给控制极上加上负向触发信号达到规定值或触发信号消失时，可使管子可由导通转入关断。

它工作原理可等效于由一只三极管与一只二极管组成。二极管负极串接三极管C级上，二极管正极为它的A极；三极管B极为它的G极；三极管C极为它的K极。

当控制极加正向电压，即三极管发射结加正向偏压时，三极管就导通，等于可关断晶闸管由断态转入通态；当控制极加负向电压，即三极管发射结加反向偏压时，三极管就截止，等于可关断晶闸管由通态转入断态。

可关断晶闸管与单向晶闸管相比，需要较大的触发电压和触发电流来进行控制；正向耐压较高，约几百伏；反向耐压相对较低，约几十伏；维持电流较大。

它是一种理想的高电压、大电流开关器件，适用于斩波器、逆变器、电子开关、恒压调频装置、直流断续器及电力系统中需要强迫关断等地方。

49　光控晶闸管（LCR）

靠控制极 G 接收光信号或光电信号触发使之管子由断态转入通态的一种晶闸管。光控晶闸管也有单向和双向之分，光控晶闸管工作原理基本与普通单、双向晶闸管相同，普通晶单向闸管靠控制极施加规定电信号触发导通，而光控晶闸管则靠控制极接收一定光照度的光信号来控制导通。

光控晶闸管工作原理：当一定光照度的光信号通过玻璃窗照射到控制极 G 的 J_2（PN 结）的光敏区域时，在光能激发下（单向光控晶闸管只需要一个方位入射光，双向光控晶闸管需要两个不同方位入射光），J_2 结附近产生大量的自由电子和空穴两种载流子，在外加 K－A 极之间电压的作用下自由电子和空穴的沿着相反方向可以穿过 J_2（PN 结）阻挡层形成导通电流，使光控晶闸管从断态转入通态。一旦导通，即使撤销光信号，仍保持导通状态，除非撤销电源电压或外加反向电压，才能变为截止。

它对于红外光控制敏感度较高，其开通时间与光照度强弱有关，约为几微秒。

50　逆导晶闸管

逆导晶闸管和双向晶闸管一样可双向导电。从结构原理可知，这种管子由单向晶闸管和二极管组成，将二极管反向并联在单向晶闸管的阳极和阴极之间。从特性曲线来看，它的正向特性与一般单向晶闸管的正向特性相同，反向特性如同一个二极管的正向特性，能够反向导电。因此有时又将逆导晶闸管称为反向导通晶闸管或非对称晶闸管。

它比双向晶闸管有更多优点，电流容量大、电压高、速度快等，适用于反向不需承受电压的场合，如用于某些逆变器及直流断续器等中。

大功率光控晶闸管导通电流可达千安培，耐压可达千伏特，因此采用大功率光控晶闸管作继电器等控制器件是理想选择。

51　快速晶闸管

快速晶闸管采用栅状结构的控制极及特殊制造工艺，使这种管子的开通时间减小到 1～2 微秒，关断时间也只需几十微秒，允许其工作在数十千赫的频率范围内，电流上升率 di/dt 也可达到数百安培每微秒。因此，快速晶闸管常称为高频晶闸管。

它适用于高频逆变器、高频大功率开关和直流断续器等地方。

52 单极型晶体管（FET）

它只需要一种多数载流子（自由电子或空穴）参与导电的晶体管，称为单极型晶体管。它是通过改变垂直于沟道的栅极的外加电压来控制导电沟道漂移电流大小的电压（电场）控制型器件，包括有结型场效应晶体管、MOS场效应晶体管和肖特基势垒栅场效应晶体管。它们工作原理虽不同，但特性都相似，都没有电流放大作用，只有电压和功率放大作用。它们所用半导体材料有硅、砷化镓、碳化硅等。

（1）场效应晶体管的工作状态分为三个区域

可变电阻区（当V_{DS}很小，管子预夹断前，在V_{GS}一定时的I_D随V_{DS}增加而线性增大，漏源之间可近视为一个线性电阻R_{DS}，并R_{DS}大小受V_{GS}控制）；恒流区（I_D基本不受V_{DS}控制，但I_D受V_{GS}控制，表现出V_{GS}控制I_D的放大作用）；夹断区（V_{GS}大于夹断电压$|V_P|$时，$I_D\approx0$）。非工作状态有击穿区（V_{DS}增大某一值时，I_D就突然猛增）。

可变电阻区（非饱和区）：对结型场效应晶体管和耗尽型MOS场效应晶体管来说，$|V_{GS}|$越大，R_{DS}就越大；对增强型MOS场效应晶体管来说，$|V_{GS}|$越大，R_{DS}就越小。恒流区（线性放大区）：对结型场效应晶体管和耗尽型MOS场效应晶体管来说，$|I_D|$与$|V_{GS}|^2$成反比；对增强型*MOS*场效应晶体管来说，$|I_D|$与$|V_{GS}|^2$成正比；$|I_D|$基本与V_{DS}大小无关。

在压控电阻、增益自动控制或衰减器等电路中，场效应晶体管工作于可变电阻区；在放大、恒流源等电路中，场效应晶体管工作于恒流区；在脉冲、数字和小信号无触点模拟开关等电路中，场效应晶体管交替工作于可变电阻区和夹断区。

2）场效应管三种形式放大电路特点

共源极放大电路，具有增益大、输入电阻大、输入电容大，对放大高频信号有影响；共栅极放大电路，具有增益大、输入电阻小、输入电容小，对高频信号损耗小；共漏极放大电路，具有输入电阻大、输入电容小，增益低，一般小于1。这些都是设计选用电路时应考虑的特点。

场效应晶体管具有直流输入阻抗高（结型场效应晶体管可达到10^9 Ω，MOS场效应晶体管可达到10^{15} Ω）、耗电小、高频噪声系数低（0.5～1 dB）、温度稳定性好及动态范围大、响应时间短、抗中子辐射能力强、安全工作区域宽、不存在二次击穿和电流集中现象、制造工艺简单和便于集成等优点。它被广泛应用在高频、中频、低频、直流、开关及阻抗变换等电路中。

53 结型场效应晶体管（JFET）

结型场效应晶体管是利用垂直于沟道的栅极的反向电压（N沟道）或正向电压（P沟道）的大小对沟道两边不对称的耗尽层厚度的控制，来改变沟道的宽窄，从而控制漏极电流的大小，是一种体内场效应的器件。它的直流输入电阻可达到 10^9 Ω。

它的结构是在一块很薄的低浓度 N^- 型或 P^- 型硅半导体材料的两侧扩散高浓度的 P^+ 型区或 N^+ 型区，形成两个不对称 PN 结。在 P^+ 型区或 N^+ 型区的两侧引出两个欧姆接触电极并连在一起称为栅极 G（制造时已连成），代表控制电子或空穴流通数量的机构。在低浓度 N^- 型或 P^- 型半导体材料的两端各引出一个欧姆接触电极，分别称为源极 S 和漏极 D，代表电子或空穴由源极流到漏极的途径。夹在两个不对称 PN 结中间的 N^- 型区域或 P^- 型区域称为沟道。这种结构称为 N 型沟道或 P 型沟道结型场效应晶体管。结型场效应晶体管的源极与漏极可以互换。

结型场效应晶体管只有 N 沟道耗尽型和 P 沟道耗尽型结型场效应晶体管两种。

54　MOS 场效应晶体管（MOSFET）

它是金属-氧化物-半导体的结构器件。MOS 场效应晶体管利用垂直于沟道的规定极性栅源电压的大小，来改变半导体表面的感生电荷的多少（反型层厚度），从而控制漏极电流的大小，是一种表面场效应的器件。它的直流输入电阻可达到 10^{15} Ω。它的性能取决于栅极与有源沟道之间绝缘层的质量。

N 沟道 MOS 场效应晶体管是以一块很薄的低掺杂 P^- 型硅为衬底，在它表面上左右两边的间隔约为 12 μm 扩散两个高掺杂的 N^+ 型区，分别作为源区和漏区，然后在两个 N^+ 型区之间的 P^- 型硅衬底上表面生长一层很薄的二氧化硅栅极或掺杂多晶硅栅极，并在二氧化硅栅极或掺杂多晶硅栅极的表面及两个 N^+ 型区的表面分别安置三个铝电极，即栅极 G、源极 S 和漏极 D，就成为了 N 沟道 MOS 管。另外，从衬底基片上还引出一个电极 B，通常 B 极与源极 S 相连，或衬底接到系统最低电位上（N 沟道 MOS 管）或最高电位上（P 沟道 MOS 管），防止漏极电流直接流入衬底。

P 沟道 MOS 场效应晶体管是以一块很薄的低掺在 N^- 型硅为衬底，在它表面上左右两边的间隔约为 12 μm 扩散两个高掺杂 P^+ 型硅，其余结构都与 N 沟道 MOS 管相同。

MOS 场效应晶体管有四种类型，即 N 沟道增强型和耗尽型 MOS 场效应晶体管，P 沟道增强型和耗尽型 MOS 场效应晶体管。MOS 场效应管的源极与漏极不能互换。

它除用得最广泛的以氧化硅（SiO_2）为绝缘层的 MOS 场效应晶体管外，还有以氮化硅（SiN）为绝缘层的 MNS 场效应晶体管，以氧化铝（Al_2O_3）为绝缘介质的 MAlS 场效应晶体管等。

目前，还有碳化硅 MOS 场效应晶体管（SiC MOSFET），其特点是最大漏源击穿 $V_{(BR)DSS}$ 可达 6 500 V，最大漏极电流 I_{DM} 可达 116 A，漏源漏电流 I_{DSS} 小（μA 级），开关速度快，输出导通电阻低（17～1 000 mΩ），最高工作温度可达到 150 ℃，在全温区电参数变化小等。

SiC MOSFET 适用于高温、大电流和高反压电力系统场合中作为无触点开关。

55 N 沟道场效应晶体管

它是具有一个 N 型导电沟道（自由电子的导电通道）的一种场效应晶体管，即是以自由电子导电为主的一种场效应晶体管。

56 P 沟道场效应晶体管

它是具有一个 P 型导电沟道（空穴的导电通道）的一种场效应晶体管，即是以空穴导电为主的一种场效应晶体管。

57 N 沟道或 P 沟道耗尽型 MOS 场效应晶体管

N 沟道或 P 沟道耗尽型 MOS 场效应晶体管在制造时，预定在栅极二氧化硅的绝缘层中掺入大量的正离子或负离子，这些正离子或负离子所形成电场足以将 P 型或 N 型衬底中的足够多的少数载流子吸到二氧化硅与 P 型或 N 型的衬底交界面，而在 D－S 极之间形成反型层（存在导电沟道）。因此在栅源电压为零下，当 D－S 极间施加规定极值电压时，就具有较大沟道电流的 MOS 场效应晶体管，称为 N 沟道或 P 沟道耗尽型 MOS 场效应晶体管。其沟道电流随施加适当极性的栅源电压（N 沟道为负，P 沟道为正）的绝对值增大而减少。

58 N 沟道或 P 沟道增强型 MOS 场效应晶体管

N 沟道或 P 沟道增强型 MOS 场效应晶体管在制造时，在栅极二氧化硅的绝缘层中不掺入的正离子或负离子，栅源电压为零时，栅极氧化硅的绝缘层下面不存在反型层（不存在导电沟道）。因此在栅源电压为零下，当 D－S 极间施加规定极性电压时，沟道电流也大致为零的 MOS 场效应晶体管，称为 N 沟道或 P 沟道增强型 MOS 场效应晶体管，其沟道电流随施加适当极性的栅源电压（N 沟道为正，P 沟道为负）的绝对值增大而增大。

59 双栅极 MOS 场效应晶体管

双栅极 MOS 场效应晶体管有一个源极 S、一个漏极 D 和两个栅极 G_1、G_2，其中两个栅极是互相独立的，使得它可以用来作高频放大器、混频器、解调器及增益控制放大器等。

在应用中，G_1 极专用于信号输入。高频放大时，G_2 极用于自动增益控制（AGC）输入；混频时，G_2 极用于本振信号输入。

双栅极 MOS 场效应晶体管的低频跨导和工作可靠性都比单栅极 MOS 场效应晶体管高。双栅极 MOS 场效应晶体管的输出阻抗较高，有利于增益提高。双栅极 MOS 场效应晶体管对非线性失真、交叉调制、互调失真的抑制能力更强。

双栅极 MOS 场效应晶体管只有 N 沟道增强型和 P 沟道增强型 MOS 场效应晶体管两种。

60　VMOS 功率场效应晶体管

它是指由多个小型的垂直 V 型槽的金属—氧化物—半导体结构并联而成的一种功率场效应晶体管。它与一般场效应晶体管横向结构的不同之处在于采用纵向结构，多数载流子沿着纵向导电沟道运动（即多数载流子从源区垂直向下流到漏区 N^- 外延层）。由于 N^- 外延层位于重掺杂的 N^+ 型层衬底上面，这样可使器件与散热器良好的接触，获得大功率输出。

这种功率场效应晶体管的栅极呈 V 状结构，故称为 VMOS 场效应晶体管。目前在 VMOS 场效应晶体管基础上已研制出双扩散 VMOS 场效应晶体管，称为 DMOS 器件。它只有 N 沟道增强型和 P 沟道增强型 VMOS 场效应晶体管两种。

VMOS 功率场效应晶体管具有驱动电流小（一般为 100 nA）、导通电阻小、开关速度快（10 ns～100 μs）、耐压高（可达到 1 000 V 以上）、电流大（高达 200 A）、通频带宽、高频特性好、较强的过载能力、不存在二次击穿、负温度系数、高频特性好、热稳定性高、噪声低和低频跨导线性好等优点。它被广泛应用于功率放大、电机调速、开关电源等领域中。

61　肖特基势垒栅场效应晶体管（MESFET）

它是利用金属与 N 型半导体接触形成肖特基势垒栅。肖特基势垒栅是在 N 型半导体内形成一层载流子完全被耗尽的薄膜，这个耗尽层薄膜的作用就像一个绝缘区。这个绝缘区随栅源的反向电压增大可压缩了 N 型半导体的电子导电沟道截面积。它利用栅源的反向电压（电场）的大小，控制耗尽层的厚薄，来改变 N 型的电子导电沟道截面积的宽窄，从而控制漏极电流的大小。

在砷化镓材料 N 型衬底上制作的 N 沟道耗尽型 MESFET 的微波性能最好。

62　绝缘栅双极晶体管（IGBT）

它是 MOSFET 与双极型晶体管的复合晶体管，前级是增强型 NMOSFET 或增强型 PMOSFET 与后级是低饱和压降的 PNP 晶体管或 NPN 晶体管的构成的。

它综合了 MOSFET 与双极型晶体管各自的优点，克服了各自的缺点，因而它具有输入阻抗高、输出阻抗低、饱和压降低、带负载能力强、线路结构简单和工作电源范围宽等优点。

63 光电器件

它是指对可见的、红外线的或紫外线的光谱中的电磁辐射敏感器件，或者能够发射或修改这种光谱的电磁辐射器件，或者利用这种电磁辐射进行其内部工作的器件。即是原子吸收光子使价电子被激发到导带中，产生电子和空穴发射而形成其基本特性（光电效应）的一种半导体器件。它有光电（光敏）二极管、光电（光敏）三极管、光电耦合器、红外探测器、可见光探测器、固体激光器和气体激光器等。

光电器件具有结构轻巧、装置简单、调节容易、作用显著、功能独特和寿命长等优点，在许多方面得到了广泛应用。

64 光电二极管（光敏二极管）

光电二极管是利用半导体材料具有光敏特性（当光照射所产生光能大于半导体禁带宽度的激发能量时，能使价带中的价电子被激发到导带中，形成电子空穴对），在管子施加反向偏置下能将接收光信号（可见光或红外光）转变为电信号的一种接收二极管。它结构与普通二极管相似，但也有区别，它的管芯是一个具有光敏特性的面积较大浅 PN 结或 PIN 结，并封装在顶端带有半球凸玻璃透镜或平面玻璃窗口的管壳内。当它工作在反向电压下，并在特定光谱范围内的可见光或不可见光的照射在管芯 PN 结上时，随着光照度增大（激发 P 区少子电子和 N 区少子空穴数量增大），光电二极管反向电流大大增加，形成光电流 I_L。该光电流随着入射光照度成正比的变化。但它与反向工作电压大小无关。

光电二极管可分为可接收可见光和可接收红外线光的两种光电二极管。它所用半导体材料有硅、锗、砷化镓、磷化铟和砷镓化锌等。

光电二极管适用于光亮导通的光控电路、暗光导通的光控电路、光的测量、光电耦合器，红外遥控器和微型光控开关等中。

大面积 PN 结的光电二极管是一种不需外加电源下能将光能直接转化为电能的半导体器件，可用来作能源，即光电池。P 型是光电池受光面为电压正极，N 型是光电池背光面为电压负极。光电池在实际中有两种应用，一是作为光敏管起光控作用。二是做能源转换，将光能转变为电能形成电压。以硅材料为基体的硅光电池，可以使用单晶硅、多晶硅和非晶硅来制造。

65 光电三极管（光敏三极管）

光电三极管能将接收光信号（可见光或红外线光）后，在管子 C 极、E 极之间施加电压下将光信号转变为电信号的一种接收三极管，即通过光信号来控制光电流的三极管。它结构与普通三极管相似，也有 PNP 和 NPN 的硅或砷化镓三层半导体结构。但也有区别：它的基区面积做得很大，发射区面积做得较小，以便入射光集中照射在基区。它引出电极通常只有两个（C 极、E 极），个别有三个的（C 极、B 极、E 极）；管子的芯片被装在顶端带有玻璃透镜型或平面型的金属管壳内。光电三极管不仅有特性曲线，还有光谱响应曲线。

首先指出，光电三极管工作时，B 极不加正偏压，这与普通三极管不同，但 C、E 极的偏置条件与普通三极管相同。对于 NPN 型光电三极管来说，当 C、E 极之间施加电压下，并在特定光谱范围内的可见光或者不可见光的光照射在光电三极管的基区时，将在基区激发电子空穴对，其作用相当于向基区注入少数载流子，效果和引入基极电流一样，这时流过集电极的电流称为光电流 I_L。该光电流 I_L 随入射光照度的增强而增大。但它与工作电压大小无关。光电三极管利用普通三极管的放大作用，将光电二极管的光电流放大了 β 倍，所以光电三极管 I_L 随光照强度变化比光电二极管具有更高的灵敏度。

光电三极管适用于亮光导通的光控电路、暗光导通的光控电路、光控开关、光纤通信系统、红外检测器、触发器、光电耦合器、编码器、译码器、特性识别电路、短距离的过程控制电路和激光接收电路等中。

66　半导体色敏管

半导体色敏管是工作于可见光波段（380～780 nm）的一种光传感器。它的作用在于对外界光的强弱和光波长短（即色差进行探测），实现光电转换，从而进行色判别和色控制。它有色敏二极管和色敏三极管。

它对某一波长的光特别敏感，管子输出的光电流大小随着入射光波长的改变而改变。

色敏器件可用于控制燃烧率、机器人色识别、纺织印染、光学读出装置、位置测量等领域中。

67　光电耦合器（光耦）

将发光器件（红外线发射二极管）和受光器件（光敏二极管、光敏三极管、光敏二极管与开关管、光敏达林顿三极管、光控晶闸管等）以及信号处理电路集成在一块半导体芯片上的四端器件。它在工作时，将电信号加到光耦输入端使发光器件的发光，而光耦输出端的受光器件接收输入端发光器件光辐射的作用下输出光电流，从而实现电—光—电的两次转换。它的输入和输出之间是绝缘的（绝缘电阻可达到 10^{11} Ω），只能通过光进行输入端与输出端之间的光耦合，可使信息通道中没有直接的电连接，能有效地抑制系统噪声，消除接地回路的干扰，而且输入端和输出端可以各自采用独立的电源系统，特别是用于长距离的信号传输。

光电耦合器通常有两个使用目的，一个是用于输入和输出电路间的隔离称为光电耦合器（光耦）；另一个是用于非接触式光电传感器使用称为光电断续器，又称为光电开关。

光耦的封装分为民用封装和高可靠封装两种。民用器件封装通常采用双列直插式塑料封装。高可靠器件封装通常采用双列直插式陶瓷封装或TO等系列金属管壳封装。

（1）光耦的电路结构常见有如下几种

1）光敏二极管型光耦：采用红外发射二极管和光敏二极管的组合器件；

2）光敏三极管型光耦：采用红外发射二极管和光敏三极管的组合器件；

3）光敏二极与开关管组合型光耦：采用红外发射二极管和光敏二极管与开关三极管的组合器件；

4）光敏达林顿三极管型光耦：采用红外发射二极管和光敏达林顿三极管的组合器件；

5）光控晶闸管型光耦：采用红外发射二极管和光控晶闸管的组合器件。

光耦具有结构简单、体积小、重量轻、寿命长、抗干扰性强、响应速度快、导通压降小、导电无触点、不产生火花和光耦输入端与输出端的电性能完全隔离等优点。它被广泛应用在电路之间隔离、稳压电源、固体继电器、电平转换、噪声抑制、光电开关、过流保护、长线传输、数模转换、电平匹配、高压控制、线性放大、限幅器、逻辑电路、脉冲变压器、光削波器和功率计等领域中。

（2）光电断续器（光电开关）

它是一种光电子器件，是专门用于检验物体的光传感器。它在结构和工作原理上与光电耦合器相似，大致可分为两类：一类是透过型，另一类是反光型。

1）透光型光电断续器的发光器件与受光器件之间相距一定间隔，中间为供物体穿过用的凹槽。当凹槽内无物体穿过时，发光器件的辐射光直接照射在受光器件上，将光信号转化为电信号输出；当凹槽内有物体穿过时，则发光器件的辐射光被槽内物体遮挡，受光器件无光照射，也没有电信号输出。这样便可识别物体的有无。

透过型光电断续器主要用于光电控制及光电计量等电路中，还可用来检测物体的有无和物体的运动方向，以及测量转速等。

2）反光型光电断续器的发光器件与受光器件以一定角度并排安装，由发光器件发出的光被物体反射，再由受光器件予以检测并将其转换为电信号输出。

反光型光电断续器主要用于光电接近开关、光电自动控制以及物体识别等方面，还可以作为医用光电传感器使用。

68 微波元器件

微波元器件有：微波半导体器件、微波机电元件和微波电真空器件。

（1）微波半导体器件

它是指微波二极管和微波三极管。微波半导体器件分类如下：

1）它按的工作原理可分为肖特基势垒二极管、变容二极管、阶跃恢复二极管、PIN

二极管、体效应二极管、点接触二极管、隧道二极管、雪崩二极管、微波双极型晶体管和微波场效应晶体管等。

2）它按的用途可分为三类：第一类器件是用来微波发射—微波功率发生器（振荡、倍频等）。通常将体效应二极管、阶跃恢复二极管、变容二极管、雪崩二极管、隧道二极管、微波双极型晶体和微波场效应晶体等纳入微波功率发生器类中。第二类器件是用来微波控制—对微波功率进行控制（开关、衰减、限幅、调谐、调制和移相等）。通常将PIN二极管、变容二极管、隧道二极管、肖特基势垒二极管等纳入微波功率控制类中。第三类是用来微波接收—对微波功率接收（混频、检波、放大等）。通常将点接触二极管、肖特基势垒二极管、变容二极管、体效应二极管、隧道二极管、雪崩渡越时间二极管、微波双极型晶体管和微波场效应晶体管等纳入微波接收类中。

3）它按的结构可分为点接触（金属—半导体）、肖特基势垒、PN结、PIN结等二极管、电子转移负阻器件等。

（2）微波机电元件

它是指微波衰减器、微波定向耦合器、微波法兰盘、波导和波导组件、射频功率分配器和组合器以及电气混频器等。

①微波衰减器

它是一种用来降低信号幅度而不使信号产生明显畸变的无源元件。衰减器包括固定式（通常称为衰减器）和可变衰减器。从应用的角度又可分同轴型、波导和波导截止式的衰减器，它们通常具有不同的使用频率。

②微波定向耦合器

它是用来测量或指示电压驻波比（VSWR）或功率电平。在理想的情况下，定向耦合器是一个非耗散的器件。通常，用定向耦合器来产生降低的信号往往比衰减器来降低的信号更为方便。

③微波法兰盘

用于微波传输线上的法兰盘分为同轴法兰盘和波导法兰盘。从特性上来看，同轴传输线可以在低于某一频率的所有频率上使用，而波导则只能在一个相对窄的频率范围内使用。

④波导和波导组件

波导一般定义为“一个能够传导电磁波的材料边界系统”。常将“波导”的含义限于某类在某内部传播电磁波的金属管，并且用“波导组件”这一术语来表示一种由波导以及连接两节或多节波导的附件所构成的组件。波导组件通常可以互相连接，并且也可以与带有法兰盘的设备连接，法兰盘钎焊至波导的一端。

波导最普通的应用是有效地传输射频能量。波导可以用作谐振电路，由于波导的损耗非常低，所以波导谐振电路具有极高Q值。

波导组件通常用来使波导从一种形式转换到另一种形式，例如从同轴线转换到矩形波导的转换器即为一例。波导组件也用来改变波导延伸架设的方向。

⑤射频功率分配器和组合器

功率分配器/组合器的最普通应用是把信号分成两个相等的部分或把两个信号迭加在一起，得到所希望的输出。

在信号发射中，分配器将功率分配给天线阵列的各元件；在信号接收中，它把从天线阵列的个元件接收进来的信号的结合在一起。

分配器可以信号在较低的功率电平下放大，并且来自几个放大器的功率在组合器中进行迭加。分配器/组合器可以在各个信号通路之间提供隔离。

(3) 微波电真空器件

微波电真空器件主要包括有速调管、行波管和磁控管（又叫正交场器件）等。它的优点：功率大、频率高、增益高、频带宽、效率高、稳定性高、抗核辐射能力强、耐高温（500～1 000 ℃）等。

69 霍尔元件

它是以半导体材料具有的霍尔效应为工作原理制成磁电转换的磁敏感元件。实验证明霍尔电压 E_H 大小与工作电流 I_g 及磁场强度 B 成正比，即 $E_H=0.1KI_gB$，单位为毫伏。其中 K 大小与工作温度、半导体材料特性及尺寸等有关。I_g 为控制电流极的导通电流，单位为毫安；B 为霍尔元件的磁感应强度，单位为毫特。

霍尔元件可用砷化镓（GaAs）、砷化铟（InAs）、锑化铟（InSb）、锗（Ge）、硅（Si）等半导体材料制作。其中锑化铟制成霍尔元件，灵敏度最高。

霍尔元件在工作中必须符合两个条件：在控制电流极加上一定电压，以产生一定的控制极电流；霍尔元件的半导体薄片必须感应到磁场。只有两个条件同时具备，霍尔元件才能产生和输出的霍尔电势。霍尔元件有 P 型霍尔元件和 N 型霍尔元件。

霍尔元件具有无触点磨损、无火花干扰、无转换抖动、工作频率高、温度特性好和使用寿命长等优点。它被应用于检测磁场强度、直流大电流测量、功率测量、乘法器等；用于自动化检测装置，将位移、压力、速度、加速度和流量等非电量转换成电量；可完成计算机的基本运算，如加、减、乘、除、乘方、开方、微分和积分等；可代替三极管完成放大、振荡、调制、调幅、倍频、计算、斩波和检波等工作。

霍尔效应：在导体或半导体中，产生正比于电流密度与磁感应强度矢量积的电场强度的现象。霍尔效应是由于运动电荷在磁场中受到罗伦兹力的作用而产生的。

70 集成电路

利用半导体制造工艺或膜（薄膜和厚膜）制造工艺，或两者制造工艺的结合，将构成电路中的电阻器、电容器、二极管和晶体管等元器件及其金属化互连布线一起制作在半导体内部和表面上或陶瓷基片上，形成结构上一个空间中互不可分割的整体，并能完成特定电子技术功能的电子电路，这样的微型结构称为集成电路。它实现了元器件、电路和系统的三结合，从而提高了电子电路可靠性和灵活性。

它包括有半导体集成电路、膜集成电路、混合集成电路和微波集成电路。

71 微电路

具有高密度等效电路的元器件和（或）部件，并可作为独立件的微电子器件。微电路可有微型组件或集成（微）电路。

72 半导体集成电路

在一块或多块半导体（如硅或砷化镓等）芯片的内部和表面上，使用半导体制造工艺（外延、氧化、光刻、扩散或离子注入、蒸发等）制作在电性能上能互相隔离的三极管、二极管（一般采用三极管构成的）、电阻（常用三极管等有源元件或扩散电阻代替）和电容（常用PN结电容或MOS电容构成的）等元器件，并用金属蒸发工艺进行互连布线的微型结构，称为半导体集成电路。

它分类如下：

1）它按结构和制造工艺来分，有双极型集成电路、单极型集成电路和单极型与双极型复合型集成电路三大系列：双极型集成电路主要是由NPN型晶体管（少量采用PNP型晶体管）、二极管、电阻器和电容器等元器件组成的集成电路，如TTL数字电路和音频放大器等。单极型集成电路主要是由PMOS场效应晶体管和NMOS场效应晶体管组成的集成电路，如NMOS集成电路、PMOS集成电路和CMOS集成电路等。单极型与双极型的复合型集成电路主要是由MOS场效应晶体管（通常作前级电路）与双极型器件（通常作后级电路）组成的集成电路，如Bi－CMOS型运放、Bi－CMOS型反相器等。

双极型集成电路的优点是频率特性好、驱动能力强等。它的缺点是生产工艺复杂、功耗大、集成度低等。单极型集成电路的优点是输入阻抗高、抗干扰能力强、抗辐射能力强、功耗低、工艺简单、集成度高等。它的缺点是工作速度慢、处理信号延迟时间长、负载能力较小和对静电敏感等。复合型集成电路是兼顾双极型和单极型集成电路各自的优点，克服各自缺点。它具有输入阻抗高，输出阻抗低和驱动能力强等优点。

2）它按功能和用途来分，有数字集成电路、模拟集成电路、模拟和数字混合集成电路、专用集成电路、接口集成电路和霍尔集成电路等。

3）它按集成度来分，有小规模集成电路（SSI）、中规模集成电路（MSI）、大规模集成电路（LSI）、超大规模集成电路（VLSI）、特大规模集成电路（ULSI）和巨大规模集成电路（GSI）等。

4）它按封装外形来分，有金属圆壳封装、双列直插式封装、小型封装、方形扁平封装（芯片载体封装）和针栅（球栅）阵列封装等。

5）它按封装材料来分，有陶瓷封装、金属封装和模压塑料封装等。

73 数字集成电路

产生和处理数字信号（信号的幅值随时间呈断续变化的物理量）的集成电路，或在输入端和输出端上以数字信号只有“0”和“1”逻辑状态工作的集成电路，称为数字集成电路。数字集成电路不仅能完成二进制数字运算，还能进行逻辑运算，因而也把数字集成电路叫做数字逻辑集成电路。

它的主要研究对象是电路的输出与输入之间的“0”和“1”逻辑关系，一般工作于大信号状态。构成它的主要器件有双极型器件和单极型器件。

数字电路的基本形式有门电路和触发电路两种，将两者组合起来，原则上可以构成各种类型的数字电路。

目前生产和使用数字集成电路种类很多，可按如下分类：

1）数字电路按制造工艺，可分为 RTL 电路、DTL 电路、HTL 电路、TTL 电路（54/74 系列、54S/74S 系列、54 LS/74 LS 系列、54AS/74AS 系列、54ALS/74ALS 系列）、ECL 电路、I^2L 电路；CMOS 电路（4000 系列、54HC/74HC 系列、54HCT/74HCT 系列、AC/ACT 系列）、NMOS 电路、PMOS 电路；Bi－CMOS 电路。其中 RTL 电路、DTL 电路和 ECL 电路在新设计中一般已不采用。

2）数字电路按输出结构，可分为推拉式输出或 CMOS 反相器输出、O·C 输出或 O·D 输出和三态输出等电路。

3）数字电路按逻辑功能，可分为“与门”“或门”“非门”“与非门”“或非门”“与或非门”和“异或门”等数字电路。

4）数字电路按逻辑功能不同的特点，可分为组合逻辑数字电路和时序逻辑数字电路两大类。

74 数字组合逻辑电路

在数字组合逻辑电路中，在任意时刻的输出信号仅取决于该时刻的输入信号，而与信号作用前电路原来所处的状态无关。它在电路结构上的特点只包含门电路，而没有存贮记忆单元。主要常用数字组合逻辑电路如下：

（1）编码器

为了能用二进制数码表示更多的信号，把若干个“0”和“1”两个数码按一定的规律编成不同的代码，并且赋予每个代码以固定的含意，这就叫做编码器。编码器的逻辑功能就是把输入的每个高、低电平信号编成一个对应的二进制代码。

它有二进制编码器和二—十进制编码器等。

（2）译码器

译码器的作用则是将给定二进制数代码的原意“翻译”出来。或者说，译码器可以将每个二进制数代码译为一个特定的输出信号（对于输入的某一组代码，只有相应的一条输出线为高电平或低电平，而其余的输出线皆为低电平或高电平），以表示它的原意。译码器的输出状态是其输入变量各种组合的结果。译码器的输出可操作或控制系统其他部分，也可驱动显示器，实现数字、符号的显示。

它有二进制译码器、二—十进制译码器和七段显示译码器等。

（3）数码比较器

它用来比较两个数码的电路称为数码比较器。它比较的结果在相应输出端上以高电平来表示。它有同比较器（比较两个数码是否相同）和大小比较器（比较两个数码大小）。它有二进制、二—十进制或其他的数码进制的编码。

（4）加法器

两个二进制数之间的算术运算，无论是加、减、乘、除，目前在计算机中都是要化为若干步加法运算来进行的。加法器分为半加器和全加器。

①半加器

如果不考虑有来自低位的进位，只将两个加数本身相加，这种运算称为半加。实现半加运算的电路称为半加器。

②全加器

两个加数及一个来自低位的进位数的三者相加，这种运算称为全加。实现全加运算的电路称为全加器。它是构成任意加法器的单元电路。

（5）数据选择器

它是一种由门电路组成的具有地址选择数据的组合逻辑电路，在数字信号的传输过程中，可从一组输入数据中选出某一个数据来。

它按功能的不同，有“与或”选择门和多路选择器等。这些电路可用作“与/或”选择、左/右移位寄存、真/补选择、“与/异或”选择、原码/反码选择以及多路数字数据的传输。

75　数字时序逻辑电路

在数字时序逻辑电路中，在任意时刻输出信号不仅取决于该时刻的输入信号，而且还取决于信号作用前电路原来所处的状态，或者说，还与以前的电路输入状态有关。它在电路结构上的特点包含组合电路和存贮单元两部分组成。同时，存贮单元的输出又和输入逻辑变量一起，决定数字时序逻辑电路输出状态。主要常用数字时序逻辑电路如下：

（1）触发器

具有若干稳态或非稳态的电路，电路中至少有一个稳态，可以用一个适当的电脉冲来启动，从而达到要求的转换。即能够存储 1 位二值信号的基本电路统称。

触发器是组成时序逻辑电路中存储部分的基本逻辑单位，所以在数字电路中，通常把它作为一个基本逻辑单元来看待。

它按结构和逻辑功能的不同，可分为RS触发器、D触发器、T触发器、JK触发器、单稳触发器和施密特触发器等。

它按制造工艺，可分为双极型触发器和MOS触发器两种形式。

触发器广泛应用于各种计算器、分频器、移位寄存器、信号产生及变换和控制电路等中。

（2）寄存器

它是暂时存放1组二值代码数据的部件，由可接收、存储和取出信息的双稳态电路组成的电路。寄存器可成为其他存储器的一部分，并且有规定的容量。它有最简单寄存器和移位寄存器两种。

最简单寄存器是指这种寄存器仅仅有接收数码和清除原有数码的功能。

移位寄存器除了具有接收、存储和发送数码的功能外，还可以借助适当的控制信号，能够在相邻的保持一定次序的双稳态电路之间传送信息（具有存储代码信号逐位左移或右移的移位功能）的寄存器（单向和双向移位寄存器）。它不但可以用来寄存代码，还可以用来实现数据的串行—并行转换、数值运算以及数据处理等，被广泛运用于计算机、各种数字通信系统和数控装置等中。

（3）计数器

允许所贮的数加或减包括单位“1”在内给定常数的时序电路。它由具有记忆功能的触发器构成的。

计数器不仅用来记录脉冲的个数（加法、减法和加减法），还可以用于分频、定时、程序控制及逻辑控制、产生定拍脉冲和脉冲序列以及进行二进制数字运算等。

它按编码方式，可分为二进制计数器、八进制计数器、十进制计数器、二—十进制计数器、移位寄存器型计数器和循环码计数器等。

它按数字增减，可分为加法计数器、减法计数器和可逆计数器等。

它按数字进位方式，可分为同步式和异步式两种计数器。

76 存储器集成电路

它是指能把大量二进位的数据放入、保存并可从中重新取出的功能部件。它由存储单元矩阵、地址译码器（行地址译码器、列地址译码器）、输入/输出电路（I/O）电路和读/写控制电路等五个基本部分组成。

每个存贮单元可存放一位二进位制数“1”或“0”的信息。通常把数据存入存储单元的过程称为“写入”操作，而从存储单元中取出数据则称为“读出”操作。存储器工作时的主要功能就是完成“写入”和“读出”操作。

此外，它的输入、输出数据不仅可以是一个一位的二进制数，而且还可以是一个多位并行的二进制数。

存储器分类如下：

1）存储器按存储器读、写的功能，可分为只读存储器（ROM）和随机存取存储器（RAM）两类。

a）只读存储器中又分有掩膜编程只读存储器（ROM）（数据在制作时已确定，无法更改），可编程只读存储器（PROM）（数据可以由用户根据自己的需要编写入，但一经写入以后就不能再修改），可擦除的编程只读存储器（EPROM）（数据可擦除、重写）包括有：紫外线可擦除可编程只读存储器（UVEPROM）、电可擦除可编程只读存储器（E^2PROM）和快闪存储器（吸收了 EPROM 结构简单、编程可靠的优点，又保留了 E^2PROM 用隧道效应擦除的快捷特性，而且集成度可以做得很高）。

b）随机存取存储器（RAM）在正常工作状态下就可以随时向存储器里写入数据或从中读出数据。这类存储器的特点，读、写方便，使用灵活。但是，它的存储数据易丢失的缺点。

根据所采用的存储单元工作原理的不同，将它分为静态随机存取存储器和动态随机存取存储器两种。

静态随机存取存储器（SRAM）在没有控制信号时，仍能保持存储的数据内容的一种存储器。

动态随机存取存储器（DRAM），为保持存储的数据，需要对存储器单元重复施加控制信号（刷新）的一种存储器。

除了一般常见的 ROM、RAM 以外，有些场合也要用到一些特殊的存储器。例如串行存储器（移位寄存器和电荷耦合器件）。串行存储器是存储区只能按预定顺序来存取的一种存储器。

2）存储器按存储器记忆方式不同，可分为静态存储器和动态存储器。静态存储器由触发器来记忆信息，所以其记忆时间不受限制；动态存储器主要由存储单元内的小电容器暂存电荷来完成记忆功能，由于电容上的电荷随着时间增长要逐渐泄漏，因此需要定时的充电，或称为“刷新”。此外，还有两者结合，以准静态方式工作存储器。

3）存储器按存储器制造工艺不同，可分为双极型存储器和 MOS 存储器两种。鉴于 MOS 电路（尤其是 CMOS 电路）具有功率低、集成度高等的优点，所以目前大容量的存储器都是采用 CMOS 工艺制作的。

存储器的应用领域极为广泛，凡是需要记录数据和存储数据或各种信号的场合都离不开它，尤其在计算机中，存储器是不可少的一个重要组成部分。此外，还可以用存储器来设计组合逻辑电路。

77　微处理器集成电路（DSP）

它是一种具有以下功能的集成电路：能够按编码指令操作；能够按指令接收用于处理

的和/或存贮的编码数据；能够按指令对输入数据及存贮在电路内寄存器的和/或外存贮器的有关数据进行算术逻辑运算；能够按指令发送编码数据；能够接收和/或发送用以控制和/或描述微处理器集成电路的操作或状态的信号。

它有单字节微处理器和微处理器位片（位片机）两种。按它制造工艺不同可分为双极型和 MOS 微处理器集成电路。

DSP 具有强大的数字信号处理的能力，运算精度高，计算速度快，且稳定性好，是航天产品的微小化、长寿命、低功率需求的有效途径。

78 可编程序逻辑阵列（PLD）

它是由具有固定的内部互连图形的组合逻辑元件（电路）阵列组成，并能在其制成后断开或接上内连线，以完成特定的逻辑功能的集成电路。

PLD 是一种新型半导体数字集成电路，它的最大特点是可以通过编程的方法设置其逻辑功能。

目前生产和使用的 PLD 产品主要有：现场可编程逻辑阵列（FPLA）、可编程阵列逻辑（PAL）、通用阵列逻辑（GAL）、可擦除的可编程逻辑器件（EPLD）、现场可编程门阵列（FPGA）和在系统可编程逻辑器件（ISP－PLD）。

（1）现场可编程逻辑阵列（FPLA）

它由可编程的“与”逻辑阵列和可编程的“或”逻辑阵列以及输出缓冲器组成。

FPLA 的规格用输入变量、“与”逻辑阵列的输出端数、“或”逻辑阵列的输出端数三者的乘积表示。

FPLA 的编程单元有熔丝型和叠栅注入式 MOS 管两种。它们的单元结构和 PROM、UVEPROM 中的存储单元一样，编程的原理和方式也相同。

（2）可编程阵列逻辑（PAL）

它由可编程的“与”逻辑阵列、固定的“或”逻辑阵列和输出电路三部分组成。通过对“与”逻辑阵列编程可以获得不同形式的组合逻辑函数。

（3）通用阵列逻辑（GAL）

GAL 是继 PAL 之后出现的一种 PLD，它采用电可擦除的 CMOS（E^2CMOS）生产工艺，可以用电信号擦除和改写。电路的基本结构形式仍为“与”－“或”阵列型式，但由于输出电路作成了可编程的输出逻辑宏单元（OLMC）。通过编程可将 OLMC 设置成不同的工作状态，这样就可以用同一种型号的 GAL 器件，实现 PLA 器件所有的各种输出电路工作模式，从而增强了器件的通用性。

（4）可擦除的可编程逻辑器件（EPLD）

它的电路结构型式类似于 GAL，由若干个“与”－“或”阵列模块和一些可编程的输出逻辑宏单元（OLMC）组成，可构成较大的数字系统。这种结构的优点是信号传输时间较短，而且是可预知的。

它是采用 UVCMOS 工艺制作的高密度 PLD，集成度最高已达 1 万门以上。

（5）现场可编程门阵列（FPGA）

FPGA 的电路由若干独立的可编程逻辑模块组成。用户可以通过编程将这些模块连接成所需要的数字系统。FPGA 属于高密度 PLD，其集成度可达 3 万门/片以上。

FPGA 基本结构形式，由三种可编程单元（输入/输出模块、可编程逻辑模块和互连资源）和一个用于存放编程数据的静态存储器的组成。

（6）在系统可编程逻辑器件（ISP－PLD）

它采用 E^2CMOS 工艺制作，编程数据写入 E^2CMOS 存储单元后，停电时数据不会丢失，因而克服了 FPGA 中数据易失的缺点。由于将编程控制电路和高压脉冲发生电路的集成于 ISP－PLD 内部，所以编程时不需要使用编程器，并且可以在系统内完成，不用将器件从电路板上取下。它的应用进一步提高了数字系统设计自动化的水平，同时也为系统的安装、调试、修改提供了更大方便和灵活性。

79　MOS 集成电路

它是指以金属—氧化物—半导体场效应晶体管（MOSFET）为基本有源元件构成的集成电路。MOS 集成电路分为 PMOS 集成电路和 NMOS 集成电路两类。

1）PMOS 集成电路的负载管和驱动管全部采用 P 沟道增强型 MOS 场效应晶体管组成的。由于它工作速度比较低，使用负电源和输出电平为负，不便于和 TTL 电路兼容，使它的应用受到了限制。目前 PMOS 集成电路使用越来越少。

2）NMOS 集成电路全部采用 N 沟道增强型 MOS 场效应晶体管或采用 N 沟道增强型和耗尽型的 MOS 场效应晶体管组成的。

NMOS 集成电路有两种形式：一种 NMOS 集成电路的负载管和驱动管都采用 N 沟道增强型 MOS 场效应晶体管，称为增强型负载相反器，简称 E/E MOS 集成电路；另一种 NMOS 集成电路的负载管采用 N 沟道耗尽型 MOS 场效应晶体管，驱动管采用 N 沟道增强型 MOS 场效应晶体管，称为耗尽型负载相反器，简称 E/D MOS 集成电路，又叫 HMOS 集成电路。

由于 NMOS 集成电路，工作速度快、尺寸小、集成度高，目前许多高速 LSI 数字集成电路（存储器、移位寄存器）仍采用 NMOS 工艺制作。

80　CMOS 集成电路（COS/MOS）

CMOS 集成电路是由互补对称金属—氧化物—半导体场效应晶体管的基本逻辑单元组成的集成电路。该电路的许多基本逻辑单元是由 P 沟道增强型 MOS 场效应晶体管和 N 沟道增强型 MOS 场效应晶体管按照互补对称形式连接而成的。这些基本逻辑单元电路在稳定的逻辑状态下，总是一个 MOS 场效应晶体管子截止，而另一个 MOS 场效应晶体管子导通，流经电源的电流仅是截止那一只 MOS 场效应晶体管的沟道泄漏电流，因此静态功耗很小（μW 级）。

CMOS 数字集成电路分为标准 CMOS 集成电路（CC4000 系列、C000 系列）和高速 CMOS 集成电路（54HC/74HC 系列、54HCT/74HCT 系列、AC/ACT 系列）。

CMOS 电路有如下特点：动态功耗低（典型值为 10 mW）、单电源电压、工作电源电压范围宽（标准 CC4000 系列电路，电源电压为 3～18 V，C000 系列电路，电源电压为 7～15 V；高速 54HC/74HC 系列电路，电源电压为 2～6 V）、噪声容限大（保证值达 30%V_{DD}）、逻辑摆幅大（近似等于工作电压）、输入阻抗高（等效输入电阻可达 10^8 Ω）、扇出能力强（工作速度较高时，扇出系数一般取 10～20）、温度稳定性好和抗总电离辐射能力强（耐总电离辐射强度可达 10^6 拉德（Si））等优点。但也存在一些特殊问题，如闩锁效应和静电放电损伤。

CMOS 电路主要用来处理数字信号，但只要适当给它设置工作点，也可以用来处理模拟信号。在一个逻辑系统中，有时往往既需要数字信号处理，又需要放大模拟信号。CMOS 电路在模拟信号中基本应用是作为放大器和振荡器，这种用法的附加优点是低功耗、耦合电容小、体积小、结构可靠和成本低等。

81 模拟集成电路

产生、放大和处理模拟信号（信号的幅值随时间呈连续的物理量）的集成电路，称为模拟集成电路。模拟集成电路能完成连续物理量的电流（或电压）等进行放大、转换、调制、解调、传输、运算等功能。

它研究对象是电路输出与输入之间实际关系，一般工作于小信号状态（功率输出级除外），信号往往从直流延伸到射频。构成它的主要器件是双极型器件。

模拟集成电路可分为线性集成电路和非线性集成电路。模拟集成电路又分为双极型晶体管模拟集成电路和场效应晶体管模拟集成电路。

82 线性集成电路

输出信号随输入信号的变化呈线性解析函数关系（即成比例关系）的集成电路称为线性集成电路，如运算放大器、差分放大器、积分电路、微分电路、功率放大器和稳压器等。

83 电压模式运算放大器（运放）

电压运算放大器是一种具有很高开环差模电压增益，并深度负反馈的多级直接耦合放大器。运放工作在线性区，其输出电压信号随输入电压信号变化成线性关系。它除了两个输入端（同相端和反相端）、一个输出端和两个电源供给端外，还可能有频率补偿端和调零端。

它是由高阻输入级（差分放大器）、中间放大级（电压放大器）、低阻输出级（功率放大器）、恒流源偏置电路和输出保护电路（限流保护）等集成在一块 P 型硅片衬底上的组成。运放有三种输入方式，即反向输入（输出信号与输入信号相位相反）、同向输入（输出信号与输入信号相位相同）和差动输入。

（1）运放分类

运放按结构，可分为双极型晶体管运放、结型场效应晶体管输入级运放、MOS 场效应晶体管输入级运放和 CMOS 场效应晶体管运放等。

运放按特性，可分为通用型运放（低、中、高增益）、高精度型运放、高速型运放、高输入阻抗型运放、低功耗型运放、单电源型运放、双电源型运放、宽频带型运放、高压型运放、高输出电流型运放、低漂移型运放、低噪声型运放、功率型运放和可编程序型运放及其他特殊型运放（测量用型、电压跟随型、转换自动调整型、隔离型等运放）。

运放按外型封装形式，可分为双列直插式、扁平式和金属圆壳式等运放。

（2）运放应用

在运放的输入与输出之间加上不同的反馈网络，可组成各种功能。例如，反、正向比例运算，加、减运算，乘、除运算，积分、微分运算，对数、反对数运算，有源滤波器、开关电容滤波器，电压比较器、限幅器，线性整流器，波形发生器（正弦波、阶梯波、方波、三角波、锯齿波）及波形变换器等。

除了电压运算放大器（VOA）外，还有电流运算放大器（IOA），输入、输出信号都是电流，属于电流控制电流源（CCCS）；跨阻运算放大器（ROA），输入信号是电流，输出信号是电压，属于电流控制电压源（CCVS）；跨导运算放大器（GOA），输入信号是电压，输出信号是电流，属于电压控制电流源（VCCS）。

84　三端集成稳压器

三端集成稳压器大多数采用串联反馈稳压方式，稳压器负载与电压调整功率管（半导体单管或复合管或晶闸管）相串联。电压调整功率管工作在线性放大区。输出电压自动稳压是靠输出电压的变化量来控制电压调整功率管的导通程度来实现。

三端集成稳压器是由启动电路、基准电路、比较放大器、电压调整功率管、取样电阻（网络）及过流、过热保护电路等集成在一块硅片上的三端器件。

三端集成稳压器的种类主要有三端固定式（正、负）稳压器和三端可调式（正、负）稳压器两种。三端固定稳压器使用最广泛。三端可调稳压器，优点在许多场合中可以使用一种特定类型的稳压器。三端集成稳压器的稳定工作电压由几伏到几十伏，工作负载电流由一百毫安到几安。

三端集成稳压器的优点，电路简单、稳定性能好、噪声及纹波电压小、响应速度快、控制精度高等。它的缺点，效率低（一般 40%～60%）、稳压范围小（输出端只能降压）、功率容量小、体积大、重量重等。它适用于各种电子设备中作为电压稳压器。

85 开关集成稳压器

它的显著特点是电压调整功率管（半导体单管或复合管或晶闸管）工作在开关状态，即工作在饱和导通和截止两个区。输出电压自动稳压是靠输出电压的变化量来控制电压调整功率管的饱和导通与截止的时间比值或其开关频率来现实。

开关集成稳压器分类如下：

它按调制方式，可分为脉冲调宽式、脉冲调频式和脉冲调宽调频混合式开关稳压器三大类。在实际应用中，较多使用脉冲调宽式开关稳压器。

它按控制方式，可分为电流型和电压型开关稳压器两大类。

按它输入、输出关系上，可分为降压型、升压型和极性反转型开关稳压器三大类。

它按调整电路与负载连接方式，可分为串联和并联开关稳压器两大类。

它按转换电能的种类，可分为 DC/DC 变换器、AC/DC 变换器和 AC/AC 变换器等。

它具有输出端稳压范围宽（可升压、可降压、极性可倒置）、效率高（一般为 70%～90%）、与输入—输出电压差无关、体积小、重量轻、有些甚至可省去电源变压器等优点。但噪声及纹波电压大、动态响应时间长、抗干扰差、控制电路复杂和不适用于空载和负载电流剧烈变化场合和需要在输入端和输出端设置保护电路等缺点。

它广泛应用于空间技术、通信、计算机、彩色电视机和录像机等各种电子设备中。

86 差分放大器

它是指输出信号与输入信号之代数差成比例的放大器。一般它由两个特性完全相同的双极型晶体管的共发射电路组成的。

它既能放大直流信号，又能放大交流信号，广泛应用于模拟集成电路中。

87 积分电路

输出电压随输入电压对时间的积分成比例变化的电路。它基本电路是运放积分电路：$V_0 \approx -1/RC \cdot \int Vi\,dt$ 。

它除了作积分运算、移相、波形变换等外，还作为显示器扫描电路、模数转换器和数学模拟运算等。

88 微分电路

输出电压随输入电压对时间的微分成比例变化的电路。它基本电路是运放微分电路：$V_0=-RC\cdot dVi/\mathrm{d}t$。

它在线性系统中除了作为微分运算外，还在脉冲数字电路中，常作为波形变换器（如将矩形波变换为尖顶脉冲波）、移相器等。

89 电流/电压（I/V）变换电路和电压/电流（V/I）变换电路

I/V 变换电路是指输出负载中的电压正比于输入电流的运放电路。它相当于电流控制电压源（CCVS），即负反馈跨阻运算放大器：$V_0\approx-R_FI_i$。

V/I 变换电路是指输出负载中的电流正比于输入电压的运放电路。它相当于电压控制电流源（VCCS），即负反馈跨导运算放大器：$I_0=-A_GV_i$。

它们常用于控制系统和测量设备中进行信号的电压与电流之间变换。

90 集成模拟乘法器

集成模拟乘法器，通常是对两个互不相关的模拟量实现相乘功能的电子器件。集成模拟乘法器可分为双极型集成模拟乘法器和 MOS 集成模拟乘法器。

集成模拟乘法器的输出电量（电压或电流）正比于两个或多个独立的输入电量（电压或电流）之积。它一般有两个输入端（常称为 X 输入端和 Y 输入端）和一个输出端（常称 Z 输出端），是一个三端口网络：$Z=K\cdot X\cdot Y$，式中 K 是乘法器的乘积系数（相乘增益）。

1）实现模拟相乘的基本方法有：对数—反对数乘法器、脉冲调制乘法器、可变跨导模拟乘法器等。

2）集成模拟乘法器在运算中的应用：集成模拟乘法器是通用性很强的电子器件，在运算方面不仅局限于完成相乘运算，还可以由相乘派生出相除、乘方、开平方、平方根、立方根和均方根等运算功能。

由于它的两个以上的信号相乘则出现新的频率分量，有了这一特性致使模拟乘法器被广泛应用在通信工程、广播电视、电子测量、信号处理和自动控制系统等许多科学技术领域中，完成调制、解调、调幅、调频、混频、倍频、波形产生及波形变换等功能。

91 非线性集成电路

输出信号随输入信号的变化呈非线性解析函数关系的集成电路称为非线性集成电路。

如电压比较器、D/A 变换器、A/D 变换器、调制和解调器、读出放大器、施密特触发器、变频器和波形发生器（方波、三角波、锯形波、阶梯波等）及波形变换器等。

92 电压比较器

它是能对差动输入模拟电压量大小作出响应，并能输出高电平或低电平的数字信号量的集成电路。其也可以包括一个选通端。电压比较器是模拟电路与数字电路之间的过渡电路。它是工作在非线性区的一种专用运放器，运放器工作在开环状态来比较模拟信号。它输出只有高电平或低电平两种状态。它可以看成是由输入电压控制的开关。

电压比较器可分为单（门）限电压比较器、双门限电压比较器、迟滞电压比较器和集成电压比较器。

它是一种常见的信号处理单元电路，广泛应用于信号幅度比较、信号选择、波形变换及整形等领域中。

93 数—模（D/A）转换器和模—数（A/D）转换器

（1）数—模（D/A）转换器

它是将数字形式的输入信号转换成相应的模拟形式输出信号的电路。

它有权电阻网络型、权电流型、倒 T 型电阻网络型，权电容网络型以及开关树型等 D/A 转换器。

（2）模—数（A/D）转换器

它是将模拟形式的输入信号转换成相应的数字形式输出信号的电路。

它按转换方式，可分为直接 A/D 转换器（并联比较型和反锁比较型两种电路）和间接 A/D 转换器（双积分型和 V/F 变换器型两种电路）。

它按转换时间，可分为计数式和单斜坡式（50 ms）、双斜坡积分式（10 ms）、逐位逼近式（10 ns）和并行式（30 ns）四种方式 A/D 转换器。

D/A 转换器和 A/D 转换器作为模拟技术和数字技术的接口，实现模拟信号转换成相应的数字信号，送入数字系统进行处理，将处理后得到的数字信号再转换成相应的模拟信号，作为最后的输出。这样使得利用数字技术处理现实领域中的模拟数据成为可能。

从物理结构上来说，目前可供选用的 D/A 转换器或 A/D 转换器有三种不同形式，即分立元器件转换器、混合（厚膜或薄膜）集成转换器和单片集成转换器。

D/A 转换器和 A/D 转换器，被广泛应用于测量仪器、工业及计算机采集系统、雷达、通信等领域中。

94 锁相环（PLL）

锁相环是一种频率负反馈器件，完成两个信号频率和相位同步的自动控制系统。锁相环由鉴相器（相位比较器）、环路滤波器（低通滤波器）和压控振荡器（VCO）三个基本单元组成。压控振荡器除输出外，还反馈到相位比较器输入端，构成一个闭合的相位反馈系统。

它利用压控振荡器（VCO）输出反馈信号 $V_{o(t)}$ 和输入参考基准信号 $V_{i(t)}$ 的两个信号施加相位比较器的输入端。由于相位比较器输出信号 $V_{o(t)}$ 与基准信号 $V_{i(t)}$ 和 VCO 输出信号 $V_{o(t)}$ 相位差大小及其变化成比例的，用这个相位比较器输出信号 $V_{o(t)}$ 去控制 VCO 的频率和相位变化，使 VCO 输出反馈信号与输入参考基准信号频率之差不断减小，直到这个差值为零，这时环路输出进入稳定的锁定状态。当锁相环的锁定时，VCO 能使其输出信号频率跟随输入信号变化。

锁相环在信号处理和数字系统中得到了广泛的应用，如频率调制及解调、频率锁定、时钟同步、电压/频率变换器、脉冲发生器、锁相倍频、锁相分频、锁相混频和频率合成等领域中。

95 FX 555（CC7555）型时基电路

它是一种将数字电路和模拟电路巧妙结合在一起多用途的集成电路。它由分压器、两个比较器、R－S 触发器、输出级和集电极开路的放电开关晶体管或放电场效应管等组成的。

它分为 TTL 时基电路（FX555）和 CMOS 时基电路（CC7555）两大类。利用它能极方便地构成脉冲触发式单稳态触发器、施密特触发器、定时电路、多谐振荡器、分频器、倍频器、波形产生及波形变换器等。

它的特点：定时精度高、工作速度快，使用电源电压范围宽（555 型电源电压为 5～16 V，7555 型电源电压为 3～18 V），能和数字电路直接连接，可直接驱动指示灯、小型继电器等，结构简单，使用灵活，工作可靠性高等。

96 电压/频率（V/F）变换电路和频率/电压（F/V）变换电路

V/F 变换电路能把输入电压信号变换成与之成正比的输出频率信号。V/F 变换电路通常由积分器、电压比较器和自动复位开关电路的三部分组成的。它也可用单稳态触发器附加微分网络或利用锁相环路中的压控振荡器构成的。

F/V 变换电路是电压/频率变换电路的逆过程，能把输入频率信号变换成与之成正比的输出电压信号。它也可用单稳态触发器附加积分网络构成的。

它们广泛应用于接口电路、模拟和数字混合集成电路中，常用作为模转换器、长时间积分器、线性频率调制器和解调器以及其他功能电路。

97 接口集成电路

它以其输入端和输出端来连接电子系统中电信号互不相容的各个部分的集成电路。它包括有，电压比较器、电压跟随器、时基电路、调制器和解调器等。

98 霍尔集成电路

霍尔元件与半导体集成放大电路集成为一个整体的电路，称为霍尔集成电路。它有霍尔开关、霍尔电流传感器和霍尔电压传感器等。

99 膜集成电路

它是指元件和互连布线均以膜型式在绝缘基片表面上形成的集成电路。膜元件可以是有源的或无源的。

它可分为薄膜集成电路和厚膜集成电路两大类。

100 薄膜集成电路

采用真空蒸发、溅射或其他薄膜工艺，在绝缘基片表面上制作的膜无源网络（薄膜元件及互连布线等），然后再装接上有源元件等，其膜的厚度在 1 微米以下，故而得名称为薄膜集成电路。

101 厚膜集成电路

用丝网印制法，将浆料（玻璃熔合物或金属陶瓷）在绝缘基片表面上印制图形并经过加热工序制作的膜无源网路（厚膜元件及互连布线等），然后再装接上有源元件等，其膜的厚度可达数微米，故而得名称为厚膜集成电路。

102 混合集成电路

在玻璃或氧化铝或氧化铍基片表面上，由半导体集成电路与膜集成电路的任意结合，或由任意这些电路与分立元器件的任意组合而形成的集成电路。

混合集成电路都包括一个有淀积电路（通常是厚膜电路）的基体，再装接上单独制造的有源元件（可以是芯片形式，也可以是分立元器件），这样就完成了一种电路功能。

当需要大功率、高频或高精度器件时，经常采用混合集成电路。

注，氧化铝的导热率比玻璃高 20 倍，氧化铍的导热率比玻璃高 200 倍。

103 DC/DC 变换器

DC/DC 变换器可分为线性式和开关式变换器两种。DC/DC 变换器，通常是一种小功率的开关式稳压电路。

开关式 DC/DC 变换器基本工作原理是通过相应电路（通常采用脉冲宽度调制器）控制开关功率晶体管进行高速的饱和导通与截止，将直流电转化为高频率的交流电，提供给变压器进行变压（升压或降压），通过整流、滤波、稳压处理后，产生所需要的一组或多组直流稳定电压。

它可分为升压式 DC/DC 变换器（正压、负压）和降压式 DC/DC 变换器（正压、负压）。升压式 DC/DC 变换器的输出电流较小，多为几十毫安至几百毫安，因此适用于输出电流较小场合。降压式 DC/DC 变换器的输出电流较大，多为数百毫安至几安，因此适用于输出电流较大场合。

DC/DC 变换器由于功耗低，重量轻，体积小等优点，绝大多数航天产品中的电源都选用 DC/DC 变换器。

104 微波集成电路

工作在微波频段（300 MHz 到 3 000 GHz 范围）的集成电路称为微波集成电路。它有微波单片集成电路和微波混合集成电路两类。

（1）微波单片集成电路

它用半导体制造工艺将全部有源和无源的微波元件及互连线制作在半导体的内部和表面上而形成的微波集成电路。

（2）微波混合集成电路

它在绝缘基片表面上，采用薄、厚膜集成工艺制作某形式的传输线和无源网络，将有源元件安装到规定的位置上而构成的微波混合集成电路。

105 电荷器件

（1）电荷转移器件（CTD）

依靠分立电荷包沿半导体表面或半导体表面下方，或通过半导体表面上互连的有效运动而进行工作的器件。该有效运动可以通过改变产生控制电场区域来实现。

电荷包：是电荷中由一个位置转移到下一个位置中的那一部电荷。

（2）斗链式器件（BBD）

一种把电荷存储在半导体区域中并通过连接这些区域的一系列开关器件，以电荷包的形式转移这些电荷的电荷转移器件。该器件是依靠内部电容形成的各个位置上的再生电荷包工作的。

（3）电荷耦合器件（CCD）

一种在势阱中贮存电荷并依靠势阱位置的移动，以电荷包的形式几乎完全转移这种电荷的电荷转移器件。该器件是依靠改变同一电荷包位置进行工作的。

（4）电荷转移图像传感器

它是指接受光传送的图像，将其变换为电图像传输的电荷包形式工作的电荷转移器件。

它将光线产生的电荷存储在电容器中，将这些像素分成很多个，读出时将存储在电容器中的电荷，按邻接的像素移动，就能连续读出一系列图像信号，沿纵向反复进行同样的操作，就能得到一张完整的图像信号。

106 传感器

它是指能感受规定的被测量并按照一定的规律将其转换成可用输出信号的器件或装置，通常由敏感元件和转换元件组成。其中敏感元件是指传感器中能直接感受或响应被测量的部分；转换元件是指传感器中能将敏感元件感受或响应的被检测量转换成适合传输或测量的电信号的部分。传感器分类如下：

1）传感器按被测物理量，可分为温度传感器、湿度传感器、位移传感器、力学传感器、流量传感器、液位传感器、转速传感器和扭矩传感器等。

2）传感器按工作原理，可分为电学式传感器、磁学式传感器、光电式传感器、电势式传感器、电荷传感器、半导体传感器、谐振式传感器和电化学式传感器等。

3）传感器按信号的检测转换过程，可分为直接转换型传感器和间接转换型传感器两大类。

4）传感器按输出信号形式，可分为开关信号（机械触点开关和电子开关）、模拟信号（电压、电流、阻抗、电容、电感）和其他（频率）等传感器。

它广泛应用于电子计算机、生产自动化、航空、航天、遥测、遥感和医疗等领域中。

107 频率元件

它是一种可作为稳定频率或选择频率的元件。频率元件有石英晶体谐振器、石英晶体振荡器、介电滤波器、LC 滤波器、RC 滤波器、石英晶体滤波器、陶瓷滤波器和声表面波滤波器等。

108 石英晶体谐振器（石英晶体）

石英晶体谐振器是一种可作为稳定频率和选择频率的元件。它是利用具有压电效应的石英晶体片（人造晶体、净化人造石英、天然石英）而制成的谐振元件。

这种压电石英晶体片当受到外加交变电场的作用时会产生机械振动，与此同时，机械振动又会使石英晶体片产生交变电场。当外加交变电场的频率与压电石英晶体片的固有频率相同时，机械振动的振幅和交变电场的幅值最大，这种现象称为压电谐振。因此，把石英晶体称为石英晶体谐振器。石英晶体谐振器的特性在很大程度上取决于从石英母晶体上切下的晶片的大小、角度大小和厚度大小。

石英晶体谐振器有两个固有频率或谐振频率，一个是由 L、C 串联谐振的频率 f_0，另一个是由 L、C、C_0 并联谐振的频率 f_∞($f_\infty > f_0$)。在 f_0 和 f_∞ 之间(f_0 和 f_∞ 之间的范围很窄)，石英晶体呈感性，在其他频率下，石英晶体呈容性。石英晶体谐振器利用 f_0 与 f_∞ 之间的等效电感与其负载等效电容来确定振荡频率 f_L（标称频率）。

石英晶体谐振器分类如下：

它按用途，可分为普通和专用石英晶体谐振器。它按工作频率，可分为低频（180～600 kHz)、中频（2.9～75 MHz）和高频（60～125 MHz）的石英晶体谐振器。它按封装材料，可分为金属壳封装、玻璃壳封装和陶瓷壳封装等石英晶体谐振器。

由于石英晶体谐振器具有 Q 值很高（几万至几十万），且它的固有振荡频率十分稳定。因此，频率稳定度高（可达 10^{-9}～10^{-11}）等。它是目前构成各种高精度振荡器的核心元件。此外，它还可以作为温度、压力、重量等的敏感元件单独使用。

石英晶体谐振器广泛地应用于无线电话、载波通信、广播电视、卫星通信、电子钟表、计算机和数字仪表等各种电子设备中。

压电效应：压电体在应力作用下，因变形产生的极化状态的改变所导致表面电荷的现象称正压电效应；压电体在电场作用下产生应变的现象称逆压电效应。两者总称压电效应。

109 石英晶体振荡器

石英晶体单独做成元件使用就是石英晶体谐振器，如果把石英晶体谐振器与半导体器件和阻容元件组合，便可构成石英晶体振荡器。它的振荡频率取决于石英晶体谐振器的谐振频率。

石英晶体振荡器分类如下：

1）石英晶体振荡器按构成振荡器形式，可分为并联型晶体振荡器和串联型晶体振荡器。并联型晶体振荡器，把石英晶体谐振器工作频率在 f_0 和 f_∞ 之间的电感与外接电容 C_1 和 C_2 来组成一个电容三点式 LC 振荡电路。串联型晶体振荡器，把石英晶体谐振器作为正反馈，若LC选频回路的振荡频率等于石英晶体谐振器的串联谐振频率 f_0 时，石英晶体谐振器的阻抗最小且为纯电阻，实现正反馈最强，且相移为零，满足振荡条件，振荡电路便可起振。

2）石英晶体振荡器按种类，可分为普通石英晶体振荡器（CXO）、恒温石英晶体振荡器（OCXO）、温补石英晶体振荡器（TCXO）、压控石英晶体振荡器（VCXO）、温控压控石英晶体振荡器（OCVCXO）、温补压控石英晶体振荡器（TCVCXO）和微机补偿石英晶体振荡器（MCXO）等。

3）石英晶体振荡器按频率稳定度，可分为一般精度（10^{-4}～10^{-5}）、中精度（10^{-6}～10^{-8}）和高精度（10^{-8} 以上）等石英晶体振荡器。

4）石英晶体振荡器按输出波形，可分为方波输出和正弦波输出等石英晶体振荡器。

5）石英晶体振荡器按工艺结构，可分为分立结构、定制混合电路结构和混合结构等石英晶振荡器。

6）石英晶体振荡器按制造结构，可分为双极型晶体管和CMOS石英振荡器。

7）石英晶体振荡器按封装材料，可分为玻璃壳、金属壳和陶瓷壳封装等石英晶体振荡器。

石英晶体振荡器具有工作频率范围大（1～70 MHz）、频率稳定度高（可达 10^{-9}～10^{-11}）等优点，被广泛应用于星弹测控、雷达、导航、通信、电子对抗、气象、工业自动控制、各种军用电子设备及民用电子产品中。

110 石英晶体滤波器

石英晶体片具有压电效应，当外加电场的频率与石英晶体片的固有频率相同时，机械振动最强，输出的电信号也最大，出现谐振。利用石英晶体片的这一特性，可以取代LC谐振回路，以完成选频的作用，使有用信号的频率能比较顺利通过，而将无用及有害信号的频率的滤掉，或让它受到较大的衰减，起滤波作用。

石英晶体滤波器分类如下：

石英晶体滤波器按通带功能不同，一般可分为低通滤波器、高通滤波器、带通滤波器和带阻滤波器等。石英晶体滤波器按结构，可分为分立元件石英晶体滤波器和单片石英晶体滤波器。石英晶体滤波器按引出端，可分为双端、三端和组合石英晶体滤波器。

石英晶体滤波器具有频率稳定度高，矩形系数小，常用于中频滤波、高频滤波和单边带滤波等。

111 声表面波带通滤波器

声表面波（SAW）是指原子运动的声波沿固体表面弹性的传播，幅值随深度而迅速衰减的声波，这个波称为弹性声表面波。它的传播速度均是电磁波传播速度约10万分之一，工作频率在微波段，可高达 1GHz。

声表面波器件是一种新型器件，主要用于高频信号处理。它的典型应用包括带通滤波器和延迟线。

声表面波器件对表面状态是敏感的，因此需要整体封装，而且晶体的安装特性必须与原始设计的要求相一致。

声表面波带通滤波器是采用陶瓷或石英晶体等压电材料，利用其压电效应和声表面波传播的物理特性而制成的电声和声电的两次转换的一种新型专用滤波器。它是由压电陶瓷或石英晶片基片上的输入和输出的两个换能器，来产生声表面波和检出声表面波的，以完成带通滤波的功能。

声表面波带通滤波器的性能特点：选择性好，选择性一般可达到 140 dB 左右；频带宽，动态范围大，且中心频率不受信号强度影响；性能稳定，可靠性高，抗干扰能力强，不宜老化；使用方便，无需调节。它的缺点，输入损耗较大，使用时需要在前级加宽频带放大器。

它广泛应用于电视机及录像机中频电路中，以取代 LC 中频滤波器，使图像、声音的质量大大提高。

112 声表面波延迟线

它是指能将输入信号延迟一段时间再输出的声表面波器件，称为声表面波延迟线。它是声表面波在介质表面从发送到接收的传播时间。

它是由在一个压电陶瓷或石英晶片基片上的两个换能器组成的，其中输入换能器将电能转变声能（机械能），而输出换能器将声能（机械能）转变电能。两个换能器之间的距离为声表面波传播的路径，决定着输入信号输出的延迟时间。

声表面波延迟线分为固定延迟线和多抽头延迟线两种，还可分为有源延迟线和无源延迟线两种。

113 电连接器

电连接器是一种以端接导体的元件，又是一种精密的机械装置。它是各类电气、电子设备和系统中不可能缺少的元件，为电气、电子设备和系统的电线、电缆端头提供重复地快速连通和断开的装置。它通常由插头与插座两部分的配对插合组成。插头是刚性插针接触件，插座是弹性插孔接触件。

通过电连接器将电气、电子设备和系统的电线、电缆与设备之间电路连接，实现信号（低频、高频）、电能（功率）、光信号、气路、液路等的传输，同时还可以实现屏蔽、滤波、高速数据传输的功能。

它基本结构由接触件（插针、插孔）、绝缘体、外壳、锁紧机构及尾部附件组成。插针有椭圆形、圆形、方柱形和扁平形等；插孔有圆筒型、音叉型、盒型和悬臂梁型。

电连接器大体可有低频（工作频率低于 3 MHz）电连接器、高频（工作频率高于 3 MHz）电连接器、射频同轴电连接器、印制板电连接器、特种电连接器、数字总线电连接器、光纤光缆电连接器以及各种混装电连接器等。

1）电连接器一般可以如下分类：

a）它按工作频率，可分为低频电连接器和高频电连接器。

b）它按基本外形，可分为圆形电连接器、矩形电连接器、印制板电连接器和同轴形电连接器。

c）它按固定方式，可分为固定电连接器（插座）和自由端电连接器（插头）两种。

d）它按插头与插座的连接方式：对圆形电连接器可分为卡口式、直插式、卡锁式、螺纹式、自动式等电连接器；对矩形电连接器可分为机柜式、螺钉紧锁式、中心螺杆式、扣环式、二次挂钩缩紧式等电连接器；对印制板电连接器可分为螺纹紧锁式、直插式等电连接器。

e）它按端接方式，可分为焊接、压接、绕接、刺破连接和螺丝钉连接等。

f）它按用途，可分为普通电连接器（用于一般信号传输）、专用电连接器（如分离、脱落、耐超高湿、耐超低温、耐火焰、耐深水、耐高真空、滤波和抗辐射加固等）。

2）电连接器的种类繁多，结构形式各不同，但一般应具有以下特点：

a）在使用过程中保证所有接触件高的接触可靠性、稳定性；

b）高的互相性，同一品种、型号、规格，同批次或不同批次的电连接器，其插头与插座都能互相插合，并达到电气、机械等性能的要求；

c）有防误插和斜插功能；

d）可靠的锁紧防松机构；

e）高的安全性，如绝缘电阻和耐电压要足够高；

f）高的耐过负荷能力；

g）良好的环境适应性。

114 开关

它是指具有驱动机构和多个接触件（触点）的一种机电元件，在电路中起断开、接通或转换的作用。

开关种类很多，常用开关有机械开关、水银开关、舌簧开关、薄膜开关、电子开关、定时开关和接近开关（释热电式、电容式、霍尔式、光电式等接近开关）等。在电子装置和设备中应用最多的是机械开关。

机械开关一般分类如下：

机械开关按结构特点，可分为钮子、波段、滑动（拨动、杠杆、推动、旋转）、掀压、按钮、按键、微动和双列直插等机械开关。

机械开关按特性及尺寸，可分为电源开关、普通开关、高压开关和微型等机械开关。

机械开关按封装方式，可分为敞开式封装、封闭式封装、环境密封（或弹性密封）和气密封装等机械开关。

机械开关按触点数目，可分为单极单位、双极双位、单极多位和多极多位等机械开关。

机械开关按转换动作，可分为瞬动、保持、交替和快速等机械开关。

115 继电器

继电器的控制部分（输入回路）中输入的某物理量（输入量），如电、磁、光、热、声、压电、压力、气体流量和加速度等物理量的逐渐变化（由小到大或由大到小）达到规定要求时，能使被控制部分（一个或多个输出回路）中电参数（输出量）跳跃式地发生变化（从最小值突变到最大值或从最大值突变到最小值）。我们把这种自动控制的元件或器件称为继电器。此外将它的合理的组合也可以构成逻辑电路、时序电路。

继电器一般由输入机构（输入电路）、中间机构（驱动电路）和执行机构（输出电路）组成。

继电器包括有电磁继电器（直流和交流电磁继电器）、磁保持继电器、极化电磁继电器、舌簧继电器、高频继电器、同轴射频继电器、混合式继电器、固体继电器、时间继电器、恒温（温度）继电器和特殊继电器（光敏、热敏、风速、气压、声音、压电、加速度、振动、谐振和霍尔等继电器等）等。实际应用最多的继电器是电磁继电器和固体继电器两种。

继电器基本控制电路：直接与旁路控制电路、自锁电路、互锁电路、单锁电路、延时电路、顺序控制电路和继电器逻辑（“非门”“与门”“或门”“与非门”“或非门”）电路等。

继电器广泛应用于自动、遥控、遥测、通信及电力系统等装置中。它是现代自动化和通信系统中不可缺少的电气元件。

116 电磁继电器（EMR）

它是利用电磁感应原理而实现触点断开、闭合或转换的一种机电元件。工作原理：当它的线圈通电时，线圈激磁电流便产生磁场，在线圈磁通回路中的铁芯、轭铁、衔铁被磁化，在铁芯与衔铁间工作空气隙处产生电磁吸力。当在铁芯与衔铁间空气隙处生产电磁吸力大于复原弹簧等的反力时，将可动衔铁吸向铁芯，而与衔铁相连的小锤推动的动簧片触点，从而使原先常闭触点断开，原先常开触点闭合。当线圈断电后，电磁吸力消失，衔铁在复原弹簧和簧片触点等的反力作用下，回到起始位置，随之触点也回到起始状态。这样可使电磁继电器的触点系统实现通断作用。

电磁继电器是依靠衔铁工作空气隙和可动衔铁，将电磁能转化为机械能的铁磁元件组合，一般由铁芯、线圈、轭铁、衔铁、复原弹簧（或永久磁钢）、动静簧片触点、支架以及引脚和晶罩等组成。电磁继电器包括有通用、灵敏和磁保持三大类。

电磁继电器有电压和电流继电器，从工作原理来说，两者均属于电磁继电器，没有任何区别，但两者不能互换使用。

电压电磁继电器：线圈与电源回路并联，以恒定电压信号为依据。回路电流取决于线圈阻抗。一般线圈的线径较细、匝数多、电感和电阻都较大，线圈电流不大。

电流电磁继电器：线圈与电源回路串联，以恒定电流信号为依据。回路电流由回路中其他电路的元件较大的阻抗决定，而线圈阻抗对整个回路阻抗的影响可忽略不计。一般线圈的线径较粗、匝数少，电感和电阻均较小，线圈电流较大。

在一般应用的控制线路中，电压电磁继电器使用得比较多。

由于电磁继电器具有触点形式多（常闭触点、常开触点、转换触点和不间断转换触点）、热稳定性好、开关电阻比大（可达 10^{10} 以上）、接触电阻小（小于 50 mΩ）、负载特性好、功率放大系数大、耐高温、隔离电阻大、抗辐射能力强、易于制作多组触点和互换性强等优点。因此，它无论从应用领域之广还是从产量之多来说，都在各类继电器中占据第一位，成为继电器中的主要一类产品。

117 磁保持继电器（JM）

它是指利用永久磁铁，使电磁继电器的可动衔铁在其线圈断电后，仍能保持在线圈通电时的位置上的一种双稳态二位中性式极化继电器。磁保持继电器由于装有体积较大永久磁铁，借助于它在铁芯和衔铁的左、右工作空气隙中永久磁铁所产生的极化磁通（φ_{m1} 和 φ_{m2}）与控制线圈产生的磁通（φ_e）进行比较叠加产生合成电磁力大小，就达到了其动作或复位的目的。

磁保持继电器，一般由单线圈或双线圈（动作线圈和复位线圈）组成，它只有保持和复位的两个状态。单线圈的磁保持继电器根据线圈输入脉冲电压正或负极决定其动作或复位。双线圈的磁保持继电器当动作线圈输入脉冲电压达到一定值时，使其动作；当复位线圈（置“0”线圈）脉冲电压达到一定值时，使其复位。

磁保持继电器优点：线圈不需要连续通电、功耗小（10^{-5}～10^{-8} W）、动作快（几毫秒以下）、灵敏度高、线圈过载能力强、耐振动和冲击能力强、可靠性高、具有“记忆”功能等。因此，在对能源消耗有特殊限制的场合，如空间站、卫星等应优先选择磁保持继电器。

磁保持继电器虽有上述优点，但控制电路较为复杂，所以是否采用磁保持继电器，必须根据具体情况全面考虑。

应注意，磁保持继电器的工作可靠性取决于衔铁的换向力大小，换向力越大，工作越可靠。

118 舌簧继电器（JA）

它由线圈（或永久磁铁）和一个或多个舌簧管组成。当绕在舌簧管上的线圈通电流（或永久磁铁靠近舌簧管）时，在线圈内部产生磁场使舌簧管内的两个平行的舌簧片被磁化，在舌簧片的触点端感应出极性相反磁极，产生电磁吸引力。当电磁吸引力超过舌簧片弹力时，导致两个舌簧片相吸，使触点接通。当线圈断电后，电磁吸引力消失，利用舌簧片本身弹性，使触点断开。这样便完成了一个开关的作用。

舌簧继电器可分为干簧继电器（JAG）、湿簧继电器（JAS）、剩簧继电器（JAT）。

舌簧管是在密封于充满惰性气体的玻璃管内，平行安装两个或三个具有触点簧片和衔铁磁路双重作用的舌簧片端部重叠，并留有一定空隙或相互接触，以构成常开触点（H）和转换触点（Z）。

舌簧管可分为干舌簧管（GAG）、湿舌簧管（GAS）和剩簧管（GAT）。舌簧片接触面积较小，触点允许负载电流小，一般为1～2 mA；触点容量小，承受电压能力低；触点簧片弹力小，触点容易产生机械抖动及触点接触电阻大。

舌簧继电器具有动作速度快（1～2 ms）、吸合功率小、灵敏度高、机电寿命长（10^6～10^8 次）、结构简单、体积小、重量轻和安装灵活等特点。它在自动化、运动技术测量、通信技术和计算机技术等方面都得到了应用。

119 温度（恒温）继电器（JU）

它是以感应温度变化来控制切换电路的一种继电器。它与电磁继电器、固体继电器和混合继电器最大的不同之处在于不需要外加电源提供能量，而依靠温度敏感元件（电路）来实现电路切换功能。

利用双金属片材料（镍铁合金和黄铜等）热胀系数差异，在受热后产生弯曲变形（位移）而带动触点动作而实现电路切换功能，称为双金属片结构温度继电器；利用热敏电阻受热导致电阻值突然变小而实现无触点电路切换功能，称为热敏电阻器式温度继电器。利用温度传感器和控制电路组合实现无触点电路切换功能，称为传感器电子温度继电器。

双金属片结构温度继电器按动作触点，可分为快动式温度继电器和慢动式温度继电器两种。它按感温方式，可分为接触感温式温度继电器和空气感温式温度继电器两类。它按密封方式可分为气密型和非气密型两类。它按触点类型，通常可分为一组常闭触点（D）和一组常开触点（H）两类。

温度继电器用于温度过热保护、过热检测控制和仪器舱内恒温控制等。

120 固体继电器（JG）

固体继电器是利用器件（大功率晶体管、大功率晶闸管、高压大功率 Si MOSFET、SiC MOSFET 和绝缘栅双极晶体管 IGBT 等）的导通或截止功能实现电路电切换功能（接通或关断）的继电器。其本质为输入电路（电子控制电路）与输出电路（电气执行电路）之间带有隔离电路的无触点功率电子开关器件。它可以实现以输入端微弱的信号控制输出端几十安甚至几百安的负载进行无触点的接通和断开。

它一般由输入部分（电子控制电路）、驱动部分（包括隔离耦合电路、功能电路和触发电路）和输出部分（电气执行电路）组成。

目前，国产的直流固体继电器大部分采用高压功率场效应管作为输出器件，交流固体继电器大部分采用高压功率双向晶闸管作为输出器件，交直流固体继电器大部分采用高压功率场效应管（MOSFET）或绝缘栅双极晶体管（IGBT）。

高压功率 MOSFET、IGBT 器件，被应用作为固体继电器输出开关管以来，消除了原来采用双极型器件存在的二次击穿失效模式，可靠性得到增长，使其切换功率提高到千瓦级，特别是使用 MOSFET 器件，可使开关漏电流降到 uA 级（pA 级）。

（1）固体继电器分类

它按输电压入信号，可分为阻性输入电压（输入电路中串入一个电阻器）和恒流输入电压（输入电路中串入起恒流作用的场效应管）固体继电器。

它按输出负载电源类型，可分为直流、交流和双向（交、直流通用）固体继电器。

它按输入和输出隔离电路不同，可分为磁隔离、光耦隔离、光伏（电池）隔离、干簧继电器隔离、光敏 MOS 场效应管隔离等固体继电器。一般采用磁隔离和光耦隔离的。

它按生产工艺不同，可分为分立结构型和混合组装结构型固体继电器。

它按输出电路形式，可分为常开、常闭和转换固体继电器。

它按输出电路的组数，可分为单组合和多组合固体继电器。

它按输出切换功能性质，可分为信号传递型和功率切换型等固体继电器。

它按密封方式，可分为气密封式（M）和非气密封式（F）固体继电器。

它按安装方式，可分为印制电路板上插针方式和固定金属板上安装方式固体继电器。

它按外型尺寸，可分为微型（W）、超小型（C）和小型（X）固体继电器。

交流固体继电器根据其触发方式不同，可分为过零型、直流控制的随机型和脉冲控制的随机型三类。

（2）固体继电器优点和缺点

1）固体继电器的优点：具有与 TTL 和 CMOS 逻辑电路兼容；具有性能一致性好；动作时间短，直流型的动作时间达到 μs 级，交流型的开关时间一般为交流 0.5 周期（常用 50 Hz 和 400 Hz）；动作灵敏高，输入功率在几十到几百毫瓦之间；切换功率可达到千瓦级；电寿命长，在正常使用条件下，可开关上亿次不损坏；开关无电弧或无火花产生，无回跳和抖动；力学环境指标高，能耐受上千 g 的冲击，上万 g 的离心加速度的试验考核；可靠性高，比电磁继电器可靠性高 1 个数量级，可达到 6～7 级；抗干扰能力强，对外界干扰小等。

2）固体继电器的缺点：输出开、关不是真实断开和导通，输出断开存在漏电流（微安级或毫安级），输出导通电压降较大；开关电压范围较窄，使用温度范围小；切换功率与体积比值小；触点单一，多路触点较难设计制造，体积亦难小型化；关断时间较长，过载能力差；输出电路开关管需要采用保护电路和采取散热器等。

固体继电器被广泛应用于计算机外围接口装置、恒温系统、数控机械、遥控系统、工业自动化装置、信号灯光控制、仪器仪表、保安系统和军用电控系统等领域中。

121　延时继电器（JS）

当加上或去除输入控制信号后，要求输出被控制的对象延缓规定时间再动作（接通或断开），这种具有延缓动作时间或定时功能的继电器称为延时继电器。它除了有切换电路功能外，还能延缓时间功能。

1）延时继电器按结构，可分为混合式延时继电器（JSH）、固体电子式延时继电器（JSB）、电磁式延时继电器（JSC）和电热式延时继电器（JSE）等。

a）混合式延时继电器：它是一种电子延时定时及驱动电路与电磁继电器组合在一起的延时控制装置。通过它可以定时控制电路的换接。混合延时继电器又分为一体式和分体式两类。目前，分体式混合延时继电器被广泛应用于宇航产品中。

b）固体电子式延时继电器：它是一种电子延时定时电路与固体继电器组合在一起的延时控制装置，通过它可以定时控制电路的换接。它具有结构紧凑、体积小、重量轻、抗力学过载能力强和抗瞬变能力强等优点。

c）电磁式延时继电器：它是当电磁继电器的线圈加上信号后，通过减缓电磁铁的磁场变化而获得的延时控制装置。通过它可以定时控制电路的换接。现该式继电器很少使用。

d）电热式延时继电器：它是利用控制电路的电能转变成热能，当热能达到某一预定值时而获得的延时控制装置。通过它可以定时控制电路的换接。

2）混合和固体延时继电器按延时动作不同，可分为五种延时类型：动作（吸合）延时型、释放延时型（2A 型、2B 型）、间隔延时型、重复循环延时型和自规定时序延时型等。

备注：2A 型，释放延时控制端与电源端相互独立。2B 型，释放延时电源端直接控制。

3）混合式延时继电器按触点类型，可分为常开触点（H）和转换触点（Z）延时继电器。

延时继电器具有定时可调、转换触点多和使用方便等优点，被广泛应用于电子设备中的自动控制电路中。

122 断路器

在正常电路条件下能接通负载和断开电流，而在非正常电路条件下能在接通负载规定时间后自动断开电流的一种机械开关。

断路器包括有：热电路断路器、磁电路断路器、热补偿电路断路器和热磁电路断路器的基本四类型。

断路器应具有自动闭合的功能。在任何情况下，断路器都必须具有中断过载的能力，以便将故障隔断，即使在断路器的负载端直接短路情况下也应如此。

123 熔断器（保险丝）

熔断器是电子电路保护元件中的一种。它是在电路中电流过载或电器过热时，在规定的时间内，熔体自然熔断而开路，以保护电路中的元器件不受损坏。熔断器有正常响应、延时断开、快速动作和电流限制四种类型。

常用的熔断器有保险丝管（普通玻璃保险丝管、速断型玻璃保险丝管、大电流速断玻璃保险丝管、速断型陶瓷保险丝管、延时型玻璃保险丝管和保险丝管座等），可恢复保险丝，温度保险丝和熔断电阻器等。

124 接触器

它是在电动力系统中，频繁接通和分断主电路的一种继电器。它主要由触头、灭弧系统和传动机构组成。

125 微电机

电机能将电能转换成机械能或能将机械能转换成电能的装置。

微电机一般是指折算至 1 000 转/分钟时连续额定功率 750 瓦以下或机壳外径不大于 160 毫米或轴中心高不大于 90 毫米的电机。

126 电阻器

具有一定阻值、一定几何形状、一定性能参数，在电路中起电阻作用的实体元件。它利用金属或非金属材料具有电阻特性。电阻器的基体材料都是氧化铝这一类陶瓷。

它在电子电路中能起分压、降压、分流、限流、负载或阻抗匹配和充放电等作用。

电阻器分类如下：

电阻器按结构特点，可分为固定电阻器和可变电阻器（或微调电阻器）。

电阻器按电阻体材料，可分为：膜型电阻器，如碳膜电阻器（RT）、金属膜电阻器（RJ）、金属氧化膜电阻器（RY）、薄膜电阻网络（BM）等；合成型电阻器，如合成碳膜电阻器（RH）、玻璃釉膜电阻器（RI）、厚膜电阻网络（HM）、有机实芯电阻器（RS）、无机实芯电阻器（RN）等；合金型电阻器，如线绕电阻器（RX）、合金箔电阻器等；特种电阻器，如热敏电阻器（MZ、MF）、压敏电阻器（MY）、光敏电阻器（MG）、力敏电阻器（ML）、磁敏电阻器（MC）、气敏电阻器（MQ）、湿敏电阻器（MS）和保险丝电阻器等。

电阻器按用途，可分为普通电阻器、精密电阻器、高阻电阻器、高压电阻器、功率电阻器、高频无感电阻器和薄膜式零欧姆电阻器等。

电阻器按外形，可分为圆柱形、管形、方形、圆盘形、片状和集成等电阻器。

电阻器按引出线，可分为轴向引出线、径向引出线和无引线（片式）等电阻器。

电阻器按保护方式不同，可分为无保护、涂漆、气密封和真空密封等电阻器。

127 碳膜电阻器（RT）

它是用碳氢化合物在高温真空下热分解的结晶碳，使结晶碳在陶瓷骨架表面上沉积一层碳膜而制成的一种电阻器。通过控制碳膜厚度和对碳膜刻槽来控制阻值的大小。

碳膜电阻器具有阻值范围大、电压稳定性好、电阻负温系数、抗耐脉冲能力强、高频特性好、固有噪声电动势小和阻值范围宽等优点。

128 金属膜电阻器（RJ）

它是用真空蒸发法或烧渗法在陶瓷骨架表面上被覆一层金属膜（一般为镍铬合金），经过热处理加工而制成的一种金属薄膜电阻器。通过控制金属膜厚度和对金属膜刻槽来控制阻值大小。

金属膜电阻器具有耐热性好、电压稳定性好、电阻温度系数小（小于±25 ppm/℃）、高频特性好、阻值精度高、固有噪声电动势小和非线性度较小等优点。

129 金属氧化膜电阻器（RY）

它是用锡或锑等金属盐溶液的一定浓度（如四氯化锡或三氯化锑盐溶液），喷雾到陶瓷骨架表面上，在 50 ℃左右高温炉里进行热处理，使锡盐或锑盐迅速起化学反应，在陶瓷骨架表面上形成一层薄的锡或锑氧化膜的一种电阻器。

金属氧化膜电阻器具有较好的抗氧化性、热稳定好、高频特性好、抗脉冲能力强、力学性能好等优点，但阻值误差大和阻值范围小等。

130 玻璃釉膜电阻器（RI）

它是采用贵金属银、钯、铑、钌等的氧化物（如氧化钯、氧化钌等）粉末与玻璃釉粉末，用有机黏合剂将两种粉末按一定的比例调制成一定粘度的浆料，然后用丝网印刷法将浆料涂覆在陶瓷基体表面上，再经高温（400～500 ℃）烧结而制成的一种厚膜玻璃釉电阻器。

玻璃釉膜电阻器具有阻值范围宽、耐潮湿、耐高温、耐酸碱、绝缘电阻高、稳定性好、电阻温度系数小（小于±500 ppm/℃）、固有噪声电动势小、抗脉冲能力强等优点。

131 合成型电阻器

它是由导电颗粒（碳黑、石墨等）、填料（云母粉）和黏合剂（有机或无机）的机械混合物按一定比例配料后，经加热聚合形成电阻体的一种电阻器。它除了可做成实芯电阻器外，还可以做成膜型电阻器，如合成碳膜电阻器等。

它具有的特点：机械强度高、可靠性好、过负荷能力强、阻值范围大等，但固有噪声电动势较大、高频特性差、电压和温度稳定性差等。

132 线绕电阻器（RX）

它是用高阻合金丝（康铜、锰铜、镍铬等合金）的绕制在绝缘体瓷棒上，经过浸漆烘干定型而制成的一种电阻器。这种电阻器分为固定和可变两种，又可分精密线绕电阻器和大功率线绕电阻器。

它具有的特点：耐高温（可达 300 ℃）、热稳定性好、线性度好、电阻的温度和电压系数小、固有噪声电动势很小、功率范围大（0.25～300 W）、阻值精度高（可达 0.005%）、阻值范围宽（一般 0.1 Ω～5 MΩ）等，但高频特性差（工作频率小于 50 kHz）等。

133 合金箔电阻器

它是应用应变原理设计而成的。该类电阻材料采用镍铬系列合金，经精扎制成块状金属膜，而电阻体采用薄膜平面结构。因此，合金箔电阻器具有精密、稳定、可靠性高等特点，又具备良好高频特性、自动补偿电阻温度系数的功能等优点。

合金箔电阻器被广泛用在航天、航海的惯导，配电控制以及精密测量等系统中，作为电流、电压的比较标准，作为恒流、恒压的电路元件，以及作为各种分流、分压比例网络等。

134 片式电阻器（矩形片状）

它是指一种尺寸小，引线端形式适用于混合集成电路或印制电路的表面组装元件。

片式电阻器有两大类型，片式厚膜电阻器和片式薄膜电阻器。目前，常用的是片式厚膜电阻器。这由于片式厚膜电阻器的高频特性和抗脉冲能力都比片式薄膜电阻器的高。

片式厚膜电阻器在氧化铝基片上，通过丝网印刷上氧化钌（RnO_2）系列电阻浆料之后，加热至 400～500 ℃形成电阻膜。片式薄膜电阻器在氧化铝基片上，采用溅射或真空蒸发形成的金属膜（一般为镍铬合金）。片式厚膜和片式薄膜两类都是通过激光修刻电阻带来校正阻值，就成为片式厚膜和片式薄膜的电阻体。然后在各自电阻体的两端头加上外电极，在电阻体表面包封玻璃或环氧树脂，这样就制成片式厚膜和片式薄膜的电阻器。

片式电阻器只有体积小、重量轻、可靠性高、高频特性好、易焊和耐热等优点，是自动安装的理想电阻器。

135 电阻网络（BM、HM）

它由分立电阻器组合或用薄、厚膜工艺在一个基体上（陶瓷或微晶玻璃基片）制成的具有某些功能的电阻网络电路。薄膜电阻网络是采用金属蒸发淀积金属膜；厚膜电阻网络是采用粘接上经高温烧制的金属玻璃混合物。这两类电阻网络都通过激光修刻电阻带来校准阻值，就成为薄膜和厚膜电阻网络的电阻体，然后在各自电阻体两端加上电极，包封环氧树脂或硅酮树脂，就成为薄膜和厚膜的电阻网络。

电阻网络按膜厚度，可分为薄膜电阻网络（BM）和厚膜电阻网络（HM）两类。电阻网络按参数，可分为集总参数电阻网络和分布参数电阻网络两种。电阻网络按封装形式，可分为单列直插式（SIP）电阻网络、双列直插式（DIP）电阻网络和片式电阻网络等。

它具有体积小、可靠性高、跟踪特性好和价格便宜等优点。它被广泛应用于各种低功耗的电子仪器、自动控制电路及家用电器等方面。

136 热敏电阻器（MZ、MF）

热敏电阻器利用半导体化合物材料（氧化锌、氧化铜、氧化钛、氧化镁、氧化铬、钛酸钡和三氧化二矾等）的电阻值随温度变化而显著变化（呈对数）的一种热敏元件。热敏电阻器对温度的敏感精度一般高于±1 ℃。

热敏电阻器的性能不但决定于材料的成分，还决定于制造工艺过程。热敏电阻器的特性除了与温度有关外，还与工作时间有关。在同样工作电压下工作时间越长，电阻值就越小。

热敏电阻器按材料电阻率随温度变化不同，可分为电阻值具有负温度系数的 NTC 热敏电阻器（MF），电阻值具有随温度变化剧变化的负温度系数并具有开关特性的 CTR 热敏电阻器（只能在特定的温度区内工作）和电阻值具有正温度系数的 PTC 热敏电阻器（MZ）。它的外形有片状、圆片、珠状、杆状和垫圈状等多种。

热敏电阻器主要作为温度控制、温度测量、温度补偿、过流保护、过热保护、自动温度调节和控制、消磁、无触点开关、软启动和抑制浪涌电流等。它被广泛应用于工业电子设备、民用电子设备和军工电子设备中。

温度补偿：为了减少温度变化引起温度误差所采用的补偿方法。

137 压敏电阻器（MY）

压敏电阻器是利用半导体化合物材料（氧化锌、碳化硅、硒化镉和钛酸钡等）的电阻值随外加电压的非线性伏安特性曲线的一种电压敏感元件，也称变阻器。在规定温度下，当外加电压超过某一临界值时，电阻值随电压升高而急剧下降并迅速导通（响应时间为纳秒级或微秒级），其工作电流会增加几个数量级，从而有效地保护了电路中的相关元器件，不会因过压而损坏。

在压敏电阻器内，由许多芯片进行串联或并联使构成其的基体。串联芯片越多，其击穿电压就越高；并联芯片越多，其瞬态电流容量和瞬态电能量容量就越大。

压敏电阻器分类如下：

它按材料分类，可分为碳化硅压敏电阻器、氧化锌压敏电阻器、硒化镉压敏电阻器、金属氧化物压敏电阻器和钛酸钡压敏电阻器等。

它按用途分类，可为稳压压敏电阻器、过压保护压敏电阻器、高能压敏电阻器、高频压敏电阻器、防雷压敏电阻器、消弧压敏电阻器、消噪声压敏电阻器、通用型压敏电阻器和特殊压敏电阻器等。

它按伏安特性曲线，可分为非对称性和对称性压敏电阻器两类。

它按结构分类，可分为体型、结型和膜式压敏电阻器三类。

压敏电阻器具有正反向稳压（对称性曲线）、响应时间快（25 ns～2 μs）、瞬态电流容量大（1 000 A）、、瞬时电能容量大（1 000 J/cm^2）、漏电流小、耐强功率冲击能力、非线性系数大、无续流、残压比小和电压范围宽等优点。它被广泛用于过流和过压保护、稳压、限幅、削波、补偿、灭弧、消噪声、防雷击和吸收瞬时电能等。

138 光敏电阻器（MG）

它利用半导体的单质（硅、锗）和化合物材料（硫化镉、硫化铝、硫化铅、硫化铋、硫化铊等）的光电效应的一种光敏元件，又叫光电管，属于无“结”的半导体器件。在施加直流或交流电压下，当半导体材料受到特定光谱范围内的光照时，价带中的价电子被激发脱离共价键束缚产生自由电子和空穴，使电阻值就发生显著变化。光照强度愈强，电阻值就愈小。光敏电阻器的电阻值变化还与接收波长有关。

它由光敏层、梳状电极，透光窗口、外壳、黑色玻璃支柱和电极引脚组成。

它按材料，可分为单晶和多晶光敏电阻器。它按光谱特性，可分为可见光、红外光和紫外光光敏电阻器。

光敏电阻器具有体积小、灵敏度高、电性能稳定、寿命长、价格低和应用方便等优点。

可见光光敏电阻器适用于光电自动控制、光电自动计数、光电跟踪、照相机、曝光表及可见光检测等方面。红外光光敏电阻器适用于导弹制导、红外探测、气体分析、红外光谱分析、红外通信及自动控制等方面。紫外光光敏电阻器适用于探测紫外线。但由于光敏电阻器对光照响应时间较慢，不适用高频场合中。

139　力敏电阻器（ML）

它利用金属或半导体材料受到外应力作用时会发生变形，其电阻值也会随之发生变化的原理的一种力敏元件。在一定压力范围内的压力大小与电阻值变化大小成线性关系，可制成压力传感器。

它由保护片、敏感栅、基底和引线的四部分组成。敏感栅可由金属丝或金属箔制成，被贴在绝缘基片上，在其上面再粘贴一层保护片，然后在敏感栅的两个引出端焊上引出线。

它主要可分为金属力敏电阻器和半导体力敏电阻器两类。

它适用于检测机械装置各部分的受力状态，如应力、振动、冲击、响应速度、离心力及不平衡力大小等。

140　磁敏电阻器（MC）

它利用锑化铟（InSb)、锑化镍（NiSb)、砷化铟（InAs）等半导体化合物材料的磁阻效应的一种磁敏元件。其电阻值会随着穿过它的磁场强度变化而变化。在弱磁场（小于3 000 高斯）下，它的电阻值与磁场感应强度呈平方关系；在强磁场（大于 3 000 高斯）下，它的阻值与磁场感应强度呈线性关系。

它具有较高的磁灵敏度，主要用于测定磁感强度、测量频率和功率等的测量技术、运算技术、自动控制技术及信号处理技术，并用于制作无触点开关和可变无触点电位器等。

141　气敏电阻器（MQ）

它利用半导体化合物材料（SnO_2、ZnO_2 等金属氧化物）表面对气体的吸附作用，从而改变电阻特性的一种气—电转化元件。

它按制造材料，可分为 N 型半导体、P 型半导体和结合型气敏电阻器。它按结构，可分为直热式和旁热式气敏电阻器。

在一定温度下，它的电阻值随外界气体的种类、浓度变化而变化，可用来检测有毒气体（酒精、醚、汽油、烟雾等）或可燃性气体（氢气、煤气、液化石油气、天然气、一氧化碳和烷烃类等），并可通过电子装置进行报警。

142 湿敏电阻器（MS）

它是一种电阻值随着环境相对湿度变化（一般呈指数变化）的一种湿敏感元件。它主要由感湿层、电极和绝缘体所组成。

它有碳膜、氯化锂、硅、磺酸锂、金属氧化物陶瓷、金属氧化膜和高分子等湿敏电阻器。

根据感湿层所用材料和配方不同，有正、负电阻特性之分。一般碳膜湿敏电阻是负电阻特性。湿敏电阻器主要用于湿度测量和控制。

143 保险丝电阻器

它是一种兼具电阻器和熔断器双重功能的元件。在正常工作时，在额定功率下发出的热量与周围介质达到平衡时，它具有电阻器的功能。在电路出现异常负载超过其额定功率时，它就像保险丝一样熔断。这类电阻器的耗散功率较小，一般在 0.125～3 W 之间。电阻值较小，多为几欧至几十欧，上百欧较少。

144 电位器

利用变阻器能实现连续改变电位的功能，常被称之为电位器。它可用作分压器和可变电阻器的三引出端可调的一种机—电转换元件。它的两个引出端分别连接到电阻体的两端，另一个引出端连接到可以沿电阻体作机械运动的接触刷上。它适用于分压、变阻和限流等。电位器有非线绕电位器和线绕电位器两类。非线绕电位器适用于稳定性和允许偏差要求不高，且阻值不需要锁定某一位置的应用场合中。

电位器分类如下：

电位器按用途，可分为普通型电位器，微调型电位器，精密型电位器，功率型电位器和专用型电位器等。

电位器按电阻体材料，可分为薄膜型电位器（金属膜电位器、碳膜电位器等），合成型电位器（合成碳膜电位器、有机和无机合成实心电位器、金属玻璃釉电位器等）和合金型电位器（线绕电位器、块金属膜电位器等）。

电位器按结构特点，可分为带开关电位器（旋转开关型、推拉开关型电位器等），单联电位器，多联电位器（同步、异步多联电位器等），锁紧型电位器和非锁紧型电位器等。

电位器按调节方式，可分为直滑式电位器，旋转式电位器（单圈电位器、多圈电位器等）和螺杆驱动式电位器等。

电阻器按阻值变化规律，可分为线性式电位器（用于分压、调节电流等），指数式电位器（用于音量调节），对数式电位器（用于电路特殊调节，如音调控制）和步进式电位器等。

电位器按接触形式，可分为接触型电位器和非接触型电位器（光电电位器、磁敏电位器和电子电位器等）等。

145 光电电位器

它是指调整入射光的照射在光导电层上的位置，达到改变输出电阻值参数的目的一种无触点式电位器。

它主要由电阻体、光导电层和导电电极等组成。由于光导电层被光照射部位的亮阻值很小，使电阻体被照射部位与导电电极导通，于是光电电位器的输出端便有电压输出。它的电压输出的大小与光束位移照射到的位置有关，从而实现将光束位移转换为电压信号输出，起到电位器无触点调节作用。它分为电阻型和 PN 结型两种光电电位器。

146 磁敏电位器

它是利用电阻值随磁感应强度变化而变化的一种无触点式电位器。

它主要由磁敏元件（磁敏电阻器、磁敏二极管、霍尔线性集成传感器等）和可转动的磁铁所组成。将磁敏元件放置在单个磁铁下方或两个磁铁之间，当转动电位器旋柄时，磁铁也随之转动，从而磁敏元件表面的磁感应强度发生变化，这样磁敏元件的电阻值或输出电压将随电位器旋柄的转动而变化，起到电位器无触点调节作用。

147 电容器

它由两个中间隔以绝缘介质材料的相互靠近金属电极组成的，具有储存电荷、隔直流、通交流和容抗等功能的电子元件。广义上，任何两个彼此绝缘又相距很近的导体，都可以看成一个电容器。

电容器主要特性是：$i_c = C \cdot du/dt$，即流过电容的电流与电容电压的变化率成正比，而与电压的大小无关；电容的电压不能突变；电容是贮能元件，它几乎不消耗能量，只是与电源之间进行能量交换。

电容器在电子电路中发挥储能（电源能量转换电场能量）、隔直流、通交流、耦合、滤波、旁路、退耦（去耦）、容性分压和降压、调谐、整形、延时、温度补偿、移相、积分和微分等作用。

电容器分类如下：

电容器按极性，可分为有极性电容器和无极性电容器两大类。

电容器按结构特点，可分为固定电容器、可变电容器和微调电容器三类。

电容器按绝缘介质材质，可分为：无机介质固定电容器，如云母（独石）电容器（CY）、云母纸电容器（CV）、陶瓷（独石）电容器（CC、CT、CS）、玻璃釉电容器（CI）、玻璃膜电容器（CO）等；有机介质固定电容器，如聚酯电容器（CL）、漆膜电容器（CQ）、聚碳酸脂电容器（CLS）、聚苯乙烯电容器（CB）、聚丙烯电容器（CBB）、聚四氟乙烯电容器（CBF）、聚苯硫醚电容器（ECRG）、纸介电容器（CZ）、金属化纸介电容器（CJ）等；复合介质电容器，如纸膜复合膜介质电容器（CH）等；电解质电容器，如铝电解电容器（CD）、钽电解电容器（CA）、铌电解电容器（CN）等；气体介质电容器，如空气电容器、真空电容器、充气式电容器等；液体介质电容器，如油渍电容器等。

电容器按用途，可分为储能电容器、开关电容器、启动电容器、运行电容器、耦合电容器、退耦电容器、旁路电容器、滤波电容器、高温电容器、高压电容器、大功率（无功率）电容器、高频电容器、低频电容器和安全防爆电容器等。

电容器按外形结构，可分为圆片、管形、叠片、独石、穿心和片式等电容器。

电容器按引线，可分为轴向、径向和无引线（片式）等电容器。

148 独石瓷介电容器（CC、CT、CS）

在若干片的生坯陶瓷薄膜上印制金属浆料的内电极，按一定要求相互交替叠合后，经过加压烧结，形成一块有一定强度的不可分割的块状整体的瓷介电容体，然后内电极和端电极包接后，再引出外电极就制成多只小电容器并联的独石瓷介电容器。

独石瓷介电容器的内电极，采用镍或铜比采用银钯好，电容量能做到 100 μF，而且没有银离子迁移。

Ⅰ类瓷介电容器（CC）：以介质损耗小、绝缘电阻高、电气性能稳定的Ⅰ类陶瓷材料（NPO、COG）作介质（ε_r 为 8～400）制成的电容器。它常用于调谐回路、温度补偿、耦合电路中，或对电容量稳定性、绝缘电阻和介质损耗要求高的高频、超高频和甚高频场合中。

Ⅱ类瓷介电容器（CT）：以铁电陶瓷材料（X7R、Y5V）作介质（ε_r 为 600～30 000）制成比电容量较大的电容器。它常用于隔直流、旁路、耦合和滤波的电路中，或对电容量稳定性、绝缘电阻和介质损耗要求不高的中频、低频场合中。

Ⅲ类瓷介电容器（CS）：一般以含钛的半导体陶瓷材料（$BaTiO_3$、$SrTiO_3$ 等）为介质（ε_r 为 30 000～100 000），在其上以各种不同方法形成很薄的介质，制成比电容量很大的电容器。

Ⅲ类瓷介电容器分为晶界层型和阻挡层型两种瓷介电容器。它常用于对高频旁路、高速开关等电路中，或对电容量稳定、绝缘电阻和介质损耗要求不高等场合中。

一般来讲，瓷介电容器有以下特点：绝缘电阻高，耐电压高（高达 2 kV），耐热性高（可达 500～600 ℃），耐酸、碱、盐以及水的侵蚀，温度系数范围很宽，tgδ 与工作频率的关系小，介电常数大，高频特性好等。但电容量范围小（一般在几皮法到零点几微法），机械强度低等。

比电容量：在一定电压下，单位体积内的电容量。

相对介电常数 ε_r：衡量物质在施加单位电压时，单位体积内能够储存的静电能量。

149 穿心电容器（同轴式）

电容器芯子对称围绕一中心载流导体（杆），并使其一个电极与中心导体连接，另一个电极连接到电容器的外套管上组成同轴结构的电容器。它主要适用于抑制高频信号干扰（旁路）。穿心电容器有陶瓷介质和有机膜介质两种穿心电容器。

150 独石云母电容器（CY）

将若干片已被覆金属内电极的云母片相互交替叠合后经加压烧成一块整体的独石结构的电容体，然后引出外电极就制成独石云母电容器。

云母电容器具有工作电压大（可达 5 000 V）、绝缘电阻高（可达 1 000 MΩ）、耗损角正切小 tgδ（常温下 5×10^{-4}～30×10^{-4}）、精度高（可达±0.3%）、温度特性好、耐高温（可达 300 ℃）和频率特性好（可达 500 MHz，典型值范围在 1 kHz～300 MHz）等优点。但云母电容器的容量范围小，一般在 10～51 000 pF。

它适用于高频和高压电路中作储能、耦合、滤波、调谐和旁路等。

151 玻璃釉电容器（CI）

在玻璃釉薄膜（钠、钙、硅等粉末按比例混合）上被覆盖金属（通常是银）浆料的内电极，并将若干片相互交替叠合后，经加压烧成独石结构的电容体，然后引出外电极就制成玻璃釉电容器。

它具有以下特点：耐高温（可达 300 ℃）、耐潮湿、工作频率高（可达 1 000 Hz）、tgδ 小、温度特性好、时间稳定性好、绝缘电阻高（可达 1 000 MΩ）、可靠性高等。但电容量范围小，一般在 1 pF～0.1 μF。

它适用于高频和高压电路中作耦合、调谐和旁路等。

152 玻璃膜电容器（CO）

它以玻璃膜为介质，以金属箔或渗烧金属层作电极，在玻璃的软化温度下烧结制成的一种电容器。

153 有机介质电容器

以电容纸、塑料薄膜、漆膜或纸膜复合等高分子有机材料为介质，以金属箔或沉积（蒸镀）在介质上的金属膜（铝和锌）为内电极制成的电容器。薄膜与内电极一般卷成圆筒形、椭圆形或叠形（改善高频特性和适合表面贴装）。

它具有介质常数较大、耐湿性好、耐电压高、绝缘电阻高和温度稳定好等特点。但 $tg\delta$ 较大，电容量误差较大。

纸介电容器适用于中频电路中作隔直流、旁路、耦合等。有机薄膜电容器适用于高频电路中作隔直流、旁路、耦合、滤波等。

154 电解质电容器

以阀金属（铝、钽、铌、钛、钒等之类金属）为阳极（正极），在其表面上以电化学方法形成氧化层作为介质（介质与电极成为不可分的整体），并以固体或非固体电解质作其阴极，以一金属作为负极引出的电容器。

电解质电容器，相当于一个电容和电感串联而成的。因此，电解质电容器工作频率低（小于 10 kHz）。通常工作频率应用于 1 kHz 以下。

它适用于低频电路中作储能、滤波和旁路等，不适用于作耦合。非固体电解质电容器不适用于低温、低气压或高空环境中工作。

155 固体钽电解电容器（CA）

以多孔钽块为阳极，对多孔钽块的表面进行阳极氧化处理，在其表面上形成的氧化钽（Ta_2O_5）薄膜为介质，并以在氧化钽介质上被覆一层固体电解质（MnO_2），再与石墨和铅锡合金导电层接触为阴极所制成的电容器。它分为普通（工频）和高频两种，固体钽电解电容器中又增加模压塑封。

固体钽电解电容器具有特点：比电容量大于铝电解电容器（约 3 倍）、性能稳定、温度特性好（在－55～125 ℃范围内，电容量变化小于 10%）、耐酸碱性、耐湿性、工作电压范围小（6～100 V）、漏电流大（比铝电解电容器小）等。

目前，用高分子材料代替固体钽电解电容器中二氧化锰的功能，将这种导电性优良的高分子材料注入钽烧结体中，开发新的固体钽电解电容器。这种固体钽电容器，由于没有二氧化锰，即使电容器发生故障，仅是发烟，不会喷火现象。

156　非固体钽电解电容器（CA）

以多孔钽块为阳极，对多孔钽块的表面进行阳极氧化处理，在其表面形成的氧化钽（Ta_2O_5）薄膜为介质，并以在氧化钽介质上浸渍非固体电解质（硫酸水溶液或凝胶体的硫酸硅溶液），为阴极所制成的电容器。

非固体钽电解电容器具有特点基本上与固体钽电解电容器相同，但它的漏电流比固体钽电解电容器小。

157　铝电解电容器（CD）

是以刻蚀铝箔为阳极，将其浸在电解液中进行阳极氧化处理，在铝箔表面生成一层氧化铝（Al_2O_3）薄膜为介质，并以浸渍过电解质（由硼酸、氨水、乙二醇等）的电容纸上，用原生状铝箔贴在一起为阴极所制成的电容器。

铝电解电容器具有以下特点：比电容量较大（一般为 2.4 $\mu F/cm^2$），损耗正切值（tgδ）较大（频率 50 Hz 下，tgδ 为 0.05 左右），tgδ 随工作温度和工作频率变化大，漏电流大（温度超过 40 ℃时漏电流会很快增大）和不能承受低温、低气压等。

近年来，用一种被称为功能高分子的导电性固体塑料代替电解液的电容器。这种固体铝电容器，由于不使用电解液，所以使用寿命也比较长，等效串联电阻小等优点，可作为电压开关电源滤波。但由于其漏电流较大，特性偏差也大，不适用于耦合电路等，一般局限在滤波电路，退耦电路上使用。

158　电感器

电感器多指电感线圈简称电感，是一种抑制线圈中交流电流改变（抑制交流电流增大或减小）的常用电子元件。电感器通常由骨架、绕组、磁芯及屏蔽罩等组成。

电感器主要特性是：$u_i = L \cdot \mathrm{d}i/\mathrm{d}t$，即电感两端的电压与流过电感线圈电流的变化率成正比，而与电流的大小无关；流过电感的电流不能突变；电感是贮能元件，几乎不消耗能量，只是与电源之间进行能量交换。

它具有自感、互感、对高频阻抗大、对低频阻抗小和储能等特性，被广泛应用在电子电路中起储能（电源能量转换磁场能量）、感性阻流和降压、交连、阻抗匹配、振荡、退（去）耦、延时、抗干扰、滤波、陷波、选频、分频、移位、补偿、消磁、延时和调谐等作用。

电感器分类如下：

电感器按有无铁芯，可分为空芯线圈和带铁芯（磁芯）线圈等电感器。

电感器按绕制形式，可分为单层、多层和蜂房式线圈等电感器。

电感器按可调性，可分为固定电感器、可变电感器和微调电感器。

电感器按用途，可分为振荡、滤波、调谐、退耦、提升和阻流等电感器。

电感器按工作频率，可分为低频、中频和高频的电感器。

电感器按外形，可分为立式电感器、卧式电感器和片状（线绕贴片和印刷线绕贴片）等电感器。

电感器按封装形式，可分为普通、色环和环氧树脂等电感器。

159 变压器

变压器是通过初、次级之间磁场耦合来改变交流电压值变量的一种无源元件。即是一种把某一数值的交流电压变换为同一频率的另一数值的交流电压。

变压器工作原理：在一个铁芯上绕上相互隔离的两组漆包线线圈（初级线圈 L_1 和次级线圈 L_2）构成了变压器。当初级线圈 L_1 通交流电源时，初级线圈 L_1 便有交流电流 i_1， 在初级线圈 L_1 内产生交变的磁通 Φ，这个交变的磁通 Φ 穿过初级线圈 L_1 的同时，也穿过次级线圈 L_2，在次级线圈 L_2 内产生互感电动势 $e_2=M\mathrm{d}i_1/\mathrm{d}t$ 并产生交流电流 i_2。同样次级线圈 L_2 内交流电流 i_2 也会产生交变磁通 Φ，也穿过初级线圈 L_1，在初级线圈 L_1 内也产生互感电动势 $e_1=M\mathrm{d}i_2/\mathrm{d}t$（$M$ 为互感系数），这种现象称为互感。变压器就是根据互感原理而工作的。

利用变压器具有电压 ($U_2=U_1/n$)、电流($i_2=i_1n$)、阻抗($Z_2=Z_1/n^2$)、相位的变换及线圈特性，可在电路中起提升或降低交流电压和电流；进行阻抗变换，以满足不同电路的阻抗匹配；可在电路中各级间耦合传递交流信号，同时起隔直流作用等。注：$n=N_1/N_2$， 叫变压器的匝数比。

它一般由线圈、铁（磁）芯、骨架和外壳等部分组成。其中铁芯由相互绝缘的硅钢片叠成，这样可以减小涡流损耗和磁滞损耗。

变压器分类如下：

变压器按工作频率，可分为低频变压器（铁芯）、中频变压器（磁芯）、高频变压器（空芯）和脉冲变压器等。

变压器按耦合方式，可分为空芯变压器、铁芯变压器和磁芯变压器等。

变压器按用途，可分为电源变压器、匹配变压器、耦合变压器、相位变压器和专用变压器等。

160 磁芯

它是指用于存储电能的一种磁性元件，通常为环状。

161 永久磁铁

它是指矫顽磁力 H_C（几百到几千奥斯特）和剩磁感应强度 B_r 相当大，即磁能积（$H_C \cdot B_r$）相当高的一类磁性材料，也称硬磁材料（钨钢、钴钢、铝镍钴系列合金）。它广泛应用于电流计、磁电式测量仪表、电磁式电声器件、录声机和磁保持继电器等。

永久磁铁在温度升到居里点或受到剧烈碰撞、冲击下，永久磁铁的磁性会减弱，甚至消失。

162 电线电缆

它是指用以传输电能、信息和实现电磁能转换的线材产品。无线电整机常用线材有电线和电缆，可分为裸线、电磁线、绝缘电线电缆和通信电缆四种。

裸线是没有绝缘层的电线，包括圆形的铜、铝的单线，平线，架空绞线及各种型材—型线、母线、铜线、铝线、扁线、电刷线和电阻合金线等。

电磁线是一种绝缘线，它的绝缘层是由涂漆或包缠纤维构成的。

绝缘电线电缆，即通常所说的安装电线和安装电缆，一般由导电的线芯、绝缘层和保护层组成的。在结构上有硬型、软型和特软型之分，线芯有单芯、二芯、三芯、四芯和多芯等，并有各种不同的线径。

通信电缆包括电信系统中各种通信电缆、射频电缆、电话线和广播线等。

163 光纤

光纤是由玻璃或塑料制成的纤维的，用来传递光信号。

光纤被保护套（缆）所包裹称光缆。光纤系统不受电磁脉冲的影响，也不会产生电磁辐射。且由于其具有本征高速的特点。因此，对低信号电平和快响应时间的应用都是很理想的。

小型光纤包括纤维光导系统中的光发射器、光检测器和光缆。

164 电声器件

通常它是指能将音频电信号转换成声音信号（或机械能）或能将声音信号（或机械能）转换成音频电信号的器件。

电声器件包括扬声器（喇叭、耳机、蜂鸣器等）和传声器（话筒、拾音器及磁头等）。扬声器能将音频电信号转换成声音信号；传声器能将声音信号转换成音频电信号。

165 电池

常用电池（又称为化学电池）是一种直接把化学能转变成低压直流电能的装置。它主要的组成部分有，正极、负极、隔膜、电解液、外壳及其他附件（如接线柱、集电板等）。

电池的种类繁多，可按如下分类：

电池按工作性质，可分为原电池（或一次电池）、蓄电池（或二级电池）、贮备电池和燃料电池等。电池按电解溶液性质，可分为碱性电池、酸性电池、中性电池、有机电解液电池和无机电解液电池等。电池按电极材料，可分为锌锰系列、锌空气系列、锌汞系列等电池。

电池具有使用方便、性能可靠、便于携带等优点。电池的电能容量、电流和电压可在相当大的范围内任意组合，在航空、航天、航海、铁路、医学、农业、气象和通信等领域中都得到广泛的应用。

第二部分　主要元器件性能参数及其含义

1 元器件参数

元器件产品参数是产品性能或技术特性的标志，是对元器件产品本身特性的一种定量描述，是选择或确定产品功能范围和结构形式的基本依据。

元器件产品参数按其特性可分为三种：表征元器件产品技术特性的性能参数（主参数、基本参数）；反映元器件产品工作环境和工作条件的工作参数；表征元器件产品外形尺寸、安装结构尺寸、封装形式等的结构参数。

2 元器件质量参数

元器件产品除了有特性参数和规格参数外，往往还有专门规定质量参数，用它来描述元器件产品特性参数和规格参数随环境因素变化的规律。

元器件产品的质量参数，包括温度系数、噪声电动势及噪声系数、高频特性、机械强度、可焊性和可靠性等。

3 特性

一种固有的和可测得的元器件产品性能，可以是电的、机械的、热的、液压的、电磁的、或核的性能。它可表示为在指定的，或判明了的条件下的一个值。特性通常还可以用图表式表示的一组相关值，或描述在给定条件下元器件产品性能的两个或多个变量之间的关系。

4 额定值

它是指规定工作条件下所规定的电的、热的、机械的、或环境量的给定的标准值，在这样的工作条件下预期机器、设备、元器件等能安全地工作。一般它由制造厂为元器件产品或设备在特定运行条件下所规定的最大应力量值。

额定值只能作为元器件产品降额范围的基准，在任何情况下都不该将额定值当作设计的极限值。实际上，元器件产品参数的上极限值和下极限值均不承诺质量保证。

5 功耗

它是指工作处于稳态条件下，元器件产品在工作范围内所消耗的最大功率，单位为瓦特。

6 降功耗曲线

它是指表示元器件产品的允许功耗与环境温度关系的曲线或允许功耗与大气压力关系的曲线称为降功耗曲线。通常，这种曲线是由元器件产品详细规范或元器件产品数据手册提供。

7 热阻 $Q(R_{th})$

热阻物理意义是半导体器件在单位耗散功率时，等效结温与标准参考温度点的温度差，单位为℃/W。

它是阻碍半导体器件的结温热传导的阻力，反映了半导体器件工作时所产生的热量向外界逸散的能力。在热平衡条件下，在热流途径上的两规定点（或区域）之间温度差与该路径上产生这两点温度差的耗散功率之比值称为热阻 Q，单位为℃/W。例如系统内 A、B 两点的温度差为 T_A-T_B，这两点产生耗散功率为 P_{AB}，则 A、B 两点间的热阻 Q，可按 $Q_{AB}=(T_A-T_B)/P_{AB}$ 求出。热阻是封装材料、外壳封装尺寸和芯片内引线压接方法的函数。塑料封装的热阻比陶瓷封装的大，外壳封装尺寸越大而热阻就越小。

热阻包括内热阻，外热阻和接触热阻。热阻越大，则表示向外界散热能力差，半导体结温也越高，半导体器件耗散功率也越小。

热平衡：试验时间加倍，由于热效应而引起的被测参数的变化不大于规定的测试精度，就应认为达到了热平衡。

8 噪声系数 F

它是指在某个选定的输入频率下，在相应的输入频率下传送到输出端的每单位带宽的总噪声功率与由输入端在输入频率下所产生的那一部分噪声功率之比，或输入端信噪比 (S_i/N_i) 与输出端信噪比 (S_0/N_0) 的比值，即 $F=(S_i/N_i)/(S_0/N_0)$。所有输入频率的基准噪声温度，通常温度为 293.15 K 或 20 ℃。

噪声系数 F 适用于衡量晶体管、集成电路等有源器件的噪声。

9　环境温度 T_A

它是指元器件产品的周围的空气温度最大值和最小值，单位为℃。它一般适用于单片半导体集成电路，小功率器件。

10　外壳温度 T_C

它是指在元器件产品的外壳某一规定点上所测得的温度值，单位为℃。它一般适用于混合集成电路，中、大功率器件。

11　安装表面温度 T_M

它是指元器件产品与散热器的安装界面或主要散热器表面上规定点的温度，单位为℃。

12　工作温度 T_{OP}

在额定工作制和最大允许周围空气温度时，元器件产品的任何部分可正常工作的最小和最大温度值，即周围环境温度加上温升，单位为℃。

当元器件产品工作时，温升相对很小，属于非散热件元器件产品，此时其工作温度可视为环境温度。

13　结温 T_j

它是指半导体器件 PN 结的正常工作温度的上限值，单位为℃。平均结温是从结区到周围环境散热能力的函数。它适用于半导体分立器件和半导体集成电路。

14　最高结温 T_{jM}

它是指半导体器件能够正常工作时的最高 PN 结的温度（主要是指晶体管集电极 PN 结的温度）。最高结温主要取决于本征半导体失效的温度。这由于半导体材料特性对温度是非常敏感的，温度升高，激发引起半导体晶格的热骚动，产生能量。这种能量激发本征半导体，产生大量的电子空穴对，导致失去本征半导体性能。

最高结温度除了与半导体材料有关外，还与管子的封装、引线等材料的抗高温性能等因素有关。通常金属封装的硅管的最高结温限制在 150～175 ℃之间，塑料封装的硅管的最高结温限制在 125～150 ℃之间；锗管的最高结温限制在 75～100 ℃之间。

15 贮存温度 T_{stg}

在非工作状态下存放时，元器件产品不出现永久性的性能变化或机械损坏时，所允许的环境温度最大值和最小值，单位为℃。T_{stg} 取决于封装材料和元器件材料的性质。

通常，元器件产品贮存温度的最大值是与元器件产品最高工作温度同样的数值。通常，元器件产品贮存温度的最小值是根据元器件产品各部分材料的膨胀系数不同来考虑。半导体器件贮存温度，一般规定在－55 ℃～最高结温 T_{jM} 。

16 电阻器主要电参数及其含义

（1）标称电阻值和允许偏差

为了产品的生产和使用方便，国家统一规定了一系列（E 数系列）电阻值，这一系列的电阻值称为标称电阻值。

生产出来成品的实际电阻值不可能同标称电阻值一致，两者正、负偏差值在国家所规定的允许范围内，称为允许偏差。允许偏差为实际电阻值和标称电阻值之差与标称电阻值之比的百分数。一般将电阻器的阻值允许误差分为若干等级，如±0.5％、±1％、±2％、±3％、±4％、±5％、±10％和±20％等 8 个等级。

电流在任何导体中流通都不是畅通无阻的，在正常环境温度下，导体电流的流通总会产生一定的阻力，这个阻力叫做电阻值，单位为欧姆（Ω）。电阻值分为直流电阻（欧姆电阻）和交流电阻（有效电阻）。频率 50 Hz 的有效电阻与欧姆电阻的比值为 1.007。

当导体内部不存在电动势条件下，在电阻器两端施加电压为 1 伏特，能使电阻器中流过的电流为 1 安培时，电阻器的电阻值为 1 欧姆（Ω）。比欧姆大的单位有千欧姆（kΩ）、兆欧姆（MΩ）、吉欧姆（GΩ），比欧姆小的单位有毫欧姆（mΩ）、微欧姆（μΩ）。

直流电阻值是在常温下，施加规定测试直流电压时所测得的直流电阻值。如果测量温度 t 不是常温 t_0，应将测量结果电阻值 R_t 换算到常温电阻值 R_0，来判断其电阻值是否在允许误差范围内。换算公式：$R_0 = R_t[1 + \alpha(t_0 - t)]$，其中 $\alpha = 0.004/℃$。

电阻值除了与电阻体的面积和长度、电阻器的材料和制造工艺等有关外，还与工作温度、环境湿度、工作电压、工作频率等有关。普通电阻器的电阻值，通常随工作温度升高而增大，随环境湿度增大而减小，随工作频率上升而减小。由于电阻器的材料不同，电阻值随工作电压，有时增大，有时减小。

（2）额定电压 V_R

它是指在额定功率下，可连续施加在电阻器两端的最大直流电压或最大交流电压有效值，单位为伏特。额定电压 V_R 可由下式计算：

$$V_R = \sqrt{P_R \cdot R_R}$$

式中，P_R 为电阻器额定功率，R_R 为电阻器标称电阻值。

它除了与电阻器的材料、制造结构等有关外，还与工作温度、环境湿度和大气压等有关。V_R 随工作温度升高、环境湿度增大和大气压下降而降低。

（3）极限电压（最大工作电压）V_{max}

在应用中允许施加在电阻器两端的最大连续直流电压或最大交流电压有效值称为电阻器极限电压 V_{max}，单位为伏特。它描述和衡量电阻器耐受电压的能力。在实际工作中，若电阻器工作电压超过极限电压时，会使电阻体损伤或两引线脚之间拉弧放电产生火花，引起噪声，最终导致电阻器热损坏或电击穿。

电阻器极限电压不能孤立仅从电阻器的发热状态（额定功率）来确定，还必须考虑到电阻器本身的抗电强度及工作环境条件等因素，一般需经过试验来确定 V_{max}。总之，电阻器工作电压不得大于额定电压 V_R 或极限电压 V_{max}（两者中取较小者）。

当电阻值大于临界电阻值时，极限电压 V_{max} 小于额定电压 V_R。当电阻值小于临界电阻值时，极限电压 V_{max} 大于额定电压 V_R。

极限电压与电阻器的材料、外形尺寸、外壳绝缘层材料、制造结构、额定功率、工作温度、环境湿度和大气压等相关。极限电压随工作温度升高、环境湿度增大和大气压下降而降低，也随电阻器的外形尺寸增大而增大，也随电阻器的额定功率增大而增大。但与电阻器额定电压 V_R 无关。

（4）绝缘电阻 R_j

它是指在正常的大气压、温度和环境湿度的条件下，当电阻器两个引脚（连接在一起）与电阻体绝缘外壳或与任何导电元器件之间施加规定直流电压时，所测得的直流电阻值，单位为 MΩ。电阻器的绝缘电阻一般在几十兆欧至几千兆欧不等。

R_j 除了与电阻器的外壳绝缘材料、制造工艺、表面沾污和施加电压大小等有关外，还随工作温度升高、环境湿度的增大和大气压下降而降低。

（5）电阻温度系数 α_r

它是指在规定的某一温度范围内，当温度每变化 1 ℃时，所引起电阻器的阻值可逆平均相对变化量（可正、可负），即 $\alpha_r=(R_2-R_1)/R_1(t_2-t_1)$，单位为 ppm/℃或 1/℃。$\alpha_r$ 适用于阻值变化与温度呈线性或近似线性和阻值大于 5 Ω 的电阻器。α_r 是表征阻值的温度稳定性，α_r 越大，阻值稳定性越差，对电路工作影响也越大。α_r 与电阻器件材料的温度特性、材料的配料和制造工艺等因素有关。

（6）电阻电压系数 β_r

它是指在规定的某一电压范围内，当电压每变化 1 V 时，所引起电阻器阻值的可逆平均相对变化量（可正、可负），即 $\beta_r=(R_2-R_1)/R_1(V_2-V_1)$，单位为%/V。$\beta_r$ 适用于阻值等于或大于 1 kΩ 的电阻器。

β_r 表征某些电阻器（如高压高阻的合成膜、金属膜、玻璃釉膜等电阻器）的阻值变化与电压呈非线性特性。β_r 越大，通过电阻器的信号发生畸变越严重，甚至破坏电路正常工作。

(7) 电流噪声指数 I

它定义为电流噪声电压 E_i 有效值与所加直流电压 V 之比的量度，即 $I=E_i/V$。通常以分贝表示，则为 $20\lg I$ (dB)。电流噪声是运动电子与电子之间、电子与非导体微粒之间发生机械碰撞产生的。它体现了电阻器内电子微粒的非均匀运动。

电流噪声指数 I 适用于阻值等于或大于 1 kΩ 的非线绕电阻器和非线绕电位器。对可靠性要求较高的电阻器，出厂前一般要进行 100%的电流噪声测试。

电流噪声指数 I 除了与电阻器的材料和结构等有关外，还与工作电压成正比，而随工作频率上升而下降。一般金属膜、碳膜和线绕电阻器的电流噪声较小，合成碳膜和实芯电阻器的电流噪声较大。

电阻器生产的电流噪声信号所引起的干扰，会使电路输出信号波形失真，尤其是电路的功能会遭到破坏或使功能降低。

低频范围内的电流噪声（$1/f$ 噪声）与元器件的潜在缺陷有密切关系。因此电流噪声测试可作为元器件的可靠性物理筛选的项目。通过电流噪声测试，可剔除某些电阻器膜层中缺陷、污点、擦痕和接触不良等；可剔除金属化有机电容器的介质材料和金属化电极薄膜缺陷；可剔除半导体器件表面和界面结构缺陷。

(8) 高频特性

电阻器在高频场合中使用时，必须考虑电阻器的固有分布电感和固有分布电容的影响。此时，电阻器可等效于一个直流电阻 R_0 与分布电感 L_R 串联，然后再与分布电容 C_R 并联。

电阻器的频率特性取决于电阻器的几何形状、种类和阻值大小等。对于膜电阻器当工作频率高达到某值时，由于分布电容的分路，有效电阻值随工作频率上升而减小。对于线绕电阻器工作频率上升时，由于它存较大分布电容、电感和集肤效应，有效电阻随工作频率上升而剧烈增大，所以线绕电阻器工作频率一般小于 50 kHz。即使无感线绕电阻器也不适用于高频场合。

17 热敏电阻器主要参数及其含义

(1) 标称零功率电阻值和允许偏差

为了产品的生产和使用方便，国家统一规定了一系列（E6、E12、E24 等数系列优先值）电阻值，这一系列的电阻值称为热敏电阻器的标称零功率电阻值。

允许偏差是指生产出来成品的实际零功率电阻值和标称零功率电阻值之差与标称零功率电阻值之比的百分数。热敏电阻器的零功率电阻值大小与测试的电流和环境温度有关。零功率电阻值不能采用数字欧姆表或三用表来测量，而采用桥法来测量。

(2) 材料常数 B 值（适用于 NTC 型热敏电阻器）

B 值是负温度系数热敏电阻器的材料常数（热敏指数）。它被定义为在两个温度下零功率电阻值的自然对数之差与这两个温度的倒数之差的比值，即 $B=(T_2T_1/T_2-$

$T_1)\lg R_2/R_1$， 单位为开尔文 K。R_1 为 t_1 时的零功率电阻值，R_2 为 t_2 时的零功率电阻值。T_1 为（273.15＋t_1）K，T_2 为（273.15＋t_2）K。

B 值越大，灵敏度就越高。在实际工作时 B 值并不是一个常数，B 值除了与电阻器材料的激活能（$B=\Delta E/2K$，ΔE 材料激活能，K 波尔兹曼常数）有关外，还随工作温度升高而略有增大。

（3）时间常数 τ

热敏电阻器在零功耗的状态下，当环境温度由一个特定温度向另一个特定温度突然改变时，热敏电阻器的一个特定温度变化到另一个特定温度的 63.2％所需的时间称为热敏电阻器时间常数 τ，单位为秒。τ 表示对温度变化的响应速度。τ 越小，表明热敏电阻器的热惯性越小。

（4）电阻比 β（适用 NTC 型热敏电阻器）

它是指热敏电阻器温度为 25 ℃时的零功率电阻值与温度为 125 ℃时的零功率电阻值之比值，即 $\beta=R_{25}/R_{125}$。

β 越大，表明 NTC 型热敏电阻器的电阻值随温度的变化也越大，即其电阻值对温度敏感性越高。

（5）耗散系数 δ（适用于 NTC 型热敏电阻器）

在规定的某一温度范围内，当温度每变化 1 ℃时，所引起热敏电阻器的耗散功率绝对变化量（P_2-P_1）， 称为热敏电阻器耗散系数 δ，即 $\delta=(P_2-P_1)/(t_2-t_1)$， 单位为 mW/℃。$\delta$ 越大，耗散功率随温度的变化也越大。

（6）开关温度 t_b

PTC 型热敏电阻器的电阻值开始发生跃增时的温度，单位为℃。

（7）动作电流（适用过流保护 PTC 型热敏电阻器）

它是指在规定环境温度（通常为 25 ℃）条件下，在规定时间内能使热敏电阻器动作到高阻状态的最小电流。

（8）不动作电流（适用过流保护 PTC 型热敏电阻器）

它是指在规定环境温度（通常为 25 ℃）条件下，能使热敏电阻器长期处在低阻状态的导通电流。

18 压敏电阻器主要电参数及其含义

（1）标称压敏电压 $V_{1\,mA}$ 和允许误差

为了产品的生产和使用方便，国家统一规定了一系列压敏电阻器的电压值，这一系列的电压值称为压敏电阻器的标称压敏电压 $V_{1\,mA}$。

允许误差是指生产出来的成品，在规定温度范围内，压敏电阻器通过规定电流（一般为 1 mA）时，所产生的实际电压和标称压敏电压值 $V_{1\,mA}$ 之差与标称电压值之比的百分数。

(2) 最大连续工作电压 V_{max}

在规定的温度范围内，可以连续施加在压敏电阻器两端的最大直流电压或最大交流电压有效值，称为压敏电阻器最大连续工作电压 V_{max}，单位为伏特。它小于标称电压 $V_{1\,mA}$。

(3) 漏电流 I_0

它是指在规定环境温度（通常为 25 ℃）条件下，当压敏电阻器两端施加 0.75 倍的标称压敏电压 $V_{1\,mA}$ 时，所流过压敏电阻器的电流称 I_0，单位为 μA。通常，A 档漏电流 $I_0 \leqslant 100$ μA，B 档漏电流 $I_0 \leqslant 50$ μA。

(4) 电压比（分压比）η

它是指压敏电阻器中流过规定倍数（通常 10 倍）的两个电流时，压敏电阻两端所产生不同两个电压降之比值，即 $\eta = V_{1\,mA}/V_{0.1\,mA}$。电压比 η 越小，压敏电阻器的电压稳定性能越好，通常 $\eta \leqslant 1.25$ 或 $\eta \leqslant 1.15$。

(5) 限制电压 V_c

对压敏电阻器施加规定脉冲波形（8/20 μs，每秒重复不超 1 次）和规定脉冲电流时，压敏电阻器的两端产生电压降，称为压敏电阻器的限制电压 V_C，单位为伏特。

(6) 电压温度系数 α_r

它是指在规定的温度范围内并通过压敏电阻器的电流保持恒定条件下，当温度每变化 1 ℃时，所引起压敏电阻器的电压可逆平均相对变化量，即 $\alpha_r = (V_2 - V_1)/V_1(t_2 - t_1)$，单位为%/℃。

19 电容器主要电参数及其含义

(1) 标称电容量和允许偏差

为了产品的生产和使用方便，国家统一规定了一系列（E 数系列）电容量值，这一系列的电容量值称为标称电容量。

生产出来成品的实际电容量不可能同标称电容量一致，两者正、负偏差值在国家所规定的允许范围内，称为允许偏差。允许偏差为实际电容量值和标称电容量值之差与标称电容量值之比的百分数。容量偏差值大小取决于电容器的制造工艺精度和电容量大小。允许偏差值与标称电容量值成正比，标称电容量越大，允许信号差值也越大。电容量是在常温下，当施加规定测试的电压、频率时，所测得的。

电容量是电容器自身所储存电荷固有能力的物理量（内因），即是电容器的一个极板所带电量 Q 与该电容器的两电极板之间电位差 V 之比值（$C=Q/V$），单位为法拉（F）。

电容器的一个电极板所带的电荷量为 1 库仑，电容器的两个电极板之间的电位差为 1 伏特时，电容器的电容量为 1 法拉（F）。1 法拉（F）单位太大，常用单位有毫法拉(mF)、微法拉（μF）、纳法拉（nF）、皮法拉（pF）。

电容量除了与电容器的电极板面积（S）、两电极板之间距离（d）及介电常数 ε（$C = \varepsilon \cdot S/d$）等有关外，还与工作温度、环境湿度、大气压、工作频率等有关。电容量随工作频率上升和大气压降低而减小。电容量随环境湿度增大而增大。由于电容器的介质材料和结构不同，电容量将随工作温度升高而上、下变化。但电容量与工作电压无关。

(2) 额定工作电压 V_R

它是指工作在下限类别温度和额定温度之间的任一温度时，可以连续施加电容器两端上的最大直流电压或最大交流电压有效值，单位为伏特。

它除了与电容器的介质材料、结构、制造工艺等有关外，还与工作温度、环境湿度和大气压等有关。它随工作温度升高、环境湿度增大和大气压下降而降低。

应注意，钽电解电容器的工作温度大于 85 ℃时，其电压为类别电压（为额定电压的 0.65 倍）。

(3) 损耗角正切 tgδ

电容器在规定 50 Hz 频率的正弦电压下，等效串联电阻 ESR 本身所消耗的有功功率 P_S（损耗功率）与无功功率 P_W（贮存功率）之比值，即等效串联电阻 ESR 与其容抗 Xc 之比值（$\text{tg}\delta = ESR/Xc$），也可以用百分数表示。

tgδ 测量条件与电容量 C 测量条件相同。应注意，由于 tgδ 是频率的函数，实际工作频率下的 tgδ 值与标称频率下的 tgδ 值会有很大差别。

tgδ 是电容器的质量一个重要参数。tgδ 值越小，电容器的介质损耗越小，高频特性越好，温升也越低。

应注意，电容器 tgδ 值大的，即使其他电参数都正常，在应用电路中也不会正常工作。

tgδ 不是一个定值，除了与电容器的介质材料、结构和制造工艺等有关外，还与工作电压、工作频率、工作温度和环境湿度等有关。tgδ 随工作电压增大而减小，随工作频率升高和环境湿度增大而增大。对于非极性电容器，tgδ 随电容量增大而减小；对于有极性电容器，tgδ 随电容量增大而增大。对于非极性电容器，tgδ 随工作温度升高而增大；对于有极性电容器，tgδ 随工作温度升高而减小。

理想情况下，电容器工作不损耗功率，即损耗功率等于零（即 $\text{tg}\delta = 0$）。但在实际应用中，由于电容器的极化损耗、漏电流损耗、电离损耗和金属损耗等。所以电容器工作时或多或少都要损耗一些功率（即 tgδ 不为零）。

(4) 绝缘电阻 R_j（适用于非电解质电容器）

绝缘电阻描述了电容器的两端之间的综合直流电阻，包括电容器的介质材料与外壳绝缘材料的两部分并联所形成的直流电阻。

在常温下，当在电容器的两端加上规定直流电压 V（一般不超过额定工作电压）与所产生漏电流 I 之比值，即 $R_j = V/I$，单位为 MΩ 或 MΩ－μF。

R_j 越大，电容器质量就越好。电容器用于定时、耦合、谐振和分压等电路中，要求 R_j 值越大越好。

R_j 除了与电容器的介质材料及外壳绝缘材料、结构、制造工艺、施加电压大小和表面沾污等有关外，还随工作温度升高、环境湿度增大和大气压下降而降低。对同一种类型的电容器来说，电容量越大，绝缘电阻 R_j 就越小。

应注意，R_j 若需多次测量时，每次测量 R_j 应采用与初次测量所加电极性相同。否则所测量得的 R_j 值有所差别。

（5）漏电流（适用电解质电容器）

它是指某些电容器的介质材料并不是绝对绝缘的。在常温下，当在电解质电容器的两端加上规定正向直流电压时，所产生漏电流，单位为 μA。

一般电解质电容器的漏电流较大，常用漏电流来衡量电解质电容器的介质材料质量；非电解质电容量的漏电流很小，常用绝缘电阻来衡量非电解质电容器的介质材料质量。

电解质电容器的漏电流除了与介质材料的纯度，电解质的纯度、成份和黏度等有关外，还随着工作温度升高、电容量增大而增大。

固体钽电解电容器工作于 85 ℃时漏电流是工作于常温漏电流的 10 倍，工作于 125 ℃时漏电流是工作于常温漏电流的 12 倍。非固体钽电解电容器工作于 85 ℃时漏电流是工作于常温漏电流的 8 倍，工作于 125 ℃时漏电流是工作于常温漏电流的 10 倍。铝电解电容器工作于 85 ℃时漏电流是工作于常温漏电流的 3 倍，工作于 105 ℃时漏电流是工作于常温漏电流的 5～6 倍。

应注意，测量绝缘电阻或漏电流加电的初期，绝缘材料不但要产生漏电流，同时由于绝缘材料极化也产生极化电流（电容器的充电电流）和绝缘材料的吸收电流。因此绝缘电阻很小或漏电流很大，随测量时间增长（一般为 1 分钟），R_j 慢慢增大或漏电流逐渐减小，趋向一常数，这个常数才是真正绝缘电阻值或漏电流值。测量绝缘电阻或漏电流到达稳定值的时间越长，说明绝缘材料的绝缘性能也越好。

（6）介质耐电压（适用非电解质电容器）

它是指电容器在规定时间内（5 s 或 60 s），保证电容器的两端间的介质材料和外壳绝缘材料不发生击穿或飞弧或火花放电以及漏电流不大于规定值（通常为 1 mA）时，能承受最大直流电压，单位为伏特。它是衡量绝缘材料在电场作用下被击穿的能力。

介质耐电压除了与电容器的介质材料及外壳绝缘材料、结构和制造工艺等有关外，还随工作温度升高、环境湿度增大和大气压下降而降低，也随施加试验电压的升压速度加快、持续时间增长而降低。

介质耐电压试验可能有破坏性的，应避免在同一只电容器上反复进行耐电压试验。

应注意，绝缘电阻参数与介质耐电压参数不能相互替代的，绝缘电阻合格不等于介质耐电压也合格，反之介质耐电压合格也不等于绝缘电阻也合格。

（7）电容量温度系数 α_c

它是指在规定类别温度范围内，当温度每变化 1 ℃时，引起电容器的电容量可逆平均相对变化量，即 $\alpha_c=(C_2-C_1)/C_1(t_2-t_1)$，单位为 ppm/℃。

它适用于电容量变化为温度的函数是线性或近线性的，并相当精确地表示出来的这一类电容器的温度特性。α_c 越大，电容量随温度变化也越大，电容器稳定性也越差。

α_c 主要与电容器的介质材料的温度特性、结构和制造工艺等有关。

(8) 电容量温度特性

它是指在规定类别温度范围内的某一温度区域中，电容量随温度变化而引起可逆平均相对变化量。电容量温度特性为可逆电容量绝对变化量与标称电容量之比的百分数，即 $\Delta C/C=(C_2-C_1)/C_1\times 100\%$。

它适用于电容量变化为温度的函数近似线性或非线性的，并均不能精确和肯定地表示出来这一类电容器的温度特性。$\Delta C/C$ 位越大，电容量随温度变化也越大，电容器稳定性也越差。

(9) 等效串联电阻 ESR

在电容器的等效串联回路中，与一个理想电容器相串联的代表损耗的等效电阻（介质电阻、引线电阻和引线与电极接触电阻的共同组成），称为等效串联电阻 ESR，即 $ESR=\mathrm{tg}\delta/2\pi fC$，单位为 Ω。ESR 是在规定频率（一般 1 kHz）下测得的。电解质电容器的 ESR 比非电解质电容器的 ESR 大。

ESR 随 tgδ 增大而增大，也随电容量增大而减小。

(10) 频率特性

电容器的频率特性是指电容器的电容量等参数随频率变化的关系。一般来说，电容器随着工作频率上升，电容量将会减小，tgδ 将会增大，并影响电容器的分布参数。

当工作频率高于电容器固有谐振频率 f_0 时(f_0 几乎与电容量的平方成反比)，电容器呈感性，失去电容器功能。为了保证电容器的工作稳定性，除电解质电容器外，一般应将电容器的 f_0 选择在工作频率的 2～3 倍。

由于电解质电容器的有效电容与工作频率、额定电压、外形尺寸、标称电容值等因素有着复杂的关系。所以电解质电容器的一般工作频率范围小于 10 kHz。当频率大于 10 kHz 以上时有效电容量将迅速下降，直到 100 kHz 以上时电容器几乎就失去电容特性变为纯电阻。

20　电感器主要电参数及其含义

(1) 标称电感量和允许偏差

为了产品的生产和使用方便，国家统一规定了一系列（E 数系列）电感量值，这一系列的电感量值称为标称电感量。

生产出来成品的实际电感量不可能同标称电感量一致，两者正、负偏差值在国家所规定的允许范围内，称为允许偏差。允许偏差为实际电感量值和标称电感量值之差与标称电感量值之比的百分数。电感量是在常温下，当施加规定测试的电压、频率时，所测得的。

电感量是电感器线圈自身产生自感电动势固有能力的物理量（内因），即电感器线圈中通过每单位电流所产生的磁链（$L=\varphi/I$），单位为亨利（H）。

电感器在 1 秒钟内电流平均变化为 1 安培，并在线圈中感应为 1 伏特时，电感器的电感量为 1 亨利（H）。比亨利（H）小的单位有毫亨利（mH）、微亨利（μH）、纳亨利

(nH)。

电感量除了与电感器线圈的圈数、直径、长度、绕制方法及磁芯导磁率等有关外，还与工作温度、工作频率、环境湿度等有关。

(2) 品质因数 Q 值

无功功率的绝对值与所消耗有功功率的绝对值之比，即电感器在某频率交流电下工作时，呈现的感抗 ωL 与线圈等效电阻 R 之比值，即 $Q=\omega L/R$。

Q 值不是定值，除了电感器的线圈等效电阻、结构部件损耗（线圈骨架的介质损耗、铁芯和屏蔽引起的损耗）和分布电容以及高频工作时的集肤效应等有关外，还与工作频率、工作温度、环境湿度及电感线圈变形等有关。Q 值随工作频率上升而减小，随环境湿度增大而减小。

Q 值是表示电感器线圈质量的一个重要参数，表征电感器线圈等效电阻所引起的能量消耗。Q 值越大，电感器线圈损耗就越小，效率就越高，滤波性能就越好，选频性能就越强。Q 值等于零时，电感器就失去储能的能力，而表现为纯电阻特性。

(3) 线圈直流电阻 R

它是指电感器线圈本身的直流电阻。在常温下，当线圈两端上施加规定直流电压时，所测得的线圈的直流电阻值（$R=V/I$），单位为 Ω。

(4) 额定电流

它是指能保证电感器能正常工作的直流电流（包括线圈电流、温升电流和磁饱和电流），单位为 mA。工作电流不能大于电感器额定电流，否则电感器就会发热而改变其原有参数，严重时甚至电感器线圈会受到损坏。

(5) 电感温度系数 α_L

它是指在规定的某一温度范围内，当温度每变化 1 ℃时，所引起电感器的电感量的可逆平均相对变化量，即 $\alpha_L=(L_2-L_1)/L_1(t_2-t_1)$，单位为 1/℃。

(6) 分布电容 C_0

电感线圈的匝与匝之间和层与层之间具有的电容，线圈与地之间和线圈与屏蔽罩之间也具有的电容，这些电容统称线圈的分布电容量，用 C_0 表示，单位为 pF。

它大小除了与线圈直径、线圈匝数、线圈绕制结构等有关外，还与工作温度、环境湿度等有关。环境湿度增大会使线圈分布电容增大。

分布电容存在，电感器工作于高频时，由于高频信号将通过分布电容传输，电感线圈就起不到阻止高频信号的作用。由此可见分布电容存在，将改变或破坏电感线圈本有的特性和功能，降低工作频率，降低电感线圈的稳定性，同时也降低电感线圈的品质因数 Q 值。

为了保证电感器的工作稳定，电感器的工作频率应在电感器的设计频带范围内。

21 电磁继电器主要性能参数及其定义

（1）标称线圈电阻

它是指在常温（25 ℃或 20 ℃）下，当施加规定的直流电压或电流时，在电磁继电器的绕组始末端所测得的直流电阻，单位为 Ω。由于它随温度升高而增大，所以测量线圈电阻时，测量直流电压或电流尽量小，测量时间不长于 5 s。

如果测量温度 t 不是常温 t_0 时，应将所测量线圈电阻值 R_t 换算到常温电阻值 R_0 来判据其电阻值的偏差是否在允许范围内。换算公式如下：$R_o = R_t[1 + \alpha(t_0 - t)]$，其中 $\alpha = 0.004/℃$。

若所测得线圈电阻值大于标称线圈电阻值时，则继电器的吸合力变小，影响继电器工作可靠性；线圈温度下降，也使吸合电压 V_s 下降、释放电压 V_F 升高。若所得线圈电阻值小于标称线圈电阻值时，则继电器的吸合力变大，会使继电器回跳时间变长；线圈温度升高，也使释放电压 V_F 下降、吸合电压 V_s 升高、接触电阻 R_d 增大；线圈发热也严重，甚至造成线圈烧毁。标称线圈电阻是经计算和试验确定的。

（2）接触电阻 R_d

它是指电磁继电器的动触点与静触点的稳定接触界面而产生的电阻。它是触点接触界面的收缩电阻 R_s 加上各种表面膜电阻 R_m 的总和（$Rd = R_s + R_m$），单位为 mΩ。在实际测量中，应扣除内触头材料、引出端子和测量棒的电阻。一般 R_d 小于 50 mΩ。

R_d 是在规定触点电流（不大于 10 mA）和触点开路电压（不大于 6 V）条件下，测试所得的常闭触点电阻值（非励磁下）和常开触点电阻值（励磁下）。应用于低电平负载的 R_d，应在触点规定电流 50 μA 和触点开路电压 50 μV 下测得的值。R_d 是触点表面状态的一种指标，也是制造工艺好坏的重要标志。

R_d 除了与触点的材料、触点接触形式（点、线和面接触）、压力、磨损（机械、化学和电的磨损）、表面光洁度、表面镀层质量、表面的污染以及氧化膜和水汽含量等有关外，一般来说，R_d 随测试电流和电压增大而减小，还随工作温度升高和环境湿度增大而增大。

（3）吸合（动作）电压 V_S

在常温下，当处于非工作状态的电磁继电器的工作电压增加到，使所有的触点都能完成其功能（动断触点断开，动合触点闭合）的电压的最小值称为 V_S，单位为伏特。当 $V_S >$ 最小值时，判为不合格。普通电磁继电器，一般 V_S 为线圈额定工作电压的 70%～80%。磁保持电磁继电器，只有动作或复位电压 V_S，没有释放电压 V_F。

对同规格电磁继电器来说，V_S 不是越小越好，V_S 太小，将降低电磁继电器的抗振动能力、负载能力、触点间耐压和寿命等。

V_S 除了与电磁继电器的电磁吸力（衔铁与铁芯接触面积 S、衔铁与铁芯间空气隙平均长度 δ_m、安匝数 I_W 等），反力特性（复原弹簧或永久磁钢、簧片），以及触点的压力、摩擦力，继电器可动部分质量等有关外，还与工作温度有关。V_S 随工作温度升高而增大。

还有吸合电流，它的定义与吸合电压相似。

(4) 释放电压 V_F

在常温下，当处于工作状态的电磁继电器的额定工作电压下降到，使所有的触点恢复到非工作状态（动合触点断开，动断触点闭合）的电压的最大值称为 V_F，单位为伏特。当 V_F <最大值时，判为不合格。普通电磁继电器，一般 V_F 为线圈额定工作电压的 5%～10%。通常，测试 V_S 和 V_F 的条件与测试 R_d 的条件相同。

V_F 小于 V_S 原因，是由于磁滞效应、磁阻不同和漏磁通不同所造成的。返回系数 $K_{ret}=V_F/V_S<1$，一般控制继电器 K_{ret} 小于 0.4 以下；保护继电器 K_{ret} 大于 0.8 以上。

对同规格电磁继电器来说，V_F 不是越大越好，V_F 太大，线圈漏电流也大，导致电磁继电器释放不可靠。

V_F 除了与电磁继电器的电磁吸力和反力特性，以及触点的压力、摩擦力，继电器可动部分质量等有关外，还与工作温度有关。V_F 随工作温度升高而减小。

还有释放电流，它的定义与释放电压相似。

应注意 V_S、V_F 值是衡量继电器灵敏度而已，V_S 值不能作为继电器线圈工作电压。V_F 值应在线圈额定工作电压的磁化条件下测试，否则所测试 V_F 值就会变大。V_S 值应不预先在线圈额定工作电压的磁化条件下测试，否则不能剔除继电器的衔铁转轴与轴孔之间配合不灵活或卡死的缺陷，但测 V_S 重复性差。

吸合电压 V_S、释放电压 V_F，除了采用缓慢加（降）电压测试外，还允许采用阶跃加（降）电压测试。当压 V_S、V_F 有争议时，以阶跃函数电压测试为准。

V_S、V_F 采用缓慢加（减）电压测试时，有时会出现两次吸合响声或两次释放响声的现象。第一次响声吸合或释放响声不是真正的吸合电压值或释放值，第二次吸合或释放响声才是真正的吸合电压值或释放电压值。

(5) 绝缘电阻 R_j

它是指继电器的各不相连导电部分之间的绝缘部分，在规定测试条件下，当施加规定直流电压时，由于绝缘部分材料存在缺陷或瑕疵而产生漏电流，即外加直流电压与漏电流的比值即为绝缘电阻值 R_j，单位为 MΩ。R_j 可看作是表面绝缘电阻与体积绝缘电阻两部分并联而成。

它是确定继电器的绝缘材料的性能在经受高温、高湿等环境应力时，其绝缘电阻是否符合产品有关标准中的规定。目前继电器的绝缘电阻分五级。在常温、常湿下，1 级、2 级绝缘电阻为 100 MΩ，3 级绝缘电阻为 500 MΩ，4 级绝缘电阻为 1 000 MΩ，5 级绝缘电阻为 10 000 MΩ。

它除了与继电器的绝缘材料本身性质、结构、工艺、施加电压大小和表面沾污等有关外，还随工作温度升高、环境湿度增大和大气压下降而降低。

(6) 抗电强度（耐电压）

它是指在规定测试条件下，当在规定时间内（通常为 60 秒），保证继电器的各绝缘部分不发生击穿或飞弧或火花放电，以及漏电流不大于 1 mA 时，所能承受的最大 50 Hz 交流电压有效值，单位为伏特。抗电强度是衡量继电器的绝缘材料的性能的又一重要指标。根据大气压和系统电压的不同，继电器抗电强度分五个阶段。

它除了与继电器的绝缘材料本身的性质、结构、工艺等有关外，还随工作温度升高、环境湿度增大和大气压下降而降低，也随施加试验电压的升压速度加快、持续时间增长等而降低，还随交流试验电源频率上升而降低。

注意，在额定励磁状态下，绕组对其他部分的绝缘电阻和抗电强度不进行试验。抗电强度试验有破坏性的，应避免在同一支继电器上反复进行抗电强度试验。

(7) 触点负载

它是指电磁继电器的触点阻性负载能承受闭合的直流电流或交流电流有效值和承受断开的直流电压或交流电压有效值的能力。一般减小触点电压负载值，可以提高触点电流负载值，但它们不存在线性关系。触点电流负载值随工作温度升高而减小。

(8) 吸合（动作）时间 t_b

电磁继电器从线圈额定工作电压的通电开始至所有的闭合触点断开（对仅有常闭触点的继电器）或所有的断开触点闭合（对仅有常开触点及具有转换触点的继电器）的过程所需的时间（不包括触点的回跳、短弧和动态接触电阻的时间），称为电磁继电器的吸合时间，即电磁继电器从线圈额定工作电压的通电开始至所有的触点由释放状态到达工作状态时的所需时间，单位为 ms。一般继电器的吸合时间为毫秒级（5～50 毫秒）。

吸合时间 t_b 为吸合触动时间 t_1 与吸合运动时间 t_2 之和。吸合时间 t_b 与绕组时间常数 $T(T=L/R)$、动作储备系数 K_{st}（额定工作电压与吸合电压的比值）大小、电磁吸力与复原弹簧反力之差大小、衔铁归算质量大小及衔铁行程的长短等因素有关。

(9) 释放时间 t_f

电磁继电器从线圈额定工作电压的断电开始至所有的闭合触点断开（对仅有常开触点的继电器）或所有的断开触点闭合（对仅有常闭触点及具有转换触点的继电器）的过程所需的时间（不包括触点回跳、短弧和动态接触电阻的时间），称为电磁继电器释放的时间，即电磁继电器从线圈额定工作电压的断电开始至所有的触点由工作状态到达释放状态时的所需时间，单位为 ms。一般电磁继电器的吸合时间大于释放时间。

释放时间 t_f 为释放触动时间 t_3 与释放运动时间 t_4 之和。释放时间 t_f 与剩磁吸力大小、衔铁归算质量大小、衔铁行程的长短、工作空气隙大小及复原弹簧反力大小等因素有关。

(10) 触点接触时差

对于电磁继电器中组成形式相同的多触点，动作较慢的触点最长吸合或释放时间与动作较快的触点最短吸合或释放时间之差，称为触点接触时差，一般为 0.1～0.2 ms。在缓慢电压信号作用下，这个时触点接触时差还会明显增大。

(11) 转换时间

在一组先断、后合触点的电磁继电器中，从闭合触点断开的开始至断开触点的闭合为止之间的时间间隔，称为转换时间。即闭合触点断开回跳时间结束到断开触点闭合回跳时间开始之间的时间间隔，单位为 ms。

对于具有多组触点的电磁继电器中，转换时间为从最慢一组闭合触点的断开至最快一组断开触点的闭合为止之间的时间间隔。一般电磁继电器的转换时间小于吸合时间或释放时间。

触点转换时间也不能太快，否则燃弧时间大于触点转换时间时，动、静触点之间的电弧会导致常开触点与常闭触点之间连通。

（12）触点回跳时间

电磁继电器的触点闭合或断开过程中，在到达稳定闭合或稳定断开之前，由于触点自身碰撞而产生的不规则往返跳动的持续时间，称为触点回跳时间，单位为 ms。它不包括短弧、动态接触电阻的时间。一般触点断开回跳时间小于触点闭合回跳时间。触点回跳是不可避免的，只不过回跳时间有长短之分。测量回跳时间时，触点电流不超过 6 mA，触点开路电压不超过 6 V。

回跳时间过长时，触点弹跳产生电火花可能造成触点的烧毁，因此应要求触点回跳时间不超过允许值（一般为数毫秒范围内，最短时间为 100 μs）。触点回跳时间不大于触点吸合时间或释放时间。

它与动、静触点闭合或断开的相对速度、动触点的质量和触点的压力等因素有关。动、静触点闭合或断开的相对速度越大，动触点的质量越大，触点的压力越大，则触点回跳次数就越多，回跳时间就越长。触点回跳时间短，可以减小触点电磨损。

（13）触点稳定时间

它是指继电器的触点刚接触至完全接触之间所需的时间，即触点刚接触开始至到保持静态接触电阻的所需时间，单位为 ms。它包括触点回跳、短弧和动态接触电阻的时间。它适用于有可靠性指标的电磁继电器。

现在电磁继电器的电参数和时间参数都采用电子仪器自动化测量。

（14）触点跟踪

在电磁继电器的常开触点闭合时，从动、静触点刚刚接触的瞬间起，在动簧片运动的同样方向上，动、静触点共同一起继续移动的距离，称为触点跟踪，也称为超行程或备用行程，单位为毫米（mm）。

触点跟踪采用规定厚度的厚薄规插入铁芯与铁芯极靴之间。继电器在吸合状态下，使衔铁处于吸合位置，用指示灯观察触点，若所有的常开触点都已闭合，则说明触点跟踪符合要求。

它是由通过触点电流的大小、触点及簧片的材料、触点压力的大小和触点磨损的情况等所决定。

触点跟踪的作用：它有一定摩擦或滚动可以破坏触点表面已形成的有机和无机的薄膜，降低触点接触电阻值。同时，它也产生动合压力，可以吸收触点碰撞时产生反弹动能，从而减少触点的回跳次数。

（15）触点间隙

在规定条件下，当电磁继电器处于完全吸合或完全释放状态下，动、静触点之间的最短距离，称为触点间隙，单位为毫米（mm）。触点间隙一般采用规定厚度的厚薄规或已知直径的金属丝测量。常开触点间隙在继电器处于不励磁状态下测量，常闭触点间隙在继电器处于额定励磁状态下测量。

它大小由加于触点两端的电压和通过电流的大小及触点工作环境条件等所决定。触点间隙应保证触点间的可靠灭弧和绝缘性能；应保证触点具有一定耐碰撞、振动和冲击的能力。

（16）触点压力

在规定条件下，当电磁继电器的触点处于完全吸合或完全释放状态下，动、静触点处于闭合位置时的相互之间作用力，称为触点压力，单位为牛顿力 N。触点压力，一般用误差不大于10%的测力计测量。测量时应注意逐渐增加测力计端头在触点处的压力，并在触点刚断开的瞬间进行读数。常闭触点压力在继电器处于不励磁状态下测量，常开触点压力在继电器处于额定励磁状态下测量。

触点压力应保证触点在短时过载电流不会熔焊或弹开；应保证触点接触电阻值小于50 mΩ，可靠接触；应保证触点在闭合时，触点弹跳时间和引起的磨损应小于规定容许值。

触点压力的作用：清除触点表面膜，保证触点的接触电阻小且稳定性；提高簧片抗振的能力和触点抗熔焊的能力，保证继电器在规定负载下可靠工作。

触点压力太大时，会增加触点机械磨损，缩短继电器工作寿命；触点压力太小时，会使触点抗振的能力下降，降低触点接触的可靠性。

对于触点额定电流大于 2 安培的继电器，触点压力大小主要取决于触点额定电流。触点额定电流越大，要求触点压力也越大。

22　固体继电器主要参数及其含义

（1）输入电压范围

它是指在规定环境温度（通常 25 ℃）下，施加至固体继电器输入端能使固体继电器正常工作的电压范围，单位为伏特。

（2）输入电流

它是指在规定环境温度（通常 25 ℃）下，当固体继电器输入端施加规定电压时，流入固体继电器输入回路的电流，单位为 mA。

（3）保证接通电压

它是指保证常开型固体继电器的输出电路导通时，所施加在固体继电器输入端的电压升到最低值，单位为伏特。即在输入端施加电压等于或大于该电压时，固体继电器的输出应确保导通。它类似于电磁继电器的吸合（动作）电压最小值。

（4）保证关断电压

它是指保证常开型固体继电器的输出电路关断时，所施加在固体继电器输入端的电压降到最高值，单位为伏特。即在输入端施加电压等于或低于该电压时，固体继电器的输出应确保关断。它类似于电磁继电器的释放电压最大值。

应注意，固体继电器的关断残余电压应小于保证关断电压。

(5) 额定输出电压

它是指在规定环境温度（通常 25 ℃）和固体继电器的输出处于关断状态条件下，固体继电器的输出端能够长期承受的最大稳态电源电压负载，单位为伏特。

(6) 额定输出电流

它是指在规定环境温度（通常 25 ℃）和固体继电器的输出处于导通状态条件下，固体继电器的输出端允许长期承受的最大稳态电流负载，单位为 mA 或 A。

(7) 输出电压降或输出接通电阻

在规定环境温度（通常 25 ℃）和固体继电器的输出处于导通状态（饱和导通）条件下，当输出为额定输出电流时，输出端的电压降或电阻值，称为固体继电器的输出电压降或输出接通电阻，单位为伏特或欧姆。

(8) 输出漏电流

在规定环境温度（通常 25 ℃）和固体继电器的输出处于关断状态条件下，当固体继电器输出端为规定负载电压时，流入输出端负载的电流，称为输出漏电流，单位为 μA。

(9) 瞬态电压

在规定环境温度（通常 25 ℃）下和固体继电器的输出处于关断状态条件时，固体继电器的输出端能承受的不被击穿或不失去阻断功能的最大瞬时电压，称为瞬态电压，单位为伏特。通常瞬态电压为额定输出电压的 1.5～5 倍。

(10) 接通时间 t_{on}

在规定阻性负载下，当使常开型固体继电器的输出电路导通时，从加输入电压开始至输出阻性负载电压升到额定阻性负载电压的 90%时的所需时间，称为固体继电器接通时间 t_{on}，单位为 ns。

(11) 关断时间 t_{off}

在规定阻性负载下，当使常开型固体继电器的输出电路关断时，从切除输入电压开始至输出阻性负载电压降到额定阻性负载电压的 10%时的所需时间，称为固体继电器关断时间 t_{off}，单位为 ns。固体继电器开关时间：$t_{on}+t_{off}$，单位为 ns。

23 双金属片结构温度继电器主要性能参数及其含义

(1) 动作温度（上动作温度）

它是指温度继电器被加温至接通动作时的温度值，单位为℃。

(2) 动作温度偏差（误差）

它是指温度继电器的实际动作温度与标称动作温度的正或负差值，单位为℃。一般温度偏差可达到± (3～5)℃。

（3）回温温度（下动作温度）

它是指温度继电器被降温至断开动作的温度值，单位为℃。

（4）回复温度范围（温度回差）

它是指温度继电器的触点由一种接通状态转变为另一种断开状态的温度范围，即动作温度与回温温度的差值，单位为℃。一般回复温度范围达到 15 ℃以上。

温度参数的检测方法有三种：试块测定法、空气测定法和液体测定法。各种测定法检测结果有所差异，另外检测中温度升降速度对检测结果也有所影响。

（5）触点接触电阻

它是指温度继电器接通时，触点直流电阻，单位为 mΩ。

24　电连接器主要性能参数及其含义

（1）工作电压（又称额定电压）

它是指电连接器工作时，允许施加在接触件对的两端的最大电压，单位为伏特 V。

（2）工作电流（又称额定电流）

它是指电连接器工作时，接触件对的两端可承载的最大电流，单位为安培 A。电连接器的工作电流与接触件直径大小和接触电阻值大小等有关。

（3）互换性

它是指检查电连接器及零组件的互换性是否符合有关技术标准的要求。将数个插头对一个插座或数个插座对一个插头进行连接和分开的检查。零组件的互换性检查方法与零件类同。

（4）接触电阻 R_d

它是指在规定条件下，电连接器中一对插合的接触件两端的直流电阻 R_d，单位为毫欧姆 mΩ。它以确定接触对的接触性能。测量低电平接触电阻，开路电压不超过 20 mV，接触电流不超过 10 mA。

它大小与接触件的材料、直径大小、表面粗糙度和表面污染，环境温度，测试电流大小等有关。

（5）绝缘电阻 R_j

它是指在规定条件下（通常在常温和正常大气压下，施加直流电压 500 V，测试时间 60 s），电连接器中任何相邻接触件之间以及任一接触件与外壳之间的直流电阻 R_j，单位为兆欧姆 MΩ。它以确定电连接器的绝缘性能。

绝缘电阻除了与绝缘材料的本身性质、结构、工艺、表面沾污和施加电压大小等有关外，还与工作温度、环境湿度和大气压等有关。绝缘电阻随工作温度升高、环境湿度增大和大气压下降而降低。

（6）耐电压（又称介质耐电压）

它是指在正常大气压下，当在规定时间内（通常保持时间 60 s），电连接器中任何相邻接触件之间及任何一接触件与外壳之间耐飞弧或介质不被击穿能力以及漏电流不大于 1 mA 时，能承受最大交流电压有效值，单位为伏特。应注意，漏电流阈值不宜调得过小，否则会造成“假击穿”假象。

耐电压除了与绝缘材料本身的性质、结构、工艺等有关外，还随工作温度升高、环境湿度增大和大气压下降而降低，也随施加试验电压的升压速度加快、持续时间增长而降低，也随试验交流电源电压的频率上升而降低。

(7) 外壳间电连续性（又称屏蔽外壳间电连续性）

它是指在规定条件下，从插合的电连接器的自由端电连接器的尾部附件（包括螺纹上的一点）到固定端电连接器的安装法兰盘（包括靠近安装孔处）两端外壳间的直流电阻，单位为毫欧姆 mΩ。它确定在模拟使用条件下的电连接器外壳的电连接续性。

(8) 插合和分离力

它是指一对配对电连接器完全插合和分离（包括连接装置、锁紧装置或类似机构的作用）所需的力或力矩，单位为牛顿力 N 或牛顿力矩 N · m。总分离力不能超过单个分离力总和的 1.5 倍。

(9) 电磁干扰（又称电磁干扰屏蔽、抗电磁干扰）

它是指在规定条件下，插合电连接器对外界电磁波的辐射或传导衰减能力的量值，通常单位为分贝 dB。

(10) 工作频率（适用于高频电连接器）

它是指电连接器传输高频信号时，通过的工作信号频率的允许变化范围，单位以赫兹 Hz 表示。工作频率低于 3 MHz 的低频电连接器不表示。

(11) 特性阻抗（适用于高频电连接器）

它是指电连接器传输高频信号时，其传输线对高频信号所产生的阻抗值，单位为欧姆 Ω。

在线路设计时，应使信号传输系统的阻抗与电连接器的特性阻抗在数值上达到一致（匹配），以实现高频信号在传输中能量损耗（衰减）最小，或信号失真（变形）最小。

(12) 插入损耗 $I \cdot L$（适用于高频电连接器）

它是指在电连接器传输高频信号时，在规定频率和负载下，电连接器的未接入前负载吸收的功率 P_1 与接入后负载吸收的功率 P_2 之比值。通常以分贝 dB 表示，即 $I \cdot L = 10\log P_1/P_2$ (dB)。它是衡量电连接器传输功率的损耗程度。插入损耗越小，传输功率的损耗就越小。

(13) 驻波系数（又称电压驻波比）（适用于高频电连接器）

它是指电连接器传输某规定范围信号时，由于同轴传输线内存在反射，形成驻波，其驻波最大电压与最小电压之比值（大于或等于 1 的正数）。它是衡量电连接器传输信号的失真程度。驻波系数越小，传输信号的失真程度就越小。

(14) 隔离比（适用于高频电连接器）

它是指电连接器传输多路高频信号时，各通道信号之间的隔离允许值，通常以分贝

dB表示。它是衡量电连接器各路传输信号之间的抗干扰能力。隔离比越大，传输信号之间的抗干扰能力就越大。

25　石英晶体主要电参数及其含义

（1）标称频率

在规定条件下，石英晶体所指定的谐振中心频率称为石英晶体标称频率，即石英晶体串联谐振频率 f_0 和并联谐振频率 f_∞ 之间的等效电感与其负载等效总电容所确定振荡频率，单位为MHz。

标称频率与石英晶片的切割方位、厚度大小等因素有关。标称频率与石英晶片厚度大小成反比。

（2）总频差

它是指在规定条件下，某环境温度范围内的工作频率相对于标称频率的最大偏离值，即频率偏移，通常以ppm表示。

（3）调整频差

它是指在规定条件下，基准温度的工作频率相对于标称频率的最大偏离值，即室温频差，通常以ppm表示。

（4）温度频差

它是指在规定条件下，某环境温度范围内的工作频率相对于基准温度的工作频率的最大偏差值，即频率漂移，通常以ppm表示。

它与石英晶片切割方位和工作温度范围大小等因素有关。

（5）负载谐振电阻

它是指石英晶体与指定外部电容相串联，在负载谐振频率时的电阻值，单位为Ω。

（6）负载电容

它是指与石英晶体的一起决定负载谐振频率的有效外界电容（负载电容常用标准值有10 pF、20 pF、30 pF、50 pF、100 pF）。

（7）激励电平

它是指石英晶体的工作时消耗的有效功率（有效功率常用标称值有0.1 mW、0.5 mW、1 mW、2 mW、4 mW）。它是表示施加于石英晶体上的激励状态的量度。

26　石英晶体滤波器主要电参数及其含义

（1）端接阻抗（输入阻抗、输出阻抗）

1）石英晶体滤波器的端接输入阻抗应在输出端跨接额定负载下，所测得滤波器的端接输入阻抗，单位为Ω。

2）石英晶体滤波器的端接输出阻抗应在输入端跨接额定的信号源阻抗下，所测得滤波器的端接输出阻抗，单位为 Ω。

（2）插入损耗 $I \cdot L$

石英晶体滤波器插入传输系统所产生的插入损耗就是石英晶体滤波器在规定基准频率及信号源和负载阻抗下，石英晶体滤波器未插入前负载吸收的功率 P_1 与插入后负载吸收的功率 P_2 之比值。通常以分贝 dB 表示，即 $I \cdot L = 10\log P_1/P_2 = 20\log V_1/V_2$（dB）。

（3）损耗值 α

它是指石英晶体滤波器，在规定频率或某一频率范围条件下，规定频率的插入损耗与基准频率的插入损耗的相对差值。

27 霍尔元件主要参数及其含义

（1）输入电阻（控制电流极内阻）R_{in}

在规定的条件下，霍尔元件的控制电流极的两端子之间的直流电阻称为 R_{in}，单位为欧姆 Ω。它与霍尔元件管芯的半导体几何尺寸有关，一对控制电流极的距离越小，R_{in} 就越大，反之则越小；半导体薄片越薄，R_{in} 就越大，反之则越小。

（2）输出电阻（霍尔电势极内阻）R_{out}

在规定的条件下，霍尔元件的霍尔电势极的两端子之间的直流电阻称为 R_{out}，单位为欧姆 Ω。它与霍尔元件管芯的半导体几何尺寸有关，一对霍尔电势极的距离越大，R_{out} 就越大，反之则越小；半导体薄片越薄，R_{out} 就越大，反之则越小。

R_{in} 和 R_{out} 这两项参数可判断霍尔元件的质量好坏。

（3）最大工作电流 I_M

它是指允许流过霍尔元件的控制电流极的最大工作电流 I_M，单位为 mA。应用时，若超过 I_M，霍尔元件就会损坏。

（4）霍尔电势 E_H

由霍尔效应引起的霍尔元件产生的电压称为霍尔电势 E_H，即控制电流极的导通电流与磁场相互作用产生霍尔电势。单位为 mV。

（5）灵敏度 K_H

在控制电流极的导通电流为 1 mA，并感应 100 mT 磁场时，所产生的霍尔电势 E_H 的值，单位为 mV/mA · mT。产生霍尔电势 E_H 越大，K_H 越高。

（6）霍尔电势温度系数 α_H

它是指霍尔元件工作时，当温度每变化 1 ℃，所引起的霍尔电势的相对变化量 $\Delta EH/EH$，即 $\alpha_H = \Delta E_H / E_H \Delta t$，单位为 1/℃或%/℃。不同霍尔元件型号，$\alpha_H$ 有正，有负的。实际中，这项参数是用百分数来表示，即温度每变化 1 ℃时，霍尔电动势变化量与变化前总霍尔电动势之比的百分数。

（7）内阻温度系数 β_H

它是指霍尔元件工作时，当温度每变化 1 ℃，所引起的内阻的相对变化量 $\Delta R/R$，即

$\beta_H = \Delta R / R \Delta t$，单位为 1/℃或%/℃。不同霍尔元件型号，$\beta_H$ 有正，有负的。

在实际中可根据内阻温度系数 β_H 和结合环境温度，正确选用内阻温度系数大小和 β_H 的正、负都合适的霍尔元件。

28　整流二极管主要电参数及其含义

(1) 额定正向平均电流 $I_{F(AV)}$

它是指在常温和正向偏压下，在阻性负载的 50 Hz 正弦半波电路中，允许通过二极管的最大半波电流（平均值），单位为 mA 或 A。I_F 取决于 N 区和 P 区的多数载流子浓度大小。应注意，一些大电流整流二极管 $I_{F(AV)}$ 是指带有规定散热片的条件下的数值。

它除了与管子的半导体材料、结构、制造工艺等有关外，随外加正向电压增大按指数变化而增大。当工作温度超过规定以上温度的升高时，$I_{F(AV)}$ 随工作温度升高，按线性变化而减小。

(2) 正向平均电压降 $V_{F(AV)}$

它是指在常温下，当二极管通过额定正向平均电流时，二极管极间所产生的电压降（平均值），单位为伏特。一般锗二极管 $V_{F(AV)}$ 为 0.2～0.3 V（门坎电压约 0.1 V），硅二极管 $V_{F(AV)}$ 为 0.6～0.7 V（门坎电压约 0.5 V）。

$V_{F(AV)}$ 除了与管子的半导体材料、管芯与管壳烧结质量、焊料热疲劳程度、引线键合质量、引线粗细和中子辐射等有关外，还与额定正向平均电流 $I_{F(AV)}$ 和工作温度等有关。$V_{F(AV)}$ 随 $I_{F(AV)}$ 增大而增大。在相同 $I_{F(AV)}$ 下，工作温度每升 1 ℃，$V_{F(AV)}$ 大约减少 2～2.5 mV，这由于 PN 结势垒 V_0 与温度有关，温度升高而势垒 V_0 下降。受中子辐射可导致 $V_{F(AV)}$ 增大。

(3) 最大反向工作电压 V_{RM}（峰值）

它是指二极管在工作时所允许施加的最大反向 50 Hz 正弦峰值电压，单位为 V。它等于或小于 2/3 击穿电压 $V_{(BR)}$。

电路中承受交流电压，通常是指交流电压有效值 V_{rms}。峰值电压 V_M 约等于交流电压有效值 V_{rms} 的 1.414 倍。

二极管损坏，一般来说对电压比电流更加敏感，过电压更容易引起管子损坏。

(4) 反向平均电流（反向饱和电流）$I_{R(AV)}$

在规定温度条件下（通常 25 ℃或 125 ℃），当二极管两端施加的最大反向工作电压 V_{RM} 值时，通过二极管的漏电流称为反向平均电流 $I_{R(AV)}$，单位为 μA 或 nA。它是衡量二极管质量一项参数，$I_{R(AV)}$ 越小，管子的单向导电性就越好。反向平均电流是 P 区少子电子和 N 区少子空穴的热激发产生的。

$I_{R(AV)}$ 除了与管子的半导体材料、结构、制造工艺、管芯表面清洁度和中子辐射等有关外，还随工作温度升高和环境湿度增大而增大。工作温度每升 8 ℃～10 ℃，$I_{R(AV)}$ 按指数规律变化约增大 1 倍。受中子辐射可导致 $I_{R(AV)}$ 增大。

在一定工作温度和环境湿度下，$I_{R(AV)}$ 在一定范围内约是个常数，并基本与反向工作电压的大小无关。通常在一定温度和电压下，若 $I_{R(AV)}$ 漏电流的不稳定，主要原因多数是由于管芯表面的沾污所引起的。

（5）击穿电压 $V_{(BR)}$

它是指二极管反向平均电流开始急剧增大的反向电压值。当反向击穿为硬击穿特性时，其值为反向伏安特性曲线急剧弯曲点的电压值；若反向击穿为软击穿时，其值为规定反向平均电流下的电压值，单位为伏特。产品数据手册上给出 $V_{(BR)}$ 留有余量，远小于实际 $V_{(BR)}$ 值（约 0.5 倍）。

$V_{(BR)}$ 除了与管子的半导体材料、结构、制造工艺和管芯表面清洁度等有关外，还与工作温度、环境湿度、大气压和中子辐射等有关。$V_{(BR)}$ 随工作温度升高、环境湿度增大和大气压降低而降低，$V_{(BR)}$ 受中子辐射而增大。

（6）最高工作频率 f_M

它是指二极管具有单向导电性的最高工作频率 f_M，单位为 MHz。超过 f_M 值时，管子结电容的容抗随工作频率上升而减小，结电容旁路作用增大，二极管的单向导电性开始明显退化。

f_M 除了与管子的半导体材料、结构和制造工艺等有关外，还随管子的结电容增大而下降。

29 开关二极管主要电参数及其含义

（1）额定正向电流 I_F

在常温下，允许通过二极管的最大正向直流电流称为额定正向电流 I_F，单位为 mA 或 A。

（2）正向电压降 V_F

它是指二极管通过额定正向（或脉冲 300 μs，占空比≤2%）电流 I_F 时，二极管极间所产生的电压降，单位为伏特。

（3）最大反向工作电压 V_{RM}

它是指二极管在工作时，允许施加的最大反向工作直流电压，单位为伏特。

（4）反向漏电流 I_R

它是指在规定温度条件下（25 ℃或 125 ℃），当二极管两端加的最大反向工作电压 V_{RM} 值时，通过二极管的漏电流，单位为 μA 或 nA。

（5）反向恢复时间 t_{rr}

反向恢复时间是指由管子导通转换到截止，由于结电容存在充放电，所需要过渡的时间。二极管在规定的 I_F、V_R 和负载 R_L 条件下，当二极管由正向转换反向时，最大反向电流 I_{RM} 从过零瞬间起至反向电流恢复到最大值 I_{RM} 的 10% 止的时间间隔称为 t_{rr}，单位为 ns。

t_{rr} 与管子的结电容、正向电流、反向电流和温度等因素有关。管子的结电容越大、正向电流越大和反向抽取电流越小和温度越低，则 t_{rr} 也越大。

t_{rr} 是反映二极管开关特性的一个重要参数。电路在较高频率工作下，如果 t_{rr} 过大（t_{rr} 与电路工作信号周期大小相当），电路输出就会失真，被控制电路或设备就会误动作，需要开时不开，需要关时不关，达不到控制开关的目的。

正向恢复时间是指管子由截止转换导通的时间。由于 PN 结在正向偏置时，与结电容并联的 PN 结正向电阻较小，结电容的作用不明显，所以正向恢复时间很短，一般可以忽略不计。所以二极管开关时间约为反向恢复时间 t_{rr}。

30　稳压二极管主要参数及其含义

（1）稳定电流（正常工作电流）I_Z

稳压二极管工作在稳定电压范围内，能正常工作时的规定参考电流值称为稳定电流 I_Z，通常单位为 mA。I_Z 与管子的半导体材料、结构、制造工艺和工作温度等有关。

稳压管工作电流小于 I_Z 时，稳压效果差，甚至不能起稳压作用；稳压管工作电流大于 I_Z 时，稳压效果好，但工作电流不能超过管子最大工作电流 I_{ZM}。

（2）稳定电压 V_Z

稳压二极管工作在稳定电压范围内，反向击穿电流达到稳定电流 I_Z（正常工作电流）时，在二极管极间所产生的电压降值称为稳定电压 V_Z，单位为伏特。

V_Z 与管子的半导体材料的掺杂浓度有关，掺杂浓度越高，V_Z 就越小。V_Z 还与工作电流和工作温度有关，工作电流越大，V_Z 就略有增大；工作温度越高，对于齐纳击穿 V_Z 就越小，对雪崩击穿 V_Z 就越大；在一定温度下，V_Z 随工作时间几乎无变化。

（3）动态电阻 R_Z

稳压二极管在稳定电流（正常工作电流）或规定反向击穿电流下，稳压二极管的稳定电压微变化量 ΔV_Z 与稳定电压变化所引起的稳定电流微变化量 ΔI_Z 之比值，称为动态电阻 R_Z，即 $R_Z=\Delta V_Z/\Delta I_Z$，单位为欧姆。对同一只管子来说，$R_Z$ 随反向击穿电流的大小而改变，一般规律是反向击穿电流越大，R_Z 越就越小。当反向击穿电流增大一定值以后，则 R_Z 基本不变的。R_Z 通常为几欧至几百欧。

R_Z 反映了稳压二极管的稳压特性好坏的重要参数之一。R_Z 越小，其稳压性能就越好。

（4）最大工作电流 I_{ZM}

稳压二极管在长期工作时，允许通过的最大反向击穿电流值，称为最大工作电流 I_{ZM}，单位为 mA 或 A。稳压二极管的工作电流，不允许超过最大工作电流 I_{ZM}。

它与管子的半导体材料、结构、制造工艺和工作温度等因素有关。

（5）电压温度系数 C_{TV}

在规定的测试电流下（通常为稳定电流 I_Z），温度变化所引起稳定电压的相对变化量 $\Delta V_Z/V_Z$ 与温度的变化量 Δt 之比值，称为电压温度系数 C_{TV}，即 $C_{TV}=\Delta V_Z/V_Z\Delta t$，单位为 1/℃或%/℃。通常 C_{TV} 在±0.1%/℃的范围内。

V_Z 值低于 4 V（齐纳击穿），其电压温度系数是负的；V_Z 值高于 7 V（雪崩击穿），其电压温度系数是正的。V_Z 值在 4 V～7 V 之间的稳压管，则齐纳击穿和雪崩击穿的两种情况都存在，电压正、负温度系数相互补偿，所以电压温度系数 C_{TV} 很小。

应注意，V_Z 值越低于 4 V 时，电压负温度系数绝对值和动态电阻就越大；V_Z 值越高于 7 V 时，电压正温度系数值和动态电阻就越大。

(6) 反向漏电流 I_R

稳压二极管在规定反向电压（低于稳定电压 V_Z ）下，在管子极间产生漏电流，称为反向漏电流 I_R，单位为 μA。

31 瞬态电压抑制二极管主要电参数及其含义

(1) 击穿电压 $V_{(BR)}$

在规定反向击穿电流 $I_{(BR)}$ 下，二极管两端所产生的电压降值，称为击穿电压 $V_{(BR)}$，单位为伏特。在此区域内，二极管呈为低阻抗的通路状态。使用时，$V_{(BR)}$ 值应小于被保护器件或电路的击穿电压。

(2) 最大反向工作电压（或变位电压）V_{RM}

在规定反向漏电流 I_R（μA 级）下，二极管两端所产生的电压降值，称为最大反向工作电压 V_{RM}，单位为伏特。通常 V_{RM} 为 $(0.8\sim0.9)V_{(BR)}$。在这个电压下，二极管呈为高阻抗的断路状态。使用时，V_{RM} 值应大于被保护器件或电路的正常工作电压。

(3) 最大箝位电压 $V_{C(\max)}$

在反向工作时，当在规定的脉冲波形（10/1 000 μs）和脉冲峰值电流 I_{PP} 下，二极管两端所产生的电压降值，称为最大箝位电压 $V_{C(\max)}$，单位为伏特。通常 $V_{C(\max)}$ 为 $V_{(BR)}$ 的 1.3 倍左右。使用时，$V_{C(\max)}$ 值应小于被保护器件或电路的最大允许安全电压。

(4) 最大反向脉冲峰值电流 I_{PP}

在反向工作时，当在规定的脉冲波形（10/1 000 μs）条件下，二极管允许通过的最大脉冲峰值电流 I_{PP}，单位为安培。使用时，最大反向脉冲峰值电流 I_{PP} 必须大于被保护器件或电路中出现的瞬态浪涌电流。

(5) 反向脉冲峰值功率 P_{PR}

反向脉冲峰值功率为最大反向脉冲值电流 I_{PP} 与最大箝位电压 $V_{C(\max)}$ 的乘积，单位为瓦特。

它除了与脉冲峰值电流 I_{PP} 和最大箝位电压 $V_{C(\max)}$ 有关外，还与脉冲波形、脉冲时间和环境温度等有关。当脉冲时间 t_P 一定时，$P_{PR}=K_1 \cdot K_2 \cdot V_{C(\max)} \cdot I_{PP}$，式中 K_1 为功率系数，K_2 为功率温度系数。

使用时，反向脉冲峰值功率 PPR 必须大于被保护器件或电路中出现的最大瞬态浪涌功率。

32 双向触发二极管主要参数及其含义

(1) 正、反向转折电压（$+V_{BO}$、$-V_{BO}$）

双向触发二极管两端由高阻（关断）状态转换为正向或负向的低阻（导通）状态时，所对应的电压称为正、反向转折电压（$+V_{BO}$、$-V_{BO}$），单位为伏特。测试（$+V_{BO}$、$-V_{BO}$）条件，在正、反向转折电流（$+I_{BO}$、$-I_{BO}$）为规定值所测得的。

(2) 对称性 ΔV_{BO}

它是指双向触发二极管的正、反向转折电压绝对值差值，即 $\Delta V_{BO}=|+V_{BO}|-|-V_{BO}|$，单位为伏特。

(3) 动态回转电压（摆幅）ΔV_T

它是指双向触发二极管由高阻（关断）转换为低阻导通，进入负阻区的回转电压范围，即转折电压 V_BO 与导通电压 V_T 绝对值之差 $\Delta V_T=|V_{BO}-V_T|$，单位为伏特。

(4) 漏电流（$+I_B$、$-I_B$）

它是指双向触发二极管的正、反向阻断或“关闭”的漏电流（$+I_B$、$-I_B$），单位为 μA。测试（$+I_B$、$-I_B$）条件，在正、反向阻断电压为规定值（小于$+V_{BO}$、$-V_{BO}$）所测得的。

33 恒流二极管主要电参数及其含义

(1) 恒定电流 I_S

它是指恒流二极管在稳流范围内，当恒流二极管施加电压为规定值时，通过恒流二极管的电流 I_S，单位为 mA 或 A。

(2) 起始电压 V_L

它是指恒流二极管的电流为恒定电流 I_S 的 0.9 倍时，二极管两端所产生的电压降 V_L，单位为伏特。

(3) 击穿电压 $V_{(BR)}$

它是指恒流二极管的电流为恒定电流 I_S 的 1.2 倍时，二极管两端所产生的电压降 $V_{(BR)}$，单位为伏特。

(4) 动态电阻 Z_n

它是指恒流二极管在稳流范围内，恒定电流变化所引起电压变化量 ΔV 与恒定电流变化量 ΔI 之比值 Z_n，即 $Z_n=\Delta V/\Delta I$，单位为 MΩ。Z_n 越大，表示恒定电流效果越好。

34 单结晶体管（双基极二极管）主要电参数及其含义

（1）基极间电阻 R_{bb}

它是指在常温下，当单结晶体管的两基极间的电压 V_{bb} 为规定值（通常为 20 V）和发射极电流 I_e 为零时，单结晶体管两个基极 b_1、b_2 之间半导体材料硅片的纯电阻值 R_{bb}，单位为欧姆 Ω。一般 R_{bb} 范围为 2～15 kΩ。

R_{bb} 大小与工作电压 V_{bb} 和工作温度等有关。R_{bb} 随工作电压 V_{bb} 增大而减小，随工作温度升高而增大。但 R_{bb} 大小与发射极 PN 结无关。

（2）分压比 η

当单结晶体管的两基极间的电压 V_{bb} 为规定值（通常为 20 V）和发射极电流 I_C 为零时，第一基极电阻 R_{b1} 上产生电压 V_{b1} 与两基极电压 V_{bb} 之比值称为分压比 $\eta(V_{b1}/V_{bb})$。从某种意义上，可说分压比 η 就是分阻比 R_{b1}/R_{bb}。分压比 η 与管子的结构有关，η 数值一般为 0.3～0.9。

η 是一个具有一定范围的动态值，当管子工作在发射极电流较大的负阻导通区时，R_{b1} 的电阻很小，因此 η 较小（0.3～0.5）；当管子工作在发射极电流微小的截止区时，R_{b1} 的电阻很大（小于 R_{bb} ），因此 η 较大（0.8～0.9）。

分压比 η 是单结晶体管一项重要参数，可衡量发射极电流 I_e 对基极电流 I_{bb} 的控制能力。η 数值越小，发射极电流对基极电流的控制能力就越强。

（3）反向电流 I_{eb1o}

它是指 e 极与 b_1 极之间施加规定反向电压（通常 60 V）时，流过发射极 PN 结的反向电流值 I_{eb1o} ，单位为 μA。一般 I_{eb1o} 小于 2μA。I_{eb1o} 太大，则表明 PN 结的单向特性差。

（4）反向电压 V_{eb1o}

当单结晶体管的发射极 e 极与 b_1 极的反向电流为规定值（通常 I_{eo} 为 1 μA）时，e 极与 b_1 极之间能承受的最高反向电压，称为反向电压 V_{eb1o}， 单位为伏特。它实际上是指单结晶体管的发射极 PN 结能承受的最大反向电压。一般 V_{eb1o} 大于 60 伏。

（5）饱和压降 $V_{e(sat)}$

在单结晶体管的两基极 b_1、b_2 之间施加规定电压 V_{bb}（通常为 20 V），且发射极导通一定正向电流 I_e（通常为 50 mA）时，e 极与 b_1 极之间所产生的电压降，称为饱和压降 $V_{e(sat)}$， 单位为伏特。一般 $V_{e(sat)}$ 小于 5 V。

应指出 $V_{e(sat)}$ 并不是单纯 PN 结的电压降，其中还包含第一基极电阻 R_{b1} 的电压降。

（6）调制电流（调变电流）I_{b2}

在单结晶体管的两基极 b_1、b_2 之间施加规定电压 V_{bb}（通常为 20 V），且发射导通一定电流 I_e（通常为 50 mA）时，基极回路产生电流，称为调制电流 I_{b2}， 单位为 mA。一般 I_{b2} 为几毫安至几十毫安。

I_{b2} 体现了发射极电流 I_e 对基极电流 I_{bb} 的控制作用。

(7) 峰点电流 I_p

它是指两基极 b_1、b_2 之间施加电压 V_{bb}（通常 20 V），且 e 极与 b 极之间电压达到正向峰值电压 V_p 时，发射极开始导通的正向电流值 I_p，单位为 μA。一般 I_p 值为几 μA。

若 I_P 一直保持不变，就表明管子正向特性已损坏。

(8) 谷点电流 I_V

它是指两基极 b_1、b_2 之间施加电压 V_{bb}（通常 20 V），使 V_e 降到最低点（谷点电压 V_V）对应的发射极电流值 I_V，单位为 mA。通常 I_V 大于 1.5 mA。

I_V 是一项管子质量参数，I_V 变化范围越大，表明管子 R_{b1} 的动态范围也越大，引起基极电流变化范围较大，发射电流对基极电流控制的能力也越强。

(9) 谷点电压 V_V

它是指两基极 b_1、b_2 之间施加电压 V_{bb}（通常 20 V），当管子导通电流达到谷点电流 I_V 时，所对应的发射极电压 V_V，单位为伏特。一般 V_V 小于 4 V。

V_V 是衡量管子控制灵敏度的一项参数，V_V 越小，控制灵敏度就越高。

35　变容二极管主要电参数及其含义

(1) 结电容 C_j

它是指在一特定频率和规定的反向偏压下，变容二极管内部 PN 结的电容量，单位为 pF。

它除了与管子的半导体材料、结构、PN 结两边掺杂浓度的分布情况不同等有关外，还与反向偏置电压、工作温度等有关。结电容 C_j 随反向偏置电压增大而减小（结电容 C_j 与反向偏置电压的平方根成反比），也随工作温度升高而增大。

(2) 电容变化比 η

它是指在变容二极管的结电容随外加反向偏压变化范围内，在规定频率条件下，最大结电容量 C_{j1} 与最小结电容量 C_{j2} 之比值（$\eta = C_{j1}/C_{j2}$），即在规定频率下，两个特定反向偏压下的结电容量之比值。电容变化比 η 大小，影响振荡回路调谐频率的覆盖面。η 越大，振荡回路调谐频率的覆盖面就越大。

它与 PN 结中低掺杂 N^- 区的掺杂浓度的分布不同和温度等因素有关。

(3) 优值因素 Q

它是指变容二极管的存储能量与耗散能量的比值，即近似于变容二极管无用功率与有用功率的比值。对于一个 RC 串联电路 Q 值，可用下式表示：

$$Q = 1/2\pi fRsC_j$$

Q 值是在规定频率和规定反向偏压或零偏压下测试的。在实际应用中，Q 值中电容 C_j 包含了管壳分布电容在内。因此，测量结果所得的 Q 数值不是结电容性能的真正 Q 数值。

Q 值决定变容二极管工作的频率上限。Q 值大小反映变容二极管的质量，Q 值越大，管子质量越好，振荡回路的能量消耗程度越小。

Q 值除了与管子的半导体材料、结构和制造工艺等有关外，还与外加反向偏电压和工作频率有关。反向偏压越大，Q 值也越大；工作频率越高，Q 值也越小。

（4）截止频率 f_c

定义为变容二极管 Q 值随工作频率上升而下降，当 Q 值下降为 1 时，所对应的频率叫做变容二极管截止频率 f_c，即 $f_c=1/2\pi R_s C_j$，单位为 GHz。GaAs 材料变容二极管 f_c 值比 Si 材料变容二极管 f_c 值高。

使用时，选择变容二极管的截止频率 f_c 应高于工作频率 f 的 10 倍。

36 检波二极管主要电参数及其含义

以下是检波二极管的几个重要电参数：

（1）电流灵敏度 α

它定义为当检波器的输入信号功率前、后检波器的输出电流的变化量 ΔI 与输入信号功率 P_{in} 之比值，即 $\alpha=\Delta I/P_{\text{in}}$，单位为 A/W 或 μA/μW。电流灵敏度随工作温度升高而线性增高。

α 与负载有关，一般是指一定负载下的电流灵敏度。实际测量中都用短路电流灵敏度来表示的。可以推导电流灵敏度的表示式如下：

$$\alpha=P_{\text{in}}/2nKT\times 1/(1+\omega^2 C^{2j} R_s Z_{vf})$$

由于上式可见，为了提高电流灵敏度，就应降低视频阻抗 Z_{vf}，降低 $C_j^2 R_s$ 乘积，还应尽量使 n 值接近 1。

（2）电压灵敏度 β

它定义为当检波器的输入信号功率前、后检波器的负载上电压的变化量 ΔV 与输入信号功率 P_{in} 之比值，单位常为 mV/μW。

β 测试条件是信号电平很小，而负载阻抗比检波器的输出阻抗大得多，几乎接近开路时，电压灵敏度的表示式如下：

$$\beta=\Delta V/P_{\text{in}}$$

电压灵敏度表征微波功率转换为视频电压的能力。

（3）视频阻抗 Z_{vf}

它是指检波二极管对视频信号所呈现的阻抗 Z_{vf}，单位为 kΩ。

视频电抗 Z_{vf} 对后级的前置放大器的设计是一个重要参数，可以使低放电路的输入阻抗设计与检波器的视频阻抗 Z_{vf} 呈现最佳匹配状态，从而获得最大的信号增益。

（4）正切灵敏度 T_{SS}

它是指在脉冲测试中，调整检波二极管输入功率，使无信号时检波二极管输出噪声的上限与有信号的检波二极管的输出噪声的下限在同一水平线上时，这时对应的检波二极管输入微波脉冲功率就是正切灵敏度 T_{SS}，通常以 dBm 表示。T_{SS} 与放大器带宽相关，通常在带宽 1 MHz 下测试 T_{SS}。

T_{SS} 反映在噪声条件下，检波二极管的检波能力。T_{SS} 在低温范围内，随低温温度下降而降低。

(5) 优值因数 Q

检波二极管的优值因数 Q 用于比较不同检波二极管的质量，它包含电流灵敏度 α 和视频阻抗 Z_{vf}，由下列式表示：

$$Q = \alpha Z_{Vf} / \sqrt{Z_{Vf} + Z_n}$$

式中，Z_n 为第一级视放输入端的等效电阻。对于不同视放 Z_n 的阻值有所变化，一般可取 1.2 kΩ。

37 混频二极管主要电参数及其含义

以下是混频二极管主要高频电参数：

(1) 变频损耗 L_c

它定义为混频二极管输出的中频功率 P_{if} 与输入的射频功率 P_{rf} 之比值，通常以分贝 dB 表示，即 $L_c = 10\log P_{if}/P_{rf}$ (dB)。L_c 包含三个部分，即 L_c 为 L_1（失配损耗）、L_2（串联电阻 R_S 和结电容 C_j 引起损耗）和 L_3（实际变频损耗）。

L_c 越小，接收机的灵敏度就越高。L_C 随工作温度升高而增大，随整流电流增大而减小。

(2) 相对噪声温度比 N_R

它定义为混频二极管总的有效噪声输出功率与具有等效电阻热噪声输出功率之比值，可按下式计算：

$$N_R = P_n / KT\Delta f = 1 + 20IR_e$$

式中，I 为混频二极管整流电流，$R_e = R_s + R_j$ 为混频二极管等效电阻。N_R 是大于 1 的实数。

N_R 随整流电流 I_o 增大而增大。

(3) 噪声系数 N_F

它定义为混频二极管的输入信号噪声比与输出信号噪声比之比值，通常单位为分贝 dB。它可直接测量，也可采用下式计算：

$$N_F = L_c(N_R + F_{if} - 1)$$

式中，L_c 为混频二极管的变频损耗，N_R 为混频二极管的相对噪声温度比，F_{if} 为混频二极管后接中放噪声系数。

应注意，手册给出噪声系数 N_F 均为双边带噪声系数，而用户一般使用单边带噪声系数，单边带噪声系数比双边带噪声系数约大 3 dB。

N_F 随工作环境温度升高而增大。

(4) 中频阻抗 Z_{if}

它是指混频二极管加上额定本振功率时，对特定的中频所呈现的阻抗，即中频输出端阻抗的实数部分，单位为Ω。其典型值为200～600 Ω。此参数可用于中频放大器输入端的匹配设计。

Z_{if} 随混频二极管的正向电流 I_o 增大而降低。

38 体效应二极管主要电参数及其含义

体效应二极管主要参数有工作频率、输出功率、工作电压、工作电流以及热阻等。下面介绍前两个电参数。

(1) 工作频率（振荡频率）f_o

体效应二极管的工作频率 f_o 是与工作区的长度成反比的，单位为GHz。对于偶极畴模式，其振荡频率 f_o 可近似由下式给出：

$$f_o = 10^2/L$$

式中，L 为畴渡越的有效长度（即工作区长度），单位为μm。

工作频率 f_o 随工作电压增大而下降。

(2) 输出功率 P_o

体效应二极管的输出功率 P_o（为指定频带内的点频功率），单位为mW或W。体效应二极管的输出功率 P_o 可由下式表示：

$$P_o = E^2 V_s / R_L L^2$$

式中，E 为体效应二极管中的电场，V_s 为畴的运动速度，R_L 为负载电阻，L 为工作有效长度，单位为μm。输出功率 P_o 与工作区长度的平方成反比。

当负载电阻 R_L 为低电阻 R_0 的20～30倍时，可获得最大的输出功率和最大的效率。

39 阶跃恢复二极管主要电参数及其含义

阶跃恢复二极管主要电参数有阶跃时间 t_{st}，少子寿命 τ、击穿电压 $V_{(BR)}$、结电容、正向微分电阻、最大输入功率、最小输出功率以及热阻等。下面介绍前两个电参数。

(1) 阶跃时间 t_{st}

在正向注入电流和反向提取脉冲电压幅度为规定值下，阶跃恢复二极管由正向转换反向时，从最大反向电流 I_{RM} 的80%降至20%的所需时间，单位为ps。一般阶跃管 t_{st} 值为几十ps到几百ps。阶跃时间 t_{st} 基本不随工作温度变化。

它是阶跃恢复二极管获得高次倍数的关键参数，决定阶跃恢复二极管的高次谐波的上限频率 f_0（$f_0 = 1/t_{st}$）。t_{st} 越小，高次谐波越丰富，倍频效率也越高。

(2) 少子寿命 τ

少子寿命 τ 是阶跃管的注入停止后，少子的平均存在时间。它定义为少子浓度减少到初始值的 $1/e$ 所经历的时间，单位为ns。少子寿命 τ 随工作温度升高而增长。

在满足直接复合和低电平输入条件下，τ 可用贮存时间 t_s（最大反向电流 I_{RM} 从过零瞬间起降至 0.8I_R 的所需时间）来等效换算如下：

$$\tau = t_s/\ln(1 + I_F/I_R)$$

式中，t_s 为阶跃恢复二极管的贮存时间，I_F 为阶跃管的正向注入电流，I_R 为阶跃恢复二极管的反向抽取电流。

τ 主要决定阶跃恢复二极管的最低输入信号频率 f_{in} 的极限，为使阶跃管正常工作，应至少保证 $\tau \geqslant 10/f_{in}$，最好 $\tau \geqslant (20 \sim 30)/f_{in}$。

40　三极管主要电参数及其含义

（1）集电极—基极反向截止电流（饱和电流）I_{CBO}

三极管在发射极开路和常温的条件下，当集电极与基极之间施加反向电压 V_{CB} 为规定值时，流过集电极的电流称为反向截止电流（饱和电流）I_{CBO}，单位为 μA 或 nA。在一定工作温度和环境湿度下，I_{CBO} 约是个常数，并基本上与反向工作电压 V_{CB} 的大小无关。I_{CBO} 越大，管子质量也越差。

I_{CBO} 除了与管子的半导体材料、制造工艺、管芯表面状态和中子辐射等有关外，还与工作温度有关，锗三极管的温度每升 10 ℃，硅三极管的温度每升 12 ℃时，I_{CBO} 约增加 1 倍。受中子辐射可导致 I_{CBO} 增大。

硅三极管 I_{CBO} 比锗三极管 I_{CBO} 的小，同半导体材料高频管 I_{CBO} 比低频管 I_{CBO} 的小，小功率管 I_{CBO} 比大功率管 I_{CBO} 的小。

（2）集电极—发射极反向截止电流（穿透电流）I_{CEO}

三极管在基极开路和常温的条件下，当集电极与发射极之间施加电压 V_{CE} 为规定值时，流过集电极的电流称为反向截止电流（由于这电流从集电区穿过基区至发射区，所以又叫穿透电流）I_{CEO}，单位为 μA 或 nA。

由于 I_{CEO} 是 I_{CBO} 的（1＋h_{FE}）倍，所以 I_{CEO} 随温度变化比 I_{CBO} 更为敏感。I_{CEO} 随温度变化的规律与 I_{CBO} 大致相同。

应注意，在穿透小电流附近的 h_{FE} 值比工作大电流附近的 h_{FE} 值小很多。测量时，若发现 I_{CEO} 逐渐增大或不稳，则表示该管子受污染，不宜使用。

（3）集电极最大允许电流 I_{CM}

在集电极允许的功耗范围内，三极管可承受的连续流过集电极的最大直流电流或最大交流峰值电流称为 I_{CM}，单位为 mA 或 A。当在三极管集电极工作 I_C 较大时，随 I_C 增大，h_{FE} 就要下降。一般 I_{CM} 为 h_{FE} 下降到正常 h_{FE} 值的 2/3 或 1/2 时，所允许的最大集电极电流。集电极工作电流超过 I_{CM}，h_{FE} 将显著下降，甚至还会有烧坏管子的可能。一般小功率管的 I_{CM} 值约数十毫安，大功率管的 I_{CM} 值约数十安。

I_{CM} 正比于发射区的“有效长度”而与发射区的面积大小无关，I_{CM} 还随发射结扩散掺杂浓度（多数载流子）增大而增大。

（4）集电极—基极反向击穿电压 $V_{(BR)CBO}$

三极管在发射极开路和常温的条件下，当集电极反向电流为规定值时，集电极与基极之间的电压降 V_{CB} 称为 $V_{(BR)CBO}$ ，单位为伏特。产品手册数据 $V_{(BR)CBO}$ 仅表示集电极反向电流达到规定值时，集电极—基极之间的电压降，并不是真正雪崩击穿电压 V_B 。产品手册数据 $V_{(BR)CBO}$ 远小于雪崩击穿电压 V_B。一般管子的 $V_{(BR)CBO}$ 为几十伏。高反压管子可达几百伏，甚至上千伏。

$V_{(BR)CBO}$ 随集电结扩散杂质浓度降低和扩散结的深度增长而升高，还随工作温度升高而下降。

（5）集电极—发射极反向击穿电压 $V_{(BR)CEO}$

三极管在基极开路和常温的条件下，当集电极电流为规定值时，集电极与发射极之间的电压降 V_{CE} 称为 $V_{(BR)CEO}$ ，单位为伏特。由于 I_{CEO} 大于 I_{CBO} 的（$1+h_{FE}$）倍，使雪崩倍增效果更加显著，因此 $V_{(BR)CEO}$ 小于 $V_{(BR)CBO}$。与 $V_{(BR)CBO}$ 同样原因产品手册数据 $V_{(BR)CEO}$ 远小于雪崩击穿电压 V_A。

$V_{(BR)CEO}$ 随工作温度升高而下降，也随 h_{FE} 增大而下降。

（6）发射极—基极反向击穿电压 $V_{(BR)EBO}$

三极管在集电极开路和常温的条件下，当发射极反向电流为规定值时，发射极与基极之间的电压降 V_{EB} 称为 $V_{(BR)EBO}$，单位为伏特。一般平面管子的 $V_{(BR)EBO}$ 只有几伏。

测试时应注意，小功率三极管不能反复测试 $V_{(BR)EBO}$ 的击穿电流，否则会导致热载流子效应，使 h_{FE} 下降，噪声特性退化。

（7）集电极—发射极饱和压降 $V_{CE(sat)}$

三极管工作在饱和区内和常温的条件下，当集电极电流 I_C 和基极电流 I_B 为规定值，并保持 $I_C/I_B \leqslant h_{FEmin}$（通常小功率管 10 倍，大功率管 3～10 倍）时，集电极与发射极之间的电压降 V_{CE} 称为 $V_{CE(sat)}$，单位为伏特。

$V_{CE(sat)}$ 值除了与管子的半导体材料、制造工艺和中子辐射等有关外，还随着电流比（I_C/I_B）增大而增大，也随集电极 I_C 增大而增大，也随集电极串联电阻增大而增大。$V_{CE(sat)}$ 随工作温度升高对不同器件来说，有的略有增大，有的所降低，有的几乎不变。受中子辐射会使 $V_{CE(sat)}$ 增大。

（8）基极—发射极饱和压降 $V_{BE(sat)}$

三极管工作在饱和区内和常温的条件下，当集电极电流 I_C 和基极电流 I_B 为规定值，并保持 $I_C/I_B \leqslant h_{FEmin}$（通常小功率管 10 倍，大功率管 3～10 倍）时，基极与发射极之间电压降 V_{BE} 称为 $V_{BE(sat)}$，单位为伏特。$V_{BE(sat)}$ 大于 $V_{CE(sat)}$。

$V_{BE(sat)}$ 值除了与管子的半导体材料、制造工艺和中子辐射等有关外，还随电流比（I_C/I_B）增大而降低，也随集电极电流 I_C 增大而增大，并随工作温度升高而降低。

（9）共发射极电路直流电流放大系数 h_{FE}

三极管工作在放大区范围内和常温的条件下，当集电极电压 V_{CE} 和集电极电流 I_C 为规定值时，集电极直流电流 I_C 与基极直流电流 I_B 之比值，即 $h_{FE}=I_C/I_B$。h_{FE} 可以理解

为 I_B 对 I_C 控制的能力，而不是 I_B 具有放大能力。

测试大功率三极管 h_{FE}，应在占空比较小的脉冲条件下进行的。

它反映了管子静态工作时的电流放大特性，适用于估计信号较大幅度变化或牵涉到直流量的关系。

它除了与管子的结构、制造工艺、管芯表面状态和中子辐射等有关外，还随着集电极电压 V_{CE}、集电极电流 I_C、工作温度（结温 T_j）和工作时间等不同而变。h_{FE} 受中子辐射而下降。

h_{FE} 值太大，造成管子静态工作不稳定，并容易产生自激和失真；h_{FE} 值太小，放大作用差。因此，直流电流放大系数 h_{FE} 一般在 30～80 为宜。

（10）共发射极电路交流电流放大倍数 β

三极管工作在放大区范围内和常温的条件下，当集电极直流电压 V_{CE} 和集电极直流电流 I_C 为规定值的测试点时，在测试点附近上下的基极电流引起集电极电流变化量 ΔI_C 与基极电流变化量 ΔI_B 之比值，即 $\beta=\Delta I_C/\Delta I_B$。它实质是用微小基极电流变化 ΔI_B 去控制一个较大集电极电流变化 ΔI_C。

它反映了管子动态工作时的电流放大特性，适用于讨论小信号变化量。

它不是常数，除了与管子的结构、制造工艺、管芯表面状态和中子辐射等有关外，还与集电极电压 V_{CE}、集电极电流 I_C、工作温度、工作频率有关。β 随工作频率上升而下降，β 受中子辐射而下降。

（11）特征频率 f_T

在共射极放大电路中，当三极管的输出端交流短路时，交流电流放大系数 β 随频率上升而降到 1 倍（0 dB）时，所对应的频率叫做特征频率 f_T，单位为 MHz。由于高频时 $f\cdot\beta$ 为常数，因此有时 f_T 也称为增益带宽乘积。

f_T 参数是三极管的工作极限频率，当工作频率 f 大于 f_T 时，三极管就会失去交流电流放大功能。选择特征频率 f_T 一般应比实际电路工作频率至少高 3 倍。

f_T 与管子的载流子在基区渡越时间、极间 PN 结电容、引线间和外壳至引线间的寄生电容等有关。

（12）最高振荡频率 f_M

在共发射极放大电路中，当三极管的功率放大系数 A_P 随频率上升而下降到等于 1 倍（0 dB）时，所对应的频率叫做最高振荡频率 f_M（f_M 大于 f_T 的 2～3 倍），单位为 MHz。

从物理意义上讲，f_M 表示三极管所应用的最高振荡的极限频率。当工作频率大于 f_M 时，三极管不能得到功率放大。三极管当作功率放大时，选择 f_M 一般应比实际电路工作频率的 3～4 倍。

f_M 与管子的半导体材料、结构、制造工艺和 f_T 等有关。

（13）开关时间（$t_{on}+t_{off}$）

三极管开启时间 t_{on} 等于延迟时间 t_d（从输入脉冲前沿电流幅度的 10%到输出脉冲前沿电流幅度的 10%的所需时间）与上升时间 t_r（从输出脉冲前沿电流幅度的 10%上升到

90%的所需时间）之和，即 $t_{on}=t_d+t_r$，单位为 ns。

三极管关断时间 t_{off} 等于贮存时间 t_s（从输入脉冲后沿电流幅度的 90%到输出脉冲后沿电流幅度的 90%的所需时间）与下降时间 t_f（从输出脉冲后沿电流幅度的 90%下降到 10%的所需时间）之和，即 $t_{off}=t_s+t_f$，单位为 ns。三极管开关时间为 $t_{on}+t_{off}$。当三极管开关时间大于电路工作信号周期，三极管就会失去交流电流放大功能。

三极管开关时间与管子的载流子在基区渡越时间，发射结、集电结的结电容，引线间和外壳至引线间的寄生电容以及电路工作条件等有关。

41 晶闸管主要电参数及其含义

（1）额定正向导通平均电流 I_T

在规定环境温度（一般 40 ℃）、标准散热和阻性负载的条件下，晶闸管能连续导通的最大 50 Hz 正弦的正半波电流的平均值叫做额定导通正向平均电流 I_T，单位为 mA 或 A。另外，有的手册用额定正向导通有效值电流表示。

I_T 不是常数，而与工作电压、工作温度、散热状况、管子导通角大小及每周期的导通次数和导通时间等有关。I_T 随导通角减小和导通时间增长而下降，随工作电压增大而增大。当工作温度超过规定以上温度的升高时，I_T 随工作温度升高而按线性变化而减小。

注意，交流电通常是指"有效值"而不是"平均值"，因此常将交流有效值换算成平均值（有效值为平均值的 1.57 倍）。

（2）通态平均压降 V_T

在规定环境温度（一般 40 ℃）和标准散热的条件下，当晶闸管的阳极与阴极之间通过的电流为额定导通正向平均电流 I_T 时，晶闸管的阳极与阴极之间电压降的平均值叫做通态平均压降 V_T，单位为伏特。V_T 一般为 0.6～1.2 V。它随导通角增大和工作电压增大而增大。

（3）正向阻断重复峰值电压 V_{DRM}（适用于单、双向晶闸管）

晶闸管在控制极 G 开路和额定结温的条件下，当正向阻断重复（50 Hz）平均电流为规定值时（mA 级），可重复施加阳极与阴极之间的正向峰值电压叫做 V_{DRM}，单位为伏特。即控制极 G 开路时，正向转折电压值减去 100 V 后的电压值，或为正向转折电压值的 80%。V_{DRM} 随工作温度升高而降低，随控制极电流 I_{GT} 增大而降低。当 I_{GT} 增大到一定值时，晶闸管从截至变为导通

V_{DRM} 是晶闸管的 A－K 极间的正向电压能够承受多大正向阻断重复峰值电压而不击穿的数据标准。

（4）反向重复峰值电压 V_{RRM}（适用于单向晶闸管）

晶闸管在控制极 G 开路和额定结温的条件下，当反向重复平均电流为规定值时（mA 级），可重复施加阳极与阴极之间的反向峰值电压叫做 V_{RRM}，单位为伏特。即控制极 G 开路时，反向击穿电压值减去 100 V 后的电压值，或为反向击穿电压值的 80%。V_{RRM} 随工

作温度升高而降低。

V_{RRM} 是晶闸管的 A－K 极间的反向电压能够承受多大反向重复峰值电压而不击穿的数据标准。

（5）控制极触发电压 V_{GT} 和触发电流 I_{GT}

它是指在规定的环境温度（一般为 40 ℃）和标准散热条件下，当阳极与阴极之间施加正向电压为规定值（通常为 6 V）时，施加控制极 G 上的可使晶闸管导通的所必需的最小直流电压 V_{GT}（1～5 伏）和最小直流电流 I_{GT}（几十～几百毫安），V_{GT} 和 I_{GT} 离散性很大，所以一般只给一定范围。V_{GT}、I_{GT} 太小难以触发，V_{GT}、I_{GT} 太大就会误触发或损坏控制极。若采用脉冲信号触发，由于脉冲信号宽度小，必须增大 V_{GT}、I_{GT} 幅度。

晶闸管除了在阳极加正向电压外，应在同时满足 V_{GT} 和 I_{GT} 规定值下，才能触发晶闸管由截止变为导通。这因为只有 V_{GT}，没有 I_{GT} 一定电流，晶闸管的自身电流正反馈不足以触发晶闸管导通。

V_{GT}、I_{GT} 大小与工作温度和阳极与阴极之间施加正向电压有关。工作温度越高，V_{GT}、I_{GT} 就越小；阳极与阴极之间施加正向电压越大，V_{GT}、I_{GT} 就越小。

（6）维持电流 I_H

在规定环境温度（一般为 40 ℃）、标准散热条件和阳极与阴极之间正向电压为规定值条件下，当晶闸管撤销控制极 G 的触发信号后，能维持晶闸管导通的阳极最小正向直流电流称为维持电流 I_H，单位为 mA。即晶闸管从通态转换到断态的临界电流值。晶闸管的通态转换到断态的临界电流值是晶闸管断态转换到通态的临界电流值的 1/2～1/4 倍。

对于典型的晶闸管，维持电流 I_H 温度系数是负的。I_H 随管子结温升高而减小，还随管子额定正向平均电流 I_T 增大而减小。

（7）导通时间 t_{gt}（t_{on}）

在规定的环境温度（一般为 40 ℃）和标准散热条件下，当阳极与阴极之间施加正向电压为规定值时，从晶闸管的控制极 G 加上触发电流 I_{GT} 达到 50％开始到晶闸管导通电流达到 90％时的这一段时间，称为晶闸管的导通时间 t_{gt}，单位为 μs，即延迟时间 t_d 与上升时间 t_r 之和。其中 t_d 是指控制极触发电流前沿幅度的 50％点与阳极导通电流前沿幅度的 10％之间时间的间隔；而 t_r 是从阳极导通电流前沿幅度从 10％上升到 90％的所需时间。t_{gt} 一般约为 6 μs。采用特殊工艺制造的快速元件，开通时间 t_{gt} 为 1 μs 以下。

t_{gt} 与控制极 G 触发脉冲的陡度和大小、管子的结温高低、开通前的阳极与阴极之间施加正向电压大小和开通后的正向导通平均电流大小等因素有关。

（8）关断时间 t_g（t_{off}）

在规定的环境温度（一般为 40 ℃）和标准散热条件下，当阳极与阴极之间施加正向电压为规定值时，从切断晶闸管的正向电流开始到控制极恢复控制能力的这一段时间称为晶闸管的关断时间 t_g（t_{off}），即晶闸管由导通变为阻断时，导通期遗留的储存电荷释放所需的时间，单位为 μs，t_g 一般大约为 20～100 μs。

t_g 与管子原先正向导通平均电流的大小、管子的结温高低、开断后管子承受阳极与阴极之间电压的大小等因素有关。

晶闸管开关时间为 $t_{on}+t_{off}$。目前，晶闸管工作频率为几千 Hz 至几百 Hz。

42 场效应管主要电参数及其含义

(1) 夹断电压 V_P（最大值）

场效应管在漏源电压 V_{DS} 为某一个规定值（通常 $|V_{DS}|=10$ V）条件下，使漏极电流 I_D 等于一个微小的电流（通常约为 10 μA）时，栅极与源极之间所加的电压 V_{GS} 称为夹断电压 V_P ，单位为伏特。V_P 值也等于当 $V_{GS}=0$ 时，输出特性曲线开始进入饱和区的漏源电压 V_{DS} 值。从物理意义上来说：对于结型场效管，夹断电压 V_P 的数值就是使沟道的两侧栅漏极之间的耗尽层扩展到沟道而使导电沟道全部夹断时所必须的栅源电压值；对于耗尽型 MOS 场效应管，夹断电压 V_P 的数值就是栅源电压在半导体表面感生电荷的反型层而使导电沟道全部夹断所必须的栅源电压值。

V_P 适用于 N 沟道、P 沟道结型场效应管和 N 沟道、P 沟道耗尽型 MOS 场效应管。$|V_P|$ 与测试夹断电流大小有关，测试夹断电流越大，$|V_P|$ 就越小。

N 沟道结型场效应管 V_P 为负值，P 沟道结型场效应管 V_P 为正值；N 沟道耗尽型 MOS 场效应管 V_P 为负值，P 沟道耗尽型 MOS 场效应管 V_P 为正值。

结型场效管 $|V_P|$ 与 N 沟道或 P 沟道掺杂浓度有关，掺杂浓度越高，$|V_P|$ 就越大。耗尽型 MOS 场效应管 $|V_P|$ 与 N 沟道或 P 沟道掺杂浓度和栅极二氧化硅绝缘层中掺入正离子或负离子浓度有关。耗尽型 MOS 场效应管的 N 沟道或 P 沟道掺杂浓度越高，$|V_P|$ 就越大；栅极二氧化硅绝缘层中掺入正离子或负离子浓度越高，$|V_P|$ 就越大。

场效应管 $|V_P|$ 与源漏电压有关，源漏电压越大，$|V_P|$ 就越大。

(2) 开启电压 V_T（最小值）

场效应管在漏源电压 V_{DS} 为某一个规定值（通常 $|V_{DS}|=10$ V）条件下，使漏极与源极之间开始形成沟道漏极电流 I_D（通常 I_D 约为 50 μA）时，栅极与源极之间所加的电压 V_{GS} 称为开启电压 V_T ，单位为伏特。从物理意义上来说，开启电压 V_T 数值就是使增强型 MOS 场效应管的漏极与源极之间的沟道导通时，最小栅源电压值。

V_T 适用于 N 沟道、P 沟道增强型的 MOS 场效应管。$|V_T|$ 与测试开启电流大小有关，测试开启电流越大，$|V_T|$ 就越大。

N 沟道增强型 MOS 场效应管 V_T 为正值，P 沟道增强型 MOS 场效应管 V_T 为负值。

V_T 除了与 N 沟道、P 沟道掺杂浓度和结构等有关外，还与工作温度、工作电压和辐射有关。对增强型 MOS 场效应管的 N 沟道或 P 沟道掺杂浓度越高，$|V_T|$ 就越大。对于 N 沟道增强型 MOS 场效应管，V_T 随工作温度升高略有减小；对于 P 沟道增强型 MOS 场效应管，$|V_T|$ 随工作温度升高而略有增大。$|V_T|$ 随栅氧化层厚度减小而降低。$|V_T|$ 随漏源电压增大而增大。V_T 受辐射影响，会导致 V_T 负值或正值偏移。V_P 和 V_T 绝对值接近。

(3) 饱和电流 I_{DSS}（适用于耗尽型场效应管）

耗尽型（结型、MOS）场效应管，在栅源电压 $V_{GS}=0$ 条件下，当漏源电压 $V_{DS}>$ 夹断电压 $|V_p|$（通常 $|V_p|=10$ V）时，漏极导通电流 I_{DS} 称为饱和电流 I_{DSS}，单位为 mA。它反映了耗尽型结型和耗尽型 MOS 场效应管零栅压时原始沟道的导电能力，也是结型场效应管的最大漏极电流 I_{DS}。

对结型场效应管，饱和电流 I_{DSS} 是指在 $V_{GS}=0$，$|V_{DS}|=10$ V 条件测试出的漏极电流值。

(4) 直流输入电阻 R_{GS}（输入静态电阻）

它是指在场效应管的漏极 D 与源极 S 之间短路条件下，栅极 G 与源极 S 之间所施加规定极性直流电压 V_{GS}（通常 $|V_{GS}|=10$ V）与流过栅极的直流电流 I_G 之比值，即 $R_{GS}=V_{GS}/I_G$，单位为 MΩ。R_{GS} 随工作温度升高而下降。

结型效应管的直流输入电阻值（栅极 PN 结反偏电阻）可达到 10^9 Ω，MOS 场效应管的直流输入电阻值（栅极绝缘膜电阻）可达到 10^{15} Ω。交流输入电阻 r_{GS} 比直流输入电阻 R_{GS} 小得多，r_{GS} 并随工作频率升高而减小。

(5) 漏源动态电阻 r_{DS}（输出动态电阻）

它是指在场效应管的栅源电压 V_{GS} 为规定值时，漏源电压 V_{DS} 的微小变化量 ΔV_{DS} 与相应漏极电流 I_D 的微小变化量 ΔI_D 之比值，即 $r_{DS}=\Delta V_{DS}/\Delta I_D$，单位为 Ω。

r_{DS} 一般为数千欧至数百千欧。r_{DS} 反映了漏源电压 V_{DS} 对漏极电流 I_D 的影响。

(6) 漏源导通电阻 $R_{DS(on)}$（输出端导通电阻）

当 MOS 场效应管的栅源电压 V_{GS} 和漏极电流 I_D 为规定值时，漏极电压 V_{DS} 与漏极电流 I_D 之比值，称为场效应管漏源导通电阻 $R_{DS(on)}$，单位为 Ω。$R_{DS(on)}$ 随 I_D 增大而增大，随工作温度升高而增大（约 0.7%/℃）。

(7) 低频跨导 g_m

场效应管工作在恒流区时，在规定的频率（通常为 1 kHz）、漏源电压 V_{DS}（通常 $|V_{DS}|=10$ V）和漏极电流 I_D（通常 I_D 为 3 mA）的条件下，栅源电压 V_{GS} 变化引起漏极电流 I_D 的微变化量 ΔI_D 与栅源电压 V_{GS} 的微变化量 ΔV_{GS} 之比称为低频跨导或电导，即 $g_m=\Delta I_D/\Delta V_{GS}$，单位为西门子 S（A/V），常用毫西门子 mS（mA/V）或微西门子 μS（μA/V）。一般 g_m 为零点几到几 mS。

低频跨导是衡量场效应管栅源电压 V_{GS} 对漏极电流 I_D 控制的能力大小的一个参数，也是衡量场效应管放大（电压、功率）的能力大小的重要参数。g_m 越大，V_{GS} 对 I_D 控制的能力就越强。

g_m 除了与管子结构等有关外，还与管子工作电流 I_D、工作温度和工作频率等有关。g_m 随 I_D 增大而增大（g_m 与 I_D 的平方成正比）；g_m 随着工作温度升高而降低约 0.2%/℃（PMOS 管下降幅度比 NMOS 管大）；在低频时 g_m 不受频率影响，高频时 g_m 随工作频率上升而降低；在相同栅源电压 V_{GS} 下，g_m 随开启电压 V_T 降低而增大；g_m 随氧化膜的厚度减小而增大。

（8）最大漏源电压 $V_{(BR)DSS}$（漏源击穿电压）

在栅极与源极之间短路条件下，当漏极电流 I_D 达到规定值时，漏极与源极之间的电压降 V_{DS} 称为最大漏源电压 $V_{(BR)DSS}$，单位为伏特。它确定了场效应管工作电压上限的依据。

对于结型场效管来说，$V_{(BR)DSS}$ 是指栅极与漏极间 PN 结反向击穿电压。对于耗尽型 MOS 场效应管来说，$V_{(BR)DSS}$ 是指漏极附近的耗尽层发生雪崩击穿电压；对于增强型 MOS 场效应管来说，$V_{(BR)DSS}$ 是指漏极与衬底的 PN 结反向击穿电压，或源极与衬底的 PN 结反向击穿电压，或漏源极间的穿通击穿电压。

漏源击穿电压 $V_{(BR)DSX}$ 还有一种定义，在规定 V_{GS} 值条件下，当漏极电流 I_D 达到规定值时，漏极与源极之间的电压降 V_{DS} 称为 $V_{(BR)DSX}$，单位为伏特。

（9）最大栅源电压 $V_{(BR)GSS}$（栅源击穿电压）

在漏极与源极之间短路条件下，当栅极电流 I_G 达到规定值时，栅极与源极之间的电压降 V_{GS} 称为最大栅源电压用 $V_{(BR)GSS}$，单位为伏特。

对结型场效应管来说，是指栅极与沟道间的 PN 结反向击穿电流刚开始剧增时的 V_{GS} 值。对 MOS 型场效应管来说，是指栅极 SiO_2 绝缘介质的最大工作电压。由于栅极 SiO_2 绝缘介质击穿是不可逆的，因此 MOS 场效应管栅极工作电压 V_{GS} 不能超过 $V_{(BR)GSS}$。

栅源击穿电压 $V_{(BR)GSX}$ 还有一种定义，在规定 V_{DS} 值条件下，当栅极电流 I_G 达到规定值时，栅极与源极之间的电压降 V_{GS} 称为 $V_{(BR)GSX}$，单位为伏特。

（10）最大漏极电流 I_{DM}

它是指场效应管在导电沟道允许的功耗范围内，当管子连续的工作时，允许的最大漏极电流 I_{DM}，单位为 mA 或 A。当漏极工作电流 I_D 大于 I_{DM} 时，产生高温就会超过管子本身散热能力而烧毁。I_{DM} 大小与电沟道的电阻率和截面积有关。

（11）跨导截止频率（最高工作频率）f_M

它是指在漏源电压 V_{DS} 为规定值（通常 $|V_{DS}|$ 为 10 V）条件下，随着管子工作频率上升，场效应管跨导将会急剧下降。当跨导下降到低频跨导的 0.707 倍时，所对应的管子工作频率，即为跨导截止频率 f_M，单位为 MHz。

当管子工作频率达到 f_M 时，g_m 变得很小，一般认为管子就失去了对高频信号（电压、功率）放大的能力。

f_M 随 PN 结的结电容、分布电容增大而下降，随工作温度升高而下降。

（12）噪声系数 N_F

噪声由于管子内部载流子运动的不规则性所引起的。由于它的存在，就使一个放大器，即便没有信号输入时，在输出端也会出现不规则的电压或电流变化。

噪声性能的大小通常用噪声系数 N_F 来达。N_F 通常以分贝 dB 表示。噪声系数又分为低频噪声系数和高频噪声系数两种，分别用 N_{FL} 和 N_{FH} 来表达。

低频噪声系数 N_{FL} 是在低频范围测出的。测试条件，通常 $|V_{DS}|=10$ V，$I_{DS}=0.5$ mA，$R_{GS}=10$ MΩ，$f=1$ kHz。一般 $N_{FL}<5$ dB。

高频噪声系数 N_{FH} 是在高频范围测出的。测试条件，通常 $|V_{DS}|=10$ V，$I_{DS}=0.5$ mA，$R_{GS}=10$ MΩ，$f=30$ MHz。一般 $N_{FH}<5$ dB。

结型场效应管的噪声系数比 MOS 场效应管的噪声系数小，可以达到 0.5～1 dB。场效应管 N_F 比三极管小很多。这因为三极管存在散弹噪声，而场效应管不存在。

43 光电（光敏）三极管主要电参数及其含义

（1）暗电流 I_D

在规定温度和无光照的条件下，当集电极与发射极之间施加工作电压 V_{CE} 为规定值时（通常 $V_{CE}=V_{RM}$），流过集电极的电流称为暗电流 I_D，单位为 μA。

暗电流 I_D 越小，管子的质量就越好。

（2）光电流 I_L（亮电流）

在规定温度和光照的条件下，当集电极与发射极之间施加工作电压 V_{CE}（通常 10 V）和光照度（通常 100 Lx 或 1 000 Lx）为规定时，流过集电极的电流称为光电流 I_L，单位为 mA。光电流 I_L 越大，管子的灵敏度也就越高。

光电流 I_L 随光照度增强而增大，也随工作温度升高而增大，还随接收光的波长不同而不同。但它与工作电压大小无关

（3）集电极—发射极反向击穿电压 $V_{(BR)CEO}$

在规定温度和无光照的条件下，当集电极电流 I_C 为规定值时（通常 $I_C=0.5$ μA），集电极与发射极之间的电压降称为集电极-发射极反向击穿电压 $V_{(BR)CEO}$，单位为伏特。

（4）最高工作电压 V_{RM}

这是指光电三极管允许加反向电压的最大值，即在规定温度条件下，当集电极工作电流 I_C 为规定值时（通常 $I_C=I_D$），集电极与发射极之间的电压降称为最高工作电压 V_{RM}，单位为伏特。

V_{RM} 低于 $V_{(BR)CEO}$，高于管子实际工作电压 V_{CE}。

（5）光电灵敏度 s

在给定波长入射光的输入单位为光功率时，光电三极管的管芯单位面积，输出光电流的强度称为光电灵敏度 s，单位为 $\mu A/\mu W/cm^2$。它随温度升高而增高，也随接收光的波长不同而不同。

光波波长与光电流有一定关系，若光波波长在一个较宽范围内都能使管子生产较大光电流，这管子的光电流灵敏度较高；若光波波长在一个较窄范围内才能使管子产生较大光电流，这管子的光电流灵敏度较低。光电灵敏度大小反映光电三极管对光敏感程度的一个参数，光电灵敏度越高，管子的质量就越好。

（6）响应时间 t_r

它是指管子自撤销光照之时起，到光电流降至光照时光电流 I_L 的 63%所需的时间，单位为 s 或 ns。响应时间 t_r 一般为 $1\times10^{-3}\sim1\times10^{-7}$ s。

响应时间 t_r 是光电三极对入射光信号的反应速度，也称为光电三极的开关时间，或光电三极管的时间常数。此值越小，管子的质量就越好。

（7）开关时间

光电三极管在规定工作条件下，调节输入的光脉冲，使光电三极管输出相应的脉冲电流至规定值。

脉冲延迟时间 t_d：从输入光脉冲开始点到输出脉冲前沿电流幅度的 10％的所需时间，单位为 μs。脉冲上升时间 t_r：从输出脉冲前沿电流幅度的 10％升到 90％的所需时间，单位为 μs。脉冲贮存时间 t_s：从输入光脉冲结束后到输出脉冲后沿电流幅度的 90％的所需时间，单位为 μs。脉冲下降时间 t_f：从输出脉冲后沿电流幅度的 90％下降到 10％的所需时间，单位为 μs。

光电三极管开启时间：$t_{on} = t_d + t_r$，关断时间：$t_{off} = t_s + t_f$。光电三极管开关时间：$t_{on} + t_{off}$，单位为 μs。

在产品数据手册中，产品开关的时间有时用响应时间 t_r 表示，有时用开关时间表示。

44 光耦主要电参数及其含义（光敏三极管型光耦）

（1）输入正向压降 V_F

在光耦输入端的发光二极管通过正向电流 I_F 为规定值时（通常 I_F =10 mA），管子正负极之间所产生的电压降称为 V_F，单位为伏特。一般 $V_F \leqslant 1.3$ V。V_F 随发光二极管正向电流 I_F 增大而稍有增大。

（2）输入反向漏电流 I_R

在光耦输入端的发光二极管施加规定反向工作电压 V_R 时（通常 V_R =5 V），流过管子的电流称为 I_R，单位为 μA。一般 I_R 为 10～20 μA。I_R 随工作温度升高而增大。

（3）输出反向截止电流（暗电流）I_{CEO}

在光耦输入端的发光二极管开路条件下，当光耦输出端的光电三极管的集电极与发射极之间的电压为规定值（通常 V_{CE} =5 V）时，流过光电三极管的集电极的微小电流称为 I_{CEO}，单位为 μA。一般 I_{CEO} 小于 0.1 μA。

I_{CEO} 在某温度范围内，几乎不随温度变化。当温度升高到某值时，I_{CEO} 就会急剧增大。

（4）输出反向击穿电压 $V_{(BR)CEO}$

在光耦输入端的发光二极管开路条件下，当光耦输出端的光电三极管的集电极电流 I_C 达到规定值时（通常 I_C =50 μA），光电三极管的集电极与发射极之间的电压降称为 $V_{(BR)CEO}$，单位为伏特。

（5）输出饱和压降 $V_{CE(sat)}$

当光耦输入端的发光二极管工作电流 I_F（通常 I_F =10 mA）和光耦输出端的光电三极管的集电极电流 I_C（通常 I_C =10 mA）为规定值，并保持 $I_C/I_F \leqslant CTR_{min}$ 时（产品数据手册中给出，通常 I_C/I_F =1），光电三极管的集电极与发射极之间的电压降称为 $V_{CE(sat)}$，单位为伏特，一般光敏三极管型光耦的 $V_{CE(sat)}<0.4$ V，$V_{CE(sat)}$ 过大，则表明光耦导通性能差。$V_{CE(sat)}$ 随温度升高而增大。

（6）电流传输比 CTR（电流转换比）

当光耦输入端的发光二极管的正向直流电流 I_F（通常 $I_F=5$ mA）和光耦输出端的光电三极管集电极电压 V_{CE}（通常 $V_{CE}=5$ V）为规定值时，光耦输出端的光电三极管的集电极直流电流 I_C 与光耦输入端的发光二极管正向直流电流 I_F 之比值称为 CTR，即 CTR= I_C/I_F，通常以%表示。

CTR 值并不是恒定的，而随着工作温度不同而变。CTR 在某一点工作温度（一般在常温附近点）为最大峰值，当工作温度大于或小于 CTR 最大峰值的工作温度点时，随着温度升高或降低，CTR 值均逐渐减小。CTR 随输入端发光二极管的正向电流 I_F 增大而增大。

（7）绝缘电阻 R_{ISO}

它是指光耦的输入端与输出端之间的绝缘电阻。在规定环境条件下，当光耦的输入端和输出端之间施加规定直流电压（通常 500 V）时，施加规定直流电压 V 与所产生漏电流 I_R 之比值称为 R_{ISO}，即 $R_{ISO}=V/I_R$，单位为 GΩ。一般 $R_{ISO}\geqslant 10$ GΩ。

（8）绝缘耐压 V_{ISO}

它是指光耦输入端与输出端之间的绝缘耐电压。在规定环境条件下，当光耦输入端和输出端之间施加规定加流 50 Hz 峰值或直流电压时，若在规定时间内（一般为 60 s），不发生击穿或飞弧，且漏电流不超过规定值时（一般为 1 mA），此规定交流 50 Hz 峰值或直流电压值即是绝缘耐电压 V_{ISO}，单位为 kV。一般 V_{ISO} 为 1 kV 以上，有时为 5 kV，有的甚至为 10 kV。

（9）开关时间

光耦在规定工作条件下（通常 $V_{CE}=10$ V、$R_L=50$ Ω），光耦输入端的发光二极管输入规定电流 I_{FP} 的脉冲波（10 mA），则光耦输出端受光器件则输出相应的电流脉冲波。

从输出脉冲前沿电流幅度的 10%升到 90%的所需时间为脉冲上升时间 t_r，单位为 μs；从输出脉冲后沿电流幅度的 90%降到 10%的所需时间为脉冲下降时间 t_f，单位为 μs。从输入脉冲电流开始点到输出脉冲前沿电流幅度的 10%的所需时间为脉冲延迟时间 t_d，单位为 μs。从输入脉冲电流结束点到输出脉冲后沿电流幅度的 90%的所需时间为脉冲贮存时间 t_s，单位为 μs。

光耦开启时间：$t_{on}=t_d+t_r$，光耦关断时间：$t_{off}=t_s+t_f$。光耦开关时间：$t_{on}+t_{off}$，单位为 μs。

45 电压模式运放主要电参数及其含义

（1）输入失调电压 V_{IO}

在室温（25 ℃）和标称电源电压的条件下，当运放输入端电压 V_I 为零时，一般输出

端电压 V_O 不为零。为了使运放的输出端电压 V_O 为零，在输入端人为外加一个补偿电压叫做输入失调电压 V_{IO}，单位为 mV。V_{IO} 实际上就是输入端电压 $V_I=0$ 时，输出端电压折合到输入端电压的负值，即 $V_{IO}=-V_O/A_{od}$。其中 A_{od} 为运放开环差模电压增益。V_{IO} 可通过调零端调为零。

V_{IO} 愈大，表明了运放的输入级差分放大器的对管（V_{BE} 和 β）的对称程度愈差，运放的运算精度也愈差，温漂也愈大。一般 V_{IO} 约为 0.5～5 mV。

V_{IO} 除了与运放的开环差模电压增益、输入阻抗、热噪声和外界干扰等有关外，还随工作温度升高而增大。

2）输入偏置电流 I_{IB}

在室温（25 ℃）和标称电源电压的条件下，当运放的两个输入端接地和输出端为空载时，流入或流出的运放两输入端的静态基极偏置电流 I_{BN} 和 I_{BP} 的算术平均值，即 $(I_{BN}+I_{BP})/2$ 叫做输入偏置电流 I_{IB}（NPN 管偏置电流流入运放为正值，PNP 管偏置电流流出运放为负值），单位为 μA 或 nA。它的大小取决于运放的输入级差分放大器的三极管的质量。一般 I_{IB} 为 1 nA～100 μA。

I_{IB} 愈小，输入失调电流就愈小，信号源内阻变化所引起的运放输出电压的变化也愈小。I_{IB} 大小，在一定程度下反映温度系数大小和运算精度，还能直接反映动态输入电阻的大小。

3）输入失调电流 I_{IO}

在室温（25 ℃）和标称电源电压的条件下，当运放的两个输入端接地和输出端为空载时，流入或流出的运放两个输入端的静态基极偏置电流 I_{BN} 和 I_{BP} 之差值，即 $I_{BN}-I_{BP}$ 叫做输入失调电流 I_{IO}（正值或负值），单位为 nA 或 μA。

它是衡量运放两输入的静态基极偏置电流不对称程度的一个重要指标。由于信号源内阻的存在，I_{IO} 会引起输入附加的失调电压，破坏运放的平衡，使运放输出电压不为零，所以希望 I_{IO} 越小越好。一般 I_{IO} 为 1 nA～10 μA，个别为 pA 级。

I_{IO} 除了与运放的开环差模电压增益、输入电阻、热噪声、外界干扰等有关外，还随工作温度升高而增大。

（4）最大共模输入电压 V_{IcM}

它是指保证运放正常的放大工作状态不被破坏的条件下，运放的同相输入端和反相输入端与地所能承受的最大共模输入电压值，单位为伏特。若超过 V_{IcM} 值，运放的共模抑制比 CMRR 将显著下降，甚至出现“自锁”现象或造成永久损坏。V_{IcM} 大小取决于运放的输入级差分放大器的结构。高质量运放 V_{IcM} 可达±13 V。

V_{IcM} 一般是指运放在作电压跟随器应用时，使输出电压产生 1% 跟随误差的共模输入电压幅值。

（5）最大差模输入电压 V_{IdM}

它是指保证运放正常的放大工作状态不被破坏的条件下，运放的同相输入端与反相输入端之间所能承受的最大电压值，单位为伏特。若超过 V_{IdM} 值，会导致运放的输入级差分放大器中某一侧的三极管的发射结反向击穿，而使运放性能显著恶化，甚至永久损坏。V_{IdM} 大小同样取决于运放的输入级差分放大器的结构。平面工艺制造的硅 NPN 管，V_{IdM} 约为±5 V；横向工艺制造硅的 PNP 管，V_{IdM} 可达±30 V 以上，它缺点高频特性差。

（6）开环差模电压增益 A_{od}

在规定的输出电压范围内、电源电压、频率（一般为 7 Hz）和负载的条件下，当运放工作在开环状态（运放外部不加反馈网络）时，运放的输出信号电压 V_{od} 与差模输入信号电压 V_{Id} 之比值称为开环差模电压增益。通常，A_{od} 以分贝 dB 表示，即 $A_{od}=20\log V_{od}/V_{Id}$（dB）。

通常，A_{od} 给出是直流或低频率时的值。A_{od} 愈高（分贝 dB 值越大），运放的运算精度也愈高，性能也稳定，但抗干扰能力也愈低。由于 A_{od} 越大，开环带宽 BW 就越小，因此在满足运放的运算精度下，选择较低 A_{od} 为好。

A_{od} 是一个频率函数，从工作频率 10 Hz 便开始随频率上升而下降；A_{od} 也随外加补偿电容量增大而下降。

（7）共模抑制比 K_{CMR}（CMRR）

在规定的输出电压范围内、电源电压、频率和负载的条件下，运放的差模增益 A_{vd} 与共模增益 A_{vc} 之比的绝对值称为共模抑制比 CMRR。通常，CMRR 以分贝 dB 表示，即 $\text{CMRR}=20\log|A_{vd}/A_{vc}|$（dB）。CMRR 可以看成是有用的信号与干扰成分的比值。

CMRR 是衡量运放抑制共模信号能力，CMRR 愈高（分贝 dB 值越大），运放受共模信号干扰的影响就愈小，受温度或电源波动等影响所产生的零漂也愈小。CMRR 也是衡量运放的输入级差动放大器参数对称的程度。

它除了与运放的结构等有关外，还随运放工作频率上升而下降。

（8）电源电压抑制比 K_{SVR}（PSRR）

它是指运放的电源电压波动对输出的电压影响的程度。通常定义为输出端的电压变化 ΔV_O 折合到输入端的失调电压变化 ΔV_{IO} 与电源电压变化 $\Delta(E_C+E_E)$ 之比值。通常，K_{SVR} 以分贝 dB 表示，即 $K_{SVR}=20\log\Delta V_{IO}/\Delta(E_C+E_E)$（dB），或用 μV/V 量级表示，典型值约为每伏几十微伏。K_{SVR} 越小，对电源电压波动对输出电压的影响就越小。

（9）最大输出电压 V_{op-p}

它是指运放在规定的电源电压、负载和频率的条件下，最大不失真输出的电压峰—峰值 V_{op-p}，即是输出电压与输入电压成线性关系，单位为伏特。

V_{op-p} 与运放的输出电流、电源电压和工作频率有关。输出电流越大，V_{op-p} 就越小。电源电压越大，V_{op-p} 就越大。工作频率越高，V_{op-p} 就越小。

（10）最大输出电流 I_{OM}

它是指在标称电源电压和额定负载的条件下，当运放输出达到 V_{OP-P} 值时，所能给出的最大输出电流 I_{OM}，单位为 mA。超过 I_{OM} 时，则使 V_{OP-P} 降低、输出波形畸变增大和 A_{od} 降低，甚至运放烧毁等。

（11）输入失调电压温度系数（温漂）α_{VIO}

在规定温度范围内，输入失调电压变化量 ΔV_{IO} 与引起输入失调电压变化的温度变化量 Δt 之比值，称为输入失调电压温度系数 α_{VIO}，即 $\alpha_{VIO}=\Delta V_{IO}/\Delta t$。单位为 μV/℃。通用运放的输入失调电压温度系数 α_{VIO} 为±（10～20）μV/℃，高精度运放的 α_{VIO} 约为±0.5 μV/℃。α_{VIO} 越大，则输出电压漂移量也越大。

α_{VIO} 是由运放的输入级差分放大器的静态基极偏置电流的漂移所决定。α_{VIO} 是造成运放静态工作点不稳的重要因素。

输入失调电压温度系数 α_{VIO} 是一个比输入失调电压 V_{IO} 更加重要的参数。V_{IO} 可采用调零的方法，将 V_{IO} 产生的输出误差完全消除。但 α_{VIO} 不能完全消除 V_{IO} 产生误差，当温度变化时，由于 α_{VIO} 的存在将产生新的输入失调电压 V_{IO} 误差。

（12）输入失调电流温度系数（温漂）α_{IIO}

在规定温度范围内，输入失调电流变化量 ΔI_{IO} 与引起输入失调电流的温度变量 Δt 比之值，称为输入失调电流温度系数 α_{IIO}，即 $\alpha_{IIO}=\Delta I_{IO}/\Delta t$。单位为 nA/℃或 pA/℃。它是对运放电流漂移的量度，它越大，则输出电流漂移量也越大。普通运放的 α_{IIO} 为±（5～20）nA/℃，高精度运放的 α_{IIO} 为±几个 pA/℃。

（13）电压转换速率 SR

在标称电源电压和额定负载的条件下，当运放的闭环放大倍数为规定值时（通常为 1 倍），在输入阶跃大信号作用下，运放工作在线性区的输出电压随时间的最大变化速率，称为电压转换速率 SR，也称为摆率，即 $SR=|\mathrm{d}V_0/\mathrm{d}t|_{\max}$。单位为 V/μs。普通运放 SR 典型值为 1 V/μs，快速运放可达 100 V/μs 以上。

电路实际工作的输入信号变化斜率绝对不能大于 SR，否则运放的输出电压信号不按线性规律变化，导致输出电压信号产生失真。

SR 反映运放的输出电压对于输入高速变化信号的响应能力。SR 越大，表明了运放的高频性能就越好，最大输出电压 V_{OP-P} 也越大。

它随外加补偿电容增大而降低，随运放的内寄生电容及杂散电容增大而降低，随电路中各级的充电电流增大而增大。SR 还与运放闭环电压放大倍数有关。

（14）开环带宽 BW

运放的开环差模电压增益随工作频率上升而下降到直流或低频的开环差模增益 A_{od} 的 0.707 倍（即下降 3 dB）时，所对应的输入信号频率叫做开环带宽 BW，单位为 Hz 或 kHz。BW 越大，运放对信号频率的适应性越强，但 BW 越大，抗干扰能力就越差。

它与运放的结构、外加补偿电容和开环模差电压开环差模增益 A_{od} 等有关。它随外加补偿电容增大和 A_{od} 增大而减小。

（15）单位增益带宽 BW_G

运放的开环差模电压增益 A_{od} 随工作频率上升而下降到直流或低频的开环差模电压增益 A_{od} 的 1 倍（即 0 dB）时，所对应的输入信号频率叫做单位增益带宽 BW_G，单位为 MHz。

BW_G 与运放的结构、外加补偿电容和 A_{od} 等有关。

当运放工作频率超过开环宽带 BW 后，每一点的开环差模电压增益 A_{od} 与开环带宽 BW 相乘是一个常数，这个常数等于单位增益带宽 BW_G。也就是说 A_{od} 越大，BW 就越小；BW 越大，A_{od} 就越小。

（16）运放等效输入噪声 V_N

它是指当运放的输入端短路时，将产生于运放输出端的噪声折算到运放输入端的等效电压值。V_N 与运放的结构等有关。

46 三端集成稳压器主要电参数及其含义

（1）输出电压偏差（精度）

它是指三端稳压集成器在标称输入电压和额定负载的条件下，实际输出电压值和标称输出电压值之偏差与标称输出电压值之比的百分数。也可以用输出电压绝对差值 ΔV 表示，单位为 mV。

（2）最大输出电流 I_{omax}

它是指三端集成稳压器的输出电压能保持稳定不变时，所允许最大工作电流 I_{omax}，单位为安培。

（3）输入电压范围

它是指三端集成稳压器能正常安全工作时，所允许输入电压的最大值和最小值，单位为伏特。

（4）最小输入与输出电压差（V_i-V_o）

它是指三端集成稳压器的输出电压能正常稳定工作时，输入电压 V_i 与输出电压 V_o 的最小电压差值，也称为落差电压，单位为伏特。（V_i-V_o）通常为 1.5～5 V。为确保输出电压的稳定性，有时其数值应高于 5 V。

对于串联反馈式的稳压器，最小输入与输出电压差就是电压调整功率三极管的饱和压降 $V_{CE(sat)}$。

（5）电压调整率 S_V

三端集成稳压器在规定环境温度条件下，当输入电压的变化在规定范围内和输出电流不变时，输入端电压每变 1 V 时，所引起的输出电压的相对变化量 $\Delta V_O/V_O$，即 $S_V=\Delta V_O/V_O\Delta V_i$， 单位为%/V。$S_V$ 越小，输出电压随输入电压变化就越小。

（6）负载调整率（电流调整率）S_I

三端集成稳压器在规定环境温度条件下，当输出电流的变化在规定范围内和输入电压不变时，由于输出电流的变化而引起的输出电压的相对变化量 $\Delta V_O/V_O$ 的百分数；或用某一输出电流的变化范围内，由于输出电流变化而引起的输出电压的绝对差值 ΔV_O（mV）。这都称为负载调整率 S_I 。即在 25 ℃和标称输入电压的条件下，额定负载与空载或最小负载下的输出电压绝对差值 ΔV_O 除以标称输出电压值 V_O 的百分数（$S_I=\Delta V_O/V_O\times 100\%$）；

或用额定负载与空载或最小负载下的输出电压绝对差值 ΔV_O（mV）表示。S_I 越小，输出电压随输出电流变化就越小。

（7）输出电压温度系数 S_T

三端集成稳压器在规定的温度范围内，当输入电压和输出电流不变时，温度每变化 1 ℃时，引起的输出电压平均相对变化量 $\Delta V_O/V_O$，即 $S_T=\Delta V_O/V_O\Delta t$，单位为%/℃。

（8）纹波抑制比 S_{rip}

它是指三端集成稳压器在规定的输入电压、输出负载和频率（一般 100 Hz）的条件下，输入纹波电压峰-峰值 V_{ip-p} 与输出纹波电压峰-峰值 V_{op-p} 之比值。通常，S_{rip} 以分贝 dB 表示，即 $S_{rip}=20\log V_{ip-p}/V_{op-p}$（dB）。

47 DC/DC 变换器主要参数及其含义

（1）输出电压精度

它是指 DC/DC 变换器在标称输入电压和额定负载的条件下，实际输出电压值和标称输出电压值之差与标称输出电压值之比的百分数。也可以用输出电压绝对差值 ΔV_O 表示，单位为 mV。

（2）电压调整率 S_v

DC/DC 变换器在规定环境温度条件下，当输入电压的变化在规定范围内和输出电流不变时，由于输入电压的变化而引起的输出电压的相对变化量 $\Delta V_O/V_O$ 的百分数；或用某一输入电压的变化范围内，由于输入电压的变化而引起的输出电压的绝对差值量 ΔV_O（mV）表示。这都称电压调整率 S_V。即在 25 ℃和额定负载的条件下，高、低输入电压下的输出电压绝对差值 ΔV_O 除以标称输出电压值 V_O 的百分数（$S_V=\Delta V_O/V_O\times 100\%$）；或用高、低输入电压下的输出电压绝对差值 ΔV_O（mV）表示。S_V 越小，输出电压随输入电压变化就越小。

（3）负载调整率（电流调整率）S_I

DC/DC 变换器在规定环境温度条件下，当输出电流的变化在规定范围内和输入电压不变时，由于输出电流变化而引起的输出电压的相对变化量 $\Delta V_O/V_O$ 的百分数；或用某一输出负载电流的变化范围内，由于输出电流变化而引起的输出电压的绝对差值 ΔV_O（mV）表示。这都称为负载调整率 S_I。即在 25 ℃和标称输入电压的条件下，额定负载与空载或最小负载下的输出电压绝对差值 ΔV_O 除以标称输出电压值 V_O 的百分数（$S_I=\Delta V_O/V_O\times 100\%$）；或用额定负载与空载或最小负载下的输出电压绝对差值 ΔV_O（mV）表示。S_I 越小，输出电压随输出电流变化就越小。

（4）交叉调整率

它是指多路输出的 DC/DC 变换中，在规定的环境温度和输入电压不变的条件下，任意一路输出从空载（或半载）变化到满载时，所引起的其他各路满载或空载的输出电压相对变化量的百分数（$\Delta V_O/V_O\times 100\%$）；或所引起的其他各路额定负载或空载的输出电压

的绝对差值 ΔV_O（mV）表示。

（5）输出纹波电压 V_{RIP}

它是指 DC/DC 变换器的输入端无噪声电压进入，并在规定的环境温度、输出负载（通常为额定负载）和频率带宽范围内的条件下，在输出直流电压上叠加的电路器件内部生产的纹波和噪音的交流电压分量。它通常用峰—峰值（V_{p-p}）或有效值（V_{rms}）来表示，单位为 mV。

在 25 ℃和额定负载的条件下，一般采用 20 MHz 带宽的示波器，对输出纹波电压进行测量。输出纹波电压越小，表明对 DC/DC 变换器负载的影响就越小。开关型 DC/DC 变换器的输出纹波电压比线性型 DC/DC 变换器的输出纹波电压的大。

（6）效率 η

它是指在规定环境温度条件下，DC/DC 变换器的输出功率与输入功率的比值的百分数。它是在规定的输入电压 V_I 和输出电流 I_O 的条件下时，输出功率（$V_O \times I_O$）与输入功率（$V_I \times I_I$）的比值的百分数，即 $\eta = (V_O \times I_O / V_I \times I_I) \times 100\%$。

（7）输出电压温度系数 S_T

它是指 DC/DC 变换器在规定温度范围内，当输入电压和输出电流保持不变时，温度每变化 1 ℃时，引起输出电压可逆平均相对变化量，单位为%/℃。

输出电压温度系数的表示式如下：

$$S_T = |V_{03} - V_{02}| / V_{01}(t_1 - t_2) \times 100\%$$

式中，V_{01} 为环境温度 t_A 的输出电压，V_{02} 为最高工作温度 t_1（恒温 30 min）的输出电压，V_{03} 为最低工作温度 t_2（恒温 30 min）的输出电压。

（8）绝缘电阻 R_j

它是指在规定的环境温度和相对湿度条件下，DC/DC 变换输入端与输出端之间或任一和外壳不连接的引出端与外壳之间的绝缘电阻，单位为 MΩ。

DC/DC 变换器在非工作状态下，分别在输入与输出端，或在任一和外壳不连接的引出端与外壳之间，施加规定直流电压 V 与所产生漏电流 I_0 之比值，即 $R_j = V/I_0$。

（9）启动过冲 V_{TO}（负载阶跃响应）

它是指在规定环境温度条件下，当 DC/DC 变换器在施加规定阶跃输入电压时，空载或满载的输出电压瞬时值的最大变化量（过冲或跌落幅度）V_{TO}，单位为 mV。

（10）启动延迟 t_{TR}（输出电压建立时间）

它是指在规定环境温度条件下，当 DC/DC 变换器在施加规定阶跃输入电压时，空载或满载的输出电压到达其额定输出电压值的 90%时所需的时间 t_{TR}，单位为 ms。

（11）输入电压跃变时的输出响应 V_{VOR}（电压阶跃响应）

它是指在规定环境温度下，当 DC/DC 变换器的输入电压在规定最大（31 V）与最小值（25 V）之间跃变时，引起空载或满载的输出电压的最大变化量（输出电压最大值 V_{01} 与最小值 V_{02} 之差）V_{VOR}，单位为 mV。

（12）输入电压跃变时的恢复时间 t_{VOR}

它是指在规定的环境温度、输出电压和输出电流的条件下，当 DC/DC 变换器的输入电压在规定最大（31 V）与最小值（25 V）之间跃变时，引起输出电压回到其额定输出电压值的 1％时所需的时间 t_{VOR} ，单位 μs。

（13）负载跃变时的输出响应 V_{LOR}

它是指 DC/DC 变换器在规定环境温度、输入电压和输出电压的条件下，当输出负载在空载或半载和满载之间跃变时，输出电压的最大变量 V_{LOR} ，单位为 mV。

（14）负载跃变时的恢复时间 t_{ROR}

它是指 DC/DC 变换器在规定环境温度、输入电压和输出电压的条件下，当输出负载在空载或半载和满载之间变化时，输出电压回到其额定输出电压值的 1％时所需的时间 t_{ROR} ，单位为 μs。

（15）开关频率 f_e

它是指 DC/DC 变换器在规定的环境温度、输入电压和输出电流以及测试带宽的条件下，DC/DC 变换器工作时调整功率开关管的导通及关断的频率 f_e ，单位为 Hz。

48 与非门数字集成电路（TTL 电路和 CMOS 电路）主要参数及其含义

（1）直流电参数（静态电参数）

①输入箝位电压 V_{IK}（绝对值最小值）

它是指电路的输入端带有附加箝位二极管的箝位电压。在规定电源电压和输出空载的条件下，当从一个输入端强迫流出规定电流值时，该输入端的最大负电压降（绝对值最小值），单位为伏特。一般 V_{IK} 绝对值小于 1.5 V。它是衡量电路输入箝位二极管的质量。

②导通静态电源电流 I_{CCL} 或 I_{DDL}（最大值）

电路在规定电源电压条件下，当输出为低电平且空载时，电源端流入电路电流称为导通静态电源电流 I_{CCL} 或 I_{DDL} 。

③截止静态电源电流 I_{CCH} 或 I_{DDH}（最大值）

电路在规定电源电压条件下，当输出为高电平且空载时，电源端流入电路电流称为截止静态电源电流 I_{CCH} 或 I_{DDH}。

对 TTL 电路，I_{CCL} 值大于 I_{CCH} 值，单位为 mA；对 CMOS 电路，I_{DDL} 值与 I_{DDH} 值基本上是相等的。单位为 μA。

I_{CCL}、I_{DDL} 和 I_{CCH}、I_{DDH} 随工作温度升高和电源电压增大而增大，随电路越复杂就越大。

④输入高电平电流 I_{IH}（最大值）

电路在规定电源电压、输出为空载和非被测输入端接地的条件下，当被测输入端施加规定高电平电压时，流进该输入端电流（为正值）称为 I_{IH} 。对 TTL 电路，I_{IH} 值约为 0.04 mA；对 CMOS 电路，I_{IH} 值约为 0.1 μA。

⑤输入低电平电流 I_{IL}（最大值）

电路在规定电源电压、输出为空载和非被测输入端悬空的条件下，当被测端接地时，流出该输入端电流（为负值）称为 I_{IL} 。

对于 TTL 电路，I_{IL} 值为－1.6～－3.2 mA；对于 CMOS 电路，I_{IL} 值约为－0.1 μA。

I_{IH} 和 I_{IL} 随电源电压增大和温度升高而增大。

⑥输出高电平电流 I_{OH}（最小值）

电路在规定电源电压和输出为高电平的条件下，当输出端施加规定高电平时，流出输出端电流（为负值），称为 I_{OH} 。对于 TTL 电路，I_{OH} 值为 μA 级；对于 CMOS 电路，I_{OH} 值为 mA 级。

⑦输出低电平电流 I_{OL}（最小值）

电路在规定电源电压和输出为低电平的条件下，当输出端施加规定低电平时，流入输出端电流（为正值），称为 I_{OL} 。TTL 电路和 CMOS 电路，I_{OL} 值都为 mA 级。I_{OH} 和 I_{OL} 实际上是输出级晶体管或 MOS 管的输出电流。

CMOS 电路，高电平输出电流 I_{OH} 值与低电平输出电流 I_{OL} 值基本上是相等的；TTL 电路，I_{OH} 小于 I_{OL} 。对于 TTL 电路，I_{OL} 和 I_{OH} 随电源电压增大和工作温度升高而增大。对于 CMOS 电路，I_{OL} 和 I_{OH} 随电源电压增大而增大，随工作温度升高而下降。

⑧输出高电平电压 V_{OH}（最小值）

电路在规定电源电压和输出为高电平的条件下，对 TTL 电路当输出端施加规定负载电流 I_{OH}（拉出输出端）时，对 CMOS 电路当输出端施加规定负载电流 I_{OH} 或空载时，输出端对地之间的电平称为 V_{OH}。

对于 TTL 电路，V_{OH} 值大于 2.4 V；对于 CMOS 电路，V_{OH} 值接近于电源电压（$V_{OH}=V_{DD}-0.1V_{DD}$）。

V_{OH} 随 I_{OH} 增大而降低，随电源电压增大而增大。对 TTL 电路，V_{OH} 随工作温度升高而增大。

⑨输出低电平电压 V_{OL}（最大值）

电路在规定电源电压和输出为低平的条件下，对 TTL 电路当输出端施加规定负载电流 I_{OL}（注入输出端）时，对 CMOS 电路当输出端施加规定负载电流 I_{OL} 或空载时，输出端对地之间的电平称为 V_{OL}。

对于 TTL 电路，V_{OL} 值小于 0.4 V；对于 CMOS 电路，V_{OL} 值接近于零伏（$V_{OL}=V_{SS}+0.1V_{DD}$）。

V_{OL} 随 I_{OL} 增大而增大。

⑩输出短路电流 I_{OS}（有要求时）

电路在电源电压为规定值和输出为高电平的条件下，当输出端接地（$t<1$ 秒）时，从这个输出端拉出电流（为负值）称为 I_{OS} ，单位为 mA。

I_{OS} 在规定最小值和最大值之间范围内为合格。

⑪三态门高阻态输出泄漏电流 I_{OZ}（最大值）

三态门在规定赋能端允许输入信号（高电平或低电平）条件下，将使输出端置于高阻抗状态下，三态门输出端的泄漏电流称为 I_{OZ}，单位为 μA。

高电平高阻态输出电流 I_{OZH} 是指在规定电源电压条件下，三态门高阻态输出端外接规定高电平时，流入三态门输出端的电流。

低电平高阻态输出电流 I_{OZL} 是指在规定电源电压条件下，三态门高阻态输出端外接规定低电平时，流出三态门输出端的电流。

I_{OZ} 实质上是半导体 PN 结的反向漏电流，因此三态门高阻态输出泄漏电流随着工作温度升高而增大。

（2）交流电参数（动态电参数）

①输出状态转换时间 t_{THL}、t_{TLH}（最大值）

电路在规定的电源电压、负载电阻、负载电容量和输入时钟脉冲波形（幅度、宽度、频率、上升和下降时间）的条件下，电路输出逻辑状态发生改变时，电路输出由逻辑高电平转变为逻辑低电平或者由逻辑低电平转变为逻辑高电平过程所经历的时间，分别以 t_{THL} 和 t_{TLH} 表示。

1）t_{THL}：当电路反相输出时，t_{THL} 为输出脉冲后沿电平幅度从 90%下降到 10%的所需时间，单位为 ns。

2）t_{TLH}：当电路反相输出时，t_{TLH} 为输出脉冲前沿电平幅度从 10%上升到 90%的所需时间，单位为 ns。

对于 TTL 电路，t_{THL} 与 t_{TLH} 是不相等的，t_{TLH} 大于 t_{THL}。对于 CMOS 电路，t_{THL} 与 t_{TLH} 基本是相等的。

②输出传输延迟时间 t_{PHL} 和 t_{PLH}（最大值）

电路在规定的电源电压、负载电阻、负载电容和输入时钟脉冲波形（幅度、宽度、频率、上升和下降时间）的条件下，电路输出逻辑状态由低电平转变高电平或由高电平转变低电平的变化相对于输入逻辑状态变化所产生的延迟时间，分别以 t_{PLH} 和 t_{PHL} 表示。

1）t_{PHL}：当电路反相输出时，输入脉冲前沿电平幅度与输出脉冲后沿电平幅度上规定参考点电平（TTL 电路，输入脉冲 1.3 V 电平到输出脉冲 1.3 V 电平；CMOS 电路，输入脉冲 50%电平到输出脉冲 50%电平）之间的时间间隔，称为输出由高电平变到低电平的传输延迟时间 t_{PHL}，也称为导通传输延迟时间，单位为 ns。

2）t_{PLH}：当电路反相输出时，输入脉冲后沿电平幅度与输出脉冲前沿电平幅度上规定的参考点电平（TTL 电路，输入脉冲 1.3 V 电平到输出脉冲 1.3 V 电平；CMOS 电路，输入脉冲 50%电平到输出脉冲 50%电平）之间的时间间隔，称为输出由低电平变到高电平的传输延迟时间 t_{PLH}，也称为截止传输延迟时间，单位为 ns。

对于 TTL 电路，t_{PLH} 与 t_{PHL} 是不相等的，t_{PLH} 大于 t_{PHL}。对于 CMOS 电路，t_{PLH} 与 t_{PHL} 基本是相等的，但在缓冲门 t_{PLH} 大于 t_{PHL}。

输出传输延迟时间与电路的许多分布参数有关，不易准确计算，所以 t_{PLH}、t_{PHL} 的数值是通过试验方法测定的。

产品数据手册只给出输出平均传输延迟时间。输出平均传输延迟时间 t_{pd} 为 t_{PHL} 和 t_{PLH} 的平均值，即 $t_{pd}=(t_{PHL}+t_{PLH})/2$，单位为 ns。

③三态门输出传输延迟时间 t_{PZL}、t_{PZH} 和 t_{PHZ}、t_{PLZ}

具有三态的输出功能的输出时间参数除了与普通门电路的输出端时间参数（t_{THL}、t_{TLH} 和 t_{PHL}、t_{PLH}）相同以外，还有四个开关时间参数（t_{PZL}、t_{PZH} 和 t_{PHZ}、t_{PLZ}）。

它是指三态门输出逻辑状态的变化相对于输入逻辑状态变化所产生的延迟时间，分别以 t_{PZL}、t_{PZH} 和 t_{PHZ}、t_{PLZ} 表示。t_{PZL}、t_{PZH} 和 t_{PHZ}、t_{PLZ} 测试条件与测试 t_{PHL}、t_{PLH} 测试条件相同。

1）t_{PZL} 和 t_{PZH}。

t_{PZL}：赋能端（低电平允许）的输入脉冲电压波形与三态门高阻态（禁态）变到规定的有效低电平输出脉冲电压波形上规定的参考点电平（对于 TTL 电路，赋能端输入脉冲 1.3 V 电平到三态门高阻态转换为低电平输出脉冲 1.3 V 电平；对于 CMOS 电路，赋能端输入脉冲 50%电平到三态门高阻态转换为低电平输出脉冲 50%电平）之间的时间间隔，称为三态门输出由高阻态变到有效低电平传输延迟时间 t_{PZL}，单位为 ns。

t_{PZH}：赋能端（低电平允许）的输入脉冲电压波形与三态门高阻态（禁态）变到规定的有效高电平输出脉冲电压波形上规定的参考点电平（对于 TTL 电路，赋能端输入脉冲 1.3 V 电平到三态门高阻态转换为高电平输出脉冲 1.3 V 电平；对于 CMOS 电路，赋能端输入脉冲 50%电平到三态门高阻态转换为高电平输出脉冲 50%电平）之间的时间间隔，称为三态门输出由高阻态变到有效高电平传输延迟时间 t_{PZH}，单位为 ns。t_{PZL}、t_{PZH} 也称三态门输出“允许”延迟传输时间。

2）t_{PHZ} 和 t_{PLZ}。

t_{PHZ}：赋能端（低电平允许）的输入脉冲电压波形与三态门规定的有效高电平变到高阻态（禁态）输出脉冲电压波形上规定的参考点电平（对于 TTL 电路，赋能端输入脉冲 1.3 V 电平到比高电平转换为三态门高阻态输出脉冲高电平稳态低 0.5 V 电平；对于 CMOS 电路，赋能端输入脉冲 50%电平到高电平转换为三态门高阻态输出脉冲 90%电平）之间的时间间隔，称为三态门输出由有效高电平变到高阻态传输延迟时间 t_{PHZ}，单位为 ns。

t_{PLZ}：赋能端（低电平允许）的输入脉冲电压波形与三态门规定的有效低电平变到高阻态（禁态）输出脉冲电压波形上规定的参考点电平（对于 TTL 电路，赋能端输入脉冲 1.3 V 电平到比低电平转换为三态门高阻态输出脉冲低电平稳态高 0.5 V 电平；对于 CMOS 电路，赋能端输入脉冲 50%电平到低电平转换为三态门高阻态输出脉冲 10%电平）之间的时间间隔，称为三态门输出由有效低电平变到高阻态传输延迟时间 t_{PLZ}，单位为 ns。t_{PHZ}、t_{PLZ} 也称三态门输出“禁止”延迟传输时间。

④最高时钟工作频率 $f_{\max}$（适用于时序逻辑电路）

在规定的电源电压和负载的条件下，当时钟脉冲频率升高到时序逻辑电路不能再保持原来逻辑功能时的时钟脉冲频率，称为最高时钟工作频率，用 f_{max} 表示，单位为 MHz。

⑤建立时间 t_s（适用于时序逻辑电路）

时序逻辑电路从规定的输入端施加上需保持的信号开始，到与另一个输入端上随之发生规定的有效转换之间所需最小的时间间隔称为 t_s ，即是能保证正常数据传送的输入数据脉冲到输入时钟脉冲之间所需要的最小时间间隔称为建立时间 t_s ，单位为 ns。

⑥保持时间 t_h（适用于时序逻辑电路）

时序逻辑电路从规定的输入端上的信号在另一个规定的输入端发生有效转换之后仍保持不变所需最小的时间间隔称为保持时间 t_h ，单位为 ns。

⑦置位或复位脉冲宽度 t_{WS} 或 t_{WR}（适用于时序逻辑电路）

时序逻辑电路受到置位或复位脉冲的跳变沿触发后，从发生到完成置位或复位需要经历一定的时间间隔称为置位（t_{WS}）或复位（t_{WR}）脉冲宽度，单位为 ns。

⑧最小时钟脉冲宽度 $t_{W(min)}$（适用于时序逻辑电路）

当时序逻辑电路受到时钟脉冲跳变沿触发后，电路内部逻辑单元从开始发生状态转换到完成送出数据需要一定的时间过程称为 $t_{W(min)}$。不同的时序逻辑电路品种，都需要规定相应的允许最小时间钟脉冲宽度，高电平时钟脉冲宽度 t_{WH} 应大于 t_{PHL}，低电平时钟脉冲宽度 t_{WL} 应大于 t_s， 单位为 ns。

⑨分辨时间 t_{res}

施加在同一个输入端上的一个输入脉冲的终止到下一个输入脉冲的开始之间的时间间隔称为 t_{res}， 即是电路产生正确转换所必须的最小分辨时间，单位为 ns。

49 静态随机存储器主要电参数及其含义

静态随机存储器主要静态电参数与数字集成电路静态主要电参数相同。动态随机存储器主要动态参数有：

（1）地址取数时间

它是指在读周期内，地址输入脉冲的参考电平处至输出脉冲的参考电平处的时间间隔，单位为 ns。

（2）片选取数时间

它是指在读周期内，片选信号有效处到读出信号达到参考电平处的时间间隔，单位为 ns。

（3）输出使能取数时间

它是指在读周期内，输出使能信号有效处到读出信号达到参考电平处的时间间隔，单位为 ns。

（4）时钟取数时间

它是指在读周期内，时钟信号上升沿处到读出信号达到参考电平处的时间间隔，单位为 ns。

50 电可擦可编程只读存储器主要电参数及其含义

电可擦可编程只读存储器主要静态电参数与数字集成电路静态主要电参数相同。电可擦可编程只读存储器的主要动态参数有：

（1）输出禁止时间

它是指在读周期内，片选信号无效处到读出信号达到参考电平处的时间间隔，单位为 ns。

（2）输出保持到输出有效延迟时间

它是指在读周期内，保持信号无效处到读出信号达到参考电平处的时间间隔，单位为 ns。

（3）输出有效到输出保持延迟时间

它是指在读周期内，保持信号有效处到读出信号达到参考电平处的时间间隔，单位为 ns。

51 D/A 转换器主要电参数及其含义

（1）失调误差 E_O

它是指数字输入为"O"（正逻辑）时，模拟输出电压的实际起始值与理想起始值之间的偏差，一般用 LSB 表示。

（2）增益误差 E_G

它是指转换特性曲线的实际斜率与理想斜率之偏差，一般用 LSB 表示。

（3）线性误差 E_L

它是指实际转换特性曲线与最佳拟合直线间的最大偏差，一般用 LSB 表示。

（4）微分线性误差 E_{DL}

它是指相邻两输入数码对应的模拟输出电压之差的实际值与理想的 1 V_{LSB} 间的最大偏差，一般用 LSB 表示。

（5）功耗 P_W

它是指输入为全"0"码或全"1"码时，在规定的负载下所消耗的最大功率。比较输入为全"0"码功率 P_{W0} 与输入为全"1"码功率 P_{W1}，其较大者即为功耗 P_w，单位为瓦特。

（6）电源电压灵敏度 K_{SVS}

它是指单位电源电压变化，所引起模拟输出电压的变化，单位为 ppmFSR/V 或% LSB/V。

52 A/D 变换器主要参数及其含义

(1) 零点误差 E_Z

它是指转换特性曲线从零起第一个变迁点的实际值与理想值之偏差，一般用 LSB 表示。

(2) 增益误差 E_O

它是指转换特性曲线的实际斜率与理想斜率之偏差，一般用 LSB 表示。

(3) 线性误差 E_L

它是指实际转换特性曲线与最佳拟合直线间的最大偏差，一般用 LSB 表示。

(4) 微分线性误差 E_{DL}

它是指实际转换特性曲线的码宽与理想码宽 1 V_{LSB} 间的最大偏差，一般用 LSB 表示。

(5) 功率 P_w

它是指输出全"0"码或全"1"码时，在规定的负载条件下所消耗的最大功率，比较输入为全"0"码功率 P_{W0} 与输入为全"1"码功率 P_{W1}，其较大者即为功耗 P_W，单位为瓦特。

(6) 转换时间 t_R

它是指在一定负载条件下，A/D 转换器完成一次转换所需的时间，单位为 ns。

(7) 字数输出高电平 V_{OH}、输出低电平 V_{OL}

它是指 A/D 转换器实际工作时数字输出高电平 V_{OH}、低电平 V_{OL}，单位为伏特。

(8) 电源电压灵敏度 K_{SVS}

它是指单位电源电压变化，所引起等效模拟输入电压的变化，单位为 ppmFSR/V 或%LSB/V。

第三部分　元器件质量保证标准及质量等级

1　军用元器件标准

军用元器件的质量保证标准体系是由规范、基础标准和指导性技术文件三种形式有机结合构成。

（1）规范

元器件规范主要包括有元器件的总规范（通用规范）及其相应详细规范的两个层次。总规范是对某一类元器件的规定了质量与可靠性保证要求和其验证方法的通用（共性）要求。而其相应详细规范是对某一类元器件中的一个或一系列型号规定了具体的技术性能指标、环境条件、质量等级和元器件验证判据的（个性）要求。相应详细规范是对总规范要求的具体化和补充，也是对元器件要求的个性化体现，即详细规范在服从总规范有关共性规定的前提下，来具体处理个性的要求，具有极强的可操作性。总规范必须与其相应详细规范配套使用（即不可单独使用），才能共同完成对元器件的完整评价或评定。

规范（详细规范）是评价或描述元器件直接依据的一类标准化文件，也是元器件的生产线认证和元器件的研制、生产、认证、鉴定、选择、采购和验收等的主要依据。

现在，我国国防科学技术工业委员会或中国人民解放军总装备部已发布了大量的军用元器件总规范。部分常用元器件的国军标总规范，见附表1。

由于已发布国军标和行业军标的相应详细规范层次的标准较少，还没有完全配套。所以目前往往由元器件生产单位制定了大量的企业军标详细规范来补充国军标和行业军标的详细规范数量的不足。

由于每个器件或元件的总规范下面又有若干个的相应详细规范相配套，所以元器件规范（总规范和详细规范）的数量在元器件标准体系中占很大的比例。

（2）基础标准（基础规范）

基础标准是指针对评价或描述某范围的元器件可能涉及的技术或业务领域，在应力、条件、试验程序、方法以及技术性能、结构/接口等方面，提供统一选择要求的通用条款的一类标准化文件，并作为其他标准的基础，具有广泛指导意义的标准。基础标准是元器件规范的最重要技术支持，也是对加强标准之间的协调和提高标准水平有直接影响。

基础标准一般不能作为直接评价元器件的依据，它在评价元器件上的作用，只有通过元器件规范对其引用才得以实现，并成为元器件规范的组成部分。有时，在一定的范围内，基础标准可以直接应用。

基础标准主要包括有：元器件试验和测量标准、元器件失效分析标准、元器件抽样标准、元器件材料和零件标准、元器件型号命名标准、元器件分类标准、元器件包装和运输标准、元器件标志标准、元器件质量保证大纲和生产线认证标准、统计和计算标准、术语定义标准、文字和图形符号标准等。

尤其是试验方法和程序标准是指导某一类或多类元器件进行试验、测试或分析的技术性很强的标准。虽然此类标准的数量较少（GJB128A 、GJB548B、GJB360B、GJB616A、GJB1217、GJB3157、GJB3233、GJB4027 等），但为规范、统一元器件的试验方法起到了重要作用，对保证元器件的质量与可靠性起很大作用。这类标准有国家军用标准（GJB）、行业标准（QJ、SJ 等）、国家标准（GB）。与元器件有关的部分常用国军标基础标准，见附表 2。

（3）指导性技术文件

指导性技术文件是一种推荐性标准化文件。它是为给仍处于技术发展过程中（如变化快的技术领域）的标准化工作提供指南或信息，供科研、设计、生产、使用和管理等有关人员参考使用而制定的标准文件。该技术文件涵盖两种项目，一种是以技术报告发布的项目，另一种是以具有标准化价值尚不能制定为标准的项目。国军标指导性技术文件编号的字头以 GJB/Z 表示。

元器件的指导性技术文件主要包括有：指导电子设备可靠性设计和可靠性预计或与元器件密切相关的文件；指导元器件选择和使用指南的文件；元器件的系列型谱等。与元器件有关的部分常用国军标指导性文件，见附表 3。

（4）各标准之间关系

规范与基础标准相抵触时，以规范为准；详细规范与总规范相抵触时，以详细规范为准；合同与详细规范相抵触时，以合同为主。

总之，元器件质量保证标准（规范）是元器件的性能指标、环境适用性和质量等级的集中体现，是贯彻国军标和元器件采购及验收的主要依据。产品质量保证标准（规范）也是产品质量的基石，通过不断提高产品质量保证标准（规范）水平，促进提高产品质量。

2 我国军用标准级别

根据我国具体情况，军用标准分为国家军用标准、行业军用标准和企业军用标准的三个级别。这三个级别标准由军用元器件规范（总规范和详细规范）、基础标准和指导性文件构成。

这三个级别标准表示标准适用范围、制定和发布标准的机构权限如下。

（1）国家军用标准

国家军用标准是指在国防科研、生产、使用范围内统一的标准。国家军用标准在军事电子装备和产品的研制、生产、维修和使用活动中广泛应用。

国家军用标准由国防科学技术工业委员会或中国人民解放军总装备部的批准、发布和实施，它可直接采用。

国家军用标准总规范的编号由国家军用标准代号 GJB 或 GJB/Z、标准发布顺序号和发布年号组成。如 GJB33 — 87、GJB128A — 97、GJB597A—96、GJB/Z299C—2006 等。

国家军用标准详细规范的编号由国家军用标准代号 GJB、标准发布顺序号后加斜线再加上 M 和发布年号组成。M 表示在国家军用标准总规范下第 M 个国家军用标准详细规范，如 GJB33/2—87、GJB597/1—88 等。

（2）行业军用标准

行业军用标准是指在没有相应国家军用标准前提下，由一个行业的标准机构制定并在本行业范围内统一和使用的军用标准。

行业军用标准由行业标准机构确认后，再由行业的批准、发布和实施，它可直接采用。

行业军用标准总规范的编号各行业有所不同，如电子行业军用标准的编号由电子行业标准代号“SJ”、标准发布顺序号和发布年号组成，其发布顺序号从 20000 号开始。如 SJ20461—94、SJ20462—94 等。

行业军用标准详细规范的编号由行业标准代号、标准发布顺号从 20000 开始加斜线再加上 M、或标准发布顺号从 50000 开始加斜线再加上 N 和发布年号组成。其中 M 表示在行业军用标准总规范下第 M 个行业军标详细规范，或其中 N 表示在国家军用标准总规范下第 N 个行业军标详细规范。

部分行业标准代号：电子行业标准代号为“SJ”、航空行业标准代号为“HB”、航天行业标准代号“QJ”、船舶行业标准代号为“BH”、邮电行业标准代号为“YD”、机械行业标准代号为“JB”、化学行业标准代号为“HG”、广播行业标准代号为“GY”、公安行业标准代号为“GN”、教育行业标准代号为“JY”、交通行业标准代号为“JT”、轻工业行业标准代号为“QB”、冶金行业标准代号为“YB”、兵器行业标准代号为“WJ”等。

3）企业军用标准

一般企业军用标准是在指在没有相应国家军用标准和没有相应行业军用标准前提下，依据国家军用标准总规范或行业军用标准总规范，由一个企业的标准机构制定并在本企业范围内统一和使用的企业军用标准。

企业军用标准规范由企业标准机构确认后，再由企业的批准、发布和实施。它只有在无适用上层级别标准的前提下，才能使用企业军用标准。

目前，企业军用标准总规范较少，大量是企业军用标准详细规范。

没有贯标产品的企业军用标准详细规范的编号由汉语拼音字母“Q”加斜线再加上企业代号（企业标准代号）、标准发布顺序号和发布年号组成，其发布顺序号从 20000 开始。贯标产品的企业军用标准详细规范的编号由 ZZR—企业标准代号、标准发布顺序号和发布年号组成，其发布顺序号从 20000 开始。增长产品且列入 QPL 目录的产品的企业军用标准详细规范的编号由 ZZR（Z）—企业标准代号、标准发布顺序号和发布年号组成，其发布顺序号从 20000 开始。增长产品未列入 QPL 目录的产品的企业军用标准详细规范的编号由（Z）—企业标准代号、标准发布顺序号和发布年号组成，其发布顺序号从 20000 开始。型谱产品的企业军用标准编号由企业标准代号、标准发布顺号和发布年号组成，其发布顺号从 30000 开始。如 825 厂企业军用标准详细规范的编号 Q/Ag20021—2003、ZZR—Q/Ag20022—2006、ZZR（Z）—Q/Ag20025—2009、（Z）—Q/Ag20026—2010。部分生产厂（所）企业标准代号，见附表 4。

上述三个级别标准的版本需要换版时，则在标准发布顺序号后增加 A、B、C 等字母，以示换版的次数，发布年号也做相应调整。

3 元器件质量等级

按 GJB/Z 299《电子设备可靠性预计手册》标准中定义的元器件质量等级是指元器件装机使用之前，按产品执行标准（规范）或供需双方的技术协议，在制造、检验及筛选过程中其质量的控制等级。元器件质量等级与其生产过程执行标准（规范）是密不可分的，其质量等级的高低取决于生产过程中执行标准（规范）中的质量保证要求的多少和质量控制严格程度的高低。

元器件的质量等级是表征元器件的固有质量的重要指标之一；元器件的质量等级是元器件的质量与可靠性保证水平的基本等级；元器件的质量等级是与元器件的性能、参数和环境适应性等有着同样重要的技术指标，它们均反映了元器件的质量与可靠性；元器件的质量等级是元器件选择、采购、验收、筛选和检验等重要依据。

4 国内元器件的质量等级的级别及分类

1）国内元器件质量等级的级别

按产品在生产过程中执行标准（规范）级别的高低，来划分其质量等级的级别如下：

（1）民用级

凡按国家标准（GB)、行业标准和企业标准的组织生产和供货的产品。

（2）普军级

凡在国家标准（GB)、行业标准和企业标准的基础上，按国军标的筛选要求筛选或附加质量技术条件要求进行考核、供货的产品。所谓普军级，除了半导体分立器件的 JP 等级为普军级以外，目前使用该级别的产品绝大部分为各生产厂自行定义，实际产品质量与可靠性的水平参差不齐。

(3)“七专”级

凡按 QZJ8406XX“七专”技术条件和“七专”控制措施中规定要求的管理、组织生产、试验和供货的产品。现在所谓“七专”产品，均是生产厂只按“七专”技术条件要求筛选和例行试验的产品，失去“七专”规定管理内容。由于“七专”产品没有国家机构的监控，其质量与可靠性完全取决于各生产厂自身能力水平。

“七专”条件毕竟是20世纪80年代的产物，对元器件的质量控制要求仍属于当时的认识水平，现在看来存在一定的不足。“七专”产品的质量还不满足高可靠型号对元器件可靠性的需要。

（4）“七专”加严级

凡按QZJ840611A—87《半导体分立器件“七专”技术条件》或附加“七专”加严技术条件中的规定要求的组织生产、试验和供货的产品。其质量等级高于“七专”产品质量等级。

（5）企业军标级

凡参照相应国军标、行业军标并满足航天产品的质量要求而制定了企业军标，但未经过中国军用电子元器件质量认证委员会的确认和鉴定。按企业军标中的要求，在军标生产线上的组织生产、试验和供货的未列入QPL目录或QML目录的产品。

（6）国军标级

凡按国军标中的要求，在军标生产线上的组织生产、试验和供货，并通过中国军用电子元器件质量认证委员会的认证和鉴定的列入QPL目录或QML目录的产品。

国军标由于参照采用美国军用标准（MIL），其质量等级的分类方法比较复杂，器件分为3～4个质量保证等级。元件分为有可靠性指标的和无可靠性指标的两类，对于有可靠性指标的元件可分为若干个失效率等级。

同一种器件或元件的不同质量级别的主要差别是质量保证等级或失效率等级有所不同，但不同质量级别的同一种器件或元件在物理和功能上一般是可以互换的。

2）根据用途元器件质量等级的分类

根据用途，对国内元器件的同一个质量等级的级别又可分为：用于元器件生产控制、选择和采购的质量等级（即质量保证等级或失效率等级）和用于电子设备可靠性预计的质量等级（即质量等级）两类，两者有所区别，又相互联系。两者区别在于只有军用级元器件才有质量保证等级或失效率等级，而对于所有元器件都有可靠性预计的质量等级；两者存在一一对应关系。

（1）质量保证等级或失效率等级都是产品标准（规范）中的规定元器件的质量等级。质量保证等级是没有直观量化表征器件可靠性水平，用于大多数器件（包括部分元件）可靠性水平的评价；失效率等级是直观量化表征元件可靠性水平，用于大多数元件（并非全部）可靠性水平的评定。

可靠性包含两方面的含义：一是确立可靠性的保证要求，二是确立可靠性的量化值。就从可靠性两方面的含义而言，产品标准（规范）中规定的元器件的质量保证等级或失效率等级都有可靠性要求。

元器件质量保证等级和失效率等级：相同的是元器件质量保证等级和失效率等级都是表征元器件可靠性。不同的是不同的器件质量保证等级，有着不同的质量保证要求；而不同的元件失效率等级，在可靠性保证体系中的要求都是相同的。

（2）可靠性预计的质量等级（即质量等级）是 GJB/Z299《电子设备可靠性预计手册》标准中的规定元器件可靠性预计的质量等级。同类型元器件的不同可靠性预计的质量级别都对应着不同的质量系数 π_Q 值，定量表征元器件的质量与可靠性。元器件可靠性预计的质量等级用于电子设备可靠性的设计、预计和总体控制。

元器件质量等级直接影响其工作失效率 λ_P，同类型元器件的不同质量等级对工作失效率 λ_P 影响程度是以质量系数 π_Q 表示的。π_Q 值大小反映了同类型元器件的不同质量等级的相对质量差异，π_Q 值越小，表示元器件的质量与可靠性就越高。

（3）质量保证等级或失效率等级与可靠性预计质量等级之间关系

质量保证等级或失效率等级与可靠性预计的质量等级之间有密切的相关。元器件规范中的质量保证等级或失效率等级与按 GJB/Z299 标准进行电子设备可靠性预计时，所列出另一种质量等级 A、B、C（对器件 A 细分为 A_1、A_2、A_3、A_4、A_5、A_6，B 细分为 B_1、B_2，C 个别细分 C_1、C_2；对元件 A 细分为 A_1、A_2，B 细分为 B_1、B_2，C 个别细分 C_1、C_2，其中依据元件失效率等级将 A_1 又细分为 A_{1S}、A_{1R}、A_{1P}、A_{1M}）都有一一对应的关系，见附表 5。

3）从应用场合对质量与可靠性保证等级的要求考虑，将元器件可划分为：商业级、工业级、军品级和宇航级。

5　元器件的质量认证

为了保证元器件的质量等级符合实际的质量水平，元器件质量等级需要按照相关的标准（规范）通过规定的程序予以认证。

质量认证包括两方面内容：一是对元器件生产单位质量保证能力的评定，即生产线认证；二是对其所生产的元器件进行鉴定或考核，即产品认证。凡符合认证规定要求者，分别列入合格生产厂目录（QML）和合格产品目录（QPL）。

目前，国内大量元器件都按 QPL 认证、鉴定，只有混合集成电路按认证 QML 认证、鉴定。

我国军用元器件质量认证机构是中国电子元器件质量认证委员会，它独立于元器件的生产方和使用方，所以它的认证属于第三方认证。

除了中国电子元器件质量认证机构外，军工行业也可授权具有认证能力的单位按标准或法规性文件，对元器件生产单位的质量保证能力进行考察，以及对其生产的产品进行鉴定或考核，合格者列入该军工行业合格产品目录。为了区别于由国家授权的质量认证，将军工行业授权的质量认证，称为质量认定。由于军工行业是元器件的用户，所以质量认定也称为用户认定或第二方认定。

6　国内元器件质量等级标志

元器件的质量等级是元器件固有可靠性的标志，在选用、采购元器件中应准确地确定与标识的质量等级和考核标准，不仅解决了整机可靠性的一个源头，还可以减少经济与质量方面的损失。

在元器件的采购文件中和设计文件中所引用的质量等级标志一定要符合各类别元器件标准（规范）和 GJB/Z 299 标准中的要求，不能互相混淆。在元器件采购清单、合同中的质量等级应为质量保证等级或失效率等级的标志；在设计文件和元器件选用清单中的质量等级应为可靠性预计质量等级的标志。

在采购文件中应注明元器件型号、规格及名称，执行总规范及详细规范或技术条件的标准号及名称，质量保证等级或可靠性指标要求，采购产品数量和生产进度等要求。

7　进口元器件的质量分级

进口元器件的质量分级更为复杂，考虑到较多是采用美国军用元器件及部分欧洲空间局（ESA）元器件，现将简要介绍美军标（MIL）和欧洲空间局空间元器件协调组（ESA/SCC）元器件质量分级的情况。

（1）美军标的元器件质量分级

美军标中的规定将元器件质量分级，见附表 6。从 1995 年 5 月 14 日开始 MIL－M－38510 并入 MIL－PRF－38535 后，该标准已不生产 B 级、S 级微电路，所以现在按 MIL－M－38510 采购的微电路，其质量等级大多数是 B－1 级（883 级）。在 883 级微电路中，有些元器件供应商还根据对电路不同的质量控制，分为 883B 和 883S，但其质量都不如 B 级有保证。

（2）ESA/SCC 元器件质量分级

ESA/SCC 元器件的质量分级情况较有规律，所有元器件都分 B、C 两个质量等级，但在采购时还可选择不同的批验收试验（缩写 LAT，相当于质量一致性检验），由于 LAT 分为 1、2、3 类，所以 ESA/SCC 元器件又可分为 B1、B2、B3、C1、C2、C3 六个质量等级。

美军标元器件只有一个保证质量等级或失效率等级，没有可靠性预计的质量等级。但元器件不同保证质量等级或不同失效率等级的质量相对差别都以质量系数 π_Q 值的大小来表示。

8　883 级器件命名

相对来说，883 级别器件的型号命名比较复杂，因为各个厂家对这级别器件的型号命名各有所不同，而没有一个统一的命名法。但归纳起来，可分为下列几种命名法：

1）JEDEC101 的 883B 命名法：JEDEC（联合电子设备工程委员会）的 101 号出版物，规定了 883B 级别器件的型号命名法。目前，Motorola 公司采用了这种 JEDEC 命名法，如 54LS00/BCAJC 等，其中“B”表示 883 级别器件。Texas 公司产品，如 54JLS00 等，其中“J”表示 883 级别器件。

2）采用后缀“883”表示法：许多厂家用在器件型号后面加后缀“883B”“/B”“/883”，这些器件型号都是 883 级别器件。采用前缀“883”表示法：有些厂家用在器件型号前面加前缀“883B”，这些器件型号都是 883 级别器件。

3）其他命名 883 级器件方法：在器件型号后面加后缀“/Mil”“QB”，这些器件型号都是 883 级别器件。

4）在器件型号后面加后缀如“/HR”“/BR”“/BI”，这些器件型号都不是 883 级别器件。

9 进口半导体器件质量的鉴别方法

如何鉴别进口半导体器件质量的好坏，建议做好以下四方面的工作。

（1）物理特征分析（PFA）

通过 PFA 可以识别并剔除仿冒、做旧、翻新、伪劣的进口半导体器件。

（2）破坏性物理分析（DPA）

通过 DPA 可以揭示进口半导体器件存在的缺陷，评定进口半导体器件的工艺水平和设计水平。

（3）可靠性筛选试验

通过可靠性筛选试验，能定量地反映出进口半导体器件的质量水平。

全部器件 100%筛选，剔除早期失效的进口半导体器件。根据筛选淘汰率（PDA）来判断该批进口半导体器件的质量水平。

（4）失效分析（FA）

将对筛选试验失效的样品及使用现场失效的样品进行失效分析。分析结果能真实地反映进口半导体器件在工艺、设计和结构等方面的质量水平。

第四部分　元器件监制和验收

1　元器件监制

在合同中规定了到供货单位监制的元器件，应由型号承制单位的有关部门组织具备元器件监制资格的人员，按合同规定的标准（规范）或技术协议，到供方单位对元器件制造过程中进行质量控制监督。

监制工作是在供方单位现有的质量保证体系下，对元器件生产过程进行监督检查和检验。监制工作起着至关重要的生产过程前端的质量控制作用，是元器件质量保证工作的重要组成部分。

（1）监制方式

监制有随机抽样监制、重点工序监制和全过程监制三种方式，型号承制单位可根据需要选择其中一种监制方式。具体的监制标准（规范）或技术协议由型号承制单位或其上级机关制定。

（2）监制工作主要内容

监制内容主要有：检查质量管理体系和生产线认证维持情况；检查、了解元器件生产单位当前的生产工艺状况和重点工序的质量控制状态；对元器件实物和元器件生产工艺验证检查；对未封帽元器件内部的芯片表面状态、键合系统、芯片粘接系统、封装腔体内部状态等进行随机抽检或全检，确定这些元器件是否存在不满足监制标准或协议要求的缺陷；在生产单位允许的情况下，对芯片进行键合强度和剪切强度等摸底试验；监制人员有责任向元器件生产单位解释所实施的标准（规范）或技术协议；监制人员有责任向元器件生产单位反映监制工作中发现的元器件质量问题；在得到生产单位同意后，监制人员可在监制元器件的工艺流程卡上签字，以便验收时，对元器件的监制情况进行确认。

（3）监制质量问题处理

在监制工作中发现元器件的严重质量问题或不符合监制要求的元器件数量的比例较大或批次性质量问题时，应停止监制工作，并责成元器件生产单位重新检验或拒收有质量问题的批次元器件；监制人员在遇到不能在现场作出处理元器件的质量问题时，应及时报告主管领导，并提出有关建议意见，听候主管领导的处理意见。

（4）质量责任

元器件生产单位应负责元器件按产品标准（规范）进行生产。元器件的质量责任仍然是元器件生产单位，不能转移；监制人员仅对监制工作提出的要求负责，这种要求一定要符合监制标准（规范）或技术协议中的要求。

（5）监制信息

元器件监制信息至少包括可追溯性、元器件原材料检验、过程控制、质量检验过程等方面的质量信息。

（6）监制报告

监制工作完成后，监制人员应按规定格式编写元器件监制报告，并请元器件生产单位质量部门负责人签字确认。监制报告经主管领导审核后，由负责监制单位编号归档备查。

总之，元器件监制是技术和管理相结合的综合性系统工作。

2　元器件验收试验

元器件验收试验是指已交付或可交付的元器件，按采购合同中规定的产品详细规范或技术协议要求进行交收试验，以验证所交付的元器件的质量与可靠性不随生产期间中的工艺、工装、工作流程和原材料等的变化而降低。其目的是确定元器件是否符合产品详细规范或技术协议或合同所规定的质量与可靠性要求；元器件非批性“偶然性误差”的不合格率是否限制在产品详细规范中所规定允许范围内。

元器件验收试验是对交付元器件进行符合性检查过程，也是在元器件出厂前的保证元器件质量的最终检验。

（1）验收试验方式

元器件验收可分为下厂验收、生产厂代验和到货验收三种方式。

①下厂验收

它是指关键件、重要件和曾经出现过严重质量问题的元器件，不具备复测、筛选的元器件，采购合同中约定的需下厂验收及有技术协议的元器件，应由型号承制单位的有关部门组织具备验收资格的人员，按合同中规定的产品详细规范或技术协议，到生产厂进行验收。

②生产厂代验

它是指生产工艺成熟，经多次下厂验收质量稳定可靠的元器件，必要时可委托生产厂质量管理部门代验。对重点军工产品用的元器件或关键元器件，一般不宜由生产厂代验。

③到货验收

它是指使用方未在合同上注明要下厂验收的元器件。元器件到货后应在规定时间内（一般不超过一个月或按合同规定），由使用方完成到货验收。验收中若出现不符合产品详细规范或合同中要求质量的元器件，应通知生产厂，根据具体情况经双方进行协调，适当处理。

到货验收的主要项目：检查包装箱（盒）的外观是否完好无损；检查静电放电敏感元器件的包装箱（盒）是否有防静电标志，内包装盒是否采取防静电措施；开箱后应检查所提交的元器件质量证明文件是否齐全；检查到货元器件的品种、规格及数量是否与装箱单或发货单相符；按产品详细规范或合同中要求进行100%外观检查、常温电参数测试等。元器件到货验收合格后，应将元器件到货验收合格证和产品合格证，作为入库依据。

进口元器件到货后，应按有关筛选标准进行二次筛选、检验及复测，合格后才能装机使用。

（2）下厂验收前主要工作

在到生产厂交收试验之前应按采购合同中规定的产品标准（规范）和/或技术协议进行审查交付验收元器件生产全过程的质量管理和质量控制情况。

1）审查所提供交收元器件的型号、规格、数量、生产日期（或批次号）、质量等级和产品详细规范和/或技术协议等是否符合采购合同中的要求。并检查产品是否有合格证和产品贮存期（以筛选试验完成日期的计算）是否在1个月至12个月以内。

2）审查筛选试验报告中的程序、项目、条件和方法是否符合相应产品详细规范及技术协议的要求；审查筛选试验中单项和总筛选的淘汰率（PDA）是否符合产品详细规范中规定的要求；若在筛选试验过程中发现元器件致命功能失效是否进行失效分析，其结论是否批次性质量问题。

3）审查质量一致性检验报告（或例行试验报告）中的顺序、项目、条件（或要求）和方法及抽样方案是否符合相应产品详细规范及技术协议的要求；周期检验（或例行试验）是否在元器件规定的生产周期内或每批次进行的；质量一致性检验若不是一次通过，生产厂应提供检验不通过原因的书面分析报告和整改措施报告。

4）有要求时，审查DPA报告中的顺序、项目、方法和抽样方案及缺陷判据等是否符合GJB4027《军用电子元器件破坏性物理分析方法》或相应的产品详细规范或技术协议中要求；DPA是否在有资质第三方试验室或单位进行试验。

5）审查生产厂入库元器件交验报告中的项目、条件和方法是否符合产品详细规范或合同的要求；入库元器件交验日期是否在筛选试验或质量一致性检验之后。

6）审查元器件生产的工艺流程卡记录是否存在返工，若有返工应记录返工的工序、原因、数量；工序检验记录是否完整、准确；检查原材料入厂检验记录是否完整、准确等；特别要详细了解元器件在生产过程中发生质量问题处理情况、分析结果以及采取纠正措施，并审查相应的失效分析报告和有关试验报告。

7）审查筛选试验、质量一致性检验（或例行试验）和交收试验等所使用的仪器、仪表、设备和计量器具是否在计量合格使用有效期内。

（3）交收试验顺序、项目要求和方法

1）除了另有规定外，国军标等级元器件、行业军标等级元器件和企业军标等级元器件的交收试验，按产品详细规范中质量一致性检验A组（或A组中某分组）或A组和B（或B组中某分组）相关规定的顺序、项目、条件（或要求）和方法，进行全数100%交收试验；QZJ8406“七专”等级元器件的交收试验，按QZJ8406XX“七专”技术条件中规定的顺序、项目、条件和方法，进行全数100%交收试验。交收试验的不合格率判据，由双方商定。对于一些不稳定的重要特性参数，进行全数100%交收试验能使质量得到充分保证。

当交验元器件数量较大、工艺成熟和质量稳定，并且不是重点军用元器件或关键元器件时，也可以采用抽样方案进行交收试验。

交收试验项目通常包括有：元器件的外观检查，电特性测试（常温、高温、低温），气密性检查（适用时），PIND（有必要时）等。

元器件外观质量是直观地展示其设计可靠性和工艺水平，是元器件性能稳定、可靠性的基础。元器件外观检查的基本内容（共性）有：陶瓷封装有无破裂或裂纹，金属封装有无变形，玻璃绝缘子有无裂纹、起泡、亏封、破裂等；外部涂层有无起泡、剥落、黑斑、污迹等；外壳的多余物或污染是否影响引出端的绝缘性能；引出线有无机械损伤、压痕断裂和锈蚀等；元器件型号规格、生产日期（批次号）等标志是否清晰、牢固、正确，以及其位置是否符合规定要求。

2）在交收试验的过程中可能会出现各种各样的问题，尤其是元器件出现质量问题和执行标准有分歧最为常见。当交收试验过程中元器件出现质量问题时，应立即停止交收试验，并与生产厂共同进行分析，以确认元器件是否存在批次性质量问题；当交收试验过程中执行标准（规范）出现分歧或对标准中某些条文内容有疑问时，应依据交收的标准和准则，找出分歧点，以“就严不就松”的原则与生产厂进行协商。若双方能达成共识，就按共识标准进行交收试验；若不能形成统一意见，立即停止交收试验，并及时向有关部门（或委托单位）领导汇报，听候主管领导的处理意见。

3）交收试验应注意事项：

a）交收试验顺序，施加应力项目在前，检查、测试项在后；高压试验在前，低压试验在后；低温测试在前，高温测试在最后；细检漏在前，粗检漏在后。

b）电参数在高低温测试时，若高温电参数不在高温箱内测试，高温箱设置温度要比规定高温测试温度高5～10 ℃；若低温电参数不在低温箱内测试，低温箱设置温度要比规定低温测试温度低5～10 ℃。

c）介质耐压（抗电强度）试验，所施加电压的保持时间应满足规定要求，鉴定试验通常为60秒，质量一致性检验通常为10秒。为了提高检验速度，采用提高耐压试验电压，缩短试验保持时间的方法不可取的。因为它们之间不存在某种函数关系。耐压试验保持时间短，所测得耐电压就高，不是真实的耐电压值，真正的耐电压值比它小，造成假象。

（4）交收试验结论及其处理

依据审查元器件生产全过程中的质量管理、质量控制情况和交收试验的结果，来确定该批次交收元器件的接收、拒收、重新交验。

①接收

通过交收试验均满足下列要求的元器件批应予接收：

1）凡满足采购合同、标准（规范）和/或技术协议要求的交收元器件者；

2）质量证明文件资料齐全，并符合采购合同和相应标准要求者；

3）元器件验收试验通过者。

②拒收

凡有出现下列情况之一的元器件批应予拒收：

1）审查发现筛选试验、质量一致性检验（例行试验）、DPA（有要求时）等其中之一未达到采购合同、标准（规范）和/或技术协议的要求者；

2）生产工艺控制不满足要求并直接影响产品质量者；

3）元器件交收试验未通过者。

③重新交收试验

交收试验原则上只允许一次通过，当采购合同或技术协议中未规定只允许一次交收试验通过，并非功能失效时，可对交收试验未通过该批元器件批进行失效分析。当失效分析确认为该批元器件是可筛选缺陷的非批次性质量问题，并保证针对性筛选试验不会对元器件的质量产生不良影响，经过需方主管部门同意，生产厂可对该批元器件进行针对性筛选并其筛选淘汰率（PDA）小于双方协商的判据时，可允许重新交收试验，且只允许重新交收一次，重新交收试验的元器件应在交收试验报告中注明。

④交验报告的签署

不论交收试验的元器件接收与否，验收人员均应与生产厂质量部门负责人签署交收试验报告。要求报告内容填写准确、完整、文字清晰、签署齐全。

（5）元器件交收试验合格后，供方应向需方提供质量证明文件资料

1）产品合格证；

2）筛选试验报告；

3）质量一致性检验报告（或例行试验报告）；

4）DPA 报告（有要求的）；

5）电参数测试记录（常温、高温、低温）；

6）交收试验报告。

（6）下厂验收工作报告

完成元器件下厂验收工作后，不论交收的元器件接受与否，验收人员应编写下厂验收工作报告。要求验收工作报告内容填写完整、数据真实、文字简练清晰、签署齐全，并将验收工作报告随产品质量证明有关文件资料等一同交付有关组织验收的单位存档备查。元器件下厂验收工作报告表，见附表 7。

总之，目前在元器件交收试验工作中，由于尚无一份适用于军用元器件的交收试验规范性国家军用标准，各生产厂所生产的元器件质量现状和管理水平相差亦很大。因此，需要提高验收人员的工作质量，尽可能避免或减小验收中的人为差错和失误，严格把好元器

件验收关。

3 结构相似元器件

它是指由同一个制造单位，采用基本相同的设计、材料、工艺和封装等所制造的元器件，其区别仅在于电性能不同。这些元器件中的某个型号产品的试验结果（结论），对于结构相似元器件的各型号产品均有效。

4 生产批

一个生产批是指由同一生产线上，采用相同的设计、结构、工艺、材料、控制，在规定时间内制造出来的一批产品。生产批在整个生产周期中应保持该批次的识别代号（可认为生产批的批号）。数量大的一个生产批中的产品，有可能有许多批产品的生产日期。

5 检验批

由产品的同型号、同质量等级、同种类（尺寸、特性、成分等），且生产条件和生产时间基本相同（不超过一个月）的单位产品称为检验批。

6 检验批识别代码

产品上应标有检验批的识别代码，表示该检验批的产品进行密封的最后一个日历周。检验批的识别代码中的最前面的两个字数为年份的最后两位字数，第三位和第四位数字表示该年份的周数。检验批的识别代码顺序表示年和周，如 1118 即表示 2011 年的第 18 周，即是产品的生产日期。产品检验批的识别代码一旦确定就不得随意更改。

7 检验

检验通过观察、检查、测量、试验或其他方法，把单位产品的检验结果与预定的产品标准要求进行对比的过程，也是根据某一个规定的标准来估计产品某种特征量的过程。产品特征量中不包括故障和寿命因素。

产品检验可分为：材料检验（适用元件）、鉴定试验、鉴定合格资格的维持试验、筛选试验、质量一致性检验等。检验结果可达到验证产品质量的目的，可判断产品的合格或不合格。

检验具有把关、预防、监督和报告四大功能。

8　抽样检验

从整个批合格元器件中随机抽取部分样品进行检验，这些样品检验的结果将代表整个生产批元器件的质量水平，决定整个批元器件的接收或拒收。由于被检验元器件质量的不一致性或不均匀性，抽样检验得出的结论就有两种类型的风险：一类使用方风险，有可能将不合格的元器件批误判为合格的元器件批而接收，属于使用方的风险；另一类生产方风险，有可能将合格的元器件批误判为不合格的元器件批而拒收，属于生产方的风险。为了降低抽样检验的风险率，应提高元器件的质量一致性或加大抽样数或降低合格判定数。

以下介绍常见以下几种抽样检验方案：

(1) 百分之百检验

它是一种特殊的“抽样”，仅适用于对被试样品无破坏性的试验。它常用于元器件的筛选试验，有些元件的质量一致性的A组检验也可100%的检验。

100%检验，不合格率（PDA）不能超过产品规范所规定的百分数，例如，GJB548A—96方法5004A规定：S级微电路筛选的DPA为3%；B级微电路筛选的PDA为5%；B1级微电路筛选的PDA为10%，否则该批元器件就要整批拒收。

(2) AQL抽样检验

AQL抽样是可接收质量水平，AQL抽样检验是计数抽样检验方法之一，置信度95%。AQL抽样检验应按GJB179A标准中规定的方案进行抽样。AQL抽样检验常用于元件的鉴定试验和质量一致性检验中的某些试验或检验项目。

(3) LTPD抽样检验

LTPD抽样是批允许不合格品率，LTPD抽样是统计抽样检验方法之一，置信度90%。LTPD抽样检验应按GJB597标准中的附录B或GJB333标准中的附录C中规定的方案进行抽样。LTPD抽样检验常用于半导体器件的鉴定试验和质量一致性检验中的某些试验或检验项目。

此外，LTPD抽样，合格判定数为零或不为零抽样方案都有相同风险。

置信度本身不代表产品质量可靠性高低，只代表抽样的严格与否。置信度高，所需要样品数量大，试验时间长。抽样置信度低，并不等于降低产品质量，但将使误判的风险增大。。

置信度：被考虑的量值在给定区间内的概率（选定的或规定的）。

(4) 固定样本大小抽样检验

它也可称为定数抽样，通常只抽取少量样本（一般不超过10只），具体样本大小及合格判定数由产品规范或采购文件中规定。它主要适用于具有破坏性的试验，例如DPA、内部水汽含量等具有破坏性的试验。

(5) PPM抽样检验

PPM抽样即用百万分之几的方式表示产品不合格品率，表征产品质量水平。PPM是适合于极低产品不合格品率的一种统计推理方法。它主要适用于表征批量大、质量稳定、成品率高的产品在一段时间内的平均质量水平。

按 GJB 2823—97 标准中的规定，用 PPM 表示的不合格产品应可分为下述 5 类：

1）PPM-1：指功能的不合格产品；

2）PPM-2：指电特性的不合格产品；

3）PPM-3：指外观和机械特性的不合格产品；

4）PPM-4：指不符合规定的密封要求的产品；

5）PPM-5：指不符合任一规定要求的不合格产品。

用 PMM 表示产品质量水平时，必须同时给出相对的 PPM 类列，即应该给出 PPM—#，其中#分别为 1、2、3、4 和 5。

（6）元件失效率鉴定检验抽样

它适用于具有可靠性指标的元件在进行失效率等级的初始鉴定、失效率等级的升级鉴定和失效率等级的维持鉴定以及元件批一致性失效率检验时，均应按 GJB2649 标准中规定的方案进行抽样。

9 航天元器件有效贮存期

（1）贮存期 t_s

贮存期 t_s 是指元器件从生产完成并经生产厂检验合格后至装机前在一定的环境条件下存放的时间，单位为月。通用贮存环境条件分类，见附表 8。

（2）贮存期的计算

贮存期的起始日期按下列优先顺序确定：

1）经过补充（二次）筛选，其筛选项目和条件不少于 QJ2227A—2005《航天元器件有效贮存和超期复验要求》标准中规定的相应超期复验中非破坏性检验项目，且补充筛选（二次筛选）完成日期或生产日期不超过 12 个月的元器件，可按补充筛选合格证上筛选完成的日期计算；

2）按产品合格证上的检验日期计算；

3）元器件上打印的生产日期（或星期）代码（号），凡仅有年月而无日期的均按该月 15 日计算（如为星期代号，则按星期四的日期计算）；

4）按包装容器上的包装日期提前一个月计算；

5）按元器件验收日期提前两个月计算，如果验收时能确定元器件的生产日期，则应按生产日期计算。

贮存期计算：从贮存起始日期至预定装机日期之间的时间为元器件的贮存期。

（3）基本有效贮存期 t_{BVS}

元器件在规定的贮存环境条件下存放，但未考虑元器件质量等级的有效贮存期。基本有效贮存期与元器件的品种、材料、结构和贮存环境条件有关。不同种类元器件基本有效期，见附表 9。

（4）有效贮存期 t_{VS}

一定质量等级的元器件在规定的贮存环境条件下存放，装机前其批质量能满足要求的期限。有效贮存期与元器件的品种、材料、结构、质量等级和贮存环境条件有关。

（5）贮存质量等级 Q

根据元器件在制造、检验过程中质量控制的严格程度，对元器件贮存后性能的影响而确定的等级。其等级分为四个贮存质量等级，分别以 Q1、Q2、Q3、Q4 表示。

（6）贮存期调整系数 C_{SA}

根据元器件的不同贮存质量等级和用途，对基本有效贮存期调整的系数。贮存期调整的系数，见附表 10。

应注意，贮存期调整系数 C_{SA} 仅适用于基本有效贮存期的调整，不适用于继续有效贮存期的调整。

（7）有效贮存期计算

元器件的有效贮存期按下列公式计算：

$$t_{VS} = C_{SA} \times t_{BVS}\text{（月）}$$

式中，t_{VS} 为元器件有效贮存期，单位为月；C_{SA} 为元器件贮存期调整系数，元器件使用在 1 级应用场合用 C_{SA1}，元器件使用在 2 级应用场合用 C_{SA2}；t_{BVS} 为元器件基本有效贮存期，单位为月。

以上计算得出的元器件有效贮存期仅供元器件超期复验使用，不能取代元器件产品规范中规定的允许贮存期，也不表明航天用户对元器件有效贮存期的要求。

（8）继续有效期

超期复验（包括第二次超期复验）合格的元器件在规定的贮存环境条件下存放，其批质量能满足要求的期限，称为继续有效期。继续有效期与元器件的品种、材料、结构，超期复验类别和元器件贮存环境条件等有关。不同种类元器件继续有效期，见附表 11。

第一次超期复验继续有效期起始日期为通过第一次超期复验的日期；第二次超期复验继续有效期起始日期为通过第二次超期复验的日期。

10　航天元器件超期复验

（1）第一次超期复验

贮存期超过有效贮存期，但不超过有效贮存期 2 倍的元器件，不一定就要报废，只要通过 QJ2227A — 2005《航天元器件有效贮存期和超期复验要求》标准中的规定进行超期复验的合格元器件，仍可用于军工产品上。

贮存期超过有效贮存期的元器件，在装机前应进行一系列超期复验。元器件的第一次超期复验按超过有效贮存期的时间长短分为 A1 类超期复验（元器件贮存期已超过有效贮存期，但未超过 1.3 倍），B1 类超期复验（元器件贮存期已超过有效贮存期 1.3 倍，但未超过 1.7 倍）和 C1 类超期复验（元器件贮存期已超过有效贮存期 1.7 倍，但未超过 2.0 倍）。

除非另有规定，凡贮存期已超过有效贮存期 2 倍的元器件，不得进行第一次超期复验。

（2）第二次超期复验

已经通过了第一次超期复验的合格元器件，如果其预定装机的时间超过第一次超期复验规定的继续有效期，但不超过第一次超期复验的继续有效期的 2.0 倍，允许进行第二次超期复验。元器件的第二次超期复验按超过第一次超期复验的继续有效期时间的长短分别为 A2 类超期复验（元器件贮存期已超过元器件第一次超期复验的继续有效期，但未超过 1.3 倍），B2 类超期复验（元器件贮存期已超过第一次超期复验的元器件继续有效期 1.3 倍，但未超过 1.7 倍）和 C2 类超期复验（元器件贮存期已超过元器件第一次超期复验的继续有效期 1.7 倍，但未超过 2.0 倍）。

除非另有规定，通过第二次超期复验的元器件应在规定的第二次超期复验的继续有效期内使用，超过此期限的元器件不允许在航天产品正（试）样上使用。

（3）超期复验

A1（A2）类、B1（B2）类和 C1（C2）类超期复验均按 QJ2227A—2005《航天元器件有效贮存期和复验要求》标准中 5.4 条的要求。

（4）进口元器件有效贮存期及超期复验要求

进口元器件应通过正常渠道采购，并经使用方验收合格，在Ⅰ类环境条件贮存，对集成电路应可能在充氮、抽真空条件下存放时，进口各类别元器件有效贮存期为 60 个月。进口各类别元器件有效贮存期超过 60 个月，应按规定超期复验项目和要求进行超期复验。已经通过超期复验的合格各类别元器件，继续有效贮存期为 36 个月。进口各类别元器件超过继续有效期不准装机使用。具体要求详见 QJ2227A—2005《航天元器件有效贮存期和超期复验要求》中附录 A 表 A·1。

另外，二院单位，对型号进口元器件的超期，按超过规定有效贮存期的长短分为 A 类超期复验和 B 类超期复验。

军级进口元器件的贮存期超过有效贮存期 1～12 个月的，为 A 类超期复验；贮存期超过有效贮存期 13～48 个月的，为 B 类超期复验。贮存期超过有效贮存期 48 个月以上的，不允许超期复验。

非军级进口元器件的贮存期超过有效贮存期 1～12 个月的，为 A 类超期复验；贮存期超过有效贮存期 13～36 个月的，为 B 类超期复验。贮存期超过有效贮存期 36 个月以上的，不允许超期复验。

第五部分　可靠性试验及可靠性设计

1　可靠性

产品在规定（使用和环境）的条件下和规定的时间（或动作次数、里程）内，完成规定的功能（技术性能指标）的能力，叫做电子产品的可靠性。该定义强调三个要素：功能、时间和工作条件，这些要素在产品可靠性上起了重要作用。产品可靠性是时间函数，随时间推移，产品可靠性就会越来越低。产品可靠性与规定的功能有着极为密切的联系，可以针对产品完成某种功能而言。产品在不同工作条件下，其可靠性是不一样的。

可靠性参数与一般性能参数指标不同。可靠性参数不能用仪器或其他手段来测量，而是主要通过现场调查或通过试验，积累大量数据，然后用数理统计的数学方法进行处理，才能得出其指标。

可靠性的定量表示有它特点，也就是产品可靠性很难用单个定量来完全代表。在不同场合和不同情况下，用不同的可靠指标来表示产品的可靠性，通常可用可靠度、不可靠度、失效概率密度、失效率和平均寿命等特征量来描述。

使用条件：进入元器件内部而起作用的应力（电应力、化学应力和物理应力等）条件。

环境条件：只在元器件外部周围而起作用的应力（温度、湿度、气压、振动和冲击、电磁辐射场、高能粒子辐射场、重力场和日照等）条件。

2　可靠度 $R(t)$

在产品规定的条件下和规定的时间内，完成规定功能的概率称为产品的可靠度 $R(t)$，用百分数表示。当投入产品总数足够大时，时刻 t 的可靠度一般用近似值计算：

$$R(t)=[N-n(t)]/N$$

式中，N 为投入产品总数，$n(t)$ 为到 t 时刻产品失效数。

$R(t)$ 随时间或次数增长而下降，介于 1 与 0 之间的数，即 $1\leqslant R(t)\leqslant 0$。

3 不可靠度 $F(t)$ 和失效概率密度 $f(t)$

1）产品在规定的条件下和规定的时间内，损失规定功能（失效）的概率称为产品的不可靠度，也叫累积失效概率 $F(t)$，用百分数表示。当投入产品总数足够大时，时刻 t 的不可靠度一般用近似值计算：

$$F(t)=n(t)/N$$

式中，N 为投入产品是数，$n(t)$ 为到 t 时刻产品失效数。

$F(t)$ 随时间或次数增长而上升，介于 0 与 1 之间数，即 $0 \leqslant F(t) \leqslant 1$。显然 $R(t)+F(t)=1$，成互补关系。

2）通常把累积失效概率 $F(t)$ 的导数叫做失效概率密度 $f(t)$，即 $f(t)=\mathrm{d}F(t)/\mathrm{d}t=F'(t)$。$F(t)$ 与 $f(t)$ 成微积分关系。

4 失效率 $\lambda(t)$

把产品在 t 时刻后的单位时间内失效的产品数与相对于 t 时刻还在工作的产品数的比值，称作产品在该时刻的瞬时失效率 $\lambda(t)$，习惯也叫失效率，即工作到某时刻尚未失效的产品，在该时刻后的单位时间内发生失效的概率。单位为 1/小时或 1/10 次。

失效率可用下式近似计算：

$$\lambda(t)=[n(t+\Delta t)-n(t)]/[N-n(t)]\Delta t$$

式中，N 为投入产品总数，$n(t)$ 为到 t 时刻的失效产品数，$n(t+\Delta t)$ 为到 $(t+\Delta t)$ 时刻的失效产品数，Δt 为产品失效的时间间隔。

$\lambda(t)$ 与 $f(t)$、$R(t)$ 之间的关系：$\lambda(t)=f(t)/R(t)$。

它描述了在各个不同时刻仍能正常工作的产品失效的可能性。失效率也可以理解为，在规定的功能、规定的条件下和规定期间的单位时间内发生失效的概率。

一般情况下，失效率 $\lambda(t)$ 是时间（或工作次数等）函数，但在某些特定情况下（产品失效率的时间函数服从指数分布），它在偶然失效期的失效率往往近似为常数时，基本失效率 λ_b 为产品失效数 γ 与产品总数乘工作（或贮存）时间小时数之积 T（简称元器件小时数）的比值，即 $\lambda_b=\gamma/T$，单位为 1/小时或 1/10 次。如有一万个产品试验一千小时失效产品有一个，它的失效率可用下式计算：$\lambda_b=1/10\ 000\times 1\ 000$ 小时 $=10^{-7}/$ 小时。

1）元器件失效率可分类如下：

a）基本失效率 λ_b：是指仅计产品在应力和温度作用下的失效率，单位为 1/小时或 1/10 次。基本失效率 λ_b 通常是用温度（T）和电应力比（S）对元器件失效率影响的关系模型来表示。它适用于产品应力分析可靠性预计。

基本失效率 λ_b，是由元件产品在额定温度下，施加规定电压和时间所进行寿命试验的元件产品失效数量所确定的。

b）工作失效率 λ_p：是指产品在应用环境下的失效率。除个别产品类别外，工作失效率 λ_p 都包含基本失效率 λ_p 和温度、电应力之外的元器件质量控制等级、环境应力、应用状态、性能额定值和种类、结构等失效率影响因素。即，通常由基本失效率乘以上述各因素的调整系数来表示，单位为 1/小时或 1/10 次。它适用于产品应力分析可靠性预计。

c）通用失效率 λ_G：是指产品在某一环境类别中，在通用工作环境温度和常用工作应力下的产品失效率 λ_G，单位为 1/小时或 1/10 次。它适用于产品计数可靠性预计。

2）失效率与产品的种类、设计、制造工艺质量、使用降额程度、使用时间和使用条件等因素有关。应注意，失效率不能代替不合格率，不能单凭失效率来鉴定产品的可靠性指标。

3）失效率可定量地描述一般产品的可靠性，很有代表性。产品失效率的数据是整机可靠性设计和预计的基础。但是，失效率没有描述产品失效的实质内容—失效模式或失效机理，即失效率并未完全描述产品的可靠性。

5　产品平均寿命（MTTF、MTBF）

产品在规定的条件下，完成规定的功能所持续时间称为平均产品寿命。产品平均寿命是定量表征产品的可靠性的又一类物理量。

1）对不可修复的产品，寿命是指产品发生失效前的工作时间或贮存时间或工作次数等。产品平均寿命就是失效前的工作时间或贮存时间或工作次数等的平均时间或平均次数，即故障前平均时间，通常记作 MTTF，单位为小时。

2）对可修复的产品，寿命是指两次相邻失效（故障）间隔之间的工作时间或贮存时间或工作次数，而不是指每个产品报废的时间。产品平均寿命就是在两次相邻失效时间间隔之间的平均无故障工作时间或平均无故障工作时间（包括连续地使用时间或间断地使用时间），通常记为 MTBF，单位为小时。

MTBF 值为产品总工作时间被其间发生的产品失效总数之除所得的。

失效率和平均寿命都是产品的定量化可靠性参数。失效率的时间函数服从指数分布时，MTBF 就是失效率的倒数。应注意，平均寿命不能充分地表明产品寿命的离散程度。

产品偶然失效期的失效率近于常数时，可用基本失效率 λ_b 等级来表征产品可靠性；产品偶然失效期的失效率不是常数时，可用平均寿命来表征产品可靠性。

除了产品平均寿命外，还有贮存寿命、可靠寿命、特征寿命和中位寿命等。

6　失效率等级

为了区别同一类产品的基本失效率 λ_b 水平，按 GJB2649、GB/T1772 标准中的规定，可将产品基本失效率 λ_b 分类及代号，见附表 12。

元件产品基本失效率 λ_b 等级从理论上讲，这些相邻级别之间的基本失效率 λ_b 相差 10

倍，但从现场数据表明，这些相邻级别之间的实际基本失效率 λ_b 等级仅相差约 3 倍，而并非理论上的 10 倍，并用质量系数 π_Q 表示。π_Q 大小反映同类产品的不同质量等级的相对质量差异，是计算产品可靠性预计一个质量系数。

7 元器件可靠性

元器件的可靠性是由元器件的固有可靠性和使用可靠性组成。

1）元器件的固有可靠性是指元器件本身质量固有的关键属性，是由设计（电路或结构设计是决定元器件的固有可靠性）、工艺（加工工艺措施是元器件的固有可靠性的保证）及使用原材料等因素所决定的可靠性固有特性称为固有可靠性。它主要取决于设计、原材料和生产过程执行产品标准（规范）等。

不同类别元器件的固有可靠性表征方式不太一样，如以质量保证等级、失效率等级和平均寿命等多种表征方式。

用户可通过元器件的下厂监制、验收、补充筛选、DPA 和失效分析等质量保证工作来判定、验证元器件的固有质量与可靠性水平。补充筛选淘汰率和产品批淘汰率在一定程度上能够反映元器件的固有可靠性水平。

固有可靠性指标与元器件技术性能指标有着同样重要性的。元器件有了技术性能指标和固有可靠性指标，才能反映元器件质量的全貌。

2）元器件的使用可靠性是指元器件在使用过程中（选型、采购、应用、操作）实际表现出的可靠性特性称为使用可靠性。元器件装机失效率是重要的表征元器件的使用可靠性的指标。

用户可通过元器件的选型、采购、热设计、装配、失效分析、应用指南、降额使用、应用论证、静电防护、辐射防护以及“五统一”管理等措施来提高元器件的使用可靠性。

元器件的使用可靠性应用的核心任务，除了正确选择元器件外，就是通过严格控制元器件使用的工作条件和非工作条件，防止各种不当的应力或操作不当给元器件带来损伤，最大限度地发挥元器件的固有可靠性的潜力。

总之，元器件的固有可靠性是设计出来的，生产出来的，管理出来的，而不是检验、试验和统计出来的。元器件的可靠性，不但取决于元器件的固有可靠性因素，还取决于元器件的使用可靠性因素。

8 元器件质量

元器件的质量是由元器件的固有质量和使用质量组成。

1）元器件的固有质量是由元器件生产方在元器件的设计、工艺、原材料的选用等过程中的质量控制所决定。

2）元器件的使用质量是由元器件使用方对元器件的选择、采购和使用等过程中的质量控制所决定。

从元器件失效分析的统计数据表明，由于元器件的固有失效（本质失效）几率占1/3，使用失效（误用失效）几率占2/3。因此，在提高元器件的固有质量同时，必须提高元器件的使用质量。

9 可靠性试验

可靠性试验是指研究产品失效及其影响效果，为了提高产品试验对象的可靠性或评价、分析可靠性而进行的各种试验的总称。从广义上说，凡是为了了解、评价、考核、验证、分析和提高产品可靠性水平而进行的试验，都称作可靠性试验。可靠性试验一般在产品的研发阶段和大规模生产阶段的进行。

（1）可靠性试验分类

通常按惯用的分类，可分为环境试验、寿命试验、筛选试验、现场使用试验和鉴定试验等五大类。

（2）可靠性试验的目的

可靠性试验所要达到的目的，可归纳为如下三点：

1）通过可靠性试验，来确定产品的可靠性特性值；

2）通过可靠性试验，可以全面考核产品是否已达到预定的可靠性指标；

3）通过各种可靠性试验，了解产品在不同的工作、环境条件下的失效规律，摸准失效模式，搞清失效机理，以便采取有效措施，提高产品可靠性。

10 鉴定试验

鉴定试验是由鉴定机构，选择具有代表性的产品，按照产品标准（产品详细规范）中所规定的项目、技术、条件、抽样和程序进行一系列的试验，以验证产品的设计是否与产品标准（产品详细规范）中所规定的质量保证等级或失效率等级的要求一致，并以此作为该产品是否满足要求的评价依据。鉴定试验是验证和评价产品质量与可靠性的关键试验之一。

（1）鉴定试验分类

一般产品的鉴定可分为技术鉴定、设计定型鉴定和生产定型鉴定。大多数元器件的鉴定试验被作为设计定型鉴定或生产定型鉴定。其鉴定试验报告将作为产品设计定型鉴定或产品生产定型鉴定过程中必须具备的一系列技术文件资料之一。

（2）鉴定试验程序

鉴定试验程序：鉴定检验批组成，鉴定试验样品抽取，测试、试验项目及其条件，失效判据，允许失效数。

11 可靠性增长试验

它是指在规定的环境应力下，为了暴露产品设计和制造中薄弱环节，并证明改进措施能防止薄弱环节（系统性和残余性薄弱环节）再出现而进行一系列的试验。可靠性增长试验的目的在于有计划地激发故障、分析故障和改进设计并验证改进措施的有效性，防止或减小故障的出现概率，使产品的可靠性达到预定的要求。通过研制阶段可靠性增长试验、试生产阶段可靠性增长试验和批生产阶段可靠性增长试验，不断地消除产品在设计和制造中的薄弱环节，使产品可靠性随时间而逐渐提高。

它不仅适用于新产品研制，也适用于老产品改造及某些使用改进场合。

规定的环境应力：可以是产品工作的实际的应力、模拟环境的应力和加速变化的环境的应力等。

12 气候环境试验

气候环境试验是考核产品在各种气候环境（低温、高温、热冲击、温度循环、湿热、盐雾和低气压等）条件下的使用适应性的能力，是评价产品可靠性的试验之一。

气候环境试验方法，可分为现场使用试验、天然暴露试验和工人模拟试验三类。

13 机械环境试验

机械环境试验是考核产品在各种机械环境（冲击、碰撞、跌落与翻倒、正弦振动、随机振动和恒定加速度等）条件下的使用适应性的能力，是评价产品可靠性的试验之一。

随机振动：是指对未来任何一个给定时刻，其瞬时值（频率、振幅和相位角）不能预先确定的振动。

14 加速寿命试验

在既不改变元器件的失效机理又不增加新的失效因子的前提下，受试元器件的试验条件比规定的工作条件更为严酷的一种寿命试验。加速寿命试验是采用加大应力的方法，加速元器件的失效进程。根据试验结果，预计元器件在正常规定条件下的使用寿命和贮存寿命。

（1）加速寿命试验目的

1）在较短的时间内，对高可靠元器件的质量水平进行评估，可用外推法快速预测在规定使用条件下的元器件失效率；

2）在较短的时间内，对元器件可靠性设计、工艺改进和可靠性增长试验的效果进行评价；

3）在较短的时间内，加速暴露元器件的失效模式及失效机理，从而可正确地制定元器件的失效判据和筛选试验条件。

（2）加速寿命试验分类

它按加严方式，可分为时间加速寿命试验、强制劣化加速寿命试验和判定加速寿命试验。它按应力施加方式，可分为恒定应力加速寿命试验、周期应力加速寿命试验、步进应力加速寿命试验和序进应力加速寿命试验等。恒定应力加速寿命试验是目前最常用的方法。

总之，通过加速寿命试验与失效物理的有机联系，来发挥加速寿命试验的有效性。

15　可靠性筛选

它是指通过各种方法和手段尽可能将不符合规范要求的早期失效或潜在缺陷的产品予以剔除，把合格产品保留下来进行一系列的筛选试验。它是一种非破坏性试验，对产品进行100％筛选试验，把早期失效或潜在缺陷的产品的失效率降到可接受水平。它是提高产品批的使用可靠性、稳定性行之有效的途径之一。

由于筛选技术存在局限性，筛选试验还不能达到将早期失效或潜在缺陷的产品全部剔除的理想目标，它必须与其他提高产品的可靠性技术，如结构分析（CA）、物理特征分析（PFA）、破坏性物理分析（DPA）、质量一致性检验（QCI）和失效分析（FA）等相配合，就有可能逐步接近理想目标。

16　筛选试验特点

筛选试验有如下特点：

1）筛选试验对良好性能的产品来说是一种非破坏性的试验，这因为筛选试验所施加的应力强度（水平）不足以破坏产品的失效分布及失效机理。筛选试验对良好性能的产品影响很小，不影响正常使用，而对有潜在缺陷的产品应诱发其失效。

2）筛选试验是一个剔除早期失效或潜缺陷产品的过程，是对电参数初测合格产品进行100％试验，而不是抽样试验。

3）筛选试验只能提高产品批的使用可靠性，这是因为通过筛选试验把大部分早期失效或潜在缺陷的产品剔除掉，剩下来的产品批的平均寿命比筛选前产品批的平均寿命更长，但不能改善或延长任何单个产品的使用寿命。筛选试验不能提高单个产品的固有可靠性，这是因为产品固有可靠性是由设计、制造工艺和原材料性能所决定的，而筛选试验并不能改善产品的设计、制造工艺和原材料性能。

4）筛选试验划分不同的等级是根据对产品预定寿命要求或产品实际预定工作条件要求或产品预定质量等级高低等所确定的。

17 筛选试验技术条件制定

筛选试验技术条件的制定是十分重要的，它决定了筛选项目和应力的种类（热、电、机械、时间等应力）及强度，以达到通过这些筛选技术或方法尽量将早期失效或潜在缺陷产品予以剔除掉，又不损伤良好性能的产品的目的。

不同种类产品的失效机理是不完全相同的。因此，应根据产品的设计、工艺特点，针对产品的主要失效模式，进行大量的摸底试验和现场使用情况的调查，掌握产品的失效分布及失效机理，以及与预定筛选项目、应力、时间诸因素的关系，并在此基础上制定筛选试验技术条件。

制定出的筛选试验技术条件应满足下列原则：针对产品的主要失效模式和失效机理，选择出能有效激发并能剔除早期或潜在缺陷产品的几项筛选项目，由于不同种类产品的失效机理和失效模式也不同，所以不同种类产品的筛选项目也不同；筛选应力强度对良好性能的产品无破坏作用，且又能对早期失效或潜在缺陷的产品暴露出其缺陷，不同种类产品选择筛选的应力强度，可通过重复试验来确定；筛选时间应接近于早期失效产品的工作时间；综合考虑产品使用场合、成本和试验设备条件等因素。

18 筛选试验方法分类

筛选试验方法很多，随着试验技术的不断发展，增加了不少能剔除早期失效或潜在缺陷的产品的新筛选试验方法。现将筛选试验方法分类如下。

1）按产品生产过程的分类，筛选方法可分为生产线中各种工艺筛选、半成品筛选、成品筛选、电测筛选等。

2）按产品筛选次数的分类，筛选方法可分为一次筛选和二次（补充）筛选。

一次筛选是在生产厂按产品规范或供需双方签订技术协议中的要求进行筛选，称为一次筛选。

二次筛选通常是在生产厂家的一次筛选基础上，为了满足用户整机系统对产品的质量与可靠性要求或验证产品的质量水平，由整机单位或委托单位按相关产品标准（规范）或技术条件要求进行再一次筛选，以补充生产厂的一次筛选的项目或应力不足，称为二次（补充）筛选。

3）按产品使用环境不同的分类，筛选方法可分为常规环境筛选试验和特殊环境筛选试验。

19 半导体器件筛选试验方法

按器件产品使用环境不同，筛选方法可分为常规环境筛选试验和特殊环境筛选试验。

（1）常规环境筛选

按所加应力、所用工具和手段，可分为检查筛选、环境应力筛选、寿命筛选、密封性检查筛选和特性参数测试筛选等。

①检查筛选

1）放大镜、显微镜检查：器件外观质量，一般采用 3～10 倍的放大镜来检查，必要时也可用显微镜做进一步检查；器件芯片质量情况可用显微镜检查，如检查金属化、氧化物、扩散、光刻、钝化层等缺陷，可用 100 倍左右的显微镜来检查；检查内引线键合和封装等缺陷，可用 40 倍左右的显微镜来检查。

镜检可以剔除器件的工艺过程可能潜在的各种缺陷和差错，从而达到筛选目的。

2）红外线检查：通过红外探测或照相技术，显示器件芯片存在缺陷的热分布情况（过热点和过热区）。它用来剔除扩散和光刻不良、钝化层的针孔、跨越二氧化硅层台阶处的互连线断铝、PN 结不均匀的击穿点、键合处裂纹、金属化层的小孔等缺陷。红外线检查对于集成电路，尤其是大规模集成电路的缺陷检查最有效。

3）X 射线检查：X 射线可透过器件的外壳，观察器件内部的内引线断裂、芯片裂纹、芯片粘结不或烧结良、可动多余物和结构位置不当等缺陷，X 射线检查都有筛选作用。X 射线检查也可用于封装后元器件的内部镜检。

另外，X 射线对塑封材料几乎透明，无法检出塑封器件内部分层缺陷；X 射线辐射可造成 MOS 器件损伤，X 射线不适用于检查 MOS 器件；X 射线不能透过金属外壳。

4）声扫检查：对塑封器件材料的裂纹、空洞和界面分层（塑封材料与芯片分层、塑封材料与引线框架分层、塑封材料与基体板分层和芯片与基体板分层等），芯片裂纹及粘连不良等缺陷，声扫检查都有筛选作用。

X 射线探测高密度金属材料的缺陷效果比较好，声扫探测材料的分层、空洞、缺陷定位的效果极好。

5）粒子（颗粒）碰撞噪声检测（PIND）：PIND 空腔器件的内部存在松散可动，且直径大于 25 μm 粒子的多余物，有良好的筛选效果。

PIND 准确率不是百分百，一般不高于 80%，容易造成误判，特别是电磁继电器。PIND 重复性差，一旦发现 PIND 不合格的产品，应将其剔除。PIND 对于铁磁性粒子是无效的。PIND 无法判断松动多余物微粒的大小和形状。不是所有空腔结构元器件都适合于 PIND，如石英晶体谐振器（石英晶体）等不适合于 PIND。

②环境应力筛选

环境应力筛选是通过对器件施加适当环境应力（气候应力、机械应力等）强度，将加速诱发器件内部的潜存缺陷的暴露，从而达到筛选效果。

1）温度循环筛选：器件在空气环境中高低温的交变作用下，对器件内部的各种材料的冷热性能不匹配所造成缺陷，以及对芯片有裂纹、芯片粘接或烧结不良、内引线键合不良、玻璃绝缘子开裂和封装材料破裂等缺陷，都有筛选作用。

2）热冲击筛选：器件在液体环境中很短时间（一般小于 10 秒）内承受的高低温度

（100 ℃和 0 ℃交替）急剧交变作用下，器件表面与内部的温度存在较大差异。它的筛选效果近似温度循环筛选，但热应力强度高于温度循环筛选。它对环境适应性能力差的器件有筛选作用。

3）离心加速度或跌落筛选：器件在离心加速度或跌落所产生离心力或重力的作用力下，对内引线键合不良、芯片粘接或烧结不良、内引线过长及内引线弧过大和内部可动微粒等缺陷，都有筛选作用。

4）振动加速度筛选：振动加速度筛选分为 50 Hz 等幅振动和扫描振动筛选。振动加速度试验可暴露器件生产工艺中的一些缺陷，如芯片粘接或烧结不良、内引线键合不良、内引线过长及内引线弧度过大等缺陷，都有筛选作用。

③寿命筛选

寿命筛选包括有，器件在非工作状态下进行高、低温贮存和器件在工作状态下进行常温、高温功率老炼和高温反偏老炼。

1）高温贮存筛选：它是一种加速的贮存寿命筛选试验。由于对器件施加高温应力，加速器件内部中可能发生或存在的任何物理、化学反应的过程，从而促使早期失效或潜在缺陷的产品予以提前失效。高温贮存对器件的芯片表面沾污、内引线键合不良、氧化层等缺陷，都有筛选作用。

它对良好性能的器件能起到稳定其电参数的作用，特别是与器件表面态有关的电参数的稳定作用更加明显。例如，晶体管经高温贮存后，使 h_{FE} 参数稳定等。对于工艺水平和设计水平较成熟的器件，由于器件本身性能已很稳定，这项筛选实际效果不大。

2）低温贮存筛选：它是根据某些材料在低温下性能劣化，或根据各种材料在低温下冷缩程度不同所造成结构破坏而失效的原理，来剔除器件缺陷的一种筛选方法。例如，在低温贮存下，涂覆材料龟裂而挣断内引线，某些金属引线发脆而造成脱焊，绝缘材料龟裂而使外壳漏气等缺陷，都有筛选作用。

3）高温反偏老炼筛选：这是在高温下施加反向工作电压的试验，通过温度和电场的共同作用，引起器件芯片表面或氧化硅层中的沾污碱金属离子（如 Na^+）集中靠近 NPN 型器件的基区 P 型上的氧化硅表面，在基区 P 型表面上感应出一些负电荷，使得基区 P 型表面产生表面反型层而形成漏电沟道；或 Na^+ 集中靠近 PNP 型器件的基区 N 型上的氧化硅表面，在基区 N 型表面感应出一些负电荷，使得基区 N 型表面的电子浓度增大，变成 N^+ 区，导致电阻率下降。这些都能引起反向漏电流增大、h_{FE} 降低和反向击穿电压降低的器件而予以剔除。高温反偏试验特别是对表面态敏感的半导体器件有良好筛选作用。

有的标准规定 NPN 晶体管不做高温反偏老炼，这是因为 NPN 晶体管的发射区和集电区都是掺杂磷元素扩散形成的，磷元素对于外来侵入 Na^+ 起着陷阱作用，发射区和集电区表面沾污的 Na^+ 不易迁移。

4）功率老炼筛选（常温和高温静态功率老炼、高温动态功率老炼）：它的主要目的是通过电（电流、电压、功率）应力和热应力（温度）综合作用下，促使器件内部的各种潜在缺陷提前暴露出来，从而达到剔出早期失效或潜在缺陷的器件的目的。功率老炼是元器件最有效的筛选项目。功率老炼筛选也可预计器件在正常工作状态下的可靠性及稳定性。

它可对器件的芯片表面沾污、芯片裂纹、氧化层缺陷、正离子中心形成的沟道漏电和铝膜缺陷，以及氧化、光刻、扩散的等缺陷，都有筛选作用。

功率老炼筛选，不推荐加大电应力，缩短老炼时间。这因为超功率老炼，有可能瞬时功率超过器件额定功率，使良好性能的器件遭受损伤，甚至发生失效故障。

④密封性检查筛选

密封性是指保证空腔器件的内部密封保护气体不致泄漏，外部有害气体不致侵入器件的内部。通常采用细检漏、粗检漏两种方法对器件的密封性进行检查。

1）氦质谱仪检漏（细检漏）能够检出漏气率在（10^{-5}～10^{-8}）atm · cm^3/s，即（1～10^{-3}）Pa · cm^3/s 范围的器件。

2）碳氟化合化检漏（粗检漏），能够检出漏气率不低于 10^{-5} atm · cm^3/s ，即 1 Pa · cm^3/s 的器件。

可用上述两种检漏方法相互衔接可剔除封装不良的器件，从而达到筛选目的。为了防止微小漏孔可能被堵，一般要求先细检漏，后粗检漏，并两者不能相互替代。

当有规定时，器件内腔超过一定体积（一般 1 cm^3）时，可仅作粗检漏。此外，密封性检查筛选应防止检漏误判。大腔体器件，所施加压力应要适当，防止器件损伤。

⑤特性参数测试筛选

特性参数测试筛选是器件应力筛选的一种补充手段，它能剔除那些由于生产工艺变化、工艺控制浮动等原因引起的电参数“异常”的器件，从而达到筛选的目的。

特性参数要选择那些能灵敏地显示器件寿命特性，例如常温、高温、低温电性能测试，晶体管特性电参数测试（如晶体管的反向击穿特性、反向漏电流、EB 结正向大电流、直流放大系数等），非线性失真测试（如运算放大器输出波形的检查），器件电流低噪声（1/f 噪声）测试等。

（2）特殊环境筛选试验

在特殊环境条件下使用的器件，除了进行常规筛选试验外，还需要进行特殊环境筛选试验。特殊环境筛选试验项目一般包括：抗辐射筛选、冷热超高真空筛选、盐雾筛选、霉菌筛选和油雾筛选等。

此外，还有精密老炼筛选、线性判别筛选和可靠性物理筛选等。

总之，对某类别器件的筛选项目来讲不是 100％按照上述的筛选项目，而根据不同产品的结构、工艺情况、使用环境条件以及预定用途等，选择其中的几项最有针对性、有效性和经济性的筛选项目。

筛选试验是产品的质量承上启下把关，可使早期失效期内的早期失效或潜在缺陷的产品的失效率大大降低，但不能缩短早期失效期的时间。

高可靠元器件的获得主要是靠对元器件的可靠性设计和严格的工艺控制，而不是靠一般常规筛选试验的。

应注意，筛选试验项目顺序不能随意变动，筛选项目顺序通常应力项目在前，检测项目在后。筛选试验中规定了 PDA 作为判据批产品接收与否的指标，但是小于 PDA 判据的批产品也可能具有批次性或发展性的缺陷也应予以拒收。为了判断筛选试验发现的缺陷产品是否具有批次性或发展性，筛选试验必须与失效分析相结合。对关键的器件筛选试验后还应采用 DPA 等措施，以发现在常规试验中很难发现的缺陷。在筛选试验项目中，温度循环与热冲击不能相互代替，随机振动与扫描振动不能相互代替，高温反偏老炼与功率老炼不能相互代替，细检漏与粗检漏不能相互代替。

20 补充（二次）筛选

补充（二次）筛选是在一次筛选基础上，为了满足整机系统对元器件质量与可靠性要求或验证元器件质量水平，由使用方或委托单位按相关标准或技术条件要求进行再一次筛选，以补充生产方一次筛选的项目或应力不足。

（1）补充（二次）筛选适用范围

补充（二次）筛选主要适用于以下四种情况的元器件：

1）元器件生产方未进行一次筛选，或使用方对一次筛选的项目和应力不具体了解的；

2）元器件生产方已进行了一次筛选，但一次筛选的项目或应力还不能满足使用方对元器件质量与可靠性要求的；

3）在元器件的产品规范中未做具体筛选规定，生产方也不具备筛选条件的特殊筛选项目的；

4）验证元器件的质量水平的。

（2）补充筛选原则

补充筛选的项目、条件和合格判据，可根据整机系统对元器件的质量保证要求，二次筛选的适用范围和元器件生产已做过一次筛选的项目和条件等而确定。

在一定条件下，补充（二次）筛选是提高元器件批的使用质量的有效措施之一。但由于补充筛选也存在局限性和风险性，所以并不是所有的元器件都要进行补充（二次）筛选，只有当采购不到整机所需要求质量等级的元器件时，才采用补充（二次）筛选来提高元器件批的使用质量，以满足整机型号质量的需求。

补充筛选允许 PDA 应小于一次筛选 PDA 的 50％或 1 个，取大值。对于没有做过一次筛选或筛选情况不明的元器件可按产品详细规范中的规定 PDA。元器件补充筛选，若发生批次性质量问题时，则元器件整批次不得用于军用的正样和定型产品上。

21 筛选试验（包括二次筛选）的局限性和风险性

（1）筛选试验的局限性

一方面根据现有的筛选仪器设备和筛选方法，对元器件的有些失效模式在无损的条件下无法检查出来，如半导体器件芯片附着强度差，硅铝丝键合力低，芯片的金属化、钝化层等缺陷就很难采用常规筛选方法予以完全剔除。所以单纯依靠常规筛选试验不可能将所有早期失效或潜在的元器件全部剔除掉。另一方面常规筛选试验虽然改善元器件批的使用质量，但不能提高元器件的固有质量等级（只能在原来质量等级中适当减小质量系数 π_Q 值）。因此，单纯依靠常规筛选试验来提高元器件的可靠性是有一定局限性的。

（2）筛选试验的风险性

筛选试验的风险性主要来源于项目、筛选应力（包括电应力、热应力、机械应力和时间等）的选取不当。筛选试验若应力选取过低，则起不了筛选应有的作用；筛选试验若应力选取过高，筛选的疲劳损伤或过应力，则将对良好性能的元器件造成损坏或使其受到内伤，反而会降低元器件的固有可靠性，缩短其工作寿命。此外，操作失误或设备故障也将给筛选试验带来风险。

以上诸因素不仅将对一次筛选造成的风险，同时也将使补充筛选（二次筛选）造成更大的风险。这因为元器件在一次筛选以后，还将进行一系列质量一致性检验（或例行试验），如果由于应力选取不当或操作失误造成被筛选元器件受内伤，还有可能在元器件质量一致性检验（例行试验）中发现，不致于将在一次筛选中质量受到严重损伤的元器件装机使用。

补充筛选（二次筛选）以后，一方面，元器件不再进行全面的质量检查，所以很有可能将由于补充筛选项目、应力选取不当或操作失误造成损伤的元器件装机使用。另一方面，筛选试验的应力有积累效应，如果筛选的应力积累结果超过元器件所承受的应力范围，就会损坏元器件，如电磁继电器对筛选的应力累积效应尤其明显。由此可见，补充筛选试验的风险将大于一次筛选试验。

此外，筛选试验会附加损伤，如管脚氧化，影响器件可焊性；外壳变形和玻璃绝缘子破裂，影响元器件的密封性，引出线损伤而断裂。

总之，元器件存在早期失效或潜在缺陷是难免的，通过筛选试验将其潜在缺陷诱发出来，尽可能地剔除早期失效或缺陷的元器件，从而提高元器件批的使用可靠性。虽然筛选试验不能提高单个元器件的固有可靠性，但通过筛选试验可发现元器件的设计、制造工艺和原材料等存在问题，反馈到生产厂，以便采取纠正措施，也可提高元器件的固有可靠性。

22 质量一致性检验（QCI）

它是为了判定每个提交检验批的元器件产品质量是否符合产品规范中的规定要求以及在规定的周期内生产过程的稳定性是否符合产品规范中的规定要求而进行的一系列检验。QCI 应在筛选试验和鉴定试验以后进行，并 QCI 的要求应不低于筛选试验的要求。

质量一致性检验包括逐批检验和周期检验（或例行试验）。逐批检验是周期检验的基础和前体条件，周期检验又是逐批检验的必要补充。两者结合起来，才能构成对元器件产品质量的完整、准确的考核。它是保证各批次元器件产品质量一致性要求的重要措施。

质量一致性检验还可防止筛选试验过程中，因筛选项目、应力选择不当和操作失误而受到严重损伤的元器件产品装机使用。

(1) 逐批检验

逐批检验是对于每个检验批中的全数元器件产品或随机抽样的样品进行非破坏性的检验，以验证每批次的元器件产品质量是否符合产品规范中的规定要求，并由于元器件产品加工失误或工序间的错漏检等所造成差错的不合格的元器件产品数量是否限制在产品规范中的规定允许范围内。

逐批检验，大多数器件产品一般采用 LTPD 抽样方案或固定样本抽样；大多数元件产品一般采用 100%检验或 AQL 抽样方案或固定样本抽样。

(2) 周期检验（或例行试验）

周期检验（或例行试验）是指在产品规范中的规定生产周期内，从逐批检验合格的某个批或若干批元器件产品中采用固定样本大小抽样，进行非破坏性或破坏性的检验。周期检验是验证元器件产品在生产过程中的制造工艺和材料的稳定性是否符合产品规范中的规定要求。周期检验主要目的是判断元器件产品在生产过程中由于制造工艺、材料的变动，执行制造工艺波动或设备故障等因素所造成的系统性影响是否限制在产品规范中的规定允许范围内。

逐批检验可发现元器件产品加工失误或工序间的错漏检等，而周期检验可发现元器件产品设计不当，制造工艺改动不合理或执行不严，代用材料不妥等；逐批检验通常以感官或用仪器仪表检查就可发现元器件产品质量的缺陷，而周期检验，通常需要施加外界应力才能暴露元器件产品质量的缺陷。

23 质量一致性检验分组

质量一致性检验一般由 A 组、B 组、C 组、D 组和 E 组的组成。

在各种类军用元器件产品规范中的规定质量一致性检验组别不尽相同。在质量一致性检验时，分几个检验组，如何分组，哪些组是逐批检验，哪些组是周期检验，均应服从其相关产品规范中的规定。各检验组中的分几个分组、检验项目、试验顺序、方法、条件（或要求）和抽样方案也应按产品规范中的规定。一般来说，逐批检验对器件产品有 A 组、B 组，个别有 D 组（适用时）或 E 组（适用时）；对元件产品有 A 组、B 组，个别只有 A 组。周期检验对器件产品有 C 组或 C 组和 D 组；对元件产品有 C 组，个别有 B 组或 B 组和 C 组。

对器件产品（分立器件和集成电路）来说，质量一致性检验 A 组是电性能试验（逐批检验），B 组是物理性能试验（逐批检验），C 组是周期试验，D 组是辐射强度试验。

元件产品质量一致性检验与半导体器件产品不同，不同种类的元件产品质量一致性检验有很大的差别。

此外，了解质量一致性检验的主要内容，将为制定元器件产品的监制程序、验收程序以及采购规范提供了依据。

24　逐批检验和周期检验不合格的处理

（1）逐批检验不合格的处理

逐批检验出现不合格元器件产品，经失效分析确认为不合格元器件产品属于非批次性质量问题，供方可以对该批次元器件产品进行针对性返修、修复或筛选，以纠正其缺陷或剔除不合格品，然后再一次提交加严抽样重新进行逐批检验，且仅允许加严逐批检验一次。这批次应与新批次分开，并应清楚地注明为“复验批”。

逐批检验不合格元器件产品，经失效分析确认不合格元器件产品属于批次性质量问题，则停止交付使用。

（2）周期检验不合格的处理

1）周期检验出现下列情况之一者，可加严抽样重新进行周期检验：

a）如果属于试验设备发生故障，或操作人员的错误造成周期检验不合格者；

b）如果周期检验不合格元器件产品属于非批次性质量问题，可通过筛选试验剔除或修复者。

2）对不属于上述 a 或 b 情况者，周期检验不合格元器件产品，对规定的生产周期内所产生的这些批次元器件产品的处理：对未验收入库的这些批次元器件产品应予暂停逐批检验；对已入库的这些批次元器件产品应停止交付需方使用；对已交付需方使用的这些批次元器件产品，原则上全部退回供方或双方协商解决。

25　元器件降额设计

它是指元器件的使用中所承受应力（电、热、机械等应力）低于其额定值或为元器件功能退化留有余量，以达到降低元器件工作失效率 λ_P，延长元器件寿命，提高元器件的使用可靠性。

元器件降额，通常用应力比（降额因子）定量和温度（或工作次数等）来表示。

（1）降额等级的划分

按 GJB/Z35《元器件降额准则》标准中规定，元器件的降额因子（元器件工作应力与其额定应力之比）一般在 0.5～0.9 之间，有的元器件甚至取 0.4 以下。在每种类元器件的最佳降额范围内，根据设备所处工作环境以及可靠性和安全性要求，推荐采用Ⅰ级（最大降额）、Ⅱ级（中等降额）、Ⅲ级（最小降额）三个降额等级。

（2）不同应用推荐的降额等级

不同应用推荐的降额等级如下：

1）航天器，最高降额等级为Ⅰ级，最低降额等级为Ⅰ级；

2）战略导弹与运载火箭、战术导弹系统、飞机与舰船系统、通信电子系统和武器与车辆系统，最高降额等级为Ⅰ级，最低降额等级为Ⅲ级；

3）地面保障设备，最高降额等级为Ⅱ级，最低降额等级为Ⅲ级。

（3）降额的限度

降额可以有效地提高元器件的使用可靠性，但降额是有限度的，降额因子不是取得越小越好。有时过度的降额，不仅要付出不必要的代价，而且在某些情况并不能提高元器件的使用可靠性，还可能引入元器件新的失效机理。所以降额因子必须适当选取，做到元器件的性能和可靠性相互补偿。

1）有些元器件过度的降额反而不能提高元器件的使用可靠性，如精密聚苯乙烯电容器、卡子结构云母电容器（非独石云母电容器）、涤纶电容器等，若它们工作电压低于毫伏级，有可能产生低电平失效（ $\mathrm{tg}\delta$ 值增大、电容量减小）或引起工作电压信号突然中断；金属化有机介质电容器工作电压低于30％的额定电压和铝电解电容器工作电压低于75％的额定电压下，有可能由于它们失去自愈功能，其失效率比工作于额定电压负荷下的失效率的高；独石瓷介电容器工作电压在3.5 V左右，有可能出现漏电流增加；机电继电器触点负载电流小于100 mA时，就会降低触点的接触可靠性；合成电阻器在潮湿环境中，功率不宜过度地降额，否则可使电阻器变质而失效；数字集成电路的电源电压不宜过度的降额，否则就会降低电路扇出系数和工作频率。

2）有些元器件中某参数不允许降额，如电磁继电器的触点功率小于100 mW（或触点电流小于100 mA）不允许降额，电磁继电器的线圈额定工作电压不允许降额；除了扼流圈外，电感元件的绕组电压和频率均不允许降额；晶闸管的控制极触发电压 V_{GT} 不允许降压；晶体元件的驱动功率不允许降额；稳压二极管的稳定电流不允许降额；光纤探测器的功率不需降额。

3）有的元件参数还允许“超额”，如电磁继电器的线圈吸合电压或释放电压最大允许值为吸合电压或释放电压额定值的1.10倍，这说明不但无需降额，而且还允许“超额”。

（4）降额量值的调整

由于降额要求当作一个可靠性工具，相对来说还是一个新的概念，而且降额水平不像其他可靠性分析那样得到了大量数学分析支持。因而，不应将GJB/Z35《元器件降额准则》标准中的推荐的降额量值绝对化。降额是多方面因素综合分析的结果。在实际使用中由于条件的限制，允许对降额量值作一些变动，即某降额参数可与另一降额参数彼此综合调整，但不应轻易改变降额等级。

还应指出，与GJB/Z35《元器件降额准则》标准中规定的降额量值之间的小偏差，通常对元器件的失效率不会有大的影响。

（5）微波晶体管的降额

微波晶体管与普通晶体管相比，在降额应用方面有很大的差别，这点在微波晶体管实际应用中必须加以注意。

通常，低频晶体管在不同功率量级呈现出几乎相同的电特性，这就可以为降额提供合理的设计余量，但这点对微波晶体管往往是不适用的。

微波晶体管的设计应考虑分布参数，因此，设计中必须被作为一个独立的单元对器件、封装、寄生振荡、互连及其他因素进行综合考虑，不能像其他器件那样按独立变量来考虑降额。微波晶体管，一般只对管子结温进行降额。

（6）降额的电参数

不同种类元器件，其降额电参数也会不同的。降额电参数，通常是那些对元器件可靠性（失效率）有重大影响的关键电参数。

（7）元器件的质量水平

必须根据型号产品的质量与可靠性要求选用适合质量等级的元器件。不能用过度的降额补偿的方法，来解决低质量等级的元器件的使用可靠性问题。

（8）降额因子的适用性

GB/Z35《元器件降额标准》标准中的降额因子：其一，降额因子值只适用于元器件在常温下应用的，对高温和高频条件下使用的某些元器件，则还应考虑其温度和频率效应而引起的降额。其二，除非另有说明，降额因子值只适用于元器件稳态的（连续的）工作状态，一般不适用元器件瞬态的或脉冲的工作状态。其三，降额因子值没有涉及到元器件的复杂性和外壳封装材料。因此，大规模集成电路的降额因子值应小于中规模集成电路；塑料封装的元器件的降额因子值应小于金属、陶瓷封装的元器件。其四，降额因子值没有涉及到元器件的质量等级高低。因此，低质量等级的元器件的降额因子值应小于高质量等级的元器件。

（9）温度降额

高温是对元器件破坏最强的应力，不同种类元器件的工作温度应按 GJB/Z35 标准中的规定进行降额。

总之，元器件降额量值的确定是设备尺寸、重量、成本和失效率之间的折中，也是元器件的性能与可靠性的相互补充，彼此兼顾的。

26　可靠性预计

电子设备的可靠性预计是根据所用元器件可靠性的经验数据规律性、系统构成和结构的特点、设备的工作环境等因素，对其未来的电子设备可靠性水平进行估计。可靠性预计是产品可靠性的定性输入定量分析的关键，是决策设计、改进设计及确保产品满足可靠性指标要求的不可缺少的技术手段。

（1）可靠性预计模型

按可靠性建模的要求，分为基本和任务两类可靠性模型，这两类模型都包括一个可靠性框图和一个相应的数学模型。基本模型是串联模型，即使那些冗余工作的单元在电路中是并联的，也都要按串联处理。任务模型应能描述在完成任务过程中各组成单元的预定用途，冗余工作的单元在模型中反映为并联模型。

(2) 可靠性预计种类

按可靠性预计的要求，可分为可行性预计、初步预计和详细预计三类。可行性预计用于产品的方案论证阶段；初步预计用于产品工程研制阶段的早期；详细预计用于产品工程研制的中期和后期。

(3) 元器件可靠性预计方法

按可靠性预计主要方法，通常可分为元器件计数预计法和元器件应力分析预计法两种。

元器件计数预计法，适用于合同和产品设计的早期阶段。它只根据所用元器件的种类及数量、元器件质量等级、通用失效率 λ_G 和设备工作环境等信息来预计。

元器件应力分析预计法，适用于产品已具有详细的元器件清单，并已确定元器件所承受应力的设计研制阶段。它是通过分析元器件所承受的应力，计算元器件在该应力条件下的工作失效率 λ_p，来预计设备或系统的总失效率。

最常用的预计方法是应力分析预计法。元器件工作失效率预计的通用公式：

$$\lambda_p = \lambda_b \cdot \pi_E \cdot \pi_A \cdot \pi_Q \cdot \pi_C \cdot \pi_{S2}$$

式中，λ_p 为元器件工作失效率；λ_b 为元器件基本失效率；π_E 为环境系数；π_A 为应力系数；π_Q 为质量系数；π_C 为复杂度系数；π_{S2} 为电压应力比。

总之，在设计及开发早期就要进行可靠性预计，随着设计深入或数据变化还应及时重新进行可靠性预计。可靠性预计的结果来判断元器件是否符合可靠度要求，并反馈给管理者及设计者。

27 电磁兼容性（EMC）设计

电磁兼容性设计主要有两方面的目的，一方面要使电子设备系统能耐受外界和本身的电磁辐射；另一方面要使电子设备系统不产生对外界具有有害影响的电磁辐射。这样就可确保电子设备系统在复杂的电磁环境下可靠性地工作，而且使其对外界环境的有害影响降至最小程度。

电磁兼容性设计，主要从电磁干扰（EMI）和电磁抗干扰（EMS）两方面考虑。针对EMI设计主要抑制电磁干扰源头，减少辐射和输入的电磁干扰等方面进行设计；针对EMS主要提高电子设备系统自身的电磁抗干扰能力。

EMC设计主要从屏蔽、滤波、去耦、旁路、隔离、信号线、电源线和地线等方面进行设计。

电磁兼容性：电子设备系统及其元器件在共同的电磁环境中能一起执行各自功能的共存状态，即在不损失有用信号所包含的信息条件下，具有信号和干扰共存的能力。电磁兼容涉及的基本要素有三个，电磁环境、干扰和抗干扰。

电磁干扰有：传导干扰、辐射干扰和串音干扰等。

28　冗余设计（又称余度设计）

在可靠性工程中，冗余设计就是用两种或多种途径来完成一个规定的功能。只有当这些途径都发生故障时，电子设备系统才会发生故障。冗余设计是提高电子设备系统可靠性的有效技术之一。

冗余分为主动冗余和储备冗余两大类。主动冗余是指当冗余系统中某一单元发生故障时，能自动通过其他单元进行工作。储备冗余是指当冗余系统中某一单元发生故障时，则需借助于外部单元进行检测、判断并转换到另一单元进行工作。

当其他技术（如降额、简化设计和采用更好部件等）不能提高电子设备系统的可靠性时，冗余技术就成为唯一可以采用的技术。

采用冗余设计应十分慎重，不能滥用，只能用于关键的部位且可靠性又低的部件，或难于维修电子系统。

29　保护电路设计

电路在工作中可能会受到各种的不适当应力或外界干扰信号的影响，造成电路工作不正常，严重时还会导致电路的内部元器件的损坏。为此，在电路设计中有必要根据具体情况，设计必要的保护电路。例如在电路的信号输入端设计保护电路，在电源的输入端设计抗浪涌干扰抑制电路，在高频、高速电路中加入抑制噪声或吸收的网络。

30　元器件容差分析

元器件的性能参数值将随时间、温度和其他环境应力而变化，很可能成为整机电路发生故障原因。容差分析是主要研究元器件的主要性能参数值随时间、温度和其他环境应力的漂移，对整机电路长期工作性能的影响，得出了元器件的主要性能参数值的允许容差范围，满足整机电路在全寿命周期内的工作要求。

容差分析技术是一种预测元器件性能参数稳定性的方法。在工程上容差分析技术常用最坏状态法、参数变化法、瞬时法和蒙特卡罗法等。

容差分析应从设计早期初步电路图给出时开始，一般在做过故障模式影响分析（EMEA）之后进行。在电路修改后还应进行容差分析。

31　热设计

元器件的基本失效率 λ_b 是随着温度升高而按指数函数升高，所以必须对所在电子设备或印制线路中的元器件进行热设计。热设计的基本途径是把热输入降低到最小程度，并提供热阻通道，把发热元器件的热量传导到相对低温的散热片上。

热设计的目的就是为了元器件、模块、组件等的温度降低到不超过规定的最高允许温度，创造良好的热环境，保证它们能按预定功能的正常工作。热设计是保证元器件的使用质量，从而也保证电子设备系统的质量。从可靠性来看，热设计的重要性不低于电路设计。

1）多数热设计是以三种基本传热方式（传导、对流、辐射）中的一种最优化为基础，将这三种传热方式进行合理组合以实现热设计，增强散热功能，达到降低产品温升和热分布均匀的目的。

a）热传导是物体各部分直接接触时热量交换的现象。它靠电子、晶格或分子等运动传递能量。

b）热对流是流体（液体、空气）与固体表面发生相对位移所引起的热量传递过程。它分自然对流和强迫对流。

c）热辐射是物体以电磁波的形式传递能量的过程（热能变成辐射能，被物体吸收辐射能又转变成热能）。热辐射特点是不需要介质，真空中热辐射最强。

2）常用散热方式有：自然冷却、强迫冷却、冷板冷却和热电制冷却等。

a）自然冷却最简单、最廉价的散热方式，用于小功率设备或小功率元器件的散热。

b）强迫冷却可分为强迫风冷却和强迫流体冷却。强迫冷却效率高，对热流密度较大的场合，采用这种冷却方法能得到较好的冷却效果。

c）冷板冷却可分为 PCB 线路板冷却和机箱板冷却。

d）热电制冷却是建立五种（塞贝克、帕尔帖、汤姆逊、焦耳、傅立叶等五种效应）热电效应基础上的冷却新技术。

热设计同时，还应考虑电子设备系统的可靠性、安全性、维护性和电磁兼容性的设计。

第六部分　静电和辐射损伤及其防护

1　静电

由于在电子工业中，随着大规模MOS集成电路和微波器件等的大量生产和应用，静电放电损伤越来越突出；随着高分子的材料的应用增多，静电荷的产生与积累也越严重，静电放电损伤也越严重；随着器件和组件的复杂度及集成度越来越高、尺寸越来越小、氧化层越来越薄，电源电压越来越低，静电放电损伤变得更加敏感。因此，防护静电放电损伤的措施显得更加重要。

静电是处于静止状态（相对稳定状态）正电荷（离子）或负电荷（电子）的简称。它是同性束缚电荷（电子或离子）的积累。这种静态电荷是通过电子或离子的转移形成的，导致在物体的局部范围内，正、负电荷的等量平衡临时被破坏。静电是一种能量，它存留在各种物体中。

2　静电具有特点

静电具有以下特点：

1）静电具有高电位、低电量、小电流和作用时间短特点。设备或人体上的最高静电电压可达到数万伏，静电所积累的静电量多为毫库仑（nC）级，静电电流多为微安（μA）级，静电作用时间多为微秒（μs）级。

2）静电易受工作环境的影响。例如，湿度、温度、吸水性和洁净度等。其中受湿度的影响较大，湿度越大，静电电压就越低。

3）静电测量时，复现性差、瞬态现象多。

3　静电电压、静电源、静电场和静电放电

（1）静电电压（静电势）

通常，静电电压是指带静电体与大地之间的电位差，并将大地作为零电位，因此静电带电体的静电电压显然有正、负之别。通常所说，静电电压为几千伏或几万伏是指其绝

对值。

通常，把静电带电体与大地之间看成一个电容器。电容器两个极间电位差（静电电压）V 与电容器的电容量 C 和电容器一个电极板上的静电荷 Q 之间的关系如下：

$$V = Q/C$$

（2）静电源

带静电的物体相对于另一个不带电的物体或相对地之间的电容而产生的电源称为静电源，它主要来源于人体。静电源 E 与相对电容量 C 和电位差 V 之间的关系如下：

$$E = 1/2 \cdot CV^2$$

（3）静电场

静电场是指两个具有不同静电电位的物体带电的表面之间的电位梯度，或在带静电物体的表面之间的电位梯度。任何静电带电的表面都可提供这种静电场，静电电压越高，产生静电场就越强。静电场是一种特殊的物质。

（4）静电放电（ESD）

静电放电可定义为两个具有不同静电电位的物体，由于直接接触或静电场感应引起的两物体间的静电电荷的转移。

根据以上定义，可见静电放电有两种形式：一种是不同静电电位的物体相互接触造成电荷的转移；另一种非接触的，通过静电感应而使另一物体带有电荷，并形成静电感应电场。当被高电位的带电体接触或非接触的感应并形成电场，其静电感应电场电位梯度超过元器件介质的耐压强度时，将使元器件的介质击穿而损坏。

4 静电来源

正常物体是所带正、负电荷相互平衡，不显电性。当电荷发生转移时，物体上的正、负电荷就会失去平衡，使物体变成带电体。

静电产生的方式有很多，如静电电荷可因人体日常的活动即相对运动，材料的物理的摩擦、粉碎、研磨、抛光、接触分离，固体、液体、气体材料的流动，电场感应，冷冻，电解，压电和温差等均可产生静电。通常，静电荷的产生主要来源于摩擦起电、感应起电。

（1）摩擦起电

当任意类型的两种物质接触分离或摩擦时，使正、负电荷相互分离而产生静态电荷的过程被称为摩擦起电。摩擦起电是一个比较复杂的过程，包括热效应和压电效应的起电过程。摩擦起电能力的相关要素包括材料的尺寸、形状、基本原子成分和电子排列以及它们的键合力。

当任意类型的两种物质相互摩擦或接触分离时，从量子力学或化学键观点来说，由于不同物质具有不同元素原子，或具有不同化学势对电子的得失能力也不同（电负性小的物质容易失电子，电负性大的物质容易得电子，或具有高化学势的物质对电子吸附能力弱而失电子，具有低化学势的物质对电子吸附能力强而得电子），它们之间会发生电子转移。因此，在物质接触面的两侧会出现大小相等，极性相反的两层电荷，当它们分离时就会产生静电（正静电荷或负静电荷）。此外，同一材料的相互密切接触两片分开时，也会引起电荷的分离，产生分离物体的双方带不同极性静电荷。

两种物质的化学势相差越大或电负性相差越大、绝缘性能越好、纯度越高、摩擦次数越多、摩擦速度越快、摩擦面积和压力越大、摩擦表面越平整、摩擦表面清洁度越高、环境湿度越小等，两个物体摩擦分开后带的静电量越大。

摩擦起电是产生静电的最主要来源，我们所说的元器件静电放电损伤大多是这种静电放电所引起的。

（2）感应起电

静电感应是指在两个物体不直接接触的情况下，将不带电体移近带电体物体中，使不带电物体上产生电荷，或在静电场影响下引起不带物体上电荷分离的现象即静电感应。

物体（导体或电介质）的静电，可以通过静电感应获得。由于带静电物体的周围存在静电场或静电力线，当不带电物体进入这个带电物体静电场内，将通过感应而被极化，其结果在不带电物体表面不同部位将感应出不同极性的电荷或使不带物体表面上原有的电荷发生重新分布，导致在不带电的物体靠近带电体的一侧感应出与带电体相反极性的束缚电荷，不带电的物体不靠近带电体的另一侧带有与带电体相同极性的束缚电荷，形成大小相等，极性相反的电荷区域，在此物体上的净电荷将保持为零，不显电性。如果束缚电荷之一因某种原因而消失，则物体剩余的束缚电荷（正静电荷或负静电荷）将引起非带电物体带静电。应该注意，静电非导电物体中（$\rho_s > 10^{14}\ \Omega/\Box$）电子难以移动，它不能被感应带电。

被极化物体的感应起电的静电量与被极化物体所处的静电场强度的大小和被极化物体的特性有关。

（3）传导起电

带静电物体与地开路的不带电物体接触时，也可以使不带电物体带静电，这叫做传导起电。

总之，摩擦起电或感应起电的主要来源，基本上是绝缘体，并且是典型的人造合成材料。一旦静电荷产生，此静电荷的分布依赖于此材料的体积和表面的电阻率以及材料的表面积。由于这些绝缘体带有的静电荷不易分布在物体的整个表面上或不易传导到与它接触的另一个物体的表面上，导致静电荷集中在绝缘体的局部区域内存留静电荷并不易释放，因而在绝缘体上产生的静电电压是非常高的（可达几万伏）。由于导体上的静电荷会迅速均匀分布在其表面上或传导与它所接触的另一个导体的表面上，因而静电荷在导体上产生的静电电压是比较低的。

摩擦起电，通常发生于绝缘体与绝缘体之间；感应起电，通常发生于带电体与绝缘体之间（静电非导电物体除外）。

5　静电放电敏感度、静电放电敏感元器件及分级

（1）静电放电敏感度（ESDS）

ESDS也称为静电失效阈值电压或耐静电压。元器件的抗静电能力，用静电放电敏感度来表示。它实质上是衡量元器件的抗过电压应力的能力。ESDS取决于元器件的种类、输入端静抗电保护电路的形式、器件版图设计、制造工艺、不同生产厂或不同批次等。设计时未采取特殊抗静电措施的部分静电放电敏感器件的ESDS数据，见附表13。

另外，元器件工作电压与抗静电的电压是两个概念，没有直接关系。元器件抗静电的电压，通常远高于元器件工作电压。例如高速CMOS IC的工作电压在5伏左右，而抗静电的电压可达到几百伏甚至几千伏。

（2）静电放电敏感元器件

静电放电敏感元器件是指受静电放电或静电感应场作用而容易损坏的元器件。

按抗静电能力的大小，将元器件可分为静电放电敏感元器件（有些元器件是电压敏感的，而另外一些元器件是能量敏感的）和非静电放电敏感元器件。元器件耐静电电压（静电失效阈值电压）在15 999 V以下的均为静电放电敏感元器件；耐静电电压达到16 000 V以上的被认为非静电放电敏感元器件。

一般来讲，绝大多数半导体器件都是静电放电敏感元器件。这由于大多数器件都属于微功率的器件，并且尺寸越来越小、集成度越来越高，都导致半导体器件抗ESD损伤能力越来越差。因此，大多数半导体器件都可能受到ESD损伤，只不过ESD损伤程度不同而已。

（3）静电放电敏感元器件的静电放电敏感度（ESDS）分级

静电放电敏感元器件对静电放电损伤和退化敏感性高低进行定量的静电放电敏感度的分级。这些静电放电敏感元器件的静电放电敏感度的分级是以人体模型试验电路及试验程序的检测数据结果为依据。

静电放电敏感元器件的ESDS等级按不同标准划分如下：

1）按GJB1649《电子产品防静电放电控制大纲》标准中，将其静电放电敏感度（ESDS）分为三级：

静电失效阈值电压范围：0～1 999 V为1级静电放电敏感元器件，标志“△”。

静电失效阈值电压范围：2000～3 999 V为2级静电放电敏感元器件，标志“△△”。

静电失效阈值电压范围：4 000～15 999 V为3级静电放电敏感元器件，通常无标志。

2）按GJB597A，《半导体集成电路总规范》标准中、GJB548《微电子器件试验方法和程序》标准中、GJB33《半导体分立器件总规范》标准中和GJB128《半导体分立器件试验方法》标准中，将其静电放电敏感度（ESDS）均分为三级：

静电失效阈值电压范围：0～1 999 V为1级静电放电敏感元器件。

静电失效阈值电压范围：2 000～3 999 V为2级静电放电敏感元器件。

静电失效阈值电压范围：等于或大于 4 000 V 为 3 级静电放电敏感元器件。

另外，包含有静电放电敏感元器件的电子组件、分组件和设备，通常与它们所包含的最敏感的静电放电元器件的一样静电放电的敏感度等级。

按 GJB1649 标准中规定的部分 1 级、2 级、3 级静电放电敏感元器件，见附表 14。

6　静电放电（ESD）损伤

由于摩擦或电场感应作用，使人体或物体可能带有高压静电。带有高压静电的人体或物体与静电放电敏感元器件的接触或靠近时，引起元器件直接带电或感应带电，通过元器件或电路的引出脚（端子）放电造成元器件或电路的过电流热或过电压场而损伤，称为静电放电（ESD）损伤。静电放电损伤不仅对 MOS 器件危害甚大，而且对双极型 LSI 存储器和具有高阻抗、高增益输入端的线性电路的静电放电损伤也十分突出。

此外，静电放电敏感元器件的表面带电荷可能对空气中带异性电荷的微粒尘埃吸附，可能造成元器件的绝缘性能降低、结构腐蚀或破坏。

另外，在静电放电敏感元件通过具有高阻（$10^8 \sim 10^{10}\ \Omega$）的物质与接地时，不会发生瞬时放电，而且是慢慢放电，这样就没有破坏元器件的瞬时大电流流过，从而不发生静电放电敏感元器件静电放电损伤。

7　ESD 损伤特点

（1）隐蔽性

由于静电放电是瞬时的高压脉冲，持续时间短并且能量低，通常芯片 ESD 损伤的痕迹不明显，往往用光学显微镜直接观察不能发现，要去掉金属互连线、钝化层后，才能发现在扩散区表面的微击穿点或烧毁小坑。也就是说 ESD 损伤具有隐蔽性。

（2）随机性

由于静电产生具有随机性，因此 ESD 损伤无法判定何时发生。从元器件生产以后至损坏之前，所有的过程都会受到静电放电损伤。也就是说 ESD 损伤具有随机性。

（3）积累性

由于多次低能量 ESD 脉冲的放电引起元器件微结构损伤的积累，将使元器件的逐渐 ESD 损伤直到元器件失效。也就是说 ESD 损伤具有积累效应。

（4）潜在性

由于有些元器件受到 ESD 损伤后的电参数没有明显的下降，但多次累加 ESD 损伤会使元器件造成内伤，而形成可靠性隐患。也就是说 ESD 损伤具有潜在性。

（5）复杂性

由于有些元器件的轻微 ESD 损伤现象难以与其他原因造成的损伤加以区别，使人们常常误把 ESD 损伤失效归于早期失效或原因不明失效，从而不自觉的掩盖失效的真正原因。也就是说 ESD 损伤的分析具有复杂性。

8 元器件静电损伤的失效模式

静电放电敏感元器件的生产、封装、检测、试验、包装、存储、传递、装联和整机调试及现场运行时，静电放电敏感元器件都可能因静电放电损伤而失效，对 MOS 结构工艺的器件尤其如此。

根据静电放电脉冲能量或静电放电干扰的大小不同，静电放电敏感元器件的 ESD 损伤大致可分为四种失效模式：突发性失效、潜在失效、间歇性失效和翻转失效。突发性失效和潜在性失效模式（都属于硬失效），通常可发生在静电放电敏感元器件的工作或不工作时间；间歇性失效和翻转失效模式，通常只发生在静电放电敏感元器件的工作时间。

（1）突发性失效（致命失效）

突发性失效是指静电放电敏感元器件受到静电放电损伤后，突然完全丧失其规定功能的一种失效，通常表现为开路、短路或参数严重漂移（参数漂移值大于 10%），其几率约占硬失效的 10%。有时突发性的失效在多次静电放电事件以后才能出现。

突发性失效损伤可分为两种类型：一种是过电压型损伤，如介质击穿、反向漏电流增大、铝条损伤等。另一种是过电流热型损伤，如金属互连铝条熔断、多晶硅电阻熔断等。

（2）潜在性失效（参数退化失效）

潜在性失效是指带电体的静电压较低，或存贮静电能较低，或 ESD 回路有较大限流电阻存在。通常在这种情况下，一次 ESD 脉冲能量不足引起静电放电敏感元器件发生突发性失效，仅在静电放电敏感元器件的内部造成轻微损伤。受静电放电损伤后，静电放电敏感元器件电参数仍然符合要求或略有变化，但静电放电敏感元器件的抗过电应力已经明显削弱，再受到工作应力或经过一段时间工作后，参数将进一步退化，直到造成完全失效，其几率约占硬失效的 90%。

由于这种静电放电损伤具有积累性、隐蔽性、随机性和潜在性而不易发现，并且不能通过检测出或筛选试验来剔除，只能采取防护 ESD 损伤的措施，预防静电放电敏感元器件遭受 ESD 损伤。因此，潜在性失效模式对静电放电敏感元器件可靠性的危害极为严重。

（3）间歇性失效

间歇性失效，由于 ESD 干扰会在某些类型的静电放电敏感器件上出现，如大规模集成（LSI）存储器等器件。当设备运行工作出现间歇性失效时，通常表现为信息丢失或存储器的功能暂时失常。在经受 ESD 损伤后，如果硬件没有明显的损伤，电路工作还会恢复正常。对某些数字设备需要按顺序再输入信息后，还能自动恢复正常工作，但器件受到 ESD 损伤，其可靠性就会降低。

（4）翻转失效（瞬态失效）

翻转失效，常由与电子设备上邻近的 ESD 火花尖峰形成的电学噪声所引起的。电学噪声可通过传导或辐射进入到电子设备中。如果 ESD 在电子设备中感应电压和/或感应电流的幅度超过电子设备的工作信号电平，就会导致电子设备的工作发生翻转。由于引起静电放电敏感器件损伤所需的感应电压和/或感应电流的幅度要比产生翻转所要求的幅度大1至2个数量级，因此当存在传导性耦合，即ESD尖峰必定被直接耦合到电子设备上时，可导致电子设备的电路损坏可能性较大。辐射性耦合，通常仅造成电子设备工作时翻转性失效，不会导致电子设备损坏。

9　元器件静电放电损伤的失效机理

由于静电放电（ESD）损伤而导致元器件失效的物理、化学、电的、热的或其他过程，称为静电放电（ESD）损伤失效机理。静电放电（ESD）损伤发生哪种失效机理，取决于静电放电回路的绝缘程度，大致分为过电压场模式（电效应）的ESD损伤失效机理和过电流热模式（热效应）的ESD损伤失效机理。元器件在实际工作中发生ESD损伤，这两种机理都存在的。

（1）过电压场模式ESD损伤失效机理

过电压场模式ESD损伤的失效机理是静电放电回路绝缘性很高时（例如氧化硅层、氧化钽层等）处于强电场中，当电场强度达到介质击穿临界值时，使其原子中原来不参与导电的电子被离化，变为参与导电的电子，并以雪崩的形式使载流子倍增，导致通过元器件的这部分高阻区的电流增大，产生焦耳热使温度上升，当温度达到介质熔点时，就会使元器件的介质击穿而短路失效，即元器件会因接受了高电荷而产生高电压，导致强电场损伤。

过电压场模式EDS损伤与静电放电电流密度大小无关，与静电放电回路串联中电阻大小无关，与静电放电回路中电流有无通路无关。过电压场模式ESD损伤只与高阻区绝缘膜所处电场强度有关，也就是与高阻区的单位面积绝缘膜上静电荷量有关。因此，只要电场电位梯度超过元器件介质的击穿强度时，可使元器件的介质击穿而短路失效。

过电压场模式ESD损伤失效，通常发生于绝缘性好的元器件中。例如，MOS器件（MOS FET、MOS IC），CMOS IC，含有MOS结构工艺电容或含有钽电解电容器的双极型线性电路和混合电路，固体钽电解电容器，高阻抗和高增益的线性电路，射频（RF）放大器和其他相应特性的射频元器件等。

典型的过电压场模式ESD损伤失效机理表现为介质击穿、表面击穿和气体电弧放电等。

（2）过电流热模式ESD损伤失效机理

过电流热模式ESD损伤失效的机理是静电放电回路阻抗较低，绝缘性较差时，静电放电电流会产生一个瞬时功率密度。如果这个瞬时功率密度足够大，在ESD的短时间内所产生的焦耳热量不能有效散出时，导致元器件高阻区温度升高，当局部温度达到或超过元器件介质的熔点时，就会使元器件的烧毁而开路失效，即元器件往往因ESD的期间产生强电流脉冲导致高温损伤。

过电流热模式 ESD 损伤与回路中静电放电的功率密度大小、高阻区热阻大小和静电放电时间长短等有关。静电放电功率密度小，高阻区热阻小，静电放电时间长，过电流热模式 ESD 损伤就小。

过电流热模式 ESD 损伤失效，通常发生于静电放电回路的阻抗较低，绝缘性较差的元器件中。例如，双极型器件（分立器件和集成电路），含有 PN 结二极管输入保护电路的 MOS 集成电路和 CMOS 集成电路，含有双极型器件的混合集成电路，肖特基 STTL 电路，低功耗 LTTL 电路，肖特基二极管，光电器件，低容差（±0.1%）、低功率（0.05 W）、小体积、高阻值的薄膜电阻器，压电晶体（晶体元件、声表面波器件）等。

典型的过电流热模式 ESD 损伤失效机理表现为热二次击穿、金属化熔融、体击穿等。

（3）以上两种模式失效机理的异同点

1）不同点：过电压场模式 ESD 损伤失效与静电放电回路中串联电阻大小及有无电流通路无关，这因为它仅取决于高阻区绝缘膜所处电场强度大小；过电流热模式 ESD 损伤失效与静电放电回路中串联电阻大小、热阻大小和静电放电时间长短等有关，这因为它取决于高阻区的静电放电功率密度的大小和静电放电时间的长短。

2）相同点：在这两种模式失效过程中都随着温度升高，参与导电的电荷也随之增加。

10 静电放电损伤对不同工艺产品的影响

不同的设计、结构工艺的元器件对 ESD 损伤的敏感程度也不同，以下简述在不同的设计、结构工艺的元器件对 ESD 损伤的效应。

（1）MOS 结构

MOS 结构工艺是由一层薄的介质（氧化物）分隔的导体与半导体衬底组成（金属—氧化物—半导体），简称为 MOS。在它们之中又分为金属栅、硅栅和在蓝宝石上的硅栅的 MOS 结构。

这些 MOS 结构工艺的器件对 ESD 损伤敏感性的差别取决于氧化物或氧化物—氮化物栅的绝缘介质击穿电压（即栅介质的厚度）和与外部相连的抗静电输入保护电路。

MOS 结构工艺对 ESD 损伤敏感的器件包括：MOS FET、MOS IC、CMOS IC、含有 MOS 电容结构工艺的混合电路和双极型线性电路、含有金属化跨接布线的半导体器件（双极型、MOS 数字 IC 和双极型、MOS 线性 IC）。

失效表现在过静电压持续时间较短时，就可能使有些氧化硅介质晶格受到损伤，以致于其后发生氧化硅介质雪崩击穿比原始的击穿电压来得低；当 MOS 结构工艺器件的击穿电压比 ESD 损伤电压要低时，氧化硅介质击穿不像半导体 PN 结击穿可恢复，而是导致永久性损坏；在某些情况下，铝金属层特别薄（4 000 埃），ESD 又带足够的能量使铝沉于 SiO_2 介质中造成短路，流过该短路区的大电流又将使铝金属汽化从而导致短路消失，并在氧化硅介质中留下一个空洞。但短路还可能反复发生，器件特性会继续变差。

失效模式是漏电流增大、短路或参数漂移（阈值电压漂移、跨导值退化）。失效机理是过电压场引起 MOS 结构的氧化硅介质击穿和热电子注入效应。

（2）半导体结

半导体结的结构工艺对 ESD 损伤是敏感的，包括 PN 结、PIN 结和肖特基势垒结。它们对 ESD 损伤的敏感性将取决于芯片的几何图形、尺寸、电阻率、杂质、结电容、热阻、反向漏电流和反向击穿电压等。

由于半导体 PN 结具有单向导电性，当半导体结施加反向偏置电压不超过击穿电压时，半导体 PN 结（耗尽层）具有很高的电阻率，因此，半导体 PN 结反向偏置时对 ESD 损伤尤其是敏感的。

1）击穿电压高（大于 100 V）和漏电流小（小于 1 nA）的半导体结，通常要比类似尺寸的击穿电压低（小于 30 V）和漏电流大（大于 1 μA）的半导体结对 ESD 损伤更为敏感。由此可见 PN 结反向击穿电压越高和漏电流越小，即 PN 结阻抗越大，就越容易受到 ESD 损伤。

2）通常，正向偏置下半导体 PN 结的耐击穿能量要比反向偏置下半导体 PN 结的耐击穿能量大 10 倍，这是因为半导体 PN 结与器件体电阻（器件非结处）上的能量消耗比率不同而引起的。由于半导体 PN 结具有单向导电性，在反向偏置时半导体 PN 结表现为高阻抗，所有静电放电的能量主要消耗在半导体 PN 结处，而在器件体电阻上消耗能量很少，所以 PN 结温度上升很高；在正向偏置时半导体 PN 结表现为低阻抗，即使较大静电放电的电流流过时，所有静电放电的能量大部分消耗在器件体电阻上，而在半导体 PN 结上消耗能量很小，所以 PN 结温度上升很低。因此，在正向偏置下半导体 PN 结受到 ESD 损伤所需的能量要比反向偏置下半导体 PN 结受到 ESD 损伤所需的能量大得多。

3）通常双极型晶体管（集成电路中的晶体管和分立式晶体管）中的发射结（E－B）反向偏置比集电结（C－B）反向偏置或集电极一发射极结对 ESD 损伤更加敏感，这主要原因是由于发射结的尺寸和几何结构比较小，使它在反向偏置期间受到 ESD 较大的能量密度。

4）具有高阻抗栅极的结型场效应管（JFET），对 ESD 损伤特别敏感。这由于它们具有栅漏、栅源的低漏电流（小于 1 nA）和击穿电压高（大于 50 V）。因此，通常栅极 G 至源极 S 和栅极 G 至漏极 D 之间的路径对 ESD 损伤是最敏感的。

5）肖特基势垒结二极管和肖特基 TTL 数字集成电路对 ESD 损伤特别敏感（只能承受耐静电压 200 V 左右），这因为它们属于半导体浅结，静电放电能够使金属铝通过此种结而渗透，导致肖特基势垒结的漏电流变大甚至短路。

半导体结的结构工艺对 ESD 损伤敏感的器件包括：二极管（PN、PIN、肖特基势垒结）、小功率双极型晶体管、结型场效应晶体管、小功率晶闸管、数字和线性的双极型 IC 和含有寄生二极管及半导体结的输入保护电路的 MOS FET、MOS IC。

应该指出，不是所有的半导体结的结构器件对 ESD 损伤都是敏感的，如瞬态电压抑制二极管、齐纳二极管、功率整流二极管、大功率晶体管、大功率晶闸管等都对 ESD 损伤不敏感。

失效模式为漏电流变大，甚至短路。失效机理是过剩的能量或过热引起半导体结二次击穿，或因硅和铝扩散（电迁移）形成半导体结的管道电流。

（3）带有非导电性盖板的钝化场效应结构

对于增强型 NMOS 结构的器件，当芯片外表面钝化层上存在有局部的高浓度正电荷离子团，将在 MOS 管沟道的两个高掺杂 N^+ 型区之间形成反型层而引起过大漏电流，将导致 NMOS 设计的失效。对于 PMOS 结构的器件如浮栅、EPROM 或耗尽型场效应管，当浮栅上的负电荷被芯片外表面钝化层上存在有局部的高浓度正电荷离子团过分补偿时，引起栅阈电压的漂移，导致 PMOS 设计的失效。

这种失效模式通常表现为工作性能退化。在 NMOS 型紫外线可擦可编程只读存储器（NMOS UVEPROM）中某些编程单元表现为非编程的，而某些非编程单元表现为编程的；在 PMOS 型紫外线可擦可编程只读存储器（PMOS UVEPROM）中表现为整个存储器单个单元的随机失效；在 NMOS 型的静态随机存取存储器（SRAM）中表现为一些存储器单元随机停留于“0”或“1”的逻辑态，而邻近的单元停留在相反的逻辑态。

失效机理：由于静电感应或高流速冷却剂喷射，在钝化的 MOS 场效应结构器件的非导体电性封装盖板上获得高浓度正电荷离子，导致在封壳内气体间隙间的局部气体击穿形成芯片外表面到盖板背面间的正、负离子流。盖板背面的正电荷把离子流中的正电荷驱向芯片外表面，把离子流中的负电荷吸向盖板背面，这样芯片外表面钝化层上形成高浓度的正电荷离子。由于芯片外表面钝化层上存在高浓度正电荷离子，将会引起各种带有非导电性盖板封装的 NMOS 和 PMOS 集成电路失效。

（4）压电晶体

压电晶体（石英晶体、声表面波器件）对 ESD 损伤敏感性取决于其特定的封装形式和允许的参数偏差大小。允许偏差小的压电的晶体对静电损伤尤其敏感。从整体上讲，一般认为压电晶体对静电不是特别敏感，大部分的压电晶体（石英晶体的谐振器、石英晶体振荡器、石英晶体滤波器），可按 3 级静电敏感度元件来对待。然而，有些声表面波器件是 2 级静电放电敏感度的器件，甚至是属于 1 级静电放电敏感度的器件。

失效模式表现为工作性能退化。失效机理是由于 ESD 引起大驱动电流或高电压，都可以产生机械应力使晶片变形，从而影响压电晶体的电参数；当 ESD 引起过电压时压电效应产生机械应力，使晶片运动超过晶片的弹性极限，就可能导致晶片破裂。这种晶片破裂到一定程度时，就可以改变压电晶体工作电器特性，就会引起功能失效。

（5）砷化镓器件

砷化镓（GaAs）这类半导体化合物器件与类似的硅（Si）器件相比，大多对 ESD 损伤事件更加敏感。现有的砷化镓器件具有非常低的静电失效阈值电压，预计今后开发砷化镓器件对 ESD 损伤更加敏感，这因其尺寸小，衬底的熔点低，采用淀积的钝化层，非平面的半导体表面以及采用了反偏电路。

对 GaAs 双极型晶体管，ESD 损伤引起失效表现在电流放大系数 h_{FE} 降低；对 GaAs 场效应晶体管（FET），ESD 损伤引起失效表现为跨导降低、栅极泄漏电流增加、栅极开路和栅源极之间短路；对以上两类型 GaAs 晶体管，ESD 损伤引起失效还都表现在噪声系数增大、金属化互连开路和突变性失效。

失效机理是由于器件的静电放电使器件有源沟道区域的 GaAs 汽化，削弱了器件承受电场、电流或温度的能力。

(6) 膜电阻器

附着在绝缘衬底（基片）上的电阻材料的膜电阻器，归入静电放电敏感元件。膜电阻器对 ESD 损伤的敏感程度取决于电阻器材料的成分、配方和电阻器的功率。如：薄膜电阻器比厚膜电阻器对 ESD 损伤更为敏感；多晶硅电阻器比扩散型电阻器对 ESD 损伤更为敏感；低容差（±0.1%）、低功率（0.05 W）、高阻值的小体积膜电阻器对 ESD 损伤尤其敏感。

膜电阻的工艺对 ESD 损伤敏感的元件包括：含有薄膜、厚膜电阻器的混合集成电路，采用多晶硅电阻作为输入保护元器件的单片集成电路，灌封分立膜电阻器（碳膜、金属膜、金属氧化膜和片式电阻器）。

失效模式大多数情况下表现为阻值漂移，个别为开路。失效机理是薄膜电阻器的电阻膜受到过电流热效应而损坏，厚膜电阻器的电阻膜受到过电压场击穿而损坏。

(7) 金属化条（互连线）

附着在衬底（如 SiO_2、陶瓷基片）上的窄而薄的金属化条（金属化互连线）。这些金属化条是由铝或金或多层金属构成的。

若在金属化条的两个端子之间传输电流，且在通路中没有其他吸收能量的任何元件时，这样的金属化条对 ESD 损伤是敏感的，其敏感程度取决于金属化条上电流密度（金属化条的宽度与厚度）、电流持续时间和工作温度。由此可见，跨越氧化层的台阶和通孔处、90 度转弯处、非均匀的电流或电压分布几何图形的金属化条（导电带）等对 ESD 更为敏感。采取增加金属条的宽度和厚度，磷硅玻璃钝化等措施，可将减小 ESD 敏感度。

这些金属化条通常用于单片集成电路和混合微电路中互连线，声表面波器件中输入、输出的两个梳状覆盖式结构的换能器，开关晶体管和高频晶体管中的梳状覆盖式结构发射极的电极等。

失效模式是金属化条开路。失效机理是由于 ESD 瞬变过程中产生的焦耳热量或金属电子迁移，导致金属化条的开路。

(8) 微小间距电极

对于带有微小间距（50 μm）的未钝化薄膜（13 500 埃）金属电极或布线的器件，如声表面波器件两个梳状覆盖式结构的换能器，开关晶体管和高频晶体管中的梳状覆盖式结构发射极的电极，超大规模集成电路（VLSI）及超高速集成电路（VHSI）中的互连线等，这些器件的未钝化金属电极或布线间的静电引起的气体电弧放电，会使其工作性能退化失效。

失效机理是微小间距金属电极或布线间的静电导致气体电弧放电会引起汽化，造成金属电极或互连布线金属熔融和烧熔。

11 在产品设计过程中采用抗静电保护电路

为了保护静电放电敏感元器件在整机中工作或在仓库贮存的过程中不受 ESD 损伤，器件生产方和使用方都应采取防护 ESD 损伤的措施。

（1）器件生产方采取防护静电放电损伤的措施

静电放电敏感器件生产方采取防护 ESD 损伤的措施，主要是器件版图设计时，在电路或器件的适当部位（如电路或器件的输入端、输出端和 MOS 管的栅源之间等）加保护网络或保护器件。

输入保护网络或保护器件有，二极管、阻容元件、扩散电阻—二极管、瞬态电压抑制二极管、压敏电阻器、铁氧化磁珠、热敏电阻器、薄栅 MOS 管—栅调制器件、厚氧 MOS 管—场反型器件和源—漏穿通器件等。实际输入保护网络或保护器件往往比较复杂，为了提高抗 ESD 的性能，通常是将几种输入保护网络或保护器件的组合，并在版图设计上还有许多特殊考虑。这样可使静电放电敏感器件的抗静电可达到 1 000～2 000 伏。

生产厂除了在器件版图设计和生产过程中时，采取防护 ESD 损伤的措施外，必须重视器件防静电包装。

（2）器件使用方采取防护静电放电损伤的措施

通常在整机的电子线路设计时，对内部无静电防护设计的电路或元器件，还要采取防护 ESD 损伤的措施。

1）对静电放电敏感分立器件的 ESD 损伤防护，如在输入端外加限流电阻器或在输入端对地加泄放元器件等。

2）在安装有静电放电敏感元器件的整机或系统或印制线路板的输入端外加限流电阻器和对地加泄放元器件等，输出端外加限流电阻等。

3）在安装有静电放电敏感元器件的整机或系统或印制线路板的输入端和输出端外加隔离器，如在输入端和输出端外加了射极跟随器、或互补放大器，或光电耦合器等。

4）对于上面安装有静电放电敏感元器件的印制线路板，可采取局部屏蔽的方式来防止 ESD 损伤。

总之，抗静电的保护电路能降低被保护电路或元器件对 ESD 损伤的敏感度，但不能完全消除被保护电路或器件 ESD 损伤。这因为专用保护电路或器件提供的保护受到最大电压、最大耐容量和最小脉冲宽度的制约。若 ESD 的静电压超过这些制约极限，会使保护电路或元器件本身受到损坏，从而也使被保护电路或元器件性能退化甚至失效。

此外，微波器件、高输入阻抗的线性电路和高输入阻抗的 MOS 场效应管等，因考虑到对器件或电路本身特性的影响，不能加静电保护器件或网络。因而这些器件、电路在使用过程中，应采取完善的静电防护措施。

12　在产品使用过程中的防静电措施

虽然某些电路或元器件从设计上采取了防护静电放电损伤的措施，但它们的保护作用是十分有限的，高于2 000伏的静电电压仍然可以使电路或元器件损坏，因此在电路或元器件使用过程中采取防护静电放电损伤的措施就显得特别重要。

防护ESD损伤的措施很多，但从原则上只有两条：其一是控制静电荷的产生；其二是加速静电荷的有控制逸散泄漏（延长静电放电时间），防止静电荷积累。控制静电的产生的主要途径是控制工艺过程和工艺过程中所用材料的选择；控制静电的积累的主要途径是迅速可靠而又有控制地静电荷泄漏和中和。上述两者共同控制的结果就有可能使静电电压不超过预定的安全限度，达到防护静电放电损伤的目的。基本途径有五种：工艺控制法、泄漏法、复合中和法、静电屏蔽法和整净措施。

元器件使用过程防静电措施如下：

（1）建立防静电安全区（工作区）

防静电安全区应由具有控制或减少静电电平的工具、材料、设备和程序等组成。防静电安全区应考虑两个要素：一是保证操作者在任何时候的电气安全；二是在防静电安全区内建立静电电位低于被操作的最敏感的静电放电敏感器件损伤的阈值电压。有关防静电工作区技术要求参见GJB3007《防静电工作区技术要求》标准。

根据在防静电安全区内被操作的元器件的ESDS等级不同，可建立以下不同等级的防静电安全区。

1级的防静电安全区的静电电位最高限值为100 V，2级的防静电安全区的静电电位最高限值为500 V，3级的防静电安全区的静电电位最高限值为1 000 V。在1～3级的防静电安全区内，可适用于1、2级的静电放电敏感元器件的检验、装配和调试等操作。

应注意，在防静电安全区内的温度控制在25 ℃左右、相对湿度应控制在45%～75%之间。

（2）操作者的防静电措施

1）操作者应戴上防静电腕带（或肘带、踝带）、指套。

2）操作者应穿戴防静电的工作服、工作帽、手套及鞋袜，并经常触摸静电接地柱。

3）操作者应避免可能造成ESD损伤的操作，如不能将静电放电敏感元器件堆放在一起，不允许在任何非静电保护表面上滑动；操作者在拿其元器件时，只能拿其元器件外壳而不能触及管脚引线，集成电路要用专用的组件插拔器进行插拔；手指或金属摄取工具只有在接地之后，才可以将静电放电敏感元器件从静电防护包装内移出。

4）操作者应避免在静电放电敏感元器件附近引起静电的身体活动，如擦鞋、穿脱衣服等。

5）在不可能使用腕带的场合时，在操作静电放电敏感元器件之前，操作者应将自身短暂接地。

6）清洁手指应使用沾酒精加水的洗净剂的棉花球来清洗。

7）其余防静电措施详见 QJ1693—89《电子元器件防静电要求》标准中 4.2.1 条的要求。

（3）静电放电敏感元器件在检测和装联过程中的防静电措施

1）凡接触静电放电敏感元器件的操作，如装配、外观检查、打合格标志、配套及发料、搪锡、组装、手工锡焊、手工清洗、解焊、拆卸、补焊、手工涂覆三防漆、检测、检验和调试等均要求在防静电安全区的工作台上进行，并要求操作者佩带防静电腕带等。

2）静电放电敏感元器件或含有静电放电敏感元器件的组件和设备在筛选、测试、调试及各种试验过程中所使用仪器和设备均要求硬接地。

3）烙铁头、搪锡锡锅、真空吸锡器、自动或半自动形成机、插装机、贴片机、波峰焊接机、再流焊接机、清洗机和维修工作台等设备，在使用过程中均要求硬接地。

4）喷三防漆的要求：喷涂设备、电热干燥箱和喷漆转台等必须硬接地。

5）不要随意拆除导电包装或防静电包装。

6）印制线路板在安装之前，应在印制线路板的引出端先安装短路连接器。

7）为了避免瞬态电压冲击而损伤的静电放电敏感元器件，不允许在通电情况下插拔或更换静电放电敏感元器件。

8）在操作微波器件时，所有测试夹具的两端应配置一个短路棒（或片），在被测微波器件插入之后，再去掉此短路棒（或片）。

9）通常不能使用三用表探测静电放电敏感元器件的引脚或接线端子。当非用不可时，在测试静电放电敏感元器件之前，应将三用表的表笔头先接触地线放电。

10）先安装非静电放电敏感元器件，再安装静电放电敏感元器件。

11）手工焊接 MOS 电路时（NMOS、PMOS、CMOS 电路），先焊接电源高端（V_{DD}），后焊接电源低端（V_{SS}），再焊接输入、输出端；场效应管按源极（S）、栅极（G）、漏极（D）依次焊接，一次焊接时间不大于 3 秒。

12）静电放电敏感元器件，只能使用由天然鬃毛制成的毛刷清洁处理，并用离子气体直接吹在清洁面上方，以清除静电。

13）试验前，应先接通电源电压，后接通信号源；先断开信号源，后断开电源电压。

14）其余防静电措施详见 QJ1693—89《电子元器件防静电要求》标准中 4.2.2 条和 4.2.3 条的要求和 QJ2711—95《静电放电敏感元器件安装工艺技术要求》标准中 4.2 条的要求。

（4）静电放电敏感元器件的包装（包括合格产品和失效产品）防静电措施

1）静电放电敏感元器件必须采用防静电材料（导电型、静电耗散型和抗静电型）包装。

2）静电放电敏感元器件采用引出脚的等电位包装（短路汇流条、夹或非腐蚀性导电泡沫塑料短接）；利用防护罩或防护包装进行防护（防静电的塑料袋、盒或容器、防静电导轨管）。

3）其余防静电措施，详见 QJ1693—89《电子元器件防静电要求》标准中 4.3.5 条款的要求。

（5）静电放电敏感元器件的运送与传递防静电措施

1）静电放电敏感元器件必须装入防静电的装运盒、箱内，才能装运。对 2 类静电放电敏感元器件必须用导电盒或半导体导电塑料盒包装；对 1 类静电放电敏感元器件还应采用金属铝箔或铜丝将其引出线短路等电位。

2）静电放电敏感元器件的装运包装箱上应按标准打印防静电标志，应清楚地注明是静电放电敏感器件。

3）静电放电敏感元器件在运送过程中避免摩擦、接触、振动和冲击等，优化传输线的速度，采取消静电措施等。

4）静电放电敏感元器件从一处转移到另一处之前，所用的运输工具、支承器和容器等，应在电器方面应连接在一起。

（6）静电放电敏感元器件的储存防静电措施

1）静电放电敏感元器件储存环境应保持一定的温度和相对湿度，在一般情况下，温度在 5～30 ℃，相对湿度不得小于 30％，以 40％～60％为宜。

2）存放静电放电敏感元器件的仓库必须有明显静电放电敏感标志，并保证所存放静电放电敏感元器件也均有静电放电敏感标志。

3）不应将静电放电敏感元器件堆放在一起，并互相不能接触；装有静电放电敏感元器件的印制线路板不能重叠，应装入防静电塑料袋内。

4）不要将未加保护静电放电敏感元器件存放在易产生静电的材料附近。

5）拆开或包装的防静电包装时，应在防静电安全区内进行。

6）拆开包装或试验过的静电放电敏感元器件应重新包装在静电防护包装材料内。

（7）防静电管理工作

质量管理部门应高度重视防静电管理工作，建立完整、严密的防静电控制程序，贯彻到设计、采购、生产工艺、质量保证、包装、存储和运输等各环节和部门。

1）设计、采购、管理和操作等人员，应进行防静电基本知识和有关技术的培训和考核，经培训考核合格后才能上岗。

2）静电放电敏感元器件外壳上的标志和识别为等边三角形“△”。1 级静电放电敏感元器件标志为“△”，2 级静电放电敏感元器件标志为“△△”，3 级静电放电敏感元器件无标志。如果对于器件外壳太小的静电放电敏感元器件也可标志在防静电包装盒或包装箱或合格证上。静电放电敏感标志“△”，也适用于标记在静电放电敏感元器件的载体、包装容器、工作场所、仓库、图样和其他技术资料等方面。

3）在所有与静电放电敏感元器件的图样、装配、试验、检测、包装和操作要求有关的说明书或配套的技术资料中，均应包含有静电放电敏感元器件标志、预防措施和处理程序等。

4）静电放电敏感元器件入库前应进行严格的验收和检查。

a）带有静电放电敏感标志的包装件，应该检查此包装，以证实符合合同规定的防护标志和 ESD 保护包装的要求，可入库。

b）未带有静电放电敏感标志的包装件，但有静电防护包装箱，则应将该包装箱上补加专用标志后才能入库。

c）未带有静电放电敏感标志的包装件，且无静电防护包装，应作为不合格静电放电敏感元器件拒收。

5）对所有的防静电设备和工具应进行定期检查和监测，以保证防静电安全区的工作台接地、人员接地装置、工具和试验设备接地的完善性。

a）每一次上岗前，应用腕带测试仪检测腕带至接地母线之间的电阻值应大于 10^6 Ω。

b）每个月周期，应检查接地母线端子与干线连接可靠性，电阻应小于 0.1～1 Ω。

c）防静电工作台垫和地垫要求用超高阻计每季度检测一次，在其上任何一点对地的电阻应为 10^5～10^9 Ω（工程值 10^5～10^7 Ω）。工作台摩擦起电低于 100 V。

d）防静电周转箱的表面电阻率，每半年检查一次，表面电阻率 ρ_s 为 10^5～10^9 Ω/□。

e）按 QJ1211 标准中的规定检测地线配置系统的接地电阻。一般要求对接地电阻每半年至少检测一次，其电阻值应小于 10 Ω（工程值 < 4 Ω）。

f）定期对防静电工作服、帽、手套、鞋、袜等、防静电工具进行泄漏电阻的检测，一般要求泄漏电阻在 10^6～10^9 Ω。

总之，元器件的静电放电损伤可在器件生产和使用的全过程发生，所以元器件的生产方和使用方除了需要配置必要的资源外，还需制定完善、严密的防静电管理规章制度，防止静电损伤。

随着新材料、新工艺、新结构的出现，防护静电放电损伤的措施需要不断完善和改进。

13 辐射源主要粒子

对器件工作影响很大的主要辐射形式是各种粒子（质子、中子、电子）辐射，或者电磁（X 射线、γ 射线）辐射。一般来说，其他的辐射，例如放射性同位素和带电粒子，对器件没有影响或影响不大。

（1）质子

质子是原子核中的一种基本粒子，它的质量大约比电子重 1 837 倍，带正电量等于电子的负电量。实质上，质子就是氢原子的正原子核。质子在行星周围以带状形式出现，即行星的电磁场俘获带电粒子。

（2）中子

中子不带电，其质量大致与质子相同。由于中子是不带电的粒子，可以穿透原子的电子云层，并与原子核互相作用。中子能够在核武器爆炸和核反应堆中发现，中子也能够在空间设备中发现。

（3）电子

电子是核粒子，电子质量为 9.017×10^{-28} 克，电子带负电为 1.6×10^{-19} 库伦。这类粒子的穿透能力比质子强得多。在空间，高能电子以带状形式出现于行星的周围。高能电子也可能作为电磁辐射（光子）与物质相互作用的二次产品。

（4）光子

光子既没有质量，也不带电荷，它以光速度传播，具有电磁场。光中包括 X 射线和 γ 射线。X 射线是在核外部产生的，γ 射线是在核反应生成的，但 γ 射线能量比 X 射线的高。

14　辐射环境类型

为了使电子系统能够幸存并正常工作，在元器件的应用中，设计者必须考虑电子系统工作过程中可能遭遇到的各种辐射环境的影响。

（1）核爆辐射环境

它主要涉及军用设备，例如电磁脉冲（EMP），它会影响广大范围内的基础设施。当在大气层内进行核爆炸时，将产生强烈的裂变瞬时释放 X 射线、γ 射线和裂变、聚变中子。这些辐射能的一部分将直接作用于暴露的设备系统，多数的辐射反应将使周围的大气产生能谱很宽的 X 射线、γ 射线、高能粒子和热能。

（2）外层空间辐射环境

它主要是自然空间辐射环境。在特定轨道上，这种辐射环境是非常严酷的，而且如核武器在空间爆炸会增强这种辐射环境。

人造卫星等空间飞行器将受到自然空间辐射环境影响。它主要辐射有三种：范艾伦辐射带捕获的电子和质子、太阳质子流和银河系宇宙辐射。捕获辐射与高度和纬度有关。

外层空间辐射环境除了总电离辐射剂量效应外，还有随机发生单粒子效应（SEE）。单粒子效应由高能粒子轰击，致使器件发生单粒子翻转、单粒子锁定和单粒子烧毁。

（3）核反应堆和高能加速器建立的辐射环境

这种辐射环境是为元器件及电子装备提供辐射环境试验的场所。这些辐射源不只包括核反应堆，而且也包括试验用的核反应堆、高能物理实验等。核反应堆主要发射中子，中子作用于物体时，会产生 γ 射线。

对于元器件的空间应用而言，设计者可以只关心核爆辐射环境和外层空间辐射环境的总剂量对应用电路设计的影响。当元器件暴露于这些环境中，元器件额定参数就会发生变化。元器件参数变化大小与辐射类型、辐射强度和能谱、辐射时间以及涉及元器件的周围环境、元器件材料、元器件封装和应用等许多因素有关。

15 辐射效应

在元器件应用中，必须考虑辐射效应对元器件性能影响。辐射对元器件的基本作用是电离效应（因碰撞，电子脱离原子而离化）和位相移效应（当高能粒子与原子核发生碰撞时，使原子核离开原来晶格位置）。

（1）中子辐射效应

中子辐射对双极型半导体器件是相当敏感。中子辐射将使其电流放大倍数 h_{FE} 大幅度下降、饱和压降 $V_{CE(sat)}$ 增大、EB 结正向开路或电阻性短路、漏电流增大和反向击穿电压增大等。

大多数双极型半导体，一般都承受中子流的最大水平为 3×10^{13} n/cm^2（硅）。

齐纳二极管的稳定电压 V_Z 大于 10 V 时，V_Z 随中子流增大而增大；稳定电压 V_Z 小于 10 V 时，随中子增大而减小。

双极型半导体器件，抗总电离辐射剂量的能力比 MOS 器件、CMOS 器件高 1～2 个数量级，总电离辐射剂量水平达到 1×10^5 拉德（硅），漏电流的增加也不足以使器件失效；而许多双极型器件，在辐射水平超过 1×10^7 拉德（硅）时，其功能还是很好的。

此外，中子辐射可使电荷耦合器件（CCD）工作性能发生显著退化。

（2）总电离辐射剂量效应

总电离辐射剂量对 MOS 器件、CMOS 器件较敏感。总电离辐射剂量可使其阈值 V_T 发生永久性漂移（对 N 沟道 MOS 器件 V_T 变小，对 P 沟道 MOS 器件 V_T 变大）、输入漏电流增大和低频跨导 g_m 下降。这因为该类器件受到电离辐射剂量的影响，表现在栅极氧化绝缘层内俘获的正电荷增加，将使 N 沟道和 P 沟道器件的阈值 V_T 漂移，从而使器件的工作点发生变化。CMOS 器件的总电离辐射剂量可达到 1×10^6 拉德（硅）。

MOS 器件、CMOS 器件，抗中子辐射的能力比双极型半导体器件高 1～2 数量级，对低于 1×10^{15} n/cm^2 的中子辐照并不敏感。

此外，结型场效应管（JFET）抗中子和 γ 辐射的能力比双极型半导体器件强，JFET 抗 γ 辐射的能力也优于 MOSFET。

（3）瞬态电离性辐射剂量率

瞬态电离性辐射剂量率，对任何处于反偏的 PN 结均产生光电流。这种光电流可以大到足以使数字电路改变状态，即从“1”变为“0”，或从“0”变为“1”。这种现象会导致存储器中的内容改变。一般瞬态电离辐射剂量的不会造成永久性的失效。

（4）辐射感应锁定

辐射感应锁定效应，在锁定中，器件被驱动变为可控硅整流器（SCR）的作用，或者由瞬态辐射感应光电流而导致二次击穿，从而使该器件锁定于某一状态，并一直保持到切断电源为止，或者直到电路自身的损坏为止。

各类电路工艺对锁定敏感性简单描述，对于采用双扩散、外延方法制造的双极型数字电路和线性电路，均没有发生由于辐射感应的锁定；对 PN 结隔离 CMOS 电路，在剂量率低于 3×10^8 拉德（硅）/秒时，发生辐射感应的锁定。对于同一制造商的相同功能的器件，具有非常一致的锁定敏感度。以 5 伏电压工作的 CMOS 器件，在锁定状态，并不出现器件突然失效，而当电源电压中断以后，又能恢复正常工作。但是，对于工作在大于 10 伏电压的 CMOS 器件，由锁定会造成器件突然损坏。NMOS 器件不属于 CMOS 器件结构，因此不会发生辐射感应锁定。

（5）电磁脉冲效应

核爆炸时，从原子核转变产生的电磁脉冲，能够耦合进电缆和天线中，引起电压/电流尖峰信号，若没有保护、屏蔽或滤波，那么这种尖峰信号足以熔化半导体芯片表面的金属互连线，造成器件失效。

总之，双极型 TTL 电路结构工艺是最耐辐射的。对各种工艺来说，体积越小，器件就更能耐辐射环境。对于辐射总剂量和瞬时扰动来说，NMOS 是最敏感的，主要由于阈值 V_T 发生变化。

16　抗辐射加固保证（RHA）的器件选择

在抗辐射加固保证电子系统的设计中，选择器件的原则是所选用的器件既能实现电子系统的电气性能指标，又具有较好的抗辐射潜力。

1）在分立半导体器件中，晶闸管（可控硅）、单结晶体管（双基极二极管）、太阳能电池的抗辐射能力最差。因此，应尽可能避免在辐射环境中使用此类器件。

2）在二极管中，隧道二极管的抗辐射能力最强，其次是电压调整二极管和电压基准二极管，最差是普通整流二极管。

3）在双极型晶体管中，大功率晶体管的抗辐射能力优于小功率晶体管，高频晶体管的抗辐射能优于低频晶体管，开关晶体管的抗辐射能力优于放大晶体管，锗材料晶体管的抗辐射能力优于硅材料型晶体管，NPN 型晶体管的抗辐射能力优于 PNP 型晶体管。

4）在同型的器件中，工作频率越高、工作电流越大、开关时间越短和额定电源电压越大，则抗辐射能力就越强。

5）在不同类型的器件中，二极管的抗辐射能力优于晶体管，结型场效应管和 MOS 场效应管的抗辐射能力优于双极型晶体管，结型场效应管的抗辐射能力优于 MOS 场效应管。

6）在不同封装材料的器件中，金属封装器件的抗辐射能力最强，其次是陶瓷封装器件和低熔点玻璃封装器件，最差是塑料封装器件。

7）分立器件构成的集成电路的抗辐射能力优于实现同功能的单片集成电路，数字集成电路的抗辐射能力优于模拟集成电路。

8）在采用不同材料或结构的电路中，采用介质隔离的电路的抗辐射能力优于采用 PN 结隔离的电路，以宝石为衬底的 CMOS/SOS 电路或者以绝缘体为衬底的 CMOS/SOI 电路的抗辐射能力优于以硅为衬底的 CMOS/SI 电路，砷化镓材料器件和电路的抗辐射能力优于硅材料器件和电路。

9）电路在抗中子辐射的能力方面，CMOS/SOS 电路的抗中子辐射能力最强，其次是 CMOS/SI 电路、ECL 电路和 NMOS 电路，再其次是肖特基 TTL 电路和 I^2L 电路，最差是双极型线性电路。

10）在抗稳态电离辐射能力方面，ECL 电路的抗稳态电离辐射能力最强，其次是肖特基 TTL 电路和 I^2L 电路，再其次是 CMOS 电路，最差是 NMOS 电路。

11）在抗瞬态电离辐射的能力方面，CMOS/SOS 电路的抗瞬态电离辐射能力最强，其次是 CMOS/SI 电路和 I^2L 电路，最差是肖特基 TTL 电路、ECL 电路和 NMOS 电路。

17 抗辐射加固保证（RHA）的措施

为了保证电路系统暴露在各类型辐射环境中能正常工作，在电子系统设计中应采取各种抗辐射加固保证的措施。

（1）提高电路对器件参数的设计容差

双极型电路设计中，应提高电流放大倍数

$$h_{FE}(\beta)$$

的余量，并且使双极型晶体管的直流工作点选择在

$$h_{FE}(\beta)$$

随集电极电流 I_C 变化的峰值附近，这样晶体管工作在大电流下比工作在小电流下更加耐辐射环境。

（2）减小电路对器件的辐射敏感参数的依赖性

双极型晶体管的中子辐射敏感主要参数是电流放大倍数

$$h_{FE}(\beta)$$

和存储时间，MOS 场效应管的电离辐射敏感主要参数是阈值电压 V_T 。具体可根据器件和电路应用情况，灵活运作。

（3）降低电路功耗

降低电路功耗可以减轻由辐射带给系统电源电压的负担。这因为辐射会引起电源电压或电路功率的剧烈波动，将导致整个电路系统的失效。

（4）采用各种保护电路

根据电路系统具体情况，有针对性地设计一些辐射的保护电路，如光电流补偿、电流负反馈偏置、电压箝位、电阻限流、支路的旁路电容接地、温度补偿、减小电路输出扇出系数和消除寄生电流等。

（5）采取屏蔽措施

器件外壳、设备外壳和整个电路系统，采用含铁金属加以屏蔽，并将屏蔽系统接到公共地线上。这样可起到对高能的质子、电子、中子和 γ 射线辐射的屏蔽作用。此外，还可以采用“回避技术”。

第七部分　部分元器件应用注意事项

1　电阻器应用注意事项

（1）一般注意事项

1）电阻器工作直流电压或交流电压有效值不得大于额定电压 V_R 或极限电压 V_{max}（两者之中取较小者）。

2）当电阻器的工作环境温度大于额定功率的工作环境温度时，其功率应按产品数据手册中的要求降功耗和环境温度关系的曲线进行降额。

3）在规定温度下，通常电阻器的额定功率降额因子为 0.5～0.7。这样就可以自动地使电阻器保持较为“冷”的状态，并减小长时间运行中引起阻值的漂移，而且可以减小温度影响和减小固有噪声电动势。但电阻器的额定功率降额因子不能低于 0.1，否则得不到预期降额效果，其失效率反而增高。

4）同一类型的电阻器在电阻值相同时，其额定功率越大，则高频特性就越差。

5）为保证电路长期工作可靠性，在电路设计时应考虑电阻器工作在全寿命周期内，电阻值应允许漂移：普通功率线绕电阻器的电阻值允许±1.5％漂移，精密线绕电阻器的电阻值允许±0.4％漂移，金属膜电阻器的电阻值允许±2％漂移，金属氧化膜电阻器的电阻值允许±4％漂移，碳膜电阻器的电阻值允许±15％漂移，合成电阻器的电阻值允许±15％漂移，电阻网络的电阻值允许±2％漂移，热敏电阻器的电阻值允许±5％漂移。

6）在实际使用中，电阻器与“地”之间的电位相差大于 250 伏时，应采取绝缘措施。

7）当电阻器成行或成排的安装时，要考虑电阻器受到通风的限制和相互散热的影响，并应将其适当组合。电阻器之间的间隔应大于 6 mm。若间隔小于 3 mm，则会因互热导致每个电阻器的表面温度升高 10～15 ℃。在电阻器堆积的安装使用时，其额定功率必须降低。小功率电阻器的引线应尽量短，以便引线与印制线路板的接点散热；大功率电阻器应安装在金属底座上或安装在散热器上，以便散热；小功率电阻器的引线应稍微弯曲，允许热膨胀冷缩。

（2）合成电阻器使用注意事项

1）合成电阻器不适用于暴露在潮湿环境中工作。这因为它表面潮湿能造成泄漏通路而导致其电阻值降低或潮气渗入电阻体会使电阻体腐蚀而导致其电阻值升高甚至开路。当合成电阻器暴露于高湿度环境中，且在低功率工作或者处于非工作状态时，电阻值可变化可能高达 15%以上。

2）在潮湿环境下使用合成电阻器时，其额定功率不宜过度降额，否则导致其电阻体内潮气不易挥发出来，可使电阻器变质而失效。

3）合成电阻器不宜在高温高湿环境中工作，否则导致其电阻体的材料永久损伤。

4）合成电阻器工作频率在 1 MHz 以上时，各种电阻值的合成电阻器的效电阻值，由于介质损耗及分路电容（终端间电容和安装表面的分布电容）而降低。

5）合成电阻器工作于低占空比的脉冲场合中：脉冲峰值电压 V_{PP}， 通常不得大于极限电压 $V_{\max}$ 的 2 倍或额定电压 V_R 的 2 倍（两者之中取小者）。脉冲峰值功率 P_{PR} ，通常不得高于额定功率 P_R 的 30 至 40 倍。

6）合成电阻器为电阻负温度系数和电阻负电压系数，易于烧坏。因此，应限制其工作电流和工作电压。

7）合成电阻器的电阻温度系数和电阻电压系数均较大，不适用工作于稳定性要求较高的电路中。

8）合成电阻器的电流噪声电动势较大（噪声电平大约 3～10 μV/V）。因此，电路工作于低电压中，应当避免使用大于 1 MΩ 电阻值的合成电阻器。

9）可变电阻器的合成电阻体在长期使用之后会发生磨损，从而使电阻体颗粒进入机构，可导致可变电阻器短路。

（3）薄膜电阻器使用注意事项

1）薄膜（金属膜、金属氧化膜和碳膜）电阻器，适用于工作在高稳定性和低噪声的场合中。

2）薄膜电阻器，不适用工作于相对湿度大于 80%和温度低于－40 ℃环境中。

3）薄膜电阻器具有很好高频特性，大多数薄膜电阻器工作频率大于 100 MHz 时，其有效电阻值才会降低。高稳定薄膜电阻器工作在 400 MHz 或更高频率的电路中时，其有效电阻值才会降低。通常，电阻器的初始电阻值越大，其有效电阻值受工作频率影响也越大。

4）低功率（0.05 W）、低容差（±0.1%）、高电阻值、小体积的薄膜电阻器，易受静电损伤。

5）薄膜电阻器在较低的 ESD 电平上，会发生一些小于 5%的负电阻漂移，在较高的 ESD 电平上，会发生大于 10%的正漂移。

6）金属膜电阻器工作于低占空比的脉冲场合中：脉冲峰值电压 V_{PP}， 通常不得大于极限电压 $V_{\max}$ 的 1.4 倍或额定电压 V_R 的 1.4 倍（两者之中取小者）；脉冲峰值功率 P_{PR}，通常不得大于额定功率 P_R 的 4 倍。

7）金属膜电阻器在低气压条件下工作时，应按产品详细规范中的要求功率进一步降额使用。

8）金属膜电阻器的阻值在 1 kΩ 以上时，其电阻电压系数不应超过±0.005%/V。

9）碳膜电阻体容易受到物理损伤，因此最好使用气密封装的碳膜电阻器。

（4）线绕电阻器使用注意事项

1）线绕电阻器具有感性效应、容性效应和集肤效应，其电阻值通常会随工作频率上升而增大。因此，线绕电阻器不适用于工作频率高于 50 kHz 的电路中工作，也不适用于交流性能要求高的关键场合。线绕电阻器，适用于要求的高可靠、电阻温度系数小和电流噪声小等场合。

2）线绕电阻器，工作脉冲电压 V_{PP} 不得超过电阻器的极限电压 V_{max}；脉冲功率及平均功率不得超过电阻器按降额要求确定的降额值。线绕电阻器工作电压超过额定电压 V_R 值时，可导致绕组之间的绝缘击穿。

3）线绕电阻器在低气压条件下工作时，功率应按产品详细规范中的要求进一步降额使用。

4）对所有类型的线绕电阻器，最大工作温度都不应超过 135 ℃。

5）在Ⅰ、Ⅱ级降额应用条件下，不采用电阻合金绕线直径小于 0.025 mm 的线绕电阻器。

6）应避免使用抽头的线绕电阻器，这因为抽头的插入会在机械上削弱电阻体，并使有效功率额定值降低。

7）焊接的低电阻值、严误差的线绕电阻器时必须小心，这因为焊接不良引起接触电阻，可能使其阻值变化超过规定电阻的严误差值。

8）当电阻器具有低电阻值和 0.1％误差或更小时，要考虑到温度变化而引起电阻值变化可能超过低误差值。为了要保持低误差值，则必须将其额定功率值降低 50％。

9）大功率线绕电阻器应牢固安装在散热器上或安装在金属底盘上，以便散热。尽可能安装在水平位置，以便最有效的工作和均匀的热分布。

10）线绕电阻器的尺寸和重量都大，工作在强的冲击或高频振动的环境中，应防止其本体移动。

（5）片式膜电阻器和电阻网络使用注意事项

1）片式薄膜电阻器和电阻网络不适用在高温、高湿环境中工作。因为片式电阻器和电阻网络的电极之间的间矩小，在高温、高湿环境下易发生金属离子迁移，造成电极之间短路。电阻网络，特别是在极高或极低的环境温度工作时，阻值会产生相当大的暂时性变化。电路设计时，应允许这些变化。

2）电阻网络的电阻单元与连接电路间的空间很小。因此，电阻网络应规定最高工作电压。工作脉冲电压 V_{PP} 应按 70％的介质耐压进行降额。

3）当电阻网络工作频率大于 200 MHz 时，由于电阻体与连接电路之间的分布电容分流的结果，其有效电阻值将会降低。

4）使用时应注意，电阻网络有单个电阻和整个电阻网络的额定功率。当电阻网络工作温度超过电阻网络的额定环境温度时，必须对其额定功率进行降额。

5）在强的冲击或振动或两者组合应力环境中，应防止电阻网络部件相对于安装基座的移动。

6）片式膜电阻器是高频特性最好的一种电阻器。厚膜片式电阻器比薄膜片式电阻器具有更好的高频特性和抗电脉冲能力。

7）在片式膜电阻器安装时，电阻膜层应朝上，也不采用叠砌安装，以免降低散热能力。

8）片式膜电阻器和精密电阻网络容易遭受静电损伤。

（6）热敏电阻器使用注意事项

1）对于电阻负温度系数型的热敏电阻器，使用时应采用限流电阻，防止这类热敏电阻器的热失控而导致热击穿。

2）热敏电阻器应避免在高于其最高“热点”温度下工作，否则将使其电阻值发生永久性的变化，甚至在极端情况下，可能引起热失控，使热敏电阻器失效。

3）为了防止热失控，绝不要把自然式热敏电阻器工作在较低热导的介质环境中。

4）任何情况下，热敏电阻器的工作电流或功率，即使是短时间也不允许超过热敏电阻器的最大电流或额定功率。

5）精密（精度为±1%）热敏电阻器不能在技术条件规定的使用范围外工作。

6）由于热敏电阻器具有很大电阻温度系数（正的或负的），因此Ⅰ、Ⅱ、Ⅲ降额等级均是相同的功率降额因子（0.5）和环境温度降额（最高环境温度 T_{MA} −10 ℃）。

7）表面安装片式热敏电阻器可适用于测量贴近线路板附近的温度；圆片式热敏电阻器可适用于测量距线路板一定距离的温度或测量气流的温度。

（7）压敏电阻器使用注意事项

1）压敏电阻器使用时，应采取保护措施。这样可以避免不确定因素对压敏电阻器和装置造成的损害。

2）压敏电阻器的工作电压不能超过最大连续工作电压 V_{max}。

3）使用在重复浪涌电流的应用场合中，通过压敏电阻器的浪涌电流峰值和浪涌能量不得超过其脉冲寿命特性的规定。

4）压敏电阻器不宜安装在发热或可燃元器件附近，并且与发热元件应有大于 3 mm 间隙，以保证其工作在规定温度范围内。

5）压敏电阻器不能使用丙酮等溶剂进行清洗。

2 电位器应用注意事项

1）电位器的工作电压不得超过电位器所允许的最高工作电压。

2）电位器的最高工作电压，随工作温度升高、湿度增大和大气压降低而降低。

3）电位器的额定功率仅适用于整个电位器均在电路中加载的情况。对电位器的部分在电路中加载情况，其额定功率值必须相应减小，以防电位器的工作温度过高。

4）电位器作为线性分压器时，为减少负载误差，负载电阻值应当至少是电位器的终端间电阻值的10～100倍，否则通过电刷动触点的负载电压不会成线性变化。

5）为了防止电位器的电阻值调整接近零时的电流超过允许最大值，电位器应串接一只限流电阻器，以免电位器的过流而损坏。

6）为防止电位器电刷动触点和导电层的变质或烧毁，电位器的工作电流不得超过电刷动触点允许的最大电流。“旁路”电流和负载电流的总电流不应超过电位器额定功率相应的电流值。

7）在实际使用中，电位器与“地”之间的电位相差大于250伏时，应采取辅助绝缘措施。

8）对于有接地焊片的电位器，其焊片必须接地，以防外界信号干扰。

9）电位器应用在高的振动或强的冲击环境中，电刷臂应加锁定装置。

10）电位器不适用于高频或脉冲场合中，也不适用于弹上型号产品。电位器的可靠性与相当的固定电阻器相比，低于1个数量级。

11）在非线绕电位器的堆积使用时，其额定功率相应降额，以防止电位器的工作温度过高。

12）对预调电位器使用时，应尽量使其电刷动触点处于总电气行程的中段位置，避开在电气行程的前、后终端30°以内使用，否则将影响电刷动触点的接触电阻和转动噪声。绝对避免工作在接近电位器的两终端位置使用。

13）功率线绕电位器的工作温度不得高于其最高允许工作温度（通常135 ℃）。

14）螺杆驱动线绕电位器不适用于高湿环境中使用，否则高湿会导致线绕的匝间短路。

15）不推荐使用电阻合金绕线直径小于0.025 mm的线绕电位器。

16）为保证电路长期工作可靠性，在电路设计时应允许线绕电位器工作在全寿命周期内有一定的电阻值漂移：精密线绕电位器的电阻值允许±0.4％漂移，功率型线绕电位器的电阻值允许±1.5％漂移，非线绕合成电阻器的电阻值允许±20％漂移，预调电位器的电阻值允许±（20～30)％漂移。

3　电容器应用注意事项

（1）一般注意事项

1）在无极性电容器两端上施加的直流电压和交流电压峰值（或脉冲电压峰值）之和不得超过其额定电压。在无极性电容器两端上施加的交流电压峰值与直流电压的比值，不得超过电容器的规范所规定的比值要求（小于1）。

2）电容器由于 I^2R 损耗而产生电容器的内部温升，通常将外壳温升限制在10 ℃内。环境温度与外壳温升之和不得超过电容器的额定工作温度。

3）电容器的失效率与外加电压和额定电压之比的乘方幂成正比，其乘方幂指数通常为2～6。在规定温度范围内，电容器的寿命与工作温度关系遵存10 ℃ 2倍法则，即工作温度每升高 10 ℃，电容器的工作寿命将降低一半。

4）为了保证电容器的工作可靠性，除了某些电容器外，通常应降低的工作温度、工作电压和增大回路阻抗；电容器脉动电流 I_{rms} 应降到制造厂推荐降额值的 70％。

5）在选择高压电容器（1000 伏以上）时必须特别小心，并且应考虑到电晕的影响。电晕除了产生损坏设备性能的寄生信号外，电晕击穿还会导致电容器的介质损伤，甚至造成介质最终击穿。

有些电容器在交流或脉冲条件下，电晕特别容易发生，如塑料介质电容器、云母电容器，电晕能在相当低的交流电压下产生的。非浸渍型聚酯薄膜电容器，电晕起始交流峰值电压仅为 250 V。根据电容器介质的类型和电晕发生情况，电晕可使电容器整个的介质击穿可在几秒钟内或几千小时以后发生。

6）电容器的容抗 X_c 随工作频率上升而减小，当工作频率高于其固有谐振频率 f_0 时电容器呈感性，失去电容器的功能。电容器工作频率不能超过电容器的允许范围，否则因电容器的介质发热而失效。

7）为保证电路长期工作可靠性，在电路设计时应考虑电容器工作在全寿命周期内，电容量应允许漂移：纸介和塑料薄膜电容器的电容量允许±2％漂移，普通瓷介电容器的电容量允许±2.5％漂移，温补瓷介电容器的电容量允许±1.5％漂移，玻璃釉电容器的电容量允许±0.2％或 0.5 pF 漂移，云母电容器的电容量允许±0.5％漂移，非固体钽电容器的电容量允许±15％漂移，固体钽电容器的电容量允许±10％漂移。

8）电容器用于作大时间常数的定时、鉴频、耦合、振荡、容性分压器网络、大时间常数的积分网络和贮存充电电荷等时，应选择绝缘电阻高的电容器。

9）凡是电容器的本体与其他元器件之间的电位相差大于 750 伏，应采取绝缘措施。

10）电容器不宜安装在发热或可燃元器件附近。小容量的电容器和高频回路的电容器，应采取支架托起安装，以减小分布电容，从而减少对电路的工作频率影响。

11）电容器的替代使用时，一般遵循“以高代低”的原则，即以额定电压高的，替代额定电压低的；以容量精度高的，替代容量精度低的；以容量随温度变化率小的，替代随温度变化率大的；以质量等级高的，替代质量等级低的。

（2）瓷介电容器使用注意事项

1）银或钯银作内电极的多层瓷介电容器不适用于在高温、高湿环境中工作。这因为银离子在高温、高湿和电场共同作用下，容易发生银离子迁移，引起电容器的绝缘电阻下降，甚至短路。多层瓷介电容器的吸潮、有机物污染也会使漏电流增大，甚至短路。

2）多层瓷介电容器的最小工作电压应大于 6 V，可避免因其工作电压过低而使电容器的漏电流增大而失效。

3）Ⅰ类瓷介电容器适用于调谐回路、耦合电路和温度补偿中，或适用于对电容量稳定性、绝缘电阻和介质损耗要求高的高频、超高频和甚高频场合中。这类电容器对时间、温度、电压和频率是相对稳定的。

4）Ⅱ类瓷介电容器只适用于允许电容量有一定的误差变化的电路中作隔直流、旁路、滤波，或对电容量稳定性、绝缘电阻和介质损耗要求不高的中、低频场合中。

5）Ⅱ类瓷介电容器在应用中还必须考虑到工作温度、工作电压、工作频率和贮存老化等因素所引起电容器的介电常数 ε 的变化，而导致电容量变化。

6）Ⅱ类瓷介电容不适用于低电平信号的电路中工作，也不适用于定时电路、积分网络中工作。这因为Ⅱ类瓷介电容器的介质材料是钛酸钡，具有压电效应，当受到振动或冲击等机械应力可能会在电容器两端产生瞬态电压（150 μV）。这种效应对这些电路工作会产生不利影响。

7）Ⅱ类瓷介电容器的电容量和 tgδ 容易受工作的温度、电压和频率的影响。因此，测试电容量和 tgδ 时，测试条件必须按规定测试的温度、电压和频率。

8）瓷介穿心式电容器流入电路的电流，应限制在其内电极额定电流的80%。

9）片式多层瓷介电容器在焊接温度过高、时间过长或温度突变时，可能造成密封性损伤、电容体端头部位断裂。因此在手工焊接时，首先应将片式多层瓷介电容器在100～150 ℃下预热5分钟，焊接温度不超240 ℃，焊接时间不超过3秒。大尺寸的片式多层瓷介电容器不宜采用波峰焊。电容器在焊接后不宜立即清洗，并在24 h后才能测试或使用。

10）片式多层瓷介电容器不能用超声波清洗，应采用异丙醇溶剂清洗。

（3）云母电容器使用注意事项

1）云母电容器在高温、高湿环境中工作，容易引起漏电流增大，甚至短路。尤其是云母电容器的引腿部包封材料有损伤更是如此。

2）镀银内电极的云母电容器，决不能长期受到直流电压、高温和高湿的组合应力。否则就会发生银离子迁移，并会造成云母电容器在几小时内发生短路而失效。

3）非气密封装的云母电容器，不适用工作于相对湿度大于80%环境中，否则会导致绝缘电阻和耐电压的降低，甚至电容器可能发生破裂。

4）当云母电容器工作在交流条件下，交流电压峰值与直流电压之和不应超过所规定降额准则确定的降额值。

5）云母电容器工作在脉冲电路中，最大脉冲电压峰值不应超过额定工作电压。

6）由于云母电容器介质可能存在微小的空气间隙。因此，云母电容器对电晕比较敏感。

7）云母电容器工作频率在500 MHz范围内，其性能仍良好。当工作频率大于500 MHz时，可采用无引线的片式云母电容器。

8）云母电容器的电容量从音频到射频的频率范围内都非常稳定。

9）卡子结构的云母电容不适用于工作在电平信号低于毫伏级中。这是因为毫伏级的电平不能将卡子与内电极铜箔之间的氧化膜击穿，产生低电平失效（电容量减小、tgδ 增大），甚至开路。

10）云母电容器的介质损耗小、绝缘电阻大、电容温度系数小和高频特性好等，适用于高频电路中作储能、振荡、滤波、调谐、耦合和旁路等。

(4) 有机膜介质电容器使用注意事项

1) 金属化有机膜介质电容器不适用于取样保持、积分、容性定时或记忆（存贮）、触发器、移相网络和数字处理等电路中；不适用于不容许介质瞬时击穿的任何的场合中；不适用于低电平、高阻抗或小功率等电路中。

2) 金属化有机膜介质电容器工作在低于30%的额定工作电压的失效率反而比工作在额定工作电压的失效率的高。这是因为，这类电容器在低负荷状态下，局部介质击穿部位的短路电流所产生的放电能量不能维持金属化有机膜介质电容器的自愈，基本失去自愈的能力，这样金属化有机膜介质电容器的介质中存在的各种缺陷就充分暴露出来。

3) 金属化有机膜介质电容器，过度自愈会使电容量减小、损耗角正切 tgδ 增大。自愈现象也会导致电路的工作失误。

4) 金属化有机膜介质电容器长期工作在高温、高湿环境中，会使电容器的内电极的金属膜可变成氧化物或氢化物，造成局部内电极的金属膜被消除，导致静电容量急剧减小；潮气浸入电容体也引起电容器绝缘电阻和耐电压下降，同时加速电容器的材料内部化学反应，造成电容器失效。

5) 金属化纸介电容器的绝缘电阻较小，容易发生介质击穿。

6) 精密聚苯乙烯电容器，不适用于工作在电平信号低于毫伏级中。这是因为毫伏级的电平不能将其内电极铝箔表面的氧化膜击穿，产生低电平失效（ tgδ 增大、电容量减小），甚至开路。

7) 非密封聚苯乙烯电容器工作在潮湿环境中，会使其绝缘电阻和耐电压将会下降。

8) 有机膜介质电容器工作在脉动电路中，直流电压与交流电压峰值之和不得超过额定电压，并且交流电压峰值与直流电压之比值不能超过规定：工作频率 50 Hz 时其比值 20%，工作频率 100 Hz 时其比值 15%，工作频率 400 Hz 时其比值 10%，工作频率 1 kHz 时其比值 5%，工作频率 10 kHz 以上时其比值 2%。

9) 有机膜介质电容器的抗辐射能力比无机介质电容器的抗辐射能力大约小 10 倍。在无机介质电容器中，如玻璃电容器、瓷介电容器、云母电容器等是非常耐辐射的；钽电解电容器也是非常耐辐射的。但应注意，有些有机膜介质电容器，实验数据表明，暴露到大约 $10^{12}\,n/cm^2$ 的中子辐射流能谱下也无严重的永久性变化。

10) 金属化有机膜电容器的绝缘电阻值低于箔式有机膜电容器的绝缘电阻约 1～10 个数量级。

11) 有机膜介质电容器，最高工作温度限制在 70 ℃以内。

12) 没有密封的金属外壳纸介或纸—塑料介质电容器，不适用于军用设备中。这因为，少量潮气浸入电容器的内部，就会加速电容器的材料内部化学反应，造成电容器失效。

13) 有机膜介质电容器的可靠性一般比纸介质电容器约高 10 倍。金属化有机膜介质电容器的可靠性一般比箔式有机膜介质电容器约高 10 倍。但金属化有机膜介质电容器的稳定性比箔式有机膜介质电容器的低。

14）有机膜介质电容器，在引线搪锡、焊接的温度过高和焊接时间过长时，会引起其内部焊料熔化和有机膜介质熔化，导致电容器的漏电增大，甚至短路或开路失效。

（5）电解质电容器使用注意事项

1）电解质电容器工作直流电压与叠加上交流电压峰值之和不能超过额定工作电压，并交流电压峰值电压应小于工作直流电压。有极性电解质电容器不能施加反向电压，即使是施加瞬间的反向脉冲电压也不允许。所谓“无极性”电解质电容器也未从根本上改变单向导电性的本质。因此，无极性电解质电容器不宜长时间工作于交流电路中。

2）电解质电容器不适用于无串联电阻的电路回路中作快速充、放电或频繁充、放电；由于电解质电容器有残留电压存在，不适用于开关电源电路作滤波；不适用于阻容定时电路、触发系统和移相网络等中。

电解质电容器仅适用于低频单向脉动（小于 10 kHz）的电路中作滤波、旁路、退耦和储能，或者用于要求大电容量而又允许有较大容量偏差的场合。电解电容器工作频率大于 10 kHz 以上，有效电容量迅速下降，直到电容变为纯电阻性的。

3）电解质电容器作低频（小于 10 kHz）滤波、旁路、退耦使用时，为了改善其频率特性，可在电解质电容器两端上并联一只小容量的高频电容器。

4）非固体电解质电容器不适用于低温、低气压或高空环境中工作。因此，它不适用于航天和航空系统中工作，只能适用于地面设备中工作。

5）为了确保电解质电容器的工作可靠性，电解质电容器的脉动电流 I_{rms} 应降到制造厂推荐的降额值的 70%。脉动电流 I_{rms} 允许值取决于电容器的等效串联电阻 ESR。

6）电解质电容器若需要承受 55 Hz 频率以上振动应力时，应采取辅助的夹持装置或其他减振配件的安装措施。电解质电容器不宜安装在发热或可燃元器件附近。由于电解质电容器的尺寸、重量都较大，不能用其引出线作机械连接安装，引出线只能起电连接作用。

7）电解质电容器不能直接短路放电，否则会导致出现瞬时电压反冲，造成电解质电容器失效。建议在电路放电回路中串联 470 Ω 电阻，放电 5 s 后，再短路放电 30 s。

（6）铝电解电容器使用问题

1）铝电解电容器不能在额定温度下连续工作，否则就会出现电解质干涸而使其电容量减小和等效串联电阻 ESR 增大。铝电解电容器工作电压超额定工作电压或施加反向电压时，会引起其电容量的永久性减小和等效串联电阻 ESR 增加，甚至就会发生破裂。

2）铝电解电容器的工作电压，建议不要降额过多。它工作在低于 75% 的额定工作电压时，就有可能失去“自愈”功能，造成铝电解电容器的失效率反而比工作在额定工作电压的失效率的高。

3）铝电解电容器在长期贮存后，一般会出现电容量变小、漏电流增大情况。使用时，不可以直接加上额定工作电压。应在电路的回路中串联 1 kΩ 3 W 电阻器条件下，应先加较小电压，再逐渐升到额定电压，并保持一个不长时间（存储期 6 个月，加电 20 分钟，存储期 12 个月，加电一小时），然后再投入使用。否则铝电解电容器就会可能发生爆炸的危险。

4）铝电解电容器，由于氧化铝膜介质会在电解液中溶解和密封橡胶栓老化导致电解液泄漏，因此铝电解电容器工作寿命是有限的。由于铝电解电容器工作电压不能过度降额，因此其工作寿命主要靠降低工作温度，工作温度每降低 10 ℃，工作寿命将提高 1 倍，即适用 10 ℃ 2 倍法则（遵从阿伦尼斯原则）。

5）铝电解电容器，当环境温度降低到－20 ℃以下时，由于电解液冻结，可使 tgδ 增大、等效串联电阻 ESR 增大、电容量也急剧减小；当温度升高超过其额定工作温度时，由于电解液的黏度变小，铝电解电容器就会出现膨胀而爆破。因此，铝电解电容器一般工作在－20 ℃～低于最高工作温度的 15 ℃范围内，才比较安全工作。

6）铝金属外壳作负极的铝电解电容器，外壳应接地。这样可避免受到反向电压而破坏氧化铝膜介质，造成铝电解电容器失效。

7）铝电解电容器的安全阀（封口端）应朝上。安全阀与其他物品要保持一定空隙。

8）铝电解电容器不得使用氯化物或氟化碳氢化合物的溶剂清洗，推荐使用甲苯、甲醇等的溶剂清洗。否则将造成铝电解电容器失效。

（7）钽电解电容器使用问题

1）钽电解电容器使用在低阻抗电路中，应将工作电压设定在额定工作电压的 1/3 以下；使用在其他电路中，应将工作电压设定在额定工作电压的 2/3 以下。

2）不推荐固体钽电解电容器在低阻抗电路中作并联使用。这因为，一方面将增加固体钽电解电容器承受浪涌电流或大电流冲击危害而导致失效。另一方面在钽电解电容器并联支路中没有串联电阻，若在电容器并联支路中某一只固体钽电解电容器发生瞬时击穿时，其他并联支路的固体钽电解电容器中的贮存电荷都将向瞬时击穿这一只固体钽电解电容器的泄放，造成瞬时击穿这一只固体钽电解电容器的介质永久击穿而短路。固体钽电解电容器并联支路越多，可能发生失效率就越高。

3）固体钽电解电容器工作在电路中，应控制瞬间大电流对电容器冲击，可在电路的回路中串联 3 Ω/V 电阻，限制回路电流在 300 mA 以下，固体钽电解电容器的局部介质击穿就可以“自愈”。当电路的回路中串联电阻小于 3 Ω/V 时，则应考虑额定工作电压进一步降额设计。当电路的回路中串联 0.1 Ω/V 电阻时，固体钽电解电容器的失效率比电路的回路中串联 3 Ω/V 电阻时的固体钽电解电容器的失效率约高 10 倍。

4）钽电解电容器工作在最低温度－55 ℃时，其电容量的最大下降幅度不大于 5%。随温度升高容量将增大，温度升到 125 ℃时，其电容量的最大增加幅度不大于 12%。

5）钽电解电容器的工作温度大于 85 ℃时，最高工作电压为类别电压（约为额定工作电压的 65%），并以此为基线进行降额。

6）钽电解电容器在高温环境下，容易发生钽电解电容器的氧化钽介质击穿。这因为在高温环境下，钽电解电容器的漏电流明显增大，漏电流增大又使温度升高，这样漏电流发生雪崩效应，导致钽电解电容器的氧化钽介质击穿而短路。推荐固体钽电解电容器的最高工作温度限制在 50 ℃以内，非固体钽电解电容器的最高工作温度限制在 70 ℃以内。

7）为了保证使用可靠，长期储存后或引出线进行过浸锡处理的钽电解电容器，在使用前最好施加额定电压，温度 85 ℃，老炼 4～8 小时。对于非固体电解钽电容器，老炼回路应串联 1100 Ω 电阻；对于固体电解钽电容器，老炼回路应串联 3 Ω/V 电阻。

8）非固体钽电解电容器的贮存寿命比固体钽电解电容器的贮存寿命短。这因为非固体钽电解电容器的电解质酸水溶液随时间的推移会逐渐干涸，电容器的电性能也会逐渐下降。

9）非固体钽电解电容器的电解质酸水溶液的低温特性直接影响到非固体电解电容器的电性能，越靠近电解质酸水溶液的冰点温度，其性能就越差。

10）一些非固体钽电解电容器在低偏置直流电压（0～2.2 V）下，其电容量和 $tg\delta$ 就会发生变化，使用时应予以注意。非固体钽电解电容工作在温度 70 ℃环境中时，浪涌电压不得超过额定工作电压的 1.1～1.3 倍。

11）银外壳的非固体钽电解电容器，外壳应接地。这就可防止反向电压引起的镀银层位移，导致非固体钽电解电容器失效。银外壳非固体钽电解电容器，不适用工作于存在有反向电压或较大纹波电流场合中。

12）原则上禁止使用三用表电阻档对含有钽电解电容器的电路或钽电解电容器进行不分极性检测。否则容易造成钽电解电容器施加反向电压，可能导致钽电解电容器的氧化钽介质损伤。

13）钽电解电容器在测量和使用过程中，如不慎对钽电解电容器施加反向电压，则应作报废处理。这因为，钽电解电容器施加反向电压时，并不会马上发生故障，可能经过相当长时间（2～3 年）后才会发生的。

14）在高可靠设备中，一般不允许使用湿芯钽电解质电容器。这因为，在中子辐射流能谱大约为 $5\times10^{13}\,n/cm^2$ 时，这类电容器的电特性就开始发生永久性变化。其主要机理是辐射与电解液的相互作用引起气体膨胀，使这种电容器趋于破裂。

15）在低电压使用钽电解电容器，可用两只钽电解器采用串联或并联配置，来抵消一大部分电离辐射感应。

4　电感器应用注意事项

1）电感器额定功率随工作温度升高而降低，电感器的线圈阻值随工作温度升高而增大。铜的线圈的电阻温度系数约为 0.4%/℃，但在某些应用场合，线圈的阻值变化可能会相当大。

2）为防止电感器的线圈绝缘击穿，电感器的线圈电压应维持在额定工作电压。

3）除了扼流圈外，电感器的线圈电压和工作频率是固定的，不能降额。电感器降额的主要参数是热点温度。

4）电感器不适用于电路中带有大电容量负载。

5）电感器不宜工作在潮湿环境中。这由于电感器线圈受潮后电感线圈会发生腐蚀而断线开路，或因线圈绝缘电阻降低而被击穿短路；电感器受潮后而变形，导致品质系数 Q 值变小。

6）电感器工作频率应在设计频率范围内。电感器的工作频率低于设计频率范围时，会产生过热和磁芯饱和，可导致电感器的工作寿命缩短。电感器的工作频率高于设计频率范围时，会增加磁芯损耗，将引起发热，最终导致电感器的性能下降。

7）电感器工作在低电平电路中应采用防静电或电磁屏蔽的措施，以免噪声干扰。

8）关于电感器的 Q 值：对于调谐回路中，要求 Q 值较高；对于耦合回路中，电感线圈要求 Q 值较低；对于低频或高频扼流圈，对 Q 值可以不考虑。

9）为保证电路长期工作可靠性，在电路设计时应允许电感器工作在全寿命周期内，允许电参数漂移：电感量允许±5％漂移，线圈电阻值允许±10％漂移，Q 值允许－50％漂移。

5 电磁继电器应用注意事项

（1）电磁继电器的线圈供电相关问题

①线圈电源电压

线圈电源电压纹波系数不应大于 5％，电源电压上升沿和下降沿的时间不得大于 10 μs。动作电压或电流缓慢上升会使触点初始接触后立即释放。

继电器电源电压应为线圈额定工作电压。继电器电源电压高于线圈额定工作电压上限（属于过压激励状态），继电器电源电压低于线圈额定工作电压下限（属于欠压激励状态）都不允许的。

1）继电器工作于过压激励状态：其一，这种状态下继电器线圈的功耗增加，使线圈发热加剧，线圈温升增高，加速继电器的绝缘材料老化，导致绝缘性能下降；线圈温升增高，材料的有机物挥发加剧，从而使触点污染加重，导致触点接触电阻增大；线圈温升增高，使触点断弧能力下降、触点电磨损加剧，导致在额定负载下易形成触点粘结；线圈温升增高，导致吸合电压 V_S 变大、释放电压 V_F 变小。其二，工作于过压激励状态下，继电器吸合时，将会使其衔铁的碰撞严重，引起触点弹跳加剧，加快触点机械磨损，从而降低继电器工作寿命。以上这些因素都可导致继电器工作的不可靠。

2）继电器工作于欠压激励状态：其一，尽管在常温下，继电器的吸合电压 V_S 比线圈额定工作电压低许多，但随着继电器的工作温度升高，其吸合电压 V_S 将增大，吸合电压 V_S 有可能接近欠压激励状态，再考虑电源电压波动等因素，在欠压激励状态下可能出现继电器的触点过度抖动或不吸合的故障。其二，继电器工作于欠压激励状态，其触点压力下降，易受外界振动、冲击等应力影响，可能引起触点过度抖动，导致继电器的吸合不可靠。其三，由于工作于欠压激励状态，磁化强度比额定工作电压的磁化强度小，会使释放电压 V_F 增大。其四，由于工作于欠压激励状态，使继电器的动作时间和飞弧时间大大增长，从而降低继电器工作次数。以上这些因素都可导致继电器工作不可靠。

②串联分压给继电器线圈供电

继电器线圈电压采用串电阻 R_1 分压供电的方式。这种情况在稳定工作状态下是没有问题的。在动态下，当给继电器线圈加电瞬间，电路总电阻 $R=R_1+R_0$（R_0 为线圈电阻）增大，时间常数 $\tau=L/R$（L 为线圈电感）减小，会使吸合时间加快，于是继电器的运动部件的碰撞、冲击加剧，触点回跳时间增长，加剧电弧产生而加快触点电磨损，降低了继电器的工作寿命。

③长导线给继电器线圈供电

当采用长导线给继电器线圈供电时，应充分考虑连接长导线的电压降对线圈实际激励量值的影响，应确保加在继电器线圈上的实际激励量达到线圈额定工作电压的要求。

④电子开关给继电器线圈供电

当采用电子开关，如晶闸管、功率晶体三极管、固体继电器等来为继电器线圈供电时，要考虑到其断开后漏电流的影响。由于电子开关断开后有漏电流的存在使继电器线圈电流不为零，特别是在高温条件下此漏电流会更大，会降低释放电压 V_F，这样会降低继电器释放的可靠性。

⑤有触点开关给继电器线圈供电

当采用有触点开关来给继电器线圈供电时，由于触点回跳或其他原因引起触点抖动而提供一个前沿有间隔中断的接通区的输入信号，使线圈形成短期的连续脉冲供电。由于电感量大，即使输入信号中断的时间很短也会形成线圈反向电动势，除发出干扰信号之外，严重时会导致继电器发出相应的间断输出信号，引起继电器误动作，还会加速继电器的线圈绝缘老化，甚至使线圈的断开失效。

⑥多只继电器线圈并联供电

在复杂的控制电路中，经常把多只不同类型的继电器线圈供电并联控制使用时，并联继电器的线圈供电不能用一个开关来控制，应将每个继电器并联支路上线圈设置一个开关进行控制。否则，因不同类型继电器的线圈中贮存的磁场能量不同，当只用一个开关断开并联线圈时，就会贮存磁场能量大的继电器线圈向贮存磁场能量小的继电器线圈泄放反向电流，从而导致贮存磁场能量大的继电器延时释放，燃弧加剧，电蚀触点。严重时，可使贮存磁场能量小的继电器有可能被反向激励产生误动作，甚至会发生其继电器的线圈烧毁。

⑦磁保持继电器线圈供电

为了保证磁保持继电器的可靠地工作，线圈激励脉冲信号的频率、幅度和宽度应符合产品规范中或手册数据中的要求。通常，脉冲信号宽度应不小于磁保持继电器额定转换时间的 3～5 倍，脉冲电平幅度应远大于动作电压 V_S，频率可达 300 Hz。对于双线圈的磁保持继电器，在电路设计及操作时，应避免保持线圈与复位线圈同时加电激励的可能。否则就会使衔铁处于“悬空”状态，造成其触点不正常动作或复位。

磁保持继电器的线圈是按照脉冲信号的短期重复工作状态设计的，不能将其线圈用于长期连续工作状态，最多连续工作不能超过 15 分钟，特别是在高温条件下更需注意。否则可能因其线圈过热而烧毁。

(2) 电磁继电器的触点负载差异的影响

①触点不同性质负载的影响

继电器的触点电流负载的能力大小与不同性质负载有关。继电器在实际使用中，触点除了阻性负载外，还有感性、容性、电机、灯、中等电流和低电平等负载。

触点开断的阻性电流负载比触点开断的感性和容性等电流负载容易。不同性质负载的触点额定电流值都是对阻性负载的触点额定电流值而言的：通常，感性负载的触点额定电流值为阻性负载的触点额定电流值的25%～30%；通常，电机负载的触点额定电流值为阻性负载的触点额定电流值的15%～20%；通常，灯丝负载的触点额定电流值为阻性负载的触点额定电流值的10%～15%；容性负载，除了电容器是容性负载外，长的传输线、电炉、滤波器和电源类都是强容性的。触点在闭合容性负载的瞬间充电电流（$i=\mathrm{d}i/\mathrm{d}t$）仅受电路电阻限制，数值可能非常大，应串联限流电阻，如在容性负载上串联一只小阻值的PTC型热敏电阻器，可消除电容瞬间充电大电流，避免触点粘连；中等电流负载(28 Vdc、100 mA)，由于电流较小，其所产生电弧作用明显减弱，不能烧掉因热作用而聚积于触点表面的含碳物质，从而导致接触电阻增大，也被称为污染电流。在有机物的污染严重环境中，使用时应避免中等电流负载的区域，或使用专门设计在中等电流范围内工作的电磁继电器；低电平负载（开路电压负载在直流或交流峰值为10～50 mV、电流负载在10～50 μA)。由于低电平负载条件下触点不能产生电弧，难以分解触点表面的膜电阻，因此这类负载的可靠性明显降低。用户如有低电平的使用要求，生产厂应在生产、试验、检测、筛选时制定专门的控制措施，用户复测检验也必须保证通过继电器触点的信号是低电平，才能保证继电器能在低电平条件下可靠地使用。

此外，中等电流负载试验被作为检查继电器内部污染程度高低。

②触点负载变换的影响

1) 交流负载的继电器用于切换直流负载时，应注意电弧特点，不能盲目套用，其额定值要另行规定。触点承受交流负载能力远比触点承受直流负载能力的强，这因为交流电压过零点，交流电弧能自行熄灭，对触点的烧蚀较轻。

2) 继电器触点的交流负载额定值仅在规定的频率下适用的。将触点切换高频负载的继电器用于切换低频负载时，其切换负载能力不能等同。触点切换低频负载能力要比切换高频负载能力的低。

3) 不能用普通继电器的触点切换电动机负载，尤其是在电动机刚开始运转时可能使它反转（通常称为反向制动）的情况下，会导致触点的电压和电流均大大超过额定值。在这种情况下，只能使用标以“反向制动”和反转使用的功率继电器。

4) 继电器外壳接地会使其触点开断能力降低，尤其是密封继电器的结构特点，其内部间隙小或缺少电弧阻挡层。当在触点开路电压大于直流或交流40 V及切换大电流负载时，产生的电弧容易对外壳形成通路，并可能影响应用电路工作。因此，外壳接地继电器的触点切换能力将会降低，尤其是在交流负载。通常，它为不接地同型号继电器的触点负载的 1/3 以下。

5）继电器不应在高电平负载条件下经过一个短期的试验或使用后，又在低电平负载下使用。否则其在低电平负载下使用，可使触点的接触电阻变大，接触的工作不可靠。

6）不是专门为负载转换设计的继电器，不应当用作负载转换。

7）继电器只适用于单相电路转换，不适用多相电路转换。这由于单相的触点切换能力比多相电的触点切换能力低，很可能会在额定负载下，发生多相电路的触点间飞弧而造成相与相间短路。

8）多组触点的继电器，应避免大电流负载和低电平负载的同时使用。否则会使其触点工作在低电平负载时，工作不可靠。

9）直流继电器的工作寿命与工作温度、触点负载和触点切换频率等因素有关。工作温度越高、触点负载越大，其工作寿命就越短。触点切换频率越高，会使触点电弧加剧，其工作寿命就缩短。因此，长期连续工作的直流继电器在转换功率负载时，转换频率不宜过快，一般不超过 10～15 次/分。

10）通常继电器不适用于紧急状态的通电闭合（动合），只适用于紧急状态的通电释放（动断）。

11）继电器的切换功率和体积二者之间有相应制约的关系。在选择产品时，不应一味追求用最小体积继电器，以获得最大的切换功率比值，这将往往是以降低使用可靠性为代价。

12）触点电流的极性，对于非极化继电器的不同触点材料的金属转移与电流的极性有密切相关。在使用中若能对触点电流的极性加以考虑，可以明显提高继电器的使用可靠性。

③触点负载范围

继电器的触点电流负载不适用于从零到额定值的所有电流负载。这因为，在不同触点的电流负载范围，触点的失效机理也不同。当触点切换电流负载降到中等电流负载或低电平负载时，继电器的可靠性反而降低。这意味着不是触点的电流负载降额幅越大，继电器的工作就越可靠。

为了提高继电器的使用可靠性，在其触点的额定电流负载要适当地降额（50%～90%）使用，但这种降额情况只适用于降额后触点的电流负载在 1 A 以上。触点功率负载小于 100 mW 或电流负载小于 100 mA 时，触点的电流负载不能降额使用。

通常减小触点的电流负载可以提高触点的压电负载，减小触点的电压负载可以提高触点的电流负载，但它们之间不存在线性关系。在降额后触点的电流负载在 1 A 以上情况下，减小触点的电流负载可延长继电器的工作寿命。多数情况下，触点的额定电流负载降低一半，继电器的工作寿命可提高一个数量级。

在相同体积和负载条件下，不同触点组数的切换寿命次数和工作可靠性也明显不同，触点组数越多，切换负载寿命次数就越少，工作可靠性就越低。

（3）电磁继电器的触点的连接方式问题

①冗余技术

为了提高继电器的触点接通和断开电路的使用可靠性，在继电器触点的逻辑电路设计时，往往采用冗余技术，将继电器的触点并联、串联使用。

1）将继电器的触点并联使用可提高电路接通的可靠度，但降低电路断开的可靠度。触点并联使用，由于每组触点吸合动作不同步性（一般相差 0.1～0.2 ms），并联触点起不到均分电流负载的作用。所以继电器的触点并联使用不能提高触点电流负载的能力。

触点并联使用虽然有助于防止触点开路的失效模式，但对于触点粘接的失效模式不仅无利而且有害。因此，触点并联使用要慎重考虑。

2）将继电器的触点串联使用可提高电路断开的可靠度，但降低电路接通的可靠度。触点串联使用，由于每组触点释放动作不同步性，串联触点起不到均分电压负载的作用。所以继电器的触点串联使用不能提高触点电压负载的能力。

触点串联使用虽然有助于防止触点短路的失效模式，但对于触点开路的失效模式不仅无利而且有害。因此，触点串联使用要慎重考虑。

3）将继电器的触点先并联后串联或触点先串联后并联使用，可同时提高电路接通和断开的可靠度。但继电器的触点先并联后串联或先串联后并联使用，仍不能提高触点的电流负载和电压负载的能力。

②避免不正确的触点连接电路

1）继电器转换触点连接负载时，因为继电器的触点转换时间随负载大小和性质不同，燃弧时间长短也不同，若燃弧时间大于触点转换时间时，动、静触点之间的电弧，造成常闭点与常开触点之间相连。因此，在使用时应避免常闭触点与常开触点之间施加有源信号或电源。否则会造成触点烧毁。

2）采用继电器的转换触点 J1 和触点 J2 来控制负载 Z 的电流换向，这种接法不允许的。由于继电器触点在转换过程动作的不同步性，一旦电弧产生，就会造成电源电压短路而触点烧毁。

（4）电磁继电器的线圈断电时瞬态抑制电路

电磁继电器的线圈是个电感元件，当继电器的线圈断电时，可产生反向电动势的峰值电压可达数百伏，甚至 1 500 伏。这样高的浪涌电压会对电路中的其他元器件产生不良影响，甚至使之损坏而失效。为此，通常在继电器线圈的两端加上瞬态抑制电路，来吸收和耗散继电器线圈中的磁场能量，将其反向电动势的峰值电压值限制在 50～80 伏范围内，避免对电路工作中的其他元器件损坏，也是保证提高继电器线圈绝缘可靠性的措施之一。

线圈瞬态抑制电路有多种多样，各有优缺点，用户根据实际使用要求，。从减少瞬态抑制电路对继电器寿命的负面影响的角度考虑，慎重选择瞬态抑制电路。通常，推荐使用 RC 网络、二极管、电阻与二极管串联、稳压管与二极管（背靠背）串联、压敏电阻器、双向稳压二极管等并联在继电器线圈的两端的组成瞬态抑制电路，来吸收和耗散线圈中磁场能量。

应注意，过度的或不适当的瞬态抑制，会引起继电器的释放时间延长（线圈并联二极管，会延长释放时间约是正常释放时间的 5～10 倍）、触点转换时间变慢、触点断开时的回跳时间和衔铁回跳的时间延长等。这些因素会导致触点燃弧，从而缩短触点的工作寿命。释放时间延长还会导致继电器逻辑电路产生不良影响。相对来说，一般采用双向稳压管或稳压管与二极管串联的组成抑制电路对释放、转换及回跳时间和继电器寿命的影响小。但不能采用单独电容器并联在线圈两端，否则电容充电大电流而线圈烧毁，还会使释放时间延长。

（5）电磁继电器的触点灭弧电路

1）当继电器的触点为感性或电机负载时，当触点断开时，会产生很高的反向电动势。为了消除反向电动势和泄放磁场能，可以采用触点保护电路或灭弧电路，可抑制触点间的电弧生产，避免了触点的严重烧蚀，使其使用寿命大大延长，并提高触点开断的使用可靠性和触点的固有可靠性得到充分地发挥。灭弧电路还可将由于电弧所产生的射频干扰对邻近电路的影响大幅度减小。但触点并联了抑制触点灭弧电路，对触点通断阻抗比有一定影响。

触点灭弧电路有多种多样，用户根据实际使用需要，考虑对继电器负载功率与电气寿命的影响，慎重选择触点灭弧电路。通常，推荐 RC 网络并联在触点上（适用交直电流负载），二极管并联在感性负载上（适用直流电流负载），二极管与稳压二极管（背靠背）串联后并联在电感负载上（适用直流电流负载），电阻与二极管串联后并联在感性负载上（适用直流电流负载），压敏电阻器并联在感性负载上（适用交直电流负载），电阻 R 与稳压二极管和电容 C 并联网络的串联后再并联在触点上（适用直流电流负载），RC 网络并联在触点上和二极管并联在感性负载上（适用直流电流负载）的组合等组成触点灭弧电路。

2）当继电器接通特别长的电缆电路时，由于分布电容对触点放电，有短弧存在，将会损伤触点。可采用 L 和 R 值不大的 $L-R$ 并联网络串联在电缆线上来保护触点。

（6）电磁继电器的安装、焊接注意问题

1）安装过程中应保持继电器安装耳（片）的平、正，不得使继电器因安装不当而受到变形应力。安装不当可造成 V_S、V_F 数值变化。带固定螺钉头的继电器应固紧，但不应过紧。

2）无安装耳的继电器，引出脚直接焊于印制线路板焊盘上时，应将继电器的引出脚、外壳与印制线路板灌封为一个整体加固方式。有安装耳的继电器，可采用卡箍等支撑形式加固。

3）要避免将继电器安装于容易引起谐振的悬臂梁支架上或刚性不强的构件上（底板），避开固有共振频率。要求外界机械振荡频率至少偏离继电器的固有共振频率的 1 倍以上。

4）安装时应使继电器衔铁的吸合方向和触点簧片的运动方向尽量不与整机的剧烈振动方向一致，将会减小触点簧片抖动的可能性。若衔铁吸合的方向和触点簧片的运动方向与整机的剧烈振动方向垂直时，其抗振动和冲击的能力将会更强。

5）电磁继电器的感应机构是由电磁铁构成的，存在着漏磁场、电磁干扰（电磁波频率可达 100 MHz）和磁分路的问题，在安装继电器时应避免漏磁、电磁干扰。为此，安装电磁继电器时应注意如下几点：

a）不应将电磁继电器安装在铁磁材料（如铁、钢等）制成的安装板（架）或仪器盒上。否则，因继电器安装在铁磁材料上会造成其漏磁通的加剧而使吸合电压明显升高；

b）电磁继电器的安装部位应远离强的磁场元件，如变压器、电感元件、电机、扼流圈、动量轮和磁性敏感元件等；

c）在将多只电磁继电器安装时，必须考虑到它们之间的磁性干扰和散热问题。安装时，相邻电磁继电器彼此的最小间距应为 2.54 mm，层间的最小间距应为 3.18 mm。此外，对大功率电磁继电器和小型灵敏电磁继电器混装时，它们之间尽可能要保持较大的距离。

6）继电器的安装位置应有利于散热，不宜安装在热源（大功率管、变压器等）附近。

7）继电器引脚若连接的较长、较重或较软电线时，应采取固定电线措施。

8）继电器对硬引出脚不允许掰开、弯折和剪短。对软引出脚应在距离引出脚根部 3～5 毫米处用钳子先夹持后进行缓慢弯曲。软引线焊接印制板线路上时，要留适当的长度，不要拉得过紧。

9）继电器在焊接引线时，应防止过热。焊接温度不超 260 ℃、焊接时间 3～5 秒，否则会造成继电器内线圈的锡焊接头的脱焊或虚焊和引出脚的玻璃绝缘子开裂，并影响簧片的性能。

10）交流继电器的外壳应接地，保证人身安全。

11）继电器安装、焊接完毕后，为了防止继电器在高温、高湿环境及有害气体条件下工作，会产生绝缘电阻性能下降和霉菌生长，必须对继电器采用三防（防潮、防霉、防菌）处理。

12）电磁继电器的安装、焊接后，不采用超声波清洗。否则，轻微的会引起簧片粘接，严重的会导致簧片压力减退，甚至功能性失效。

（7）其他注意事项

1）电磁继电器不适于过低温度和过高温度环境中工作。在过低温度下，触点的金镀层冷粘作用加剧，触点的小电流负载或低电平负载下形成冷粘故障；在过低温度下，可能在触点间形成冷霜，直接影响触点的导通；在过低温度下，材料的收缩还容易造成继电器衔铁工作卡死，吸合电压变小、释放电压变大和密封漏气等。在过高温度下，加速继电器材料的老化，导致继电器的绝缘电阻和介质耐压降低；在过高温度下，触点接触电阻增大以及吸合电压变大、释放电压变小；在过高温度下，继电器切换负载时，触点断弧能力下降；在过高温度下，加剧触点电阻膜的生成，当水汽含量超过 1 000 ppm 时，会引起触点电阻发生无规则变化。

2）电磁继电器不适于在低气压环境中工作。在低气压下，散热条件变坏，线圈温度升高，会使继电器的吸合电压变大、释放电压变小，影响继电器正常工作；在低气压下，会使继电器的绝缘电阻和介质耐压降低；在低气压下，会使继电器的触点熄弧困难，导致容易使触点烧熔；在低气压下，会导致继电器的密封漏气，加剧污染。

3）对有高可靠要求的场合，不选用壳内带有抑制电路的电磁继电器。

4）电磁继电器工作寿命与许多因素有关，例如工作温度降低、触点组数减少、触点通断阻抗比增大和动作速率降低等，都有利于继电器工作寿命的延长。

5）电磁继电器在偶然失效期，基本失效率 λ_b 不是常数。它随工作时间增长，基本失效率 λ_b 稍有升高。

6）建议选用外壳表面镀镍和激光封焊的电磁继电器。

7）电磁继电器在装箱、运输和使用过程中，应轻拿轻放。应使用专用包封箱、盒，以免碰撞、掉落、敲击而造成继电器的电气参数变化。

6　固体（态）继电器应用注意事项

（1）固体继电器的输入端信号

1）为了保证固体继电器的可靠地工作，输入接通电压应按高于保证接通电压典型值选取，输入关断电压应按低于保证关断电压典型值选取。

2）通用型固体继电器的输入端为电流驱动，应尽可能采用低电平输入驱动方式。输入电流不能降额，一般为 10 mA 左右，并应注意输入端极性。

3）用于感性负载的直流固体继电器，其输入参数的关断时间越短，感性负载引起的反向电势越高，越容易导致超过固体继电器规定的瞬态电压（通常瞬态电压为 1.5～5 倍的额定电压）而损坏固体继电器。所以应兼顾关断时间和瞬态电压，不应片面地追求过短的关断时间。

4）交流固体继电器的输入控制信号的频率一般不超过 10 Hz。直流固体继电器的输入控制信号的周期应大于接通时间与关断时间之和的 5 倍。

5）采用光耦隔离的直流固体继电器，在输入欠压工作时，会使得固体继电器输出的开关晶体管不能工作于饱和导通区，使得输出开关晶体管的功耗增加，发热量增大，加速其开关晶体管老化。在输入过压工作时，会使得光耦自身加速老化，耦合效率急剧下降，造成其性能降低，甚至发生早期失效。

6）多个固体继电器的输入端可以串并联，但应满足每个固体继电器的输入参数要求。

7）为了保证固体继电器（特别是光耦隔离的固体继电器）在低温条件下能正常工作，其输入电压应适当增大。

8）当调试和使用过程中有可能对输入端施加与规定相反极性的电压时，应选用允许施加反极性电压的固体继电器。

（2）固体继电器的输出端负载

1）对于交流电阻负载和多数电感（不包括变压器）负载，通常应选用过零型交流固体继电器，以减小对电源的干扰，延长其寿命。

2）对于变压器负载、三相电机负载和内含桥式整流电路交流感性负载等，应选用随机型交流固体继电器。

3）固体继电器所控制的输出电流和电压不能超过输出额定电流和电压，但也不低于产品详细规范或手册中规定的最小输出电流和电压。否则固体继电器的输出可能出现不接通或输出电压降增大和输出波形不正常。

4）固体继电器输出端的电流负载，随工作温度升高而下降。因此，当固体继电器工作温度大于 50 ℃条件下，其输出电流负载必须留有一定的余量。

5）交流固体继电器的输出端被控交流频率一般为 50 Hz 与 400 Hz 两大类。

6）固体继电器的输出负载是各式各样的，因此在选用之前，首先要了解输出端负载的性质以及负载对继电器工作带来的影响。对输出端的不同性质负载采取如下措施：

a）阻性负载：要求电路工作的电流和电压应在固体继电器的允许范围内，继电器就能可靠地工作。对阻性负载，一般要求固体继电器的峰值电压限制在额定工作电压的 1.5 ～2 倍。应注意，阻性负载刚接通时电流为稳态电流的 1.3～1.4 倍。

b）灯负载：由于灯冷态的电阻值大约是热态电阻值的 10%，因而在它刚接通灯负载时会出现很大的浪涌电流。若选用普通固体继电器，其额定电流应降额的 20%～30%。

c）感性负载：对于交流感性负载，当固体继电器关断时，会产生一个很大电压上升率（dv/dt）可能超过继电器给出的输出电压所允许值，往往会造成继电器工作不可靠现象发生，可在其输出端并接 RC 吸收回路，或并接压敏电阻和 RC 网络组合等抑制电路对电压上升率（dv/dt）进行抑制。对于直流感性负载，由于断开时会产生很高的反向电动势，可在输出端并接续流二极管，将反电势峰值限制允许范围内。

对感性负载，一般要求固体继电器的峰值电压限制在额定工作电压的 2.5～3 倍。对重感性负载或开关频繁的场合，固体继电器应降额使用，如将 380 V 电气产品降为 220 V 使用。

d）容性负载：对于交流容性负载会产生很大电流上升率（di/dt）。因此，对于交流容性负载时，必须对瞬态电流加以抑制，最好的办法是选用过零压型交流固体继电器。对于直流容性负载，由于瞬时电容充电流很大，应采取限流措施，如在容性负载上串联一支小阻值的 PTC 热敏电阻器，否则就会造成固体继电器损伤。

7）一般交流固体继电器输出的浪涌电流不能超过输出额定电流的 10 倍；直流固体继电器输出的浪涌电流不能超过输出额定电流的 1.5～5 倍。

8）采用分立器件可控硅组装的交流固体继电器，输出端瞬态脉冲电压上升率 dv/dt 和电流上升率 di/dt 不大于交流固体继电器给出的所允许值，否则就会发生可控硅自行导通故障，使可控硅的导通电阻增大、关断漏电流增大（mA 级）。

9）必要时可在固体继电器的输出端加保护装置，防止过压、过流和负载短路而造成继电器永久性损坏。

10）光电耦合隔离的固体继电器，一般为电流驱动，其输出端的开关管多为三极管，还存在二次击穿失效模式、导通压降较大及功耗较大等，需要大幅度降温、降额，工作方能可靠使用。

(3) 固体继电器的散热

1) 固体继电器外壳与安装面之间的热阻和固体继电器的内耗散功率应保持尽可能小，特别是在输出端电流负载超过 1 A 的固体继电器。

2) 固体继电器的输出端电流负载不大于 5 A，可以安装在线路印制板上，自然散热；其输出端电流负载在 5～10 A 范围内，可以安装在散热较好的金属平板上，自然散热；其输出端电流负载在 10～30 A 范围内，需加散热器，自然风冷；其输出端电流负载大于 30 A，需加散热器，强迫风冷。

(4) 其他注意事项

1) 固体继电器不适用在高温、高湿条件下工作。按照温度每升高 11 ℃，半导体器件可靠性下降一个数量级来说，为了工作可靠性，一般最少应使固体继电器的最高工作温度比最高额定温度低 20 ℃以上。

2) 固体继电器使用时，应确保工作温度范围、瞬态电压、瞬态电流不超过所选用固体继电器的相应规定值。

3) 固体继电器的承受过压能力的余量比承受过流能力的余量小。在整机系统设计选用固体继电器时，应首先保证耐电压留有余量的基础上，再考虑切换电流余量问题。

4) 固体继电器对电磁干扰是敏感的，固体继电器安装应尽可能远离电磁干扰源、射频干扰源，其引出线应尽可能短，必要时应采取抗电磁干扰抑制措施。

5) 固体继电器对静电是敏感的。其防静电措施，见本指南第六部分静电和辐射损伤及其防护中的序号 11 和 12。

6) 固体继电器对温度较为敏感：温度对固体继电器的输入参数有一定影响。为了保证固体继电器（特别是光电耦合器隔离的固体继电器）在低温条件下正常工作，其输入电压应适当增大。温度对固体继电器的输出参数也有一定影响。例如采用晶体管或闸流管作输出的固体继电器，其输出电压降或输出导通电阻将随工作温度升高而降低；而采用 VMOS 场效应管作输出的固体继电器，其输出电压降或输出导通电阻将随工作温度升高而增大。

7) 普通固体继电器，输入端和输出端均不能反接，否则就会造成普通固体继电器损伤；双向固体继电器，输入端有极性，而输出端无极性，可用于交流负载，但不允许输出交流电压峰值超过固体继电器的输出端的器件击穿电压。

8) 固体继电器，除了在特殊的高压和高温条件下应用外，对需求长寿命使用的环境，具有更高的固有可靠性和可预计性。

9) 固体继电器，不能采用超声波清洗工艺，以避免超声波能量给固体继电器带来质量退化的隐患。

10) 固体继电器的质量等级用由低到高筛选等级 W 和 Y 表示，固体继电器按 W 级筛选只进行在 25 ℃下 100%电参数测试筛选，不做内部水汽含量控制，其质量等级过低，不适合宇航产品使用。

7 延时继电器应用注意事项

(1) 输入端信号

1) 延时继电器的输入工作电压应保证在额定输入电压±10%的范围内。不宜将输入工作电压控制在允许波动电压下限附近，尤其在高温环境下，可能导致延时继电器不能动作或延时精度超差。

2) 单片机延时继电器，对输入电源的瞬态特性有较为严格的要求，应保证电源上电接通瞬间 3 ms 时间段内，不发生电压瞬断欠压低于 8 V、500 μs 以上的瞬断现象，以保证单片机延时继电器进入正常的上电复位。

3) 延时继电器的延时时间与上电脉冲的上升沿时间情况相关，对上电脉冲上升沿的时间有明确的量化要求。对上电脉冲上升沿的时间要求一般为 100 μs，否则严重时会导致单片机延时继电器不工作。由于单片机延时继电器大多数不具备缓慢上电能力。因此，使用和调试时均不许采用缓慢上升电脉冲。

4) 混合延时继电器的输入部分应采取适用的保护电路，保护电路除了防止瞬态过高输入电压外，还能对反极性进行保护。

5) 一般固体电子延时继电器的输入电流在 10 mA 以下，混合延时继电器的输入功耗主要取决于组合电磁继电器的线圈功耗。此功耗大小还取决于该继电器输出切换功率的大小和切换电路的组数。

(2) 输出端负载

1) 对于没有隔离电路的固体电子延时继电器，应注意，输出端负载信号可反馈到输入端，干扰输入端驱动电路。

2) 混合延时继电器的输出与电磁继电器的输出相同，其影响正常使用的因素与电磁继电器亦相同。

3) 混合延时继电器中的输出电磁继电器对中等电流负载（28 Vdc，100 mA）敏感，在中等电流负载下使用会带来触点接触电阻增加的趋势，使用时应尽量避免中等电流负载区域。

4) 由于混合延时继电器存在延时电路模块，增加了系统复杂性，其承受温度和导热能力都比电磁继电器低。因此，其切换电流负载的降额量应比电磁继电器切换电流负载的降额量适当加大些，但不得降额至中等电流负载区域中。

5) 对延时继电器的强感性负载的关断过程中在有些情况下，其电感产生的反向电动势，会导致电路中出现一个大脉宽的负脉冲，可造成延时继电器输入端的一次瞬间断电。使用时，应考虑延时继电器输入端电位的变化的影响。

(3) 其他注意事项

1) 对固体继电器和固体电子延时继电器中输出端开关器件（开关晶体管或晶闸管），不是开关器件电源的电压、电流降额越小越可靠。开关器件电源的电压、电流亦有条件要求的：电源电压过低可使其输出开关晶体管可能不工作在饱和区而进入放大区，导通电压降变大，失去开关功能；电流过低，可使其输出晶闸管的阳极电流降到小于晶闸管的维持电流，可使晶闸管自行关断。

2）延时继电器不适于持续工作在过高压脉冲中，否则可导致延时继电器损坏。

3）混合延时继电器的安装的注意事项与电磁继电器的安装注意事项相同。

4）延时继电器，不得采用超声波清洗工艺，以免带来延时继电器质量退化的隐患，如超声粘片的松脱，超声楔焊引线的损伤，混合延时继电器中电磁继电器的弹性簧片组的冷焊粘连等。

8　双金属片结构温度继电器应注意事项

1）选择双金属片结构温度继电器时，应保证其触点的接通电流和断开电压负载不得超过产品规定值，并留有足够的余量。

2）双金属片结构温度继电器的触点切换电流负载时，产生热量堆积会给控温精度带来影响，以及切换条件限制，使用时触点切换电流负载适当降额，就会提高其的使用可靠性。它也与电磁继电器一样，触点切换电流负载要避开中等电流负载区域，以保障其触点的使用可靠性。

3）双金属片结构温度继电器属于机械触点，有关不同性质负载对触点的不同影响，以及使用中对触点采用的措施及注意事项与电磁继电器相同。

4）双金属片结构温度继电器，应避免强的振动和冲击、温度冲击或长期振动疲劳等。否则将会引起双金属片零件的位移或蠕动，从而影响双金属片结构温度继电器的控温精度，甚至导致触点不切换故障。

5）双金属片结构温度继电器，触点间隙小、触点动作慢，可导致电弧磨损严重，不适用于切换大电流负载和多次高可靠切换场合中。

6）双金属片结构温度继电器，控温精度差（一般可达±（3～5)℃），回复温度范围大（一般可达 15 ℃以上）。

7）温度继电器是温度敏感继电器，所以不能像电磁继电器那样，在室温条件下触点的开、闭状态来定义常开、常闭。因为一支 25 ℃的常闭触点（D）温度继电器在室温 15 ℃时触点是闭合的，但在 35 ℃时触点就断开了，因此不能简单地在室温下检测了温度继电器的断开和闭合，就认定其触点为常开或常闭。

8）安装注意问题。

a）对于双金属片结构温度继电器，安装时不得造成其感温件的变形和引起谐振。

b）双金属片结构温度继电器对自身壳体温升的变化敏感，对安装的稳定性也有较高的要求。安装时应避免安装件与安装基座之间材料不匹配生产的原电池效应，产生氧化锈蚀而改变散热条件，使得其控温点产生漂移。

c）对于环境进行温度控制时，温度继电器应放置在最能代表环境特性的位置；温度继电器的外表（感热面）应与周围空气接触，不能在温度继电器的外表包裹隔热物质或不能将其放置在有阻碍空气流通装置的场合。

d）对于物体进行温度控制时，要求将温度继电器紧贴在被控制物体平整的表面，以免形成间隙；同时不能在两贴合面之间加入填充非金属的隔热物质，但允许加入导热硅脂以利于热量传递。此外，温度继电器与被控制物体之间，不能采用涂胶进行粘接。

e）负载导线的截面积应与触点电流负载大小相称，避免在触点电流负载下产生热量堆积，影响其控温精度。

9 电连接器应用注意事项

1）在一个设备中一般不使用两个相同型号、规格电连接器。如需要两个相同型号、规格电连接器时，则应将其中一个电连接器的插座中为插针，另一个电连接器的插座中为插孔，以免误插合。如插座需常带电时，可选择插孔的插座。

2）在小型化电连接器上若使用工作频率超过 0.1 MHz，同时有高电平、低电平和快速脉冲信号传输时，应特别注意串音干扰，必要时可在接触件之间接地线、加屏蔽板或金属屏蔽罩。

3）电连接器工作在低于−55 ℃环境中，可能导致电连接器的非金属部件绝缘材料老化而损坏，也导致非金属会以不同的速率变脆和收缩。电连接器工作在低压环境中，可导致绝缘电阻和抗电强度降低，加速塑料的气体污染，加速电弧产生等。因此，在高空使用电连接器时，必须降低降额因子。

4）电连接器长期工作在高温、高湿工作环境中，可导致电连接器的性能降低，例如接触件的接触电阻增大、绝缘电阻降低、耐电压降低、外壳腐蚀、绝缘安装体变质、锁紧机构弹性硬化、螺丝连接构机卡死等。这些因素都造成电连接器工作寿命随工作温度升高、环境湿度增大而线性下降。

5）电连接器应尽量避免使用高度小型化的电连接器，应尽量减少电连接器的品种，特别要少采用内部结构或装配技术不同的电连接器。

6）电连接器在未正确连接到位、未全锁紧前，应禁止通电。

7）电连接器为了防止接触不良、接触件的接触电阻增大，要特别注意电连接器接触件的表面清洁。当电连接器处于分离状态时，必须分别装上配套防护盖或采取其他防尘措施；当电连接器连接后长期不分离时，可在插头和插座之间打上保险。

8）电连接器应进行热设计，特别是多触点排列以及大电流负载接触件的电连接器。

9）电连接器清洗时，可使用蘸着无水乙醇的绸布清洗，不允许将电连接器整体浸泡在清洗液中清洗。

10）在电连接器使用过程中应小心轻放，不要乱丢乱放，以防止接触件的弯曲和污染。在装运、贮存和使用期间，对分离状态的电连接器应当采取防潮措施。

11）接触件负载注意问题。

a）电连接器在选择多芯（多通路）数中的单个接触件的额定电流时，单个接触件的额定电流不等于单个接触件实际承载的电流。从可靠性出发，单个接触件实际承载的电流存在降额问题。根据单个接触件实际承载的电流和多芯接触件的单个额定电流下降率Q，应按下式计算的电流作为选择单个接触件的额定电流。

单个接触件的额定电流≥单个接触件实际承载的电流÷$(1-Q)$。式中，1～10芯，$Q=0$；11～20芯，$Q=0.1$；21～30芯，$Q=0.2$；31～50芯，$Q=0.3$；51～80芯，$Q=0.4$；大于80芯，$Q=0.5$。

多芯数电连接器的实际最大总电流值要比所有单个接触件允许的电流总和的电流值的小。

b）只要条件许可，将多芯接触件中的多余接触件可与正在使用的接触件的并联使用，可以提高电连接器的使用可靠性。

c）为了增加电连接器的接触电流负载，可将电连接器的接触件并联使用，但每个接触件应按规定对电流进行降额（通常50%）。由每个接触件的接触电阻不同，接触电流也不同，因此在正常降额的基础上需再增加25%余量的接触件数。例如传输2安的电流，采用额定电流1安的接触件并联，在电流降额50%的情况下，需要5个额定电流1安的接触件并联。

d）电连接器的接插件的工作电流不得超过额定电流值的50%，接插件之间电压不得超过介质耐压的25%。

e）电连接器的负载性质不同，接触件额定电流值与电磁继电器的触点不同性质负载一样，也不同。

f）当电连接器有源接触件数目过大时（如大于100个），应当采用与接触件总数相等的几个接触件数目较小的电连接器来替代，这样可提高电连接器的使用可靠性。备用接触件的数量应占所需要总接触件的数量的10%。

g）为了节省空间，采用较低额定值的小型电连接器，可能降低电连接器的寿命。

12）安装和焊接过程应注意问题。

a）如电连接器大部分接触偶为输出电流或信号，则应将安装在设备上的电连接器插座接触偶选定为插孔，否则易短路。

b）电连接器安装在面板及框架上时，应选用有足够机械强度的电连接器，避免电连接器受到安装的应力破坏。自由端电连接器和固定端电连接器之间的安装应保持适当的浮动。

c）如电连接器尺寸较大、电缆连线较多时，则应将外围的电缆连线适当留长一些，以免电缆连线弯曲时，外围应力，造成电缆连线拉断。对没有锁定装置的电连接器要用压板固定。

d）在电连接器上焊接粗硬电缆连线后，应对电缆连线进行固定，防止电缆连线下垂，导致电连接器无法拔离或损坏，同时也提高电缆的固有谐振频率。

e）电连接器端接时，应按对应的接点序号进行端接。选用的电缆或导线间的最大绝缘层厚度应与接触件间距相匹配，电缆线芯或导线芯应与接触件的接线端相匹配。当在接触件间跨、并线时，应考虑多股线芯绞合的直径，且禁止在接触件压接孔间进行跨、并线处理。

f）焊接时，应根据裸线直径来选择相应功率的电烙铁，每个接触件的焊接时间一般不超过5秒，焊接时应注意不能让焊剂渗入接插件绝缘体，以免造成电连接器的绝缘电阻下降。

g）通常一个接触件只允许焊接一根适配的导线。特殊情况下，需要在一个接触件上焊接两根导线时，两根导线的合径应与接触件的接线端相匹配。禁止在一个接触件的接线端上焊接三根及三根以上的导线。

h）在高频同轴电连接器上焊接电缆时，电缆外导体应均匀梳平，内外导体焊完后要修光，焊点处不能变粗，要保持直径相同。否则传输信号的电压驻波比将会增大。

i）电连接器插接并锁紧后，应保持其尾罩出口电缆成自然伸展状态，电缆弯曲的起始部位一般应离开尾罩出口30 mm以上。除了另有规定外，电缆的内弯曲半径一般应不小于电缆外径的4倍。

j）电连接器的连接完全后，不得用力拉拽电缆或导线。

k）电连接器与电缆或导线之间的组装不正确也会导致其失效。

13）插拔操作过程注意问题。

a）插接前，应确认待插接的插头与插座的代号、接口的“形状”、接口处的“定位键和槽”“定位色标”“锁紧卡钉和卡槽”“定位螺杆和螺孔”是否对应一致，并准确定位。

b）在电连接器推入或旋入过程中，应将插头与插座的对接面平行对准，并扶正电缆或导线后，再沿着轴线方向将锁套轻轻推入或缓慢旋入到位并锁紧。

c）应拧紧插头或插座的尾罩，保证尾罩出口电缆或导线不能转动。

d）在锁紧操作过程中，凡发生或发现不正常锁紧时，应及时拔离后进行检查，应在检查无误后再按规定要求进行插接和锁紧。

e）电连接器插拔时，应握住其本体进行插接和拔离，不允许抓住尾罩外的电缆或导线进行插拔操作。

f）测试过程中的电连接器的插拔操作，一般应在断开电源不小于3 min后进行，禁止带电插拔。

g）插拔操作不当，即插接过程中应力过大，可造成电连接器的插孔缩孔、插针缩针或插针变形、插孔簧片断裂。

10 机械开关应用注意事项

（1）开关触点负载

1）开关触点不同性质负载的额定电流值与电磁继电器的触点不同性质负载的额定电流值一样，也不同。

2）开关触点可并联使用，可提高接通的可靠度，但不允许用这种方式达到增加触点电流负载容量的目的。

3）电流大于 15 A 的电路，通常使用拔动式或掀压式机械开关；电流小于 15 A 的电路，通常使用旋转式机械开关。

4）在开关频繁开启、关断且在开关触点的负载不大的场合时，选择机械开关时应着重于它的机械寿命和选择镀金触点开关；在开关触点承受较大功率的场合时，选择机械开关时应着重于它的电气寿命。

5）机械开关触点的额定电压和额定电流应大于被控制的应用电路的工作电压和工作电流。

6）机械开关触点的电流负载，随工作温度升高而下降，也随开关的工作或贮存时间增长而下降。

（2）开关绝缘应注意问题

1）在高阻抗电路中使用的机械开关，应选用绝缘电阻大于 1 000 MΩ 的机械开关。

2）在高于安全电压的电源中使用的机械开关，最好选用非金属操作零件的机械开关。

3）机械开关的绝缘电阻和耐电压，随工作温度升高、环境湿度增大和大气压降低而降低。

（3）其他注意事项

1）机械开关触点的反弹或在强的冲击和振动环境中会产生抖动。因此机械开关不适用数字电路中。

2）非密封小型机械开关不适用工作于低温、潮湿环境中。这是因为低温、潮湿引起的潮气冷凝而使开关触点污染，造成机械开关短路。

3）在强的冲击和振动环境下，预计机械开关承受的最大振动和冲击加速度应低于机械开关所能承受的最大额定值的 75％。

4）机械开关的触点寿命，随工作温度升高、大气压降低而迅速缩短。

5）在污染严重的环境中，应选用密封性的机械开关。在潮湿环境中，应用应选大型全开式的机械开关。

6）没有规定额定浪涌电流参数的机械开关，不适用于对浪涌电流要求较高的电路中。

7）机械开关大多数都是非密封结构，应防止三防液或助焊剂沿着接线柱根部的空隙渗入开关内部而沾污触点，造成触点间接触不良，甚至开路。

8）机械开关在偶然失效期，基本失效率 λ_b 不是常数，随工作时间增长而稍有增大。

11　熔断器应用注意事项

1）限流型熔断器不适用于工作频率高于 400 Hz 场合中。

2）熔断器的额定工作电压应大于被控制的电路工作电压，以防电弧发生。

3）通常，熔断器的额定电流随温度升高而线性下降。

4）当环境温度超过 25 ℃以上时，熔断器的额定电流需按 0.005/℃作附加降额，即环境温度每升 1 ℃，则额定电流降额值应增加 0.5%。

5）强的冲击和振动环境下，可使熔断器的断路。

6）对于熔断器的额定电流不大于 0.5 A 时，还应将其额定电压值降额为 20～40%。

7）在航天器和导弹产品中使用熔断器要特别慎重，因为在空间环境中熔断器的特性可能发生变化。

12　石英晶体应用注意事项

1）石英晶体电源电压不能超过额定值的 10%，并不允许有浪涌脉冲。

2）石英晶体应避免工作于过高的电压或过大的驱动电流。否则轻者，使石英晶片变形，从而影响石英晶体的电参数；重者，由于压电效应产生机械振动应力引起石英晶片运动超过石英晶片的弹性限度而造成石英晶体破碎。

3）为了保证石英晶体的频率稳定性，通常石英晶体输入的驱动功率不能降额，并保证驱动功率误差在±1%左右。

4）石英晶体工作在高温、高湿或温度变化环境下会改变石英晶片尺寸，影响了石英晶体的频率和稳定性。这是因为，工作频率与石英晶片尺寸有关。

5）石英晶体一般工作温度范围：比最低额定温度高 10 ℃，比最高额定温度低 10 ℃之内。工作温度过低，会使石英晶体往往不起振；工作温度过高，会影响石英晶体的频率稳定。对高精度石英晶体，工作温度应在产品规定的温度范围内，以保证其工作频率的精度和稳定性。

6）任何石英晶体都存在寄生振荡频率。因此，在电路上应采取有效措施来抑制寄生振荡频率。

7）在石英晶体使用时，可根据实际情况应适当调整电容负载和激励电平。

a）电容负载调整太大时，杂散电容影响小，但微调率下降；电容负载调整太小时，微调率增大，但杂散电容影响大。因此，电容负载大小可根据实际情况，适当调整电容负载将石英晶体的频率调整到标称频率。

b）激励电平强时，容易起振，但石英晶体的工作频率老化加快；激励电平太强时，甚至使石英晶体破碎。激励电平弱时，石英晶体的工作频率老化减缓；激励电平太弱时，石英晶体的工作频率稳定性变差，甚至使石英晶体不起振。因此，在石英晶体使用时应适当调整激励电平。

8）石英晶体工作的冲击、振动的应力量级不能超过石英晶片规定机械应力量级。否则可能发生石英晶体破损，也造成尺寸较大石英晶体的工作频率下降。

9）外壳锡焊密封的石英晶体，不能采用波峰焊接。

10）石英晶体安装在 PCB 线路板上时，应注意安装方向，并采取减振措施，以尽量减少整机的冲击和振动给石英晶体带来机械损伤。

11）焊好石英晶体的PCB线路板不能采用超声波进行清洗，以免石英晶体遭受破坏。

12）石英晶体对静电的敏感性，取决于特定的封装和允许的参数偏差。对允许偏差要求严格的石英晶体对静电损伤更加敏感。

13）石英晶体标称频率小于4 MHz时，不适用于军用型号产品中。

14）石英晶体的结构相当脆弱，使用过程中应轻拿、轻放。

13　传感器应用注意事项

1）使用或选择传感器时，首先要了解传感器输出信号的特点（开关信号、模拟信号及其他）。

2）传感器的输出信号一般都比较弱，因此在大多数情况下，输出端都应设置放大电路。

3）传感器的输出量随着输入物理量的变化而变化，它们之间的关系不一定都是成线性比例关系。当输入量与输出量的关系为非线性时，应在检测电路中加入线性化处理电路。

4）传感器的输出量一般会受到工作温度变化影响，使用时应进行温度补偿。

5）传感器的工作稳定性与工作环境有关的。根据传感器的特点采用必要的措施来改善工作环境，如减震、避光、恒温、恒湿、稳压和恒流等。

6）根据传感器的输出信号特点及用途，应合理选择接口电路。

7）传感器的输出阻抗都比较高，为防止信号的衰减，应采用适当的阻抗匹配器。

8）在传感器信号处理过程中，不可忽视噪声的抑制。一般可采用屏蔽、接地、隔离以及滤波等措施来抑制噪声。

14　半导体分立器件应用注意事项

（1）一般注意事项

1）半导体分立器件的故障是由两个常见的原因造成的：一是外部环境的瞬时干扰，二是分立器件的烧毁。通常，外部环境的瞬时干扰是一个决定性的因素。这因为，干扰即使在很低的能量级也会造成分立器件损坏。

2）半导体分立器件在全寿命周期内，其电参数会有一定量的漂移。为此，在整机电路设计时应规定分立器件电参数变化的余量。二极管主要电参数允许漂移为：正向平均电压降允许＋10％漂移，反向平均电流允许＋200％漂移，反向恢复时间允许＋20％漂移，稳压管的稳定电压允许±2％漂移；晶体管主要参数允许漂移为：电流放大系数允许±15％漂移，反向截止电流允许＋200％漂移，开关时间允许＋20％漂移，饱和压降允许＋10％漂移；晶闸管（可控硅）主要电参数允许漂移为：通态平均压降允许＋100％漂移，控制极触发正向电压允许±10％漂移，正向断态重复平均电流和反向重复平均电流允许

+200%漂移，开关时间允许+20%漂移；光电耦合器的直流电流传输系数 CTR 允许 −15%漂移。

3）二极管反向平均电流、三极管的反向截止平均电流随温度升高，按指数规律增大。在室温下，二极管反向平均电流，温度每上升 8～10 ℃，约增大一倍；三极管反向截止电流，锗管每升高 10 ℃、硅管每升高 12 ℃，约增大一倍。二极管正向平均电压降 V_F 和三极管发射结正向电压降 $|V_{BE}|$，温度每升高 1 ℃，下降约 2～2.5 mV。这个规律对锗管和硅管都适用。

4）半导体分立器件的辐射考虑，见本指南第六部分静电和辐射损伤及其防护中的序号 16。

5）有些半导体分立器件容易受到静电放电损伤。微波晶体管及小功率超高频器件、MOS 场效应管、结型场效应管、电压基准二极管、小功率晶闸管和肖特基势垒二极管等的耐静电压一般小于 2 000 V。半导体分立器件防静电措施，见本指南第六部分静电和辐射损伤及防护中的序号 11 和 12。

6）半导体分立器件允许最大功耗功率 P_{CM} 在规定外壳温度 T_c（通常 25 ℃）以上时，应按热降额系数进行降额。对小于功率晶体管的热降额系数约为 1～10 mW/℃，对于较大功率晶体管的热降额系数约为 0.125～1.5 W/℃。

应注意，T_A 和 T_C 定义的最大耗散功率 P_{CM} 是很大区别，例如同一只功率三极管，T_A 在 25 ℃下，P_{CM} 为 1 W，而 T_C 在 25 ℃下，P_{CM} 为 10 W。

7）当半导体分立器件的热阻未知时，可按下述公式近似计算半导体分立器件结温 T_j：

小功率晶体管，$T_j = T_A + 30$ ℃；小功率二极管，$T_j = T_A + 20$ ℃；中功率晶体管，$T_j = T_C + 30$ ℃；中功率二极管，$T_j = T_C + 20$ ℃。

式中，T_A 为环境温度、T_C 为壳温度，T_j 为半导体器件结温。

（2）二极管使用注意事项

1）二极管的额定正向平均电流 I_F 在超过规定温度以上的升高时，I_F 随工作温度升高而按线性减小。选择二极管额定正向平均电流 I_F，一般应大于其工作整流电流的 2 倍。

2）选择二极管的反向恢复时间 t_{rr} 应远小于实际电路工作信号周期，否则二极管起不到检波、整流和开关等作用。工作正向脉冲信号的持续时间尽可能短，且脉冲幅度值应小到应用电路所容许的值；反向脉冲信号幅度值应大到应用电路的容许值。这样可以减小二极管的反向恢复时间 t_{rr}，提高管子工作频率。

3）将普通整流二极管的正向偏置与齐纳二极管的反向偏置进行适当排列组合，可实现电压正、负温度系数相互补偿，其电压温度系数为最小。

4）需要高的稳定电压时，通常将二个或多个齐纳二极管的反向偏置的串联组合使用比单独使用一个齐纳二极管效果好，反向偏置的串联组合齐纳二极管的电压温度系数小、稳定电流大、动态电阻和热阻小。

由于齐纳二极管在低稳定电压时，具有非常高的动态电阻。因此，需要低于 2 伏稳定电压时，通常将几个普通整流二极管的正向偏置串联组合使用，可达到低于 2 伏稳定电压。正向偏置的串联组合普通整流二极管的电压温度系数小、稳定电流大、动态电阻和热阻小。

齐纳二极管可以在串联调整稳压器作基准元件使用，也可以作温度传感器。

5）稳压二极管的工作电流应在稳定电流 I_Z 和最大工作电流 I_{ZM} 的值之间（通常稳定电流取 I_{ZM} 的 20%），稳定效果好；工作电流低于稳定电流 I_Z 时，稳压效果较差。稳定电流不许降额。

稳定电压 V_Z 小于 4 V，属于齐纳击穿，其电压温度系数为负的；稳定电压 V_Z 大于 7 V，属于雪崩击穿，其电压温度系数为正的；V_Z 在 4～7 V 之间的稳压二极管则齐纳击穿和雪崩击穿两种情况都有，电压正、负温度系数相互补偿，其电压温度系数为最小。

6）电压基准二极管的工作电流的变化范围不宜太大，工作电流最好选定在测试电压温度系数 C_{TV} 的条件电流（每偏离测试电流 100 μA，基准电压变化约 1 mV）。否则电压基准二极管就会失去作精确的电压基准的价值。

7）瞬态电压抑制二极管只能承受不连续的瞬态脉冲电压，如果电路中出现连续的瞬态脉冲电压，由于脉冲功率的积累就有可能导致管子损坏。

8）恒流二极管适用于正向偏置场合中。恒流二极管与齐纳二极管串联使用，这比仅单独使用齐纳二极管所得到的电压稳定性和温度特性均更好。

9）检波二极管的检波和整流的效率，随工作频率上升而下降。

10）在军用设备中，原则上不采用点接触二极管，这因为点接触结构的二极管工作可靠性低。

11）硅或砷化镓材料肖特基势垒二极管不适应于工作在反向电压高的场合，这因为它反向击穿电压较低（通常小于 100 V）、反向漏电流大。通常，硅或砷化镓材料肖特基势垒二极管的反向工作电压应小于最大反向工作 V_{RM} 的 80%（特殊情况可控制 50%以下），正向工作电流应小于额定正向平均电流 I_F 的 40%（容性负载正向工作电流为应为额定正向平均电流 I_F 的 20%）。肖特基势垒二极管的工作频率越高，抗烧毁能力就越差。

铬势垒层的肖特基势垒二极管，耐高温特性较差，在 85 ℃以上应用时，就可能出现管子热击穿。采用钼、铂势垒层的肖特基势垒二极管，在结温为 175 ℃时还能正常工作，但正向平均电压降增大。

12）硅或砷化镓材料肖特基势垒二极管，虽然是频率高端的器件可在频率低端器件应用，但对于器件长期稳定工作不利，应选用与使用工作频率相适合的管子。

13）硅或砷化镓材料肖特基势垒二极管，不宜用 JT－1 之类的图示仪进行反向击穿电压检测，应由专用设备进行检测。若用万用表测量肖特基势垒二极管的正、反向特性时，禁止使用万用表的 10 kΩ 以上电阻档。肖特基二极管对静电敏感，使用过程中应采取防静电措施。

14）变容二极管优值因素 Q，随工作频率上升而下降。Q 值大小决定变容二极管工作频率上限（$f=Q/2\pi R_s C_j$）。

15）变容二极管工作频率从低音频到特高频，工作温度从－65 ℃到 150 ℃，都得到广泛应用。

16）变容二极管应用在倍频电路中，二倍频的效率比三倍频的效率高 5%，而三倍频的效率比四倍频的效率高 5%。可以利用变容二极管正向偏压的贮存电荷，可制成阶跃恢复二极管就是这种器件的一例。

17）PIN 二极管工作电压的限制，应保证 PIN 二极管两端的微波反向电压峰值 V_M 加直流反向偏置电压 V_- 之和不大于 PIN 二极管的反向击穿电压 $V_{(BR)}$。它击穿电压 $V_{(BR)}$ 随工作温度升高而降低。

18）PIN 二极管功率耗散的限制，在 PIN 二极管上的直流损耗加上微波损耗，不大于管子的最大耗散功率 P_D。当工作温度超过 25 ℃以上升高时，PIN 二极管最大耗散功率随工作温度升高而线性下降。

19）GaAs 材料制成的体效应二极管，微波电参数较分散。因此，体效应振荡腔一般需要选配适合的体效应二极管，才能达到其所需要的电参数要求。

20）体效应二极管要求电源电压较高的稳定性。否则开机时会出现脉冲信号或寄生振荡等，容易造成管子烧毁。

21）体效应二极管绝大部分输入功率（94%～98%）转变为热能散出。因此，必须要有良好的散热，特别是对大功率体效应二极管的散热措施尤其重要。

22）发光二极管，正向平均电流 I_F，在超过规定温度以上的升高时，随工作温度升高而线性下降。

23）发光二极管，由于芯片粘贴材料是采用银浆，在高温和脉冲能量下，由于银离子迁移而加速管子短路而失效。

（3）三极管使用注意事项

1）为了减小工作温度对三极管电流放大系数 $h_{FE}(\beta)$ 值影响，应采用有电流负反馈偏置电路，或采用热敏电阻补偿。电流负反馈偏置电路，虽然降低增益，但增益稳定性、频率响应、非线性失真和噪声都得到改善。

2）在满足整机要求电流放大系数 $h_{FE}(\beta)$ 的前提下，不要选用过大电流放大系数 $h_{FE}(\beta)$，以防管子产生自激和静态工作点不稳；$h_{FE}(\beta)$ 太小，放大能力差。因此要求 $h_{FE}(\beta)$ 在 30～80 为宜。

应注意提高电流放大系数 $h_{FE}(\beta)$ 的设计余量，并使三极管的电流工作点选择在 $h_{FE}(\beta)$ 随集电极电流变化峰值附近。这样可使三极管工作在大电流中，可以提高管子耐中子辐射能力。

3）三极管电流放大系数 $h_{FE}(\beta)$ 不是常数，它与集电极电压 V_{CE}、集电极电流 I_C 和工作温度有关：$h_{FE}(\beta)$ 随 V_{CE} 增大而稍有增大。在 I_C 较小时，$h_{FE}(\beta)$ 随 I_C 增加而增加；I_C 增大到一定数值后，$h_{FE}(\beta)$ 随 I_C 增大而逐渐减小。在 I_C 小于一定数值（绝大部分的工作电流范围内）时，$h_{FE}(\beta)$ 随工作温度升高而增大，温度每升高 1 ℃，$h_{FE}(\beta)$ 增加 0.5～1%；有些大功率三极管，当 I_C 超过一定数值（大电流注入），并且通常工作温度大于

85 ℃以上时，$h_{FE}(\beta)$ 随工作温度升高而减小（有可能减小到比常温 $h_{FE}(\beta)$ 值还小）。该现象是三极管 $h_{FE}(\beta)$ 温度特性和大电流注入效应共同作用的结果。

4）开关三极管要求：特征频率 f_T 要高，反向击穿电压 $V_{(BR)CEO}$ 要大于反向工作电压的 3 倍以上，反向截止电流 I_{CEO} 要小，基极—发射极和集电极-发射极的饱和压降要低，电流放大系数 $h_{FE}(\beta)$ 不宜过大，但也不能太小（不小于 15 倍）。

5）三极管集电极-发射极饱和压降 $V_{CE(sat)}$，随电流比 I_C/I_b 值和 I_C 增加而增大。对于不同器件，$V_{CE(sat)}$ 随工作温度升高，有的略有增大，有的下降，有的几乎不变。

6）$V_{(BR)CEO}$ 是指三极管基极开路时，集电极－发射极反向击穿电压。三极管实际工作时，基极不是开路而施加正向偏置。因此，施加基极正向偏置时，集电极—发射极的击穿电压 $V_{(BR)CEZ}$ 小于 $V_{(BR)CEO}$，而 $V_{(BR)CEZ}$ 并随基极注入电流 I_B 增大而减小。在三极管实际工作时，应注意集电极—发射极反向击穿电压 $V_{(BR)CEZ}$ 远小于 $V_{(BR)CEO}$。

7）三极管发射极与基极之间，不能反复施加反向击穿电压 $V_{(BR)EBO}$。否则 $h_{FE}(\beta)$ 将随击施加反向穿电流增大和持续时间增长，就会明显降低。

8）如果功率三极管工作在过低功耗时（小于额定功率的 3%），则其 $h_{FE}(\beta)$ 容易发生漂移。

9）功率三极管驱动容性负载时，电容器瞬间充电的电流值仅由电路的回路电阻值决定，这个瞬间电流有可能远大于集电极最大允许电流 I_{CM}，就有可能造成功率三极管损伤。为了防止电容充电电流冲击，可在容性负载上串联一只小阻值 PTC 型热敏电阻。

10）功率三极管驱动感性负载（如变压器、继电器等），当集电极断开电压时，感性负载而产生瞬时反向电动势远大于集电极电压的（10～100）倍，极易引起功率三极管二次击穿。为了抑制感性负载产生瞬时反向电动势，可在感性负载元件两端并接“瞬态抑制电路”。

11）当用大功率三极管替代小功率三极管时，应注意静态工作点的选择，若静态工作点选择不当，可使管子输出特性的线性度变差，电流放大系数 $h_{FE}(\beta)$ 下降，噪声增大。

12）当用高频三极管代替低频三极管，则会使得其抗干扰能力下降，噪声增大。当用开关三极管替代线性好的放大三极管时，会使管子输出波形失真等。当大功率三极管作为开关三极管应用时，特别容易出现电浪涌或其他突发噪声干扰。

13）应用在互补推挽功率放大电路中的三极管，要求选择 NPN 型三极管和 PNP 型三极管的电参数特性尽可能一致。

14）应用在高频放大、中频放大、振荡器等电路中的三极管，应选用特征频率 f_T 较高、极间的结电容较小的三极管。通常，选择特征频率 f_T 为工作频率的 3～10 倍，以保证工作在高频情况下管子仍有较高的功率增益和稳定性。

15）采用三极管驱动发光器件时，在发光器件发亮的瞬间将会有较大的浪涌电流，如果不采取分流或限流措施，三极管就会遭到损坏。

16）三极管工作在高频电路时，可在基极串联一只电阻器来削弱电浪涌信号的影响。

17）三极管在强磁场环境下工作，因信号线感应的噪声可使其集电极与发射极之间短路。防止措施：可在三极管的 E 极与 C 极之间并接上一只电容器；通过强磁场信号线，采取屏蔽线等。

18）微波三极管由分布参数的影响，不能按独立变量来考虑降额，只能按规定结温 T_j 进行降额。

19）超高频三极管、高频开关三极管，在试验或测试时，要防止管子自激而烧毁。

20）大功率三极管应安装散热器，限制管子最高结温 T_j。

（4）场效应管使用注意事项

1）场效应管在实际工作时栅源电压 V_{GS} 不是短路的，所以漏源击穿电压 $V_{(BR)DS}$ 与 V_{GS} 有关。

对于 N 沟道结型场效应管来说，V_{GS} |负值|越大，相应 $V_{(BR)DS}$ 越小；对于 P 沟道结型场效应管来说，V_{GS} 正值越大，相应 $V_{(BR)DS}$ 就越小。

对于 N 沟道耗尽型 MOS 场效应管来说，V_{GS} |负值|越大，相应 $V_{(BR)DS}$ 就越大；对于 P 沟道耗尽型 MOS 场效管来说，V_{GS} 正值越大，相应 $V_{(BR)DS}$ 就越大。

对于 N 沟道增强型 MOS 场效应管来说，V_{GS} 正值越大，相应 $V_{(BR)DS}$ 就越小；对于 P 沟道增强型 MOS 场效应管来说，V_{GS} |负值|越大，相应 $V_{(BR)DS}$ 就越小。

2）场效应管（结型和 MOS 场效应管）工作在恒流区时，漏源电流 I_D 与栅源电压 V_{GS} 有关。对于增强型场效应管来说，$|I_D|$ 与 $|V_{GS}|^2$ 成正比；对于耗尽型场效应管来说，$|I_D|$ 与 $|V_{GS}|^2$ 成反比。$|I_D|$ 基本与 V_{DS} 大小无关。

工作在变阻区时，$|I_D|$ 随 V_{DS} 增大而增大。

3）MOS 场效应管工作时，栅源工作电压 V_{GS} 不能超过额定栅源击穿电压 $V_{(BR)GSS}$。否则轻者可使管子栅极漏电流增大，重者可使管子永久性栅介质击穿。必要时可在栅极与源极之间加两只背靠背的齐纳二极管保护，防止栅介质由于瞬时过电压（或静电）而击穿。但输入加保护二极管后，会降低管子输入阻抗，因此在要求管子高输入阻抗的高频场合，不宜采取这样措施。

4）结型场效应管和 MOS 场效应管的输入电阻分别可高达 10^9 Ω 和 10^{15} Ω，易遭到静电放电损伤，在使用过程中应采取防静电措施。

5）结型场效应管的栅源电压极性不能接反（栅极不能加正偏压）；N 沟道或 P 沟道增强型 MOS 场效应管，只能在 V_{GS} 大于开启电压 $|V_T|$ 条件下才能工作；N 沟道或 P 沟道耗尽型 MOS 场效应管可在 V_{GS} 为零、为正或为负条件下都能工作。耗尽型场效应管只能在 V_{GS} 大于夹断电压 $|V_P|$ 才能截止。

6）VMOS 功率场效应管在工作时，如果输出不慎短路或过负载，都可以使漏极电流 I_D 异常上升，以至超过漏极电流 I_D 最大额定值，导致 VMOS 功率场效应管受损，甚至烧毁。为此，应该采取一些专门的保护电路。

7）VMOS 功率场效应管，由于存在着栅电容和栅极引线寄生电感，在高频应用时具有很高增益，可导致输入与输出间的耦合变强，容易产生寄生振荡。采用以下措施来抑制管子寄生振荡：

a）在栅极串联一只阻值（1～100 kΩ）电阻器，以适当降低增益；

b）在栅极端套上铁氧体磁珠，以抑制进入栅极的杂散信号；

c）尽量缩短外引线长度，避免采用输出信号耦合到输入端的布线；

d）应在 VMOS 功率场效应管的周围设置地罩，使管子输出端与输入端之间隔离。

8）VMOS 功率场效应管的开关时间非常短（短于 100 ns），并且开关时间基本上与工作时间和温度变化无关，只与管子的内部电容量以及载流子通道渡越时间等因素有关。

9）对于 VMOS 功率场效应管应加装散热器，以保证其在高负荷条件下工作可靠性。应设法降低漏极与散热器之间电容，并注意管子栅极不要与散热器靠得太近。

10）VMOS 功率场效应管的阻性负载时，当工作频率上升到规定值以上的上升时，开关效率随工作频率上升而下降。

11）MOS 场效应管应用在军用场合时，应选用垂直扩散或无 V 型槽结构的 MOS 场效应管。

12）焊接时，电烙铁必须有外接地线，场效应管应按 S 极、G 极和 D 极的先后次序焊接，这是为了保证栅极与源极之间绝对保持直流通道。对有屏蔽罩的四脚场效应管，其中一个脚与外壳相连，应将该脚接在电路的公共地线上。

13）场效应管具有极高的输入阻抗，为保证管子的高阻抗输入特性，焊接后应对印制线路板进行清洗，并且采取防潮措施。

（5）晶闸管使用注意事项

1）晶闸管许多参数值都是在规定测试条件下所测的，而管子在实际使用条件往往与规定测试条件不同，而且常会发生超出管子所承受能力。为了晶闸管能安全工作，额定正向阻断重复峰值电压和额定反向重复峰值电压应大于实际工作的正向阻断重复峰值电压和反向重复峰值电压的 1.5～2 倍来选用；额定正向导通平均电流应大于实际工作正向导通平均电流的 1.5～2 倍来选用。对于感性负载的工作正向导通平均电流还要更大些。

应注意，有效值电流为平均值电流的 1.57 倍。使用中应将平均电流转换为有效值电流。

2）晶闸管在应用中，控制极的正向触发瞬时最大电压一般不超过 10 V，反向触发电压不超过 10 V，以避免控制极触发电流过大而管子烧毁或控制极反向电压过高而管子击穿。

3）双向晶闸管在应用中，电参数存在着较大离散性，特别是正、反向控制极的触发灵敏度往往很不一致。若控制极触发电流过小，容易导致双向晶体管出现单向导通。

4）控制极触发电压过低或触发电流过小时，都会造成晶闸管触发困难的现象发生。一般集成电路输出的驱动电流都较小，可在其输出端加一级晶体管放大电路，以提供足够大的驱动电流来保证晶闸管可靠地触发导通。

5）控制极瞬间触发电压过高或瞬间触发电流过大或电压上升率高于 20 V/μs 时，都会引起晶闸管控制极误触发，使管子抗干扰能力变差。可采用以下措施可以避免管子误触发：

a）应尽量使晶闸管的控制极回路远离电感元件；

b）在控制极与阴极之间并接一只 0.01～0.1 μF 电容器，或在控制极与阴极之间并接一只箝位二极管，以削弱脉冲干扰的作用；

c）在控制极上加反向小的偏置电压（不大于 1 V）或在控制极两端上反向并联一只二极管；

d）采用屏蔽措施，如将控制极的触发回路进行屏蔽。

6）为了准确、可靠地控制晶闸管的导通，使它不受晶闸管参数不一致性和温度变化的影响，常采用脉冲信号做触发信号。因此对脉冲信号的宽度、幅值和前沿陡度有一定要求。通常，脉冲信号的宽度是根据晶闸管开通时间和负载性质来确定，脉冲信号的宽度一般为 6 μs，对于感性负载，脉冲信号的宽度为 20～50 μs。脉冲信号的幅度，一般在 4～10 V 之间。脉冲信号的前沿，最好在 10 μs 内由低电平升到高电平。触发脉冲信号必须与主电路同步。

7）在使用可关断晶闸管时，为了保证导通或关断可靠性，最好采用强触发、强关断。为实现强触发，通常控制极触发脉冲电流为额定触发电流的 3～5 倍。

8）大多数高频晶闸管在额定结温下给定的关断时间为室温下关断时间的 2 倍多。

9）晶闸管抗中子辐射能力差，所以晶闸管应尽可能避免使用在辐射环境中。

10）晶闸管的过载（电压、电流）能力很差，任何过载都有可能使管子永久损坏，因此应采用保护措施。晶闸管保护措施如下：

a）对于大功率晶闸管，必须按手册中的要求加装散热装置及冷却条件。晶闸管的额定正向平均电流 I_T 在 20 A 以下的，采用自然风冷却；其额定正向平均电流 I_T 在 20 A 以上，采用强迫风冷却，并且应有一定风速；

b）晶闸管在工作过程中发生过电流、过电压或短路时，会引起过电流将管子烧毁。一般可在电源中加装快速保险丝加以保护；

c）交流电源在接通或关断时发生瞬时过压时，有可能使晶闸管受到瞬间过压将管子击穿。为了避免管子击穿，可在晶闸管的阳极与阴极之间并联 RC 网络吸收回路，就可以削弱电源出现瞬间过电压，起到保护晶闸管作用。也可以采用在阳极与阴极之间并联一只压敏电阻器等管子进行过压保护。

11）大容量双向晶闸管存在一个换向能力问题。为防止管子因换向能力差而造成工作异常甚至损坏，必须采取抑制措施，如在电路中回路串入适当电感元件或在管子的阳极与阴极之间并联 RC 网络吸收回路。

12）晶闸管工作在超过规定温度以上的升高时，额定正向平均电流 I_T 将随工作温度升高而按线性降低。

13）晶闸管驱动电感负载时，应在电感负载两端并联二极管，抑制反向电动势电压，防止管子工作误动作。

14）不推荐将多支晶闸管并联使用。这因为，若其中一只或几只晶闸管某原因开路，回路电流将加到其他的晶闸管上，使未开路的晶闸管承受过电流而造成损坏。

15）晶闸管工作时，若阳极电压上升率（dv/dt）大于规定值（对于 50 安培以下晶闸管为 30 V/μs，对于 100 以上安培晶闸管为 100 V/μs），可能很快使晶闸管工作产生误导通。为了避免误导通，应在晶闸管的阳极与阴极之间并联 RC 网络来抑制晶闸管误导通。

16）晶闸管工作时，若阳极电流上升率（di/dt）大于规定值，就可能引起晶闸管局部结面过热造成损坏。所以对刚导通时的阳极电流上升率（di/dt）必须有一定限制。对于 20～100 安培晶闸管，应使阳极电流上升率（di/dt）＜20 A/μs。另外，晶闸管驱动大容量负载，起始充电电流就会很大，也可能因阳极电流上升率（di/dt）太大而损坏管子。这是在设计大容量直流开关及逆变器电路时必须考虑的这项参数。

17）晶闸管应在交流条件工作时，触发脉冲信号与电路的交流电源电压应具有相同的重复频率，并且两者之间应保持一定相位关系。触发脉冲信号的要求有一定宽度，前沿要陡峭，有一定触发功率。

18）三极型光控晶闸管应用时，由于采用光信号控制，必须用一只 2～100 kΩ 电阻器将控制极和阴极并联，绝对不可悬空，还可在这只电阻器上并联一只 0.001～0.01 μF 电容器后，再与管子控制极和阴极并联，以防止电磁杂波信号传入控制极，使光控晶闸管误触发导通。接上这只电阻器后，还可减轻由于温度变化对晶闸管的控制灵敏度产生的影响。

19）光控晶闸管接收不同波长时，响应速度也不一样，对波长范围为 80～98 nm 的红外线最为敏感。

15　TTL 数字集成电路应用注意事项

（1）电源

1）电源电压稳定性应保持在±5%，电源纹波系数应小于 5%。电源电压偏离正常值时，电路抗外部噪声余量将会降低，并使电路内部的静态偏置发生漂移。

2）电源供应主线上应加大电容对地旁路（通常是一只 10～15 μF 电解质电容器的与一只 0.01～0.1 μF 高频电容器并联后接地），避免由于电源电压的通断的瞬间变化产生电压冲击（升降）；防止电路逻辑转换的瞬间，因电路内部出现瞬间尖峰电流（每块门电路可达 20～30 mA）而引起电源电压瞬间下降，会引起电路输出高电平出现负的尖脉冲；可以降低电源阻抗的影响。

3）电源电压范围：54 系列 TTL 电路电源电压 V_{CC} 为 4.5～5.5 V，74 系列 TTL 电路电压 V_{CC} 为 4.75～5.25 V。当电源电压偏离正常值时，电路对外部抗噪声余量将会降低，并使电路内部的工作偏置点发生漂移。

4）在使用 TTL 电路时，不能将电源电压 V_{CC} 正端和地端颠倒反接。否则电路将引起很大电流，有可能造成电路烧毁失效。

（2）去耦

1）使用每 8 块 TTL 电路就应采用一只 0.01～0.1 μF 射频电容器给含有高频成分的

电源进行去耦，电路与去耦电容器之间距离的限制在 15 cm 之内。

2）每块印制线路板上的电源，也采用一只低电感、大电容量的电容器进行去耦。

应注意，去耦电容器的电容量过大，会带来电源启动过冲电流增大的副作用。因此选择去耦电容器的电容量要适当。

（3）接地线

1）只要有可能，要尽量使用接地平面（在印制线路板的周围安装一圈金属边），尤其是对那些包含很多元器件的印制线路板更应如此。

2）若不能使用接地平面时，则应在印制线路板的周围安装一圈接地总线（宽度至少应为 2.5 mm），并将该接地总线的两端连接到系统的公共接地点上。

应注意，大多数电子设备的接地实际上不是与大地连接，而是借助信号与电源地的公共点相连接。

3）尽量减少电源线和地线的串联电阻值。

（4）输入信号

1）电路输入脉冲信号边沿的上升 t_r 和下降 t_f 的时间较长时，会在电路逻辑转换之间停留时间过长，使电路输出处于不稳定状态的时间增长，且在电路逻辑转换过程中的小信号电流增益较大（大于 1 000）时，受输入端和电源端的噪声干扰下，将会容易引起电路输出的振荡，可导致电路逻辑错误。由于电路逻辑转时间过长，电路的输出负载管和驱动管同时导通尖峰电流（每块门电路的瞬间尖峰电流为 20～30 mA）持续时间过长，导致消耗不必要电源功耗。因此，对输入脉冲信号边沿的上升 t_r 和下降 t_f 的时间有一定限制。通常，构成组合逻辑电路时，其时间应小于 1 μs；时序电路时，其时间应小于 150 ns。当输入脉冲信号不可能避免 t_r 和 t_f 较长的情况下，输入脉冲信号可接入施密特触发电路进行整形之后，再输入 TTL 电路。

2）“或”“与”输入信号尽可能选取来自相同级门数的信号。

3）电路输入数据脉冲信号的宽度应大于电路传输延迟时间，保证在输入信号工作时间内的电路工作已达到稳态，以免出现反射噪声。

反射噪声会造成信号的延时，产生振荡，使原来的信号波形产生严重的失真和畸变，出现上冲、下冲、边沿台阶和缺口等的波形，造成电路系统工作不可靠。

4）为了改善抗噪声度，要求电路输入脉冲边沿的上升 t_r 和下降 t_f 时间尽可能的快。

5）电路输入高电平 V_{IH} 应在 2 V 和 3.5 V 之间；电路输入低电平 V_{IL} 应在地和 0.7 V 或 0.8 V 之间。否则会造成电路功耗增大，电路逻辑错误。

6）通常，当电路输入脉冲处于高态时，触发器的数据不应改变。

7）电路输入信号线与附近时钟线的并行段的长度不应超过 18 cm，以免产生“串音”干扰。

（5）输入端

1）电路的输入端不能直接与高于 5.5 V（或 5.25 V）和低于－0.5 V 的低内阻电源连接，这由于低内阻电源能提供较大电流，会使电路输入端流入或流出的过流而使电路烧毁。

2）未使用电路输入端不得悬空，这因为电路输入端悬空相当于输入端处于阈值电平（高电平），特别容易使电路受到各种干扰信号影响，会使电路工作不可靠；电路输入端悬空相当于浮置 PN 结电容，会使电路的工作速度变慢，尤其是对甚高速电路影响更大。

3）为了得到最佳的噪声抗干扰度和工作速度对 TTL 电路未使用的输入端处理：逻辑“0”输出的电路，电路未使用的输入端应与低电平或地相连；逻辑“1”输出的电路，电路未使用的输入端通过一只（1～10 kΩ）电阻器与电源 V_{CC} 相连；除 LSTTL 电路外，如果电路工作速度要求不高，扇出系数没超差，输出波形对称性和交流噪声抗干扰度要求不高的情况下，也可以将同芯片上电路未使用的输入端与已使用同功能的电路输入端并联。要绝对避免电路的悬空输入端带开路的长线。

4）对电路中的闲置不用的门电路，输入端的连接方式都应使门电路处于截止状态，以便减少整个门电路功耗。

5）在使用低功耗肖特基 LSTTL 电路时，应确保电路所有的输入端不出现负脉冲电压，以免电流流入电路输入端的箝位二极管，造成管子损坏。箝位二极管能抑制电路噪声，还能降低负脉冲信号的上升时间效应。

6）扩展器（“与”扩展器和“与或”扩展器）应尽可能地靠近被扩展的门电路。扩展器的结点上不能接有容性负载。扩展器能扩大输入端的数量，但采用这种方法的缺点是带来电路噪声容限降低，延迟时间增长和功耗增加。

7）在长电缆的接收端应采用一只（500～1 000 Ω）拉起电阻器 R_U，以增加噪声容限和缩短上升时间，防止电缆长线传输信号出现反射波。

8）电路工作在干扰噪声场合下，应在电路输入端设置具有抗干扰特性良好的施密特触发电路。

（6）输出端

1）电路输出端不允许与电源端或地端短路；输出端也不允许接有高于电源电压的电压负载。

2）集电极开路门电路（O · C 门），必须在集电极与电源之间接上一只适当阻值的上拉负载电阻器 R_U 才能使用，R_U 具体数值要根据电路扇出能力来确定。若集电极开路门电路输出级的晶体管设计尺寸较大，输出负载能力较强，就可以直接驱动小型继电器的负载。

3）输出端驱动长信号线时，应由专门为其设计的驱动电路，如线驱动器、缓冲器等。

4）为保证从线驱动器到接收电路的信号回路是连续的，信号回路线应采用特性阻抗约为 100 Ω 同轴线或双纽线。

5）应在长信号线的驱动端串联一只电阻器（最大值为 51 Ω），以消除可能出现负电压的过冲。

6）电路输出的容性负载有限制的，其输出端避免接大电容（大于 500 pF）负载。这因为，电路输出由低电平转换高电平或由高电平转换低电平时，大电容负载将出现较大充、放电流，可使电路输出级的晶体管受损。

7）电路输出端，通常不能接感性元件负载。若输出端有必要接感性负载时，应在感性元件两端并上“瞬态抑制电路”，抑制感性元件上电流突然中断时产生反电势峰值电压。

（7）输出端并行使用

1）除三态输出门电路（TS门）和具有集电极开路门电路（O·C门）以外，有源的上拉门电路的输出端不允许并行连接，除非在相同门电路的所有输入端、输出端都是并联接在一起，而且所有的门电路都封装在同一外壳内。这种输出端并行连接使用，可以提高门电路输出的驱动能力和改善工作速度。

2）有些 TTL 电路具有集电极开路输出端，允许几块电路的集电极开路输出端并行连在一起而使电路具有“线或”功能时，通常应在其公共输出端加接一只适当阻值的上拉负载电阻 R_U 到电源电压 V_{CC} 端，以便提供足够的输出驱动信号能力和提高抗干扰能力。R_U 值应根据该电路的扇出能力来确定。

3）三态输出门电路的输出端可呈现三种输出阻抗状态。通常，逻辑高电平和逻辑低电平均为低输出阻抗状态。当输出端呈现高阻抗状态时，称为第三输出状态，这个状态通常用字母 Z 表示。当输出端处于高阻抗状态时，输出端既没有供给电流的能力，也没有吸收电源电流的能力，这时可以把输出端与电源端之间看成处于完全隔离状态。若干块具有三态输出功能的逻辑门，其输出端可以接到一条公共线上，但是允许其中的一个逻辑门处于导通状态，而其他逻辑门都应该处于输出高阻抗状态。另外，一般带三态输出缓冲器冲级的输出端不允许这样的公共线连接。

注意，当几块三态输出门电路同时改变工作状态时，必需保证从工作状态转为高阻状态的速度要比从高阻状态转为工作状态的速度来得快。否则，就有可能发生两个三态输出门电路同时导通的情况。

（8）电参数

1）TTL 数字电路输出传输延迟时间（t_{PHL}、t_{PLH}）随负载电容增大而增长（以 0.08～0.1 ns/pF 平均值增长），随输出驱动电流增大而减短，随工作温度和电源电压的变化不敏感，平均传输时间略有变化（有时增长，有时减短）。t_{PLH} 随工作频率上升而增大，并 t_{PLH} 大于 t_{PHL}。

TTL 数字电路输出状态转换时间 t_{THL}、t_{TLH}，随电路内部晶体管的电容和负载电容增大而增长。

2）TTL 电路最大允许动态功耗，随工作频率升高而下降，随负载电容增大而下降，随输入脉冲信号边沿的上升和下降时间增长而下降，随电源电压增大而和工作温度上升而增大。

3）TTL 电路输出的 I_{OH}、I_{OL} 驱动电流随工作温度升高而增大，随电源电压增大而增大。

4）TTL 电路输出高电平 V_{OH} 随工作温度升高而升高，随输出高电平电流 I_{OH} 增大而降低。

5）TTL 电路输出低电平 V_{OL} 基本不随工作温度变化（－55～125 ℃），电源电压对 V_{OL} 影响不大。V_{OL} 随输出低电平电流 I_{OL} 增大而升高。

6）TTL 电路高电平噪声容限 V_{NH} 随工作温度升高而升高；低电平噪声容限 V_{NL} 随工作温度升高而降低。依据噪声容限数值大小，来定量衡量电路抗干扰的能力大小。

7）TTL 电路最高工作频率 $f_{\max}$ 随 TTL 电路的内部寄生电容增大和外部负载电容增大而下降，随 TTL 电路内部晶体管的增益增大和电源电压增大而上升，随工作温度升高有时上升，有时下降。

8）TTL 电路工作在全寿命周期内，其参数会发生一定量的漂移。为此，在电路设计时应规定电路允许主要电参数漂移量：输入端漏电流允许＋100％漂移，扇出系数允许－20％漂移，频率允许－10％漂移。

9）根据 TTL 电路系统最大工作频率要求，选用相应的 TTL 电路，不要盲目地“以高代低”。这因为高速 TTL 电路可存在抗干扰能力下降、匹配失调等问题。

10）在低温下，TTL 电路的运行速度将降低，而且输出驱动电流的能力也将降低。

11）TTL 电路对静电敏感，尤其是肖特基 STTL 电路抗静电的能力较差，因此应采取防静电措施。

12）当数字门电路的热阻未知时，可按下述公式近似计算电路结温 T_j：

a）TTL 电路门数不大于 30 个或晶体管个数不大于 120 个时，$T_j = T_A + 10$ ℃；TTL 电路的门数大于 30 个或晶体管个数大于 120 个时，$T_j = T_A + 25$ ℃。

b）低功耗 LTTL 电路和 CMOS 电路门数不大于 30 个或晶体管个数不大于 120 个时，$T_j = T_A + 5$ ℃；低功耗 LTTL 电路和 CMOS 电路门数大于 30 个或晶体管个数大于 120 个时，$T_j = T_A + 13$ ℃。

式中，T_j 为半导体器件结温，T_A 为环境温度。

16　CMOS 数字电路应用注意事项

（1）电源

1）电源电压 V_{DD} 稳定性保持在±5％，电源纹波系数应小于 5％，防止电源电压变化对电路参数影响，如输出平均延迟时间随 V_{DD} 降低而增长，最高工作频率 $f_{\max}$ 随 V_{DD} 降低而下降等。

2）电源供应主线上应加大电容对地旁路（通常是一只 10～15 μF 电解质电容器与一只 0.01～0.1 μF 高频电容器并联后接地），可降低电源阻抗的影响，减小电源电压浪涌电流的影响，避免电路闩锁效应和电路产生误动作。

3）电源电流容量应以满足系统在“上限工作频率”时的需要电流为准，以保证电路逻辑的正常功能。但电源电流容量不宜过大，这样可减小电路闩锁效应，或者一旦出现电路闩锁时，可减少电路被损坏的可能。

4）电源电压范围：电源的上限电压（即使是瞬态电压）不得超过电路允许的电源电

压最高极限值 $V_{\max}$；电源的下限电压（即使是瞬态电压）不得低于保证系统速度所必需的电源电压最低值 $V_{\min}$，更不得低于 V_{SS}。标准 CMOS 电路（CC4000 系列）电源电压 V_{DD} 范围为 3～18 伏，高速 CMOS 电路（54HC/74HC 系列）电源电压 V_{DD} 范围为 2～6 伏。

电源电压的正常值 V_{DD} 一般可按下式选择：

$$V_{DD}=(V_{\max}+V_{\min})/2$$

5）当一个 CMOS 电路系统中同时使用几个电源时，电路的供电电源应在输入信号源和负载电源接通以前接通，电路的供电电源应在输入信号源和负载电源关闭以后关闭。

6）当电路系统中使用两个 A、B 电源时，由于彼此上升和下降时间不同或驱动电路 A 电源电压大于被驱动电路 B 电源电压时，易诱发电路闩锁效应，因此应尽量避免使用不同电源供电。若设计上无法避免时，为了防止电路发生闩锁效应，可在 A、B 电源两级门的电路之间接口部分的连接线上串接一只限流电阻 R_p，将 A 门电路输出电流限制小于 1 mA。

7）电源电压 V_{DD} 和 V_{SS} 绝对不能接反，否则就会使电路损坏。电源电压 V_{DD} 正端和负端应良好连接，不得开路。电源电压 V_{DD} 正端接触不良而开路时，CMOS 电路仍可工作，但此时电路输出的波形下降沿变差，关断时间较慢，驱动能力差；电源电压 V_{DD} 负端接地不良而开路时，则电路输出低电平会明显抬高。

8）尽量减小电源线和地线的串联电阻，防止尖峰电流的产生。尖峰电流将会使电路产生误动作，甚至发生闩锁。

（2）去耦

使用每 10～15 块 CMOS 电路就应当采用一只 0.01～0.1 μF 射频电容器给含有高频成分的电源进行去耦，电路与去耦电容器间距离的限制在 15 cm 之内。每块印制线路板上的电源也采用一只低电感、大容量的电容器进行去耦。

（3）接地线

接地线方法与 TTL 电路接地线方法相同。

（4）输入信号

1）电路输入信号电压 V_{in} 应满足 $V_{SS}\leqslant V_{in}\leqslant V_{DD}$，避免电路闩锁效应。加电时，先开 V_{DD}，后开 V_{in}；先关 V_{in}，后关 V_{DD}。如果以上条件不能满足时，应在电路输入端应串接一只限流电阻器，将电路输入端电流限制小于 1 mA。

2）电路输入低电平 V_{IL} 应在 V_{SS} 和 $0.3V_{DD}$ 之间，即 $V_{SS}\leqslant V_{IL}\leqslant 0.3V_{DD}$。电路输入高电平 V_{IH} 应在 $0.7V_{DD}$ 和 V_{DD} 之间，即 $0.7V_{DD}\leqslant V_{IH}\leqslant V_{DD}$。否则会导致电路逻辑错误和电源功耗增加。

3）当电路输入脉冲信号为缓慢上升和下降时，会在电路逻辑转换之间停留时间过长，使电路输出端处于不稳定状态的时间增长，且在电路逻辑转换过程中的小信号增益较大时，受输入端和电源端的噪声干扰下，将会容易引起电路输出的振荡，可能导致电路逻辑错误。由于电路逻辑转换时间过长，电路的输出端 PMOS 管和 NMOS 管同时导通尖峰电流（高达 200 mA）持续长，导致消耗不必要的电源功耗。因此，对输入脉冲信号边沿的上升和下降时间有一定的限制。通常 CMOS 电路的上升时间达到 10 μs 时已不能使用。对于计数器或移位寄存器电路应更加严格限制，一般当电源电压 V_{DD} 为 5 V 时，输入脉冲信号边沿的上升和下降时间应小于 5 μs；当 V_{DD} 为 10 V 时，其上升和下降时间应小于 1 μs；当 V_{DD} 为 15 V 时，其上升和下降时间应小于 200 ns。若不可避免输入脉冲信号边沿的上升和下降时间较长时，输入脉冲信号可接入施密特触发电路进行整形之后，再输入 CMOS 电路。

4）“或”“与”输入信号尽可能选取来自相同级门数的信号。

5）电路输入数据脉冲信号宽度应大于电路传输延迟时间，保证在输入信号工作时间内的电路工作已达到稳态，以免出现反射噪声。

（5）输入端

1）CMOS 电路输入端不得悬空。CMOS 电路输入端悬空不是像 TTL 电路输入端悬空时处于高电平，而是输入电平是不定的，依赖于电路输入端感应静电电荷情况，电路输入端可能为高电平也可能为低电平或 $V_{DD}/2$，从而破坏电路的正常逻辑关系和增加电源功耗；电路输入端悬空时因其输入阻抗高，易受外界噪声干扰，使电路产生误动作；电路输入端悬空时会引起电源电流 I_{DD} 增加和结温升高，甚至对电路造成破坏；电路输入端悬空时也极易使栅极感应静电，造成电路内部的 MOS 场效应管的栅极氧化硅介质击穿；电路输入端悬空时可使电路噪声容限下降。这些因素导致 CMOS 电路输入端不能悬空。

2）为了得到最佳的抗噪声干扰度和工作速度，对 CMOS 电路未使用的输入端处理：逻辑“0”输出的电路，电路未使用的输入端与 V_{SS} 或低电平相连；逻辑“1”输出的电路，电路未使用的输入端与 V_{DD} 或高电平相连，但可降低电路输入阻抗；如果电路工作速度要求不高，功耗也不需要特别考虑时，也可以将同芯片未使用电路输入端与已使用同功能电路输入端并联，但会使扇出系数降低，电路输出波形不对称，工作频率降低，噪声容限降低。

3）当使用印制线路板时，所有与印制线路板相连的末终端接的 CMOS 电路的输入端，应该用一只 200 kΩ 电阻器与印制板线路的地连接，以避免积聚静电荷和电路输入端悬空。

4）在机器与外部电连接器相连的电路输入端应接一只拉拽电阻器（一般用 3.3 MΩ 电阻器）与地线相接。这是为了防止当印制线路板被拔开而离开电连接器时，CMOS 电路输入端悬空状态。

5）当电路与电阻、电容组成振荡器时，为了防止电容的存储电荷产生的电压会使有关输入端的电压瞬时高于电源电压现象，应在该输入端串联一只限流电阻器（其阻值一般取定时电阻的 2～3 倍）。

6）电路输入端接长线的保护措施：输入端接长线必然伴随着较大的分布电容和分布电感，很容易产生 LC 振荡。特别是在电路输入端一旦产生负振荡电压时，输入端就有电流的流出，当电流大于 10 mA 时，就有可能使电路输入端的保护二极管损坏和发生闩锁效应。保护措施可在电路输入端上并接入 RC 消振网络或在电路输入端上串联一只限流电

阻器 R_P ，使电路输入端流出电流不超过 1 mA。R_P 电阻值可按 $R_P = V_{DD}/1$ mA (kΩ) 的原则选取。

7）电路输入端接大电容的保护措施：在切断电源开关的瞬间，大电容将通过输入端保护二极管和电源内阻瞬时放电。若电容量较大，则瞬时放电电流就会很大，有可能烧坏电路输入端保护二极管。保护措施，可在电路输入端上串联一只限流电阻器 R_P ，使电路输入端流入电流不超过 1 mA，R_P 电阻值可按 $R_P = V_{DD}/1$ mA(kΩ) 的原则选取。

8）作为印制线路板输入接口的电路，应防止其输入端电位高于电源电压。

9）当电路输入端连接低内阻信号源时，应在电路输入端与信号源之间串接一只限流电阻器，保证电路输入端保护二极管导通时电流不超过 1 mA。

10）在强干扰噪声场合下，应在电路输入端设置具有良好特性的施密特触发电路。

11）由于 CMOS 电路输入端阻抗很高（$10^{13}\sim10^{15}$ Ω），因而在栅极氧化硅介质上极容易感应静电电荷。如果不加任何保护，则 100 V 以上的静电电压就可能造成 CMOS 电路内的 MOS 场效应管的栅极与衬底击穿。因此，为了防止静电击穿，通常在每个输入端都并接一只二极管—电阻保护网络。电路加上这种保护网络以后，在输入端与 V_{SS} 和 V_{DD} 之间可承受 1～2 kV 的静电电压。

12）当电路输入端与边缘卡连接器用导线相连时，应将用一只 200 kΩ 分流电阻器与电源的正极或负极并接。

（6）输出端

1）电路输出端不能与电源电压 V_{DD} 或 V_{SS} 短路，否则就会使 CMOS 电路中 P 沟道增强型 MOS 场效应管或 N 沟道增强型 MOS 场效应管的损坏。

2）电路输出端电压 V_{out} 应在 $V_{SS} \leqslant V_{out} \leqslant V_{DD}$ 范围内，可防止 CMOS 电路发生闩锁，避免造成 CMOS 电路损坏。

3）在电路输出端不能强迫馈入 10 mA 以上电流（包括瞬时馈入），否则容易发生触发闩锁效应。

4）电路输出容性负载有一定限制的，电路输出端应避免接大于 500pF 的电容负载。当电路输出端接有大电容负载时（大于 500 pF），关断电源或电源电压下跌，使得大电容负载的电压（即输出电压 V_{out} ）大于电源电压 V_{DD}， 并且大电容的充放电电流较大，因此容易发生触发闩锁效应；当电路输出端接有大电容负载时，还会使电路工作频率降低。

为防止发生闩锁效应，应在大电容负载上串联一只限流电阻器 R_p， 使电容充放电流小于 1 mA，即串联电阻 $R_p \geqslant V_{DD}/1$ mA(kΩ)。

5）电路输出端不能直接连接电感元件。这是由于电感元件在电源关断时，会产生反向电动势，造成 CMOS 电路输出级 MOS 场效应管损坏。

6）电路输出端驱动长信号线时，应由专门为其设计的电路驱动，如线驱动器、缓冲器等。

7）禁止使用一块印制线路板上的 CMOS 电路通过长线去直接驱动另一块线路板上的 CMOS 电路，尤其是对高速 CMOS 电路。尽量避免采用高压模拟电路去驱动数字 CMOS

电路。

8）安装有静电敏感器件的线路板从整机系统上拔下后，应将线路板的所有 CMOS 电路的输出端、输入端、时钟端、控制端、电源端等所有接口全部连接在一起，用短路插座进行短路，使其处于同电位，防止静电串入引起 CMOS 电路损坏。

9）CMOS 电路用作线性放大器、单稳态电路和振荡器时，应注意其输出端功率过载问题。

10）CMOS 电路扇出系数 F_0 应根据电路输出的 80%容性负载量来确定，通常按下式计算：

$$F_0 = 0.8C_L/C_i$$

式中，0.8 表示容性负载 80%降额，C_L 是给定的容性负载，C_i 是给定的输入电容量。

F_0 随工作频率上升、工作温度升高和电容量负载增大而减小。当工作速度较高时，CMOS 电路的扇出系数一般为 10～20。当工作速度较低时，一般不考虑 CMOS 电路的扇出系数。

（7）输出端并行使用

除了三态输出门电路和具有漏极开路门电路外，有源上拉门电路的输出端不允许并行连接，除非在相同门电路的所有输入、输出都并联接在一起，而且所有的门电路都封装在同一外壳内。这种输出端并行使用，可以提高电路输出的驱动能力和改善工作速度。

（8）CMOS 电路的接口方法

1）TTL 电路驱动高速 54HCT/74HCT 电路时，由于高速 54HCT/74HCT 系列的输入高、低电平与 TTL 电路的输出高、低电平都一样。所以 TTL 电路与高速 54HCT/74HCT 电路的高、低电平均完全兼容。同理，54HCT/74HCT 电路驱动 TTL 电路的高、低电平也完全兼容。这两种情况都可直接接口。

2）TTL 电路驱动高速 54HC/74HC 电路时，TTL 电路输出高电平 V_{OH} 为 2.4 V。在电源电压 V_{DD} =5 V 时，高速 54HC/74HC 电路输入端高电平 V_{IH} 为 3.5 V，这样造成了 TTL 电路驱动高速 54HC/74HC 电路高电平接口不兼容。解决的办法是在 TTL 电路输出端与电源之间接一只上拉电阻器 R_U ，以提升 TTL 电路输出高电平 3.5 V 以上。R_U 值由 TTL 电路的 I_{OH} 值来决定，即 TTL 电路的扇出系数而定的。TTL 电路输出低电平 V_{OL} 为 0.4 V，高速 54HC/74HC 电路输入低电平 V_{IL} 为 1.5 V，可兼容。

TTL 电路工作在 5 伏，54HC/74HC 电路工作在 3 伏时，则这两种电路可以直接接口。这因为工作在 3 伏的 54HC/74HC 电路的输入和输出电平是与工作在 5 伏的 TTL 电路的输入和输出电平，可兼容的。

3）高速 54HC/74HC 电路驱动 TTL 电路时，这时由于 TTL 电路输入低电平电流 I_{IL} 较大，就要求 54HC/74HC 电路在输出 V_{OL} 为 0.4 V 时能给出足够的驱动电流，因此选用具有缓冲器的 MOS 电路作为接口。54HC/74HC 电路输出高电平 3.5 V 与 TTL 电路输入高电平 2 V 可兼容。

4）三态输出门 TTL 电路驱动高速 54HC/74HC 或 54HCT/74HCT 电路时，需要三态门 TTL 电路输出端与电源接一只适当上拉电阻值的电阻器，与地接一只适当下拉电阻值得电阻器，使三态门 TTL 电路输出端的高、低电平与 54HC/74HC 或 54HCT/74HCT 电路输入端的高、低电平兼容。

5）高速 CMOS 电路驱动标准 CMOS 电路或标准 CMOS 电路驱动高速 CMOS 电路，只要使用同一个电源电压时，就可以直接接口；CMOS 电路驱动 NMOS 电路或 NMOS 电路驱动 CMOS 电路，只要使用同一个电源电压，就可以直接接口。

6）标准 CMOS 电路驱动晶体管，在标准 CMOS 电路输出端与晶体管基极 B 之间连线上串联一只适当电阻值的电阻器和晶体管 B 极与 E 极之间并联一只适当电阻值的电阻器。

7）运算放大器与标准 CMOS 电路接口，在运算放大器输出端与标准 CMOS 电路输入端之间串接一只适当阻值的电阻器（作为标准 CMOS 电路限流）；在标准 CMOS 电路输入端分别与电源端与地端之间接一只箝位二极管，使标准 CMOS 电路的输入电压处在 V_{DD} 与 V_{SS} 之间。

8）以高速 54HC/74HC 电路作为触发晶闸管时，在高速 54HC/74HC 电路输出端与晶闸管控制极之间连线串联一只适当阻值的电阻器。

（9）电参数

1）CMOS 数字电路输出传输延迟时间（t_{PHL}、t_{PLH}）和输出转换时间（t_{THL}、t_{TLH}），随工作温度升高而增长，工作温度在 25 ℃以上的升高时，其大约按＋0.3%/℃的正温度系数的增长；随电路输出端电容负载增大按线性规律而增长；在电源电压小于 10 V 范围内，随电源电压增大以近似按线性而减短；随电路输入端并联个数增多（输入端电容量增大）而增长。CMOS 电路输出波形具有对称性，t_{PHL} 和 t_{PLH} 相似的，t_{THL} 和 t_{TLH} 也相似的。

延迟时间之类交流参数一般不降额，因为在微电路工作时，它的变化不大。

2）高速 CMOS 电路 54HC/74HC、54HCT/74HCT 系列的传输延迟时间比标准 CMOS 电路 CC4000 系列的短约 1 个数量级。

3）CMOS 电路输出的 I_{OH}、I_{OL} 驱动电流随工作温度升高而减小，工作温度在 25 ℃以上的升高时，其按－0.3%/℃负温度系数的减小；I_{OH}、I_{OL} 随电源电压 V_{DD} 增大而增大；I_{OH} 随电路输出高电平 V_{OH} 降低而增大，I_{OL} 随电路输出低电平 V_{OL} 增高而增大。

4）由于高速 CMOS 电路的输出阻抗小于标准 CMOS 电路的输出阻抗的 10 倍，因此高速 CMOS 电路的输出驱动电流能力比标准 CMOS 电路的输出驱动电流能力大 10 倍，也比 LSTTL 电路的高电平输出电流也大 10 倍。5）CMOS 电路直流噪声容限 V_{NH}、V_{NL} 均为电源电压的 30%。V_{NH} 随工作温度升高而略有下降，V_{NL} 几乎不随工作温度而改变。

6）只要电路输入级的两只互补增强型 N 沟道和增强型 P 沟道的 MOS 场效应管参数完全对称一致的 CMOS 电路，其转移特性和噪声容限几乎不随工作温度变化。

7）CMOS 电路静态功耗电流和输出漏电流均取决 PN 结的反向漏电流。它们随工作温度升高而按指数增大，大约工作温度升高每 8～10 ℃，其增大 1 倍，并随电源电压增大而增大。高速 CMOS 电路的静态功耗比 LSTTL 电路小 5 至 7 个数量级。

8）CMOS 电路最大允许动态功耗，随工作频率或时钟频率上升而下降，随输出端电容负载增大而下降，随电源电压增大而增大，随输入脉冲电平信号边沿的上升、下降的时间增长而下降，随工作温度升高而下降。塑料封装电路在工作温度 65 ℃以上和陶瓷封装电路在 100 ℃以上，最大允许功耗约以－12 mW/℃的下降。

9）CMOS 电路最高工作频率 f_{max} 与电路的内部寄生电容和 MOS 场效应管的增益、输出端电容负载、工作温度和电源电压等有关。其最高工作频率 f_{max} 随 CMOS 电路的内部 MOS 场效应管的增益增大和电源电压增大而上升，随 CMOS 电路的内部的寄生电容增大、输出端电容负载增大和工作温度升高而下降。

高速 CMOS 电路 54HC/74HC 和 54HCT/74HCT 系列电路工作频率可达到 50 MHz，达到了 LSTTL 电路的水平。但比 STTL 电路、ALSTTL 电路工作速度慢。

10）CMOS 电路交流参数随温度变化不大，只要功耗电流和输入漏电流控制在一定范围内，工作温度可达 175 ℃，是一种良好的高温器件。单纯从电参数来说，CMOS 电路没有工作低温限制，工作温度越低其性能就越好。

11）对于时序逻辑电路，还必须考虑各种条件下的建立时间、维持时间和脉冲宽度特性。这些参数是电路内部的传输延迟时间的间接反映。这些参数和电路输出传输延迟时间一样，也具有同样的随工作温度和电源电压的变化规律，但它们与负载 C_L 无关。

（10）其他注意事项

1）CMOS 电路作振荡器或模拟转换电路使用时，要求电路输入端漏电流小（微安级），否则就会产生误动作。同时还要注意其输出的功率过载问题。

2）工作在高温下，CMOS 电路易出现杂波而引起电路故障，可在出现杂波端点上并接一只旁路电容器，可以减少或消除杂波。

3）CMOS 电路防静电措施，详见本指南第六部分静电和辐射损伤及其防护中的序号 11 和 12。

17　可擦编程只读存储器（EPROM）应用中注意事项

1）电源电压不能超过 EPROM 最大额定值，应以厂家推荐的工作条件为准。

2）写入条件对 EPROM 的记忆保持性有很大影响，而擦除条件不当也可能对后阶段的测试产生错误评价。因此，写入和擦除条件，最好按厂家推荐的条件进行。

3）EPROM 数据的写入和擦除次数是十分有限的，经多次写/擦之后，其可靠性会明显降低，特别是在擦写过度的情况下，更加容易引起 EPROM 失效。因此，EPROM 擦、写条件要适当，擦写次数要尽量少。

4）EPROM 存储或老炼的温度不宜超过 125 ℃，这因为温度高于 125 ℃会加速电子的激活，加快电子从浮置栅上消失。“消失”表现为写入时反转“1”（正常时为“0”）。

浮置栅：由绝缘层或结与半导体隔离的没有欧姆接触的电极。

5）EPROM 在低温下工作（−20 ℃），有可能发生“跳位”故障。“跳位”故障表现为擦除时反转为“0”（正常时为“1”）。

6）编写程序后的 EPROM 应将盖板上玻璃窗口用非透明物体遮盖避光，防止数据消失。

7）由于 EPROM 的抗辐照性能较差，在辐射环境中，由于高能辐射粒子的电离电流所致，EPROM 的电性能会严重劣化。

8）EPMOS 不适宜工作在强电磁干扰、高能辐射和高温等场合。

9）不论是 MOS 型还是双极型的 EPROM，都应特别注意采取防静电措施。由于双极型 EPROM 为实现工作高速度，多采用浅结扩散，而且版图设计和整机设计也不能采取防静电措施，因此双极型 EPROM 对静电放电损伤也十分敏感。

18 塑封器件（PEM）应用注意事项

1）塑封器件的优点：抗辐射性能好、抗化学腐蚀能力强、绝缘性能好、物理性能优、加工方便、生产效率高、成本低、重量轻、体积小、有利于小型化和表面贴装（SMT）等。

2）塑封器件的缺点：导热差、热失配大、工作温度范围小、气密性差、电磁屏蔽性能差、承受机械应力低、易自然老化和不能小批量生产等。

3）塑封器件导热差（热导率约为 0.005 W/cm·℃）、热阻大（总热阻约为 80 ℃/W），其工作温度将受到限制的。工作温度范围小，一般在 0～70 ℃（或 85 ℃），尤其是对功率器件应充分考虑散热问题。降低结-壳体的热阻，可采用两种途径：减小芯片与散热器之间隔离的厚度；采用高热导率材料作散热衬底，如铜、铝、氧化铍、碳化硅和氮化铝等。

4）塑封器件气密性差，不适应于高温、高湿环境恶劣环境系统工作。否则就可能导致其芯片上的金属化互连线腐蚀或电参数退化。

5）塑封器件的内引线键合容易出现间歇状态。这种间断现象，通常是由于内引线键合处的塑料固化不当或不稳定而造成的。

6）塑封器件只适用于受控环境良好场合中工作。塑封器件工作环境必须满足：可接受的水汽敏感水平，封装的热性能应满足热耗散要求等。

7）塑封器件不适作为重要件和关键件。这因为，塑封器件的气密性差、导热性差和可靠性低。

8）塑封器件的塑封材料与引线金属框架、键合丝及芯片的膨胀系数和弹性系数差特别大，应适当控制工作温度变化速度，以避免热失配引起芯片裂纹、塑封断裂、界面空洞及分层、键合脱落及键合丝拉断等。

9）塑封器件采用手工焊接时，预先应将器件进行加温烘焙处理，如 85 ℃、48 h 或 125 ℃、24 h。搪锡和焊接温度不得超过 159 ℃。因此，必须对焊槽和烙铁热源进行温度控制。

10）塑封器件，采用再（回）流焊过程中应选择适当焊接温度变化速度和温度范围，并在再流焊前，根据塑封器件厚度采用不同温度预热处理，以避免管芯裂纹、塑封断裂和界面分层等。塑封器件不能采用波峰焊。

11）塑封器件分为表面贴装塑封器件和穿孔焊接塑封器件。表面贴装塑封器件，水汽敏感度为 5 级和 6 级，对水汽最为敏感；穿孔焊接塑封器件，水汽敏感度为 1 级和 2 级，对水汽不敏感，通常可替代军用断档的标准气密封装器件。

12）塑封器件应加强质量考核，如二次筛选、100%声扫检查、高压蒸煮和 DPA 等。

13）塑封器件为了防止潮气侵入、碱离子沾污和化学侵蚀，应采取芯片表面纯化，如氮化硅薄膜（Si_3N_4）和碳化硅（SiC）薄膜纯化。但它不能采用磷硅玻璃（NSG）纯化。塑封器件应储存在干燥和无污染环境中。

14）塑封器件，自动化测试时，应采取防静电导轨，防止器件在滑行过程中静电积累，造成器件静电放电损伤。

15）塑封器件不能采用氯系溶剂清洗。

16）塑封器件存放时间不应超过推荐的水汽敏感度（1 级～6 级）的存储日期。塑封器件休眠应用时间不超过 7～8 年。

17）提高塑封器件的固有可靠性的措施：改进塑料的成分，提高塑料的纯度，特别应减少对可靠性影响大的杂质；在树脂掺入大量二氧化硅粉末，使树脂的热膨胀系数与金属框架基本相同；在树脂中掺入橡胶粉末，降低树脂硬度，防止树脂硬化时收缩而造成塑封器件的芯片断裂；提高芯片纯化层的质量和其他工艺的质量；改进内引线键合工艺；降低热阻等。

当前，塑封器件的质量和可靠性与气密性封装微电路已经相当接近。

19　混合集成电路应用注意事项

1）使用混合集成电路时，工作的电压、电流和温度等不能超过其额定值。应在条件允许情况下，尽可能选择过电应力强的混合集成电路。

2）混合集成电路，不能长期工作在高温、高湿环境中，否则会引起其内引线键合丝的 Au—Al 键合系统失效。

3）混合集成电路的最高工作温度比单片或多片集成电路的最高工作温度低。

4）使用混合集成电路时，工作温度变化速度不宜过快。这是由于混合集成电路内部的陶瓷基片与铜外壳器件之间的膨胀系数相差较大，工作温度变化速度过快，可造成陶瓷基片受到很大内应力，经多次内应力积累后而使陶瓷基片开裂。

5）外界冲击、振动和恒定加速度的机械应力不能超过混合集成电路所承受的机械应力。否则会造成电路的芯片和键合点等脱落。采用大基片（25×25 mm^2 或更大）的混合集成电路还不能承受一般对单片集成电路所承受的振动、冲击和恒定加速度应力。

6）混合集成电路，由于重量、体积都比较大，引出管脚周围的玻璃绝缘子又容易炸裂。因此，其引出管脚不能用来作机械固定，只能起到电连接作用。混合集成电路在 PCB 线路板上安装高度要控制，安装过高，容易造成引出管脚受到较大机械应力，导致管脚周围玻璃绝缘子破裂、焊点开裂和引线折断等。

7）混合集成电路的输入端一般有滤波电容器，有些产品系列是采用有极性的固体钽电解电容器。这种混合集成电路输入端的电极性不能接反。电路输入端不能有负脉冲干扰。

8）使用混合集成电路时，外围电路应采取安全保护措施，减少混合集成电路输出端的纹波和噪声。

9）混合集成电路的可靠度比分立元器件的导线连接电子系统可靠度至少提高 10 倍以上。

10）混合集成电路的输出容性负载是有限制的，电容值不得超过其电路限定临界值。否则由于电容器的充放电过大电流，会导致电路失效。

11）混合集成电路一般功率较大，应采用散热措施。

12）在估计混合电路的失效率时，除要考虑其构成的厚（薄）膜元件、分立元器件和连接部件等失效率外，还必需根据其电路的复杂程度、基板面积、封装种类、质量水平、使用环境等因素，对其基础失效率，即构成各部件失效率之和而进行修正。

20 电压型运算放大器（运放）应用注意事项

1）电源电压稳定性应保持在±1%，电压纹波系数应小于 1%。电源电压应有保护电路，可在运放的正、负电源端与地之间分别并接上 10～15 μF 电解质电容器和 0.01～0.1 μF 高频电容器，以防止在电源电压开断或电压瞬时波动时，造成运放损坏。电源故障保护，采用在电源正、负端引线上分别串联一只二极管，以防止电流倒流和电源极性接反。

2）运放共模输入电压超过最大共模输入电压范围时，共模抑制比 CMRR 将显著下降，甚至电路会出现“自锁”现象或造成永久损坏。“自锁”现象，通常在运放作为电压跟随器应用时发生。

运放共模输入端保护措施，可采用在运放反相输入端接入一只电阻器后，在运放反相端和同相端之间并联两只极性相反的保护二极管，使运放共模输入端的输入电压限制在二极管的正向电压降以下。同时，这个保护措施还可以避免在运放中产生“自锁”现象。

3）运放差模输入电压保护措施，可采用在运放两输入端分别接入相等限流电阻后，在运放两输入端之间并接两只极性相反的保护二极管，使运放差模的输入电压限制在保护二极管的正向电压降以下。

4）运放输出端不能对地短路，输出端也不能碰接正或负电源。如果内部芯片没有保护电路，则必须采取外部保护电路措施，如在运放输出端与反相输入端之间连接一只双向稳压二极管，可防止运放输出过电压或过流。

5）运放共模输入电压和差模输入电压均不应超过各自的最大额定值的 60%。运放输出工作电流应小于最大输出电流的 80%。

6）运放输入电压信号变化斜率的绝对值应小于其转换速率 SR 时，运放输出电压信号才能按线性规律变化。

7）运放输入端应采取隔离措施，否则因输入端漏电流增大，可能引起失调电压的很大误差。

8）运放输出端接入容性负载，应采取保护措施。否则使运放在输出正向饱和到通过电压瞬间，电容向运放索取较大的瞬时电流，可造成运放的损坏。

9）运放输入和输出的引线尽可能短。大功率运放应具有独立的正、负电源线和地线。运放输入电压信号的地应连接在机架上。

10）运放共模抑制比 CMRR 随工作频率上升而下降，随运放输入电压超过最大共模电压的增大而显著下降。

11）运放开环差模电压增益 A_{od} 随工作频率上升而下降，随外加补偿电容量增大而下降。

12）由于运放开环差模电压增益 A_{od} 越大，开环带宽就也越小。因此，在满足运放的运算精度下，选择较低 A_{od} 为好。

13）运放内部没有设置补偿电路时，若输出信号发生振荡时，可通过补偿端外加电容或 RC 网络进行调整，可使振荡信号消失。补偿端不能碰接高压和大电流，否则补偿端就会受到损伤而导致电路的失效。

14）高输入阻抗型运放不能代替通用型运放，否则就会降低抗外界干扰的能力，可造成运放功能失常，这个案例在某产品上发生过。因此，在选择运放时，按整机或系统的技术要求，只需要对其中几项指标有特殊要求外，对其他指标不必强求，尽量选用普通型运放。

15）运放在相同的信号增益下，非倒相结构运放的噪声增益只有倒相结构运放的噪声增益的一半。因此，非倒相结构运放提供了一个较低的信号噪音比。

16）多个的运放组，有一种共同的模式危险，即有某个运放失效模式就会损坏整个运放组件。因此，不应当把多个的运放组件作为并联余度。

17）运放工作在低于最低温度极限环境中，通常开环差模电压增益和输出功率将会发生变化。

18）提高输出功率，双电源型运放输出端外接互补推挽功率放大电路，可提高输出功率。

19）运放在全寿命周期内，其主要参数会发生一定量的漂移。为此，在电路设计时应规定运放主要电参数变化的余量：开环差模电压增益允许－20％漂移，输入失调电压允许＋50％（低失调电压运放可达＋300％）漂移，输入失调电流允许＋50％或 5 nA 漂移。

21　三端稳压集成器（稳压器）应用中注意事项

（1）输入端

1）稳压器输入电压不能超过输入最大额定电压值的 80％，不小于最大额定电压值的 20%。

2）为了保证稳压器正常工作，输入与输出电压差值应大于产品推荐的最小输入与输出电压差值的 1.2 倍。

3）稳压器输入正端不能对地短路，稳压器输入接地端不能开路。

4）稳压器输入端的滤波电路对地不能开路。

5）稳压器输入端与输出端不能反接。

（2）输出端

1）稳压器输出的电流负载不应该超过其输出最大额定电流的 80%。

2）稳压器输出端不得对地短路，也不能与其他高电压电路相连接；稳压器输出接地端不得对地开路。

3）稳压器的内部没有设计输出短路保护装置时，则应设计外部短路保护电路措施。

4）在稳压器输出电压偏差（精度）较小和大电流负载时，应考虑输出端负载连线的电压降落的影响。

5）为了防止稳压器输出端对地短路而烧毁稳压器的内部电压调整功率三极管，可在固定稳压器的输入端与输出端之间并接一只大电流的二极管（固定正稳压器，二极管正极接输出端，负极接输入端；固定负稳压器，二极管正极接输入端，负极接输出端）。

（3）其他注意事项

1）稳压器输入端与公共端之间接入一只 0.33 μF 电容器 C1，防止稳压器的自激振荡，减小输入电压中的纹波和抑制过电压；输出端与公共端之间接入一只 0.01 μF 电容器 C2，消除电路的高频噪声，改善瞬态负载响应特性；C1、C2 还可以消除稳压器产生的高频寄生振荡。

2）使用可调式稳压器时，为了减少输出电压纹波，应在稳压器的调整端与地之间接入一只 10 μF 电容器。

3）为了提高稳压器的稳压性能，应注意稳压器的连接布局。一般稳压器不要离滤波电路太远。此外，稳压器的输入线、输出线和地线应分开布设，并采用较粗的导线且要焊牢。

4）稳压器最大功率取决于内部电压调整功率管的最大结温 T_{jM} 。因此，要保证稳压器在额定输出电流下正常工作，稳压器就必须采取适当的散热措施。

5）稳压器最主要的失效机理是稳压器的内部电压调整功率管的过功耗而烧毁。

6）扩大稳压器输出电流的电路，可采用外接功率管的方法来扩大电流输出。例如 W78XX 型，先在输入端串联一只电阻 R_0， 然后将外接 PNP 型功率管的 E 极和 B 极接在输入端的串联电阻 R_0 前后上，C 极接在稳压器的输出端。外接功率管后，使稳压器输出电流 I_{CM} 比原先输出电流 I_0 扩大外接 PNP 型功率管的 C 极电流 I_{C1}，即 $I_{CM}=I_0+I_{C1}$。

第八部分　失效分析及失效机理

1　结构分析（CA）

结构分析是一种通过对元器件的结构进行一系列深入细致分析来确定元器件的结构是否存在的潜在失效机制的方法。它主要的目标是对元器件的设计、结构、工艺和材料等是否满足评价要求和相关项目运行要求的能力做出早期判断，避免不适当结构的元器件装机使用，确保在前期的研制及应用中，将元器件的质量风险降到最低。结构分析作为一种可靠性评估方法，对高可靠应用领域元器件的质量起着重要的保证作用。

结构分析（CA）、破坏性物理分析（DPA）和失效分析（FA）是航天用元器件的可靠性保证的重要手段，分别从元器件的前期、中期和后期进行分析评价。这三项分析技术相辅相成、相互补充，形成一个有机整体，以确保航天用元器件的质量与可靠性。

（1）结构分析流程

结构分析的工作流程：结构单元分解→结构要素识别→结构判别与评价→结构分析结果→提出建议。

（2）结构分析常用方法

结构分析的常用方法，一般包括仿真分析和试验分析两种。

1）仿真分析是在可能的情况下通过各种专业软件或通用软件，对需要分析元器件的结构物理、化学、力学、逻辑、热分布等进行建模仿真分布，完成以试验分析难以完成或者很难获得分析数据。

2）试验分析包括两类，一类是非破坏性方法，另一类是破坏性方法。非破坏性方法一般有：外观检查、标识牢固性检查、X 射线检查、SAM 检查、SEM 检查、能谱分析、傅里叶分析、PIND 和密封性检查等。破坏性方法一般有：内部目检、内部元器件分析、键合强度试验、芯片剪切力强度试验和材料分析等。

（3）结构分析（CA）与破坏性物理分析（DPA）、失效分析（FA）比较

① CA 与 DPA 比较

CA 与 DPA 既有共同点，也有不同点。共同点是：它们都是评估元器件可靠性的方法，都是破坏性的试验，也都是进行随机抽样。不同点是：CA 一般用于对新型的元器件或在特定的使用条件下没有使用经历的元器件进行适应性分析和评估，而 DPA 是对已经

知道结构和有成功使用经验的元器件进行符合性和质量一致性检查；CA 一般是没有标准的，对不同的元器件一般要考虑分析的目的和元器件的特点来制定的 CA 分析方案，而一般来说，DPA 有现成的标准；CA 内容比 DPA 广泛，包含的可靠性信息量更多、更全面，而一般 DPA 内容只是 CA 内容的一部分。

对于新型的元器件一般是先进行 CA，而后在此基础上逐步形成 DPA 标准。

② CA 与 FA 比较

CA 是元器件使用前的试验程序，而 FA 是元器件失效后的质量问题查找；通过对元器件进行 CA，可发现元器件某些特定的薄弱环节和可能在应用中出现质量问题的失效部位，从而为 FA 提供了思路与方法，而 FA 也可以为 CA 方案的设计提供思路。

2　良品分析

特性正常的产品也潜伏着故障原因，尤其是元器件，这样的状态很可能大多存在。借助良品分析能发现产品在制造过程中的不妥之处，对潜在故障原因进行追究，暴露出本来面目。利用良品分析可预防可靠性低的批次产品的交货。良品分析是事先质量把关的重要措施。

良品分析作为潜在故障原因的有无，或作为制造状态评价的方法，是很有实用价值。通过良品分析进行评价时，也能推断产品一定程度的可靠性。但良品分析不能得出关于故障率、寿命的定量结论。

良品分析可以把通常故障分析很难发现封装树脂不妥之处检验出来，也可以把制造工程中的不适当加工、处理等检验出来，还能从良品分析结果推断制造工艺的水平等。

此外，在故障品分析时，多数情况下是将良品作为比较对象物的，与故障品相同种型号的良品和故障品一起进行分析和比较研讨，找出故障品失效的位置。

3　破坏性物理分析（DPA）

DPA 是为验证元器件的设计、结构、材料、质量和工艺情况是否满足预定用途或有关标准（规范）中规定的要求，对元器件的随机抽取样品进行解剖，以及在解剖前后进行一系列检验和分析的全过程。

DPA 是一种对元器件的潜在缺陷的确认和潜在缺陷的危害性分析的过程，也是一种对元器件使用前的可靠性进行预计。它是保证元器件的使用可靠性的最重要技术之一，用于元器件批质量的评价和元器件生产过程的质量控制。一般 DPA 应在元器件装机前完成。

（1）DPA 目的

根据 DPA 的结果，一是促使元器件的生产厂改进元器件的设计、工艺、原材料和加强质量控制，提高元器件的固有可靠性；二是事先防止有明显或潜在缺陷的元器件批装机使用，保证装机元器件的使用质量。另外，DPA 可用来识别假冒伪劣进口半导体器件，也可以用于元器件良品分析，还可以验证筛选试验有效性。

（2）DPA 用途

DPA 用于元器件的鉴定试验、质量一致性检验、关键过程（工艺）监控、交货检验（验收）或到货检验、装机前质量复验、二次（补充）筛选、超期复验和已装机元器件质量的验证等。

（3）DPA 抽样方案

除产品规范另有规定外，用于 DPA 的样品应从生产批次的合格元器件中随机抽取，并按 GJB4027《军用电子元器件破坏性物理分析方法》标准中 DPA 的不同用途，规定相应的抽样方案如下：

①鉴定试验和质量一致性检验

当 DPA 用于元器件批的鉴定试验和质量一致性检验时，抽取样本大小应满足 DPA 检验项目的需用量为前提。对于一般的元器件（普通二极管、晶体管、阻容元件等），抽取样本大小应为生产批总数量的 2%，但不得少于 5 只，也不多于 10 只；对于结构复杂的元器件（集成电路等），抽取样本大小应为生产批总数量的 1%，但不得少于 2 只，也不多于 5 只；对于价格昂贵或批量很少的元器件，抽取样本大小可适当减少，但应经鉴定机构或采购机构批准后实施。此外，建议各类别元器件的生产批总数量少于 10 只，允许抽取 1 只。

按 QJ1906A—90《半导体器件破坏性物理分析方法和程序》标准中的规定对半导体器件抽样方案：半导体分立器件，抽取样本大小应为生产批总数量的 10%，但不得少于 3 只，也不多于 8 只；半导体集成电路，抽取样本大小应为生产批总数量的 10%，但不得少于 2 只，也不多于 5 只；混合集成电路，抽取样本大小应为生产批总数量的 5%，但不得少于 1 只，也不多于 2 只；当半导体器件的生产批总数量小于 10 时，允许抽样 1 只。

②关键过程（工艺）的监控

当 DPA 用于元器件关键过程（工艺）的监控时，其样本大小、抽样方式以及检验的项目和频度等，由元器件承制方根据具体情况确定，抽取样本大小最少为 1 只，检验的频度可为每周一次，或每天一次，也可以每小时一次。

③交货检验或到货检验

当 DPA 用于元器件交货检验（验收）或到货检验（装机前检验）时，其 DPA 抽样要求可与鉴定试验和质量一致性检验相同，使用方也可根据需要提出其他的抽样方案。

④二次（补充）筛选、超期复验

当 DPA 用于元器件二次（补充）筛选、元器件超期复验时，其 DPA 抽样方案（包括重新抽样）由相应标准的规定或由使用方提出抽样方案。

⑤重新抽样

1）若第一次 DPA 的不合格项目属于可筛选缺陷，经过对该批次产品进行针对性筛选剔除有缺陷的产品后，重新抽样（必要时应加大样本大小或降低不合格判定数）再一次进行 DPA（适用时，可根据具体情况对检验项目进行裁剪）；

2）若第一次 DPA 由于设备故障或操作失误等与被检元器件质量无关的因素而导致未得出结论时，DPA 责任单位应查明原因，采取纠正措施后，重新抽样再一次进行 DPA（适用时，可根据具体情况对检验项目进行裁剪）；

3）若第一次 DPA 未得出明确结论或结论为可疑批时，应重新抽样再一次进行 DPA（适用时，可根据具体情况对检验项目进行裁剪）。

总之，DPA 抽样检验结果将用于整批产品质量的评价，因此就存在可能将合格产品误判为不合格，或不合格产品误判为合格产品的风险。

（4）DPA 的检验项目、程序、方法以及缺陷判据

不同门类的元器件 DPA 的检验项目、程序、方法、抽样以及缺陷判据也不同，应按 GJB4027A—2006《军用电子元器件破坏性物理分析方法》标准中工作项目的 16 大类 49 小类元器件，分别规定了各自门类元器件的 DPA 的检验项目、程序、方法、抽样以及缺陷判据。当产品详细规范中的 DPA 要求与 GJB4027－2006 标准中的 DPA 要求有矛盾时，一般以产品详细规范中的 DPA 要求为准。

目前，航天所用的半导体分立器件、光电器件、单片集成电路、混合集成电路、电源模块、电源滤波器、可变电容器和电位器等进行 DPA；在晶体振荡器、时间继电器和固体继电器以及其他微组装器件等的内部含有半导体器件时，也应对半导体器件进行 DPA。

DPA 已初见成效，以后随着 DPA 技术的推广和深入，其他门类的元器件的 DPA 工作也将逐渐开展起来，更进一步保证装机元器件的质量与可靠性。

（5）DPA 结论

根据 GJB4027A—2006《军用电子元器件破坏性物理分析方法》标准中规定，DPA 结论分为以下四类：

1）DPA 中未发现缺陷或异常情况时，其结论为合格；

2）DPA 中未发现缺陷或异常情况时，但抽样样本大小小于相关规定时，其结论为样品通过；

3）DPA 中发现相关标准中的拒收缺陷时，其结论为不合格，但结论中应说明缺陷的属性（例如，可筛选缺陷或不可筛选缺陷）；

4）DPA 中仅发现异常情况时，其结论为可疑或可疑批（第一次样品分析无明确结论，怀疑设备故障或操作有误），依据可疑点可继续进行 DPA。

（6）DPA 不合格判据

由于 GJB4027A—2006《军用电子元器件破坏性物理分析方法》标准是参照美军标制定的，对 DPA 拒收的判据要求显得过于严格。因此，根据航空、航天部门的 DPA 工作经验，对 DPA 的批拒收的判据要求作以下说明，供参考。

凡具有以下条件之一者的缺陷，即构成了批拒收缺陷：

1）缺陷属于致命缺陷或严重缺陷者；

2）具有批次性的缺陷者（在设计、制造工程中造成的，并在同一批次元器件中重复出现缺陷）；

3）具有发展性（如铝腐蚀等），且难以筛选的缺陷者；

4）严重超过定量（内引线键合强度零克点或芯片剪切强度低于规定合格判据50%的缺陷者）合格判据的缺陷者。

这由于美军标对DPA合格判据要求过严，根据我国元器件实际质量情况对内引线键合强度和芯片剪切强度作出合格判据“让步”。

（7）DPA不合格批的处理

对DPA不合格批的处理应根据缺陷的性质及DPA的用途不同而定。

1）除了鉴定试验进行DPA外，验收、复测时进行DPA中，若拒收的缺陷是可筛选的缺陷，可允许生产方进行针对性筛选后，加倍抽样再进行一次DPA，如果不再发现任何缺陷，可按通过DPA的元器件处理；若拒收的缺陷是批次性质不可筛选的缺陷，应按整批次拒收处理。

2）在已装机元器件质量验证进行DPA中，如发现拒收的缺陷，一般应对已装机同生产批的元器件作整批次更换处理。当设计师系统进行失效模式、影响及危害性分析（FMECA）后，并经评审确认该元器件的损坏，不会导致型号任务的失败或严重影响型号任务的可靠性，也可以不作整批次元器件更换处理。

总之，DPA技术可发现元器件在常规筛选试验中不一定能暴露某些质量的缺陷问题，如芯片的金属化、钝化层缺陷，内引线键合强度、芯片剪切强度明显下降等缺陷。但DPA技术难以发现元器件的性能参数退化不可靠因素，如钠离子沾污引起漏电流增大，热电子注入效应导致MOS器件的阈值漂移或跨导值退化，金属—半导体接触退化导致欧姆接触电阻增大等。

DPA有效控制了重点工程装机批元器件的使用质量，从而提高了型号产品的质量与可靠性。

DPA技术不是一成不变的，要根据目前在DPA中存在问题，改进和完善DPA的检验项目和方法中不恰当的方面，以满足新的元器件的质量与可靠性评估的具体要求。

4　物理特征分析（PFA）

为了验证进口半导体器件的外观、材料、结构、芯片版图和制造工艺是否符合该产品标准（规范）中的规定的要求而进行的一系列检验和分析的全过程。

PFA目的是识别并剔除仿冒、做旧、翻新、伪劣的进口元器件。PFA适用于弹上设备和地面关键设备用进口半导体器件。

5　故障树分析（FTA）

故障树分析是在系统设计过程中，通过对可能造成系统失效的各种因素（包括硬件、软件、环境、人为等因素）进行分析，进而画出的逻辑框图（一种特殊的倒立树枝状逻辑因果图—故障树）来确定系统失效原因的各种可能组合方式及其发生概率，以计算系统失效概率。

它是提高系统可靠性的一种设计分析方法。故障树分析采用“自上而下”的逻辑归纳法，分析到系统的某一个或一系列事件。

6 故障模式影响分析（FMEA）

它是在产品设计过程中，应用归纳的方法分析产品设计（或过程）中可能存在的故障模式及其产生的后果和危害程度。通过全面分析，找出产品设计（或过程）的薄弱环节和风险，重点加以实施设计改进和风险控制。它对保证产品的可靠性起到重要作用。

它是提高产品可靠性的一种设计分析方法，广泛应用于产品的可靠性工程、安全性工程和维修性工程等领域中。

目前，一般 FMEA 工作流程是一个单向的工作流程，即由总体功能分解到分系统，由分系统再分解到单机。由单机的 FMEA 归纳为分系统的 FMEA，由分系统的 FMEA 归纳为总系统的 FMEA，是采用“自下而上”的逻辑归纳法。实际上设计 FMEA 不是“一次性”的工程行为，需要贯穿于产品整个研制过程中。

产品设计 FMEA 工作应与产品设计过程中的可靠性预计、故障分析、可靠性评估和验证等可靠性工作建立有机信息联系。

7 故障模式危害性分析（FMECA）

FMECA 是对组织可靠性进行分析的一种重要方法。危害性分析的目的是按每一故障模式的严酷度类别及该故障模式发生的概率所产生的综合影响对其划等级分类，一般分为Ⅰ、Ⅱ、Ⅲ、Ⅳ四个等级，以便全面评价各种可能出现的故障模式的影响，从而对各个故障模式进行风险排序。

8 失效物理分析

失效物理是从原子和分子的角度来解释失效的物理性质。从广义上来说，它是提高元器件可靠性的物理和工程学的基础技术。失效物理预计方法是建立在物理、化学、力学和工程材料学基础之上，通过建立失效物理模型，实现对元器件可靠性进行精确的预计。

失效物理分析是以理化分析为基础的方法，可对少量元器件的失效样本进行物理分析。这种方法的重点不在于统计出元器件的失效率，而在于改进元器件质量，强调失效分析与质量改进相结合，以期达到：在短时间内发现元器件的内在缺陷；用物理学概念，给出预计元器件失效的模式和数学公式；在短时间内作出评价元器件可靠性。

为了分析失效数据，把观察到的失效现象进行模型化，找出产生失效的原因及相互关系，就有必要研究失效物理模型。失效物理模型可分为物性论模型和概率论模型。物性论模型的目的是研究发生失效的现象与形式，研究失效与物理、环境和时间等因素的关系；概率论模型的目的是要搞清楚缺陷在空间上的分布和失效发生时间在概率上的分布等。

由于物性论模型与概率论模型关系密切，在大多数场合下，要指出它们单纯是属于哪一种模型是困难的。因此，从物理角度来看，常见的失效物理模型大致分为五种：应力—强度模型、反应速度论模型、增长曲线模型、最弱环模型（串联模型）和累积损伤模型。

9　失效分析（FA）

失效是指产品在规定的条件下（环境、使用的条件），部分或完全丧失规定的功能或某项参数指标达不到规定要求（参数漂移大于10％或间隙失效）。失效也指产品在工作条件下的机械结构的破裂或损坏状态。

失效分析是采用电子、物理、冶金、化学等方面的先进分析技术，为失效机理进行深入细致分析，以便确定失效模式，找出失效机理或失效原因，经过统计分析，制定纠正及预防措施，防止类似失效模式的重复出现。

从广义上说，失效分析是失效物理学的技术基础，它为失效物理的研究和发展提供手段和数据。此外，失效分析可理解为明显故障或潜在故障的原因进行追究，暴露出本来面目。

失效分析是为提高产品的固有质量和使用质量提供科学依据，也是产品质量问题归零的前提。通过失效分析有助于对产品进行优化设计。

（1）失效模式

失效模式是指产品失效的外在表现具体形式或现象，与产生原因无关，如开路、短路、电参数漂移和漏气等。

失效模式是改进产品及新产品可靠性设计的依据，也是整机可靠性设计的重要信息。

（2）失效机理和失效原因

1）失效机理是指引起产品失效的物理（变形）、化学（变质）变化等内在的因素，如离子迁移、钠离子沾污、疲劳、腐蚀、过应力和辐射等。

2）失效原因主要是指造成产品失效的外在人为因素造成的，如产品的误用失效。造成失效的原因不是产品本身的质量问题，而是使用者不按规定使用条件所造成的。

在失效分析中，确定失效机理和确定失效原因有着同样重要，因为只有确定并消除产品失效的内在因素和外在因素，方能提高产品的固有质量和使用质量。

失效模式与失效机理或原因有一定的关联，但是并不是一一对应，往往同样的失效模式，可能有不同的失效机理或原因。因此，往往要根据失效模式假设几种失效机理或原因，然后用试验、分析的方法进行验证，来确定是哪一种失效机理或原因，甚至各种机理或原因的因素综合引起。

（3）失效分类

失效分类：按引起失效的应力类型，可分为机械、电、热、化学和辐射等应力失效；按失效的发生场合，可分为试验失效和现场（或运行）失效；按失效的程度，可分为完全失效（致命失效）和局部失效（轻度失效）；按失效的持续性，可分为突发性失效、潜在性失效、间歇性失效和翻转失效；按失效的起因，可分为设计失效、工艺失效和使用失效；按失效的时间，可分为早期失效、偶然失效和耗损（退化）失效；按失效的性质，可分为本质（固有）失效、误用（使用）失效、从属失效、重测合格失效、意外损伤失效和原因不明失效；按失效的损伤时间累积效应，可分为耗损型失效和过应力型失效；按电参数测试的结果，可分为开路、短路或漏电流、参数漂移和功能失效等。

现将其中几种失效类型介绍如下：

①早期失效、偶然失效和耗损失效

1）早期失效：是指元器件产品由设计、原材料、制造工艺等缺陷原因而发生失效。在早期失效期（调整期），元器件产品在工作初期失效率 $\lambda(t)$ 很高，在此期间元器件产品失效率 $\lambda(t)$，随工作或贮存的时间或次数增长而迅速降低。早期失效元器件产品的平均寿命远远低于良好性能的元器件产品的平均寿命。

2）偶然失效：元器件产品由于偶然因素（过应力、静电积累等应力超过产品本身承受强度等）引起随机失效。在偶然失效期（使用寿命期），元器件产品失效率 $\lambda(t)$ 低，且接近常数。大多数元器件产品偶然失效期较长。

3）耗损失效：元器件产品长期使用后，产生的老化、损耗、腐蚀、磨损和疲劳等原因引起失效。在耗损失效期（衰老期），元器件产品失效率 $\lambda(t)$，随工作时间或次数增长而升高，最终变得不能使用。

某些机械元件偶然失效期的失效率 $\lambda(t)$ 不是常数，随工作时间增长而稍有升高。一般来说，电磁继电器和机械开关的早期失效期和偶然失效期都较短，这与它们采用机械触点作执行开关机构有关。半导体器件的偶然失效期的失效率 $\lambda(t)$ 也不是常数，随工作时间增长而降低。半导体器件的偶然失效期和耗损失效期都较长，这与半导体是属于半永久性有关。

②本质失效、误用失效和重测合格失效

1）本质失效（固有失效）：它是指元器件产品在规定条件下使用，由于元器件产品本身固有的弱点（材料微观结构缺陷、产品结构缺陷、制造工艺缺陷、产品设计缺陷和材料及工艺化学污染等）而引起的失效。

2）误用失效（使用失效）：它是指元器件产品不按规定条件下使用（电子电路设计不当、安装工艺设计不当、元器件产品选型不当、使用电应力和环境应力不当和操作不当等）而引起失效。

3）重测合格失效：元器件产品在整机上偶然出现部分失效或完全失效，但拆卸成为元器件个体时测试合格。造成原因是：误判，焊点虚焊，环境电磁瞬时干扰和辐射，元器件性能不符合整机实际要求，元器件腔体内有可动金属或有机多余物，电解质电容器和金属化有机电容器的“自愈”现象，电路出现“自锁”现象，金属离子迁移或晶须造成相邻导体间短路而被短路大电流烧断，元器件芯片和焊锡的微小破裂等。

③过应力型失效、耗损型失效

1）过应力型失效：是指那些由于应力超过元器件产品材料的内在强度而导致失效，不存在损伤时间累积。

2）耗损型失效：是指那些应力累积损伤超越了元器件产品材料的容忍极限而导致过应力失效，存在损伤时间累积。

10　简介失效分析技术及方法与设备

每种失效分析技术及方法或分析仪器设备，只是对验证失效样品的某一方面的特征起作用。为了从同一种失效样品取得更多信息，以便互相补充、互相证实，更准确地确定失效样品的真正机理或原因，往往需要采取多种试验和分析技术及方法。

（1）失效分析的基本程序和原则

①失效分析基本的程序

失效现场信息调查→外观检查→失效模式确认→非破坏性分析→破坏性分析→综合分析→报告编写。

②失效分析操作的原则

1）失效分析先外部后内部，先整体后局部，先非破坏性后半破坏性，最后破坏性；

2）失效分析既要防止掩盖导致原有失效的迹象或原因，又要防止带进新的非原有的失效因素；

3）元器件失效后，如果加上外应力将会改变其失效状态，则在分析前，在失效样品上切勿施加的机械、电、热等应力。

（2）非破坏性分析技术

①外观检查

用 30 倍显微镜检查元器件的外观（引线、镀层、封装材料、密封封口、标志、污染等）是否有缺陷，通常要拍照。

②电性能测试

对失效样品进行全部电性能测试。若电性能测试可重复失效现象，就可确定失效模式，缩小故障隔离区。在特定条件下，从一些敏感参数的电测结果可确定失效机理，简化失效分析步骤等。

③附加电试验

为了确定开路、短路或漏电流和外壳绝缘电阻，应逐一进行下述测试：

1）阈值测试：采用晶体管图示仪分别对失效样品和同型号良品进行端口（管脚与管脚、管脚与外壳等）的伏安特性曲线特性测试，并对两者测试结果进行比较，确认是否有异常伏安特性曲线的管脚。它主要是判断漏电、软击穿、低压击穿和开路等异常现象。

2）外壳绝缘试验（适应各种金属封装或带有金属盖或金属座的封装）：采用绝缘测试仪分别对失效样品的引出端与外壳之间进行测试。它主要检查引出端与外壳之间绝缘性是否良好。

④气密性检查

对失效样品进行细检漏和粗检漏，判断失效样品气密性是否符合产品规范中规定要求。细检漏通常采用氦质谱法，粗检漏通常采用碳氟化合物法。主要检查壳体密封口和玻璃绝缘子等是否漏气。

⑤ PIND

采用 PIND 失效的空腔元器件的内部是否有可动多余物。金属多余物有可能引起元器件的短路，非金属多余物有可能引起元器件的沾污或开路。

⑥ X 射线和反射式扫描超声学显微镜分析技术

通常，X 射线透视技术和反射式扫描声学显微镜技术都是非破坏性的无损失效分析技术。X 射线透视技术可观察元器件内部的缺陷，如芯片粘结不良、芯片断裂、内引线断裂、可动多余物和结构不良等；反射式扫描声学显微镜可观察材料的微开裂、空洞、剥离、分层，芯片粘接不良和密封不良等缺陷。

⑦红外分析技术

它是利用红外线显微技术对微电子器件的微小面积进行高精度非接触测温方法，将微电子器件的工作情况及失效部位通过热效应反映出来。

⑧封壳外部清洗

将失效样品侵入标准的去油溶剂中，随后又将失效样品侵入沸腾去离子水中，然后烘干。它主要检查封壳外部是否有沾污而引起的漏电流。

（3）破坏性分析技术

①内部气氛检测

内部气氛检测是检测失效的空腔元器件的内部有害气氛含量是否符合产品标准（规范）中规定要求。尤其是水汽的危害性，除了直接引起漏电流增大外，水汽对元器件的很多失效机理都有加速作用，如加速银离子迁移、金属腐蚀、生成金铝间化合物和焊接热疲劳等。

②开封技术

开封时首先必须了解元器件的内部结构。若元器件是空腔封装时，可采用专用工具、加热、研磨等进行机械开封；若元器件是实封（塑料封装）时，可采用脱水硫酸或发烟硝酸腐蚀法进行化学开封或物理激光开封或化学开封和激光开封的相结合开封。

③样品制备技术

为了样品表面和内部的可观察性和可探测性，样品必须有选择地进行剥层分析，称为样品制备技术。样品制备技术主要包括：打开封装、去钝化层、去金属化层、去层间介质、抛切面技术和染色技术。

抛切面技术可发现样品内部的缺陷，如半导体 PN 结缺陷、多层瓷介电容器的内部介质缺陷等。抛切面的步骤：将样品用树脂固定牢固后，先研磨（粗磨、中磨、精磨），后抛光。抛切的方向根据观察界面区域的需要，可选择横切面或纵切面或斜角面的方向。

④不加电的内部检查

打开封装后，采用光学显微镜（立体、金相显微镜）、扫描电镜（SEM）和能谱仪（EDS）观察芯片内健合丝及内外健合点、芯片或衬底、芯片粘结、芯片版图、金属化互连线、钝化层、氧化层介质和光刻等缺陷。对有怀疑缺陷部位，都必须照相。

⑤加电的内部检测

打开封装后用显微镜观察不到失效部位时，就需要对芯片进行电激励，根据芯片表面节点的电压、电流、波形或发光异常点进行失效定位。

（a）以测量电压效应为基础的失效定位技术

以测量电压效应为基础的失效定位技术有：扫描电镜的电压衬度像，可确定芯片金属化层的开路或短路失效；机械探针可探测芯片内部节点的电压和波形，根据节点电压和波形确定被测点的正常与否，确定芯片失效部位。

电子束探测可代替传统的机械探针方式。它是在扫瞄电镜频闪电压衬度像的基础上发展起来的一种新型失效分析系统，实质是一个非接触的取样示波器。电子束探针与机械探针相比较，电子束探针具有空间分辨率高、非接触性、无需电容负载、易对准被测接点和非破坏性等特点。目前，电子束探测技术已被广泛地应用于超大规模集成电路的设计验证和失效定位。

（b）以测量电流效应为基础的失效定位技术

以测量电流效应为基础的失效定位技术有：显微红外热像技术可将芯片上热分布显示出来。根据热分布的异常区或异常点，可暴露不合理的设计和工艺缺陷；光辐射显微镜技术可探测到缺陷和损伤类型，如微漏电失效点的定位，栅氧化层缺陷、静电放电损伤和闩锁效应等定位等；电子束感生电流像技术可确定 PN 结缺陷的部位。

（4）化学成分的分析技术

元器件失效的主要原因之一是沾污，包括颗粒沾污和表面沾污。确定污染源是实施改进措施的先决条件。因而，化学成分的分析技术在分析中有着重要作用。化学成分的分析在原子互扩散引起的元器件特性退化分析中也起重要作用。常用化学成分的分析技术有：X 射线能谱、俄歇电子能谱、二次离子质谱和傅里叶红外光谱等分析技术。

根据不同种类元器件、不同的失效模式和失效机理，适当选择以上失效分析中最常用的几项技术和方法，以达到简便、快速和有效的失效分析目的。此外，对于复杂和关键元器件的失效分析，涉及面极其广泛，必要时建立由元器件生产方、使用方和失效分析单位组成的三结合分析小组，将能收到失效分析质量高、快速度的效果。

总之，通过失效分析可以发现元器件的本身缺陷而失效的固有质量问题，也可能发现元器件因不按规定条件使用而失效的使用质量问题。将失效分析结果，通过向有关方面反馈，促使责任方采取相应的纠正措施，提高元器件的固有质量和使用质量。通过失效分析还可以确定元器件失效机理或失效原因，为处理元器件出现质量问题提供科学依据，也是修订或制定现有技术规范、规程和标准的主要依据。

11 过应力

应力是驱动元器件完成功能的动力和加在元器件上的环境条件，也是元器件退化的诱因。应力包括电、热、机械、化学和辐射等应力。

过应力是指超过元器件或材料所承受的最大应力，是导致元器件失效的诱因。

过电应力：元器件承受的电流、电压或功率超过其规定的最大额定值。

过热应力：元器件承受的环境温度、壳温、结温超过其规定的最大额定值。

过机械应力：元器件承受的振动、冲击、离心力等超过其规定的最大额定值。

12 过电应力（EOS）损伤

有电感负载的供电电源或大型耗电设备中处于开关的瞬间，交变电压不稳或接地不良（短路或开路）以及发生雷击或雷击感应，负载转换，电感及电容效应和静电等。这些因素都可以导致元器件受到一种随机的短时间的高电压或强电流冲击。这时，瞬时功率远远超过元器件的额定功率，引起元器件的过电应力（过电压、过电流或过功率）和静电放电损伤。

13 电介质击穿

当施加于电介质上的电场强度逐渐增加，直至超过某一临界值时，由于电介质内部的极化，电子脱离化学键束缚，使电介质漏电流急剧增大，而使电介质失去绝缘性质的现象称为电介质击穿。

电介质击穿可分三大类：一类是由使用、测试和试验中的电应力或静电电压等异常电应力超过电介质的击穿强度而导致电介质击穿；二类是在规定电应力使用下，由于电介质本身的缺陷（电介质缺陷包括介质过薄、介质夹杂质、介质针孔、介质裂纹、介质沾污等）引起电介质的局部高电场或大电流而导致电介质击穿；三类是与时间相关的击穿（TDDB），这是由于电介质中的可动钠离子在电场作用下迁移集中而在电介质层上面的产生反型层形成表面漏电沟道，或使电介质表面的电阻率下降，导致电介质击穿。

超大规模集成电路的漏电、短路的失效的主要机理是电介质击穿造成的。

过电应力损伤与静电放电损伤的区分，前者电压低、持续时间长。失效部位较明显损伤，如过大电流损伤会使电路的内引线熔断、芯片表面上的互连线铝条烧毁；过大电压损伤会使芯片的内部氧化层击穿、芯片表面上的互连线铝条之间产生电流通路。通常，失效时间是在元器件测试和上机使用后；后者电压高、持续时间短。失效部位不明显损伤，往往不能通过光学显微镜观察发现。通常，失效时间是在元器件贮存、测试和上机使用前。

14　金属离子迁移

金属类以离子的形态溶入水膜，在相邻导体的电位差（通常在约 10 V）作用下，金属离子被吸引到相邻导体上，并与相邻导体相接触，然后被还原成金属的现象被称为金属离子迁移。这种金属离子迁移如果持续下去，被还原的金属就生长成树枝状，直至造成相邻导体的短路。许多在相邻导体的电位差较大情况下，造成相邻导体短路的树枝状金属又被短路大电流烧断，短路故障得以消失。但这种情况反复发生，还原金属不能被烧断时就变成了真正的短路故障。

金属离子迁移的发生程度与不同金属种类有很大差别，银是最容易发生离子迁移的金属，铜及锡—铅焊料（锡铅镀层）也会发生金属离子迁移。从一般性的角度，金属都具有金属离子迁移的现象，只不过金属离子迁移造成相邻导体的短路概率的高低而已。

金属离子迁移不但在绝缘体表面发生，而且还会在元器件的内部和印制线路板发生，如印刷线路板的通孔之间、瓷介电容器介质微小空洞都发生离子迁移。绝缘体的表面若存在金属离子、污染（氯气、钠、钾等）和水膜，金属离子溶解水分中的速度将加快，在短时间内就会发生金属离子迁移。

漏电在空气中的湿度较高情况下，绝缘体表面上会出现的水薄膜，在加电压时，通过绝缘体表面上水膜而形成电流。金属离子迁移与漏电不同。金属离子迁移是在吸湿的绝缘体表面发生金属离子的析出并发生金属离子的还原反应，进而发生相邻导体短路故障。因此两者有明显的区别。

金属离子迁移是一种电化学现象，在具备金属、水分和电场的条件下，才能发生离子迁移。

随着半导体的金属化互连线的间距越小、电源或信号的电压越低，金属离子迁移越容易发生相邻导体的短路，而引起半导体器件失效。

15　晶须

晶须是指非常细长针状结晶物。晶须不仅指金属物，无机物及一部分有机物也会发生晶须现象。从镀锡层中生长出的晶须是结晶缺陷非常少的单晶物质，其强度非常坚硬，能够穿过绝缘膜而生长出来（长可达到 9 mm），导致相邻导体的连接，造成电子电路的短路故障（可承载短路电流达到 100 mA）。许多在相邻导体的电位差较大情况下，造成相邻导体短路的晶须又被短路大电流烧断，短路故障得以消失。

晶须的发生一般认为是由于金属内部的晶格缺陷引起的，光泽的镀锡层发生晶须的情况较多，而从其他金属中生长的晶须较少。在镀锡时掺入 1～2％的铅，对抑制晶须生长很有效。

随着半导体器件的集成度越高，引出脚及配线线的间距离越小、电源或信号的电压越低，晶须越容易发生相邻导体的短路而引起半导体器件失效。

16 金属电子迁移（EM）

在大电流密度下（$10^5 A/cm^2$ 左右），金属化膜条（金属化互连线）的导电电子和金属离子之间相互碰撞发生动量交换的质量迁移。对铝、金等金属膜，电场力很小，金属离子主要受电子风影响，结果使金属离子与电子流一样，由负极向正极沿着金属化互连线移动，产生金属化互连线的空洞（在负极端）或堆积形成小丘（在正极端）的现象称为金属电子迁移。当金属电子迁移严重到一定程度后，可导致金属化互连线的断开（或电阻增大）或与相邻金属化互连线的连接而短路。金属电子迁移与金属的密度有关，铝密度小，容易发生金属电子迁移；铜密度大，有利于减小金属电子迁移的发生。

金属电子迁移取决于金属化膜条的电流密度（金属电子迁移率近似正比于电流密度的平方）、电流持续时间和温度等。电流密度越大、电流持续时间越长和温度越高，金属电子迁移就越严重。由此可知，跨越氧化层的台阶处、导通孔处、90 度转弯处、压焊点等金属化互连线厚度减小和非均匀电流或电压分布几何图形的金属化膜条等都容易发生金属电子迁移。

大功率晶体管由于同时存在电流密度大和温度高，金属电子迁移是大功率晶体管主要失效机理。相对而言，MOS 器件的金属电子迁移失效率比双极型器件的金属电子迁移失效率的低。这因为，双极型器件的激励电流比较大，流过金属化互连线电流密度较高，容易发生金属电子迁移。

此外，在金属化膜条上覆盖一层的氧化硅或氮化硅，将会减缓金属电子迁移。

17 应力迁移（SM）

在集成电路在间歇工作过程中的温度变化或高低温循环试验时，金属化互连线与衬底材料以及钝化膜材料的机械应力不匹配，造成金属化互连线断裂而导致电路失效称为应力迁移。对于集成电路的高密度化、精细化而出现应力迁移尤其严重。

影响应力迁移的因素有，金属化互连线尺寸、工作温度、钝化膜种类和金属化互连线的结构及成分等。

18 金铝化合物失效机理

金和铝键合，在长期贮存和使用或高温（大于 200 ℃）的工作后，因化学势不同，它们之间能生成 $AuAl_2$（紫斑）、AuAl、Au_2Al（白斑）、Au_5Al_2、Au_4Al（呈浅金黄色）等金属间化合物。试验证明其决定性作用是金属间化合物 Au_5Al_2。

Au－Al 金属间化合物的生长速度，随贮存和使用的时间增长和温度升高而加速。

在键合界面处生成 Au－Al 金属间化合物之后，由于这种金属间化合物机械强度差，使键合界面强度降低、键合点变脆开裂、键合接触电阻增大，最终导致器件的性能退化或键合界面处脱开而开路。

此外，锡－铅焊料与铜（或金）的界面上也可以产生 Cu_3Sn、Cu_6Sn_5 或 $AuSn_2$、$AuSn_4$ 等金属间化合物，这些金属间化合物是造成焊料剥离原因。

金铝金属间化合物形成条件首先是 Au－Al 键合系统，其次是温度和时间。

19　柯肯德尔效应

在 Au－Al 键合系统中，若采用 Au 丝热压焊工艺（300 ℃以上），由于金和铝的互扩散速度不同，金扩散速度大于铝扩散速度，金扩散起主导作用，其结果随着金原子的大量移出，在金层一侧会留下部分原子空隙。这些原子空隙自发聚积，在金属间化合物与金层的交界面上形成了小空洞，这称为柯肯德尔效应。当柯氏效应的空洞增大到一定程度后就会在界面处形成裂纹，将使键合界面强度急剧下降，接触电阻增大，最终导致键合界面脱开而开路。

柯肯德尔效应形成条件首先是 Au－Al 键合系统，其次是温度和时间。

20　钠离子沾污失效机理

在芯片表面或二氧化硅层中的钠离子沾污，在高温和电场共同作用下极易迁移。钠离子会在二氧化硅层底下的硅表面中感应一些负电荷来，使得 P 型硅表面出现一层 N 型反型层而形成表面漏电沟道，或者使得 N 型硅表面的电子浓度增大，变成 N^+ 区，导致电阻率下降。由于钠离子迁移可使器件表面状态极不稳定，进而导致双极性晶体管电参数性能退化，如反向漏电流增大、放大倍数 h_{FE} 下降和击穿电压降低等；也导致 MOS 场效应晶体管电参数性能退化，如开启阀值电压漂移、暗电流增大和低频电流噪声增大等。

由于钠离子浓度超低难以检测，一般采用高温反偏试验来剔除反向漏电流大等的钠离子沾污器件。将钠离子沾污的器件重新进行高温贮存 48 h，钠离子可能会重新返回原处，使反向漏电流等的数值得到恢复，若器件在高温贮存后，反向漏电流数值可恢复，就可断定该器件受到钠离子沾污。

21　金属－半导体接触退化失效机理

一方面，当器件工作时发热升温（450 ℃）时，会导致金属-半导体原子相互扩散。另方面，水汽和杂质的侵蚀会导致金属-半导体界面的电化学腐蚀作用。这两方面原因都会引起金属-半导体接触（欧姆接触、肖特基接触）退化（欧姆接触电阻变大）。尤其是在高温下，大功率器件的欧姆接触退化更加明显。

欧姆接触：电压-电流特性遵从欧姆定律的非整流性的电或机械接触。

22 热电子注入失效机理

在MOS场效应晶体管沟道的热电子在高电场作用下，向漏极方向加速运动。这些热电子与硅原子发生碰撞电离，进而产生的雪崩热电子，使其沟道的热电子倍增。当具有高能量的一部分热电子越过沟道与栅氧化硅介质层之间的势垒而被氧化层中的陷阱虏获。经过一段时间，由于陷阱热电子产生的电荷积累，使栅氧化硅介质层带电而引起电参数性能不稳，表现为MOS场效晶体管的阈值电压漂移或跨导值退化。在低温下，热电子效应更加明显。

由于沟道的热电子与硅原子发生碰撞电离时，产生的雪崩热电子载流子会发生电子—空穴复合并发出微光现象。因此，可用光辐射显微镜技术可以确定发生热电子注入效应的位置。

23 热载流子效应

在小功率超高频三极管中，当发射极与基极之间反复施加反向击穿电压，并且反向击穿电流超过100 μA时，由于强电场生产的雪崩热载流子，轰击E-B结耗尽层附近的Si-SiO_2界面时，会使界面损伤和晶格变化而引入新界面，这样就会使E-B结邻区内的表面电子一空穴复合速度加快，引起表面态变化，导致小功率超高频三极管的电流放大倍数h_{FE}变小。

随着管子E-B结的反向击穿电流越大、施加反向电压持续时间越长，h_{FE}下降幅度就会越大；浅结、重掺杂的小功率超高频三极管的h_{FE}雪崩衰退现象更加明显；交流击穿电压条件下h_{FE}雪崩衰退比直流击穿电压条件下h_{FE}雪崩衰退更加明显；h_{FE}起始值越大，h_{FE}雪崩衰退现象更加明显；表面漏电流较大的三极管以及在大电流下工作的大、中功率三极管的h_{FE}雪崩衰退现象不明显。

小功率超高频三极管若h_{FE}雪崩衰退不严重（h_{FE}下降幅度小于30%）时，经过常温功率老炼48 h后，h_{FE}将会变大而复原。

此外，微波晶体管的集电极结（C-B结）处于过载偏置时，也会使部分管子的h_{FE}发生雪崩衰退。

24 爆米花效应（分层效应）

在塑封器件的塑封材料内的水分在高温下受热发生膨胀。在一定条件下，这些膨胀蒸汽压力会引起塑封材料与金属框架和芯片之间发生分层，拉断塑封器件的内引线键合丝，发生塑封器件开路失效的现象称为爆米花效应。部分塑封器件的分层效应有可能在贮存或工作数个月后才能发生。

塑封器件采用红外再流焊或受到过电应力（EOS）时，易发生分层效应。

25 闩锁效应

在 CMOS 电路中，由于在同一 N 型硅衬底上，同时制作增强型 PMOS 场效应管和增强型 NMOS 场效应管，无论 CMOS 电路是在输入保护电路或输出驱动电路，还是内部反相器，在结构上都不可避免地存在 PNPN 寄生可控硅结构，即在 PMOS 管、NMOS 管与衬底之间形成一个可控硅。在正常情况下，P 阱结处于反偏状态，寄生可控硅结构不会被触发的。只当 CMOS 电路的引出端（包括输出、输入和电源端）受到外界较强干扰或浪涌触发信号（干扰触发电流大于 10 mA）时，通过 CMOS 电路内寄生可控硅结构的电流正反馈过程，电流就越来越大，寄生可控硅结构被触发而导致导通状态（即闩锁效应），在电源端对地端之间形成一个低电阻大电流导电通道的现象。在电源接通的情况下，即使外界干扰或浪涌触发信号消失，闩锁效应仍持续，电源电流也不会消失。如果电源电流不加限流的预防措施，会引起与电源端和地端相连的金属化互连线或电源正端和地端的内引线键合丝的烧断而开路。其他芯片表面金属化互连线烧毁的情况较少。

闩锁效应是 CMOS 集成电路固有的失效机理。随着 CMOS 电路集成度的提高、尺寸进一步减小，CMOS 电路闩锁效应变得更加敏感。

对于标准 CMOS 电路（CC4000 系列），工作电源电压越高，越容易触发寄生可控硅。工作电源电压在 5 伏下，很少有寄生可控硅被触发；对于 CMOS 电路的结构越简单的传输门和多输入端门电路，最容易引起触发寄生可控硅；当 CMOS 电路输出端来驱动长信号线时，容易引起触发寄生可控硅；当 CMOS 电路使用两种电源时，若加电顺序不对，或若驱动电路电源电压高于被驱动电路电源电压时，容易引起触发寄生可控硅；当 CMOS 电路使用高内阻（特别是高频阻抗）的电源时，容易引起触发寄生可控硅；当 CMOS 电路工作温度越高，越容易引起触发寄生可控硅；当 CMOS 电路输出端带有大电感或电容负载时，容易引起触发寄生可控硅；当 CMOS 电路接地电阻过大，容易引起触发可寄生控硅；当 CMOS 电路受到外界有瞬间大电压、大电流干扰时，也容易引起触发寄生可控硅；当 $V_i > V_{DD}$ 或 $V_i < V_{SS}$ 时，也容易引起触发寄生可控硅。另外，CMOS 型运放作电压跟随器时，容易发生闩锁效应。

防止 CMOS 电路闩锁效应从工艺上采取措施：拉开 PMOS 场效应管和 NMOS 场效应管的距离；通过布局，将形成寄生可控硅的 PNP 型晶体管和 NPN 型晶体管之间的导电通路切断；用绝缘体隔开 CMOS 电路内部各 MOS 场效应管，防止寄生可控硅的形成。

防止 CMOS 电路闩锁效应从使用上采取措施：在 V_{DD} 和 V_{SS} 之间加上完善的去耦电路；在电源 V_{DD} 端加上限流措施，在不影响电路工作速度的前提下，使之 I_D 尽可能低于锁定维持电流；在保证系统工作速度的条件下，尽可能降低 V_{DD}；电路输入端加上箝位二极管措施，保证输入电压小于 V_{DD} 或大于 V_{SS}；使用双股绞线作长线，加粗地线减小接地电阻，减小噪声的影响，使输出端电压小于 V_{DD} 或大于 V_{SS}。

26 双极型运放“自锁”现象

双极型运放“自锁”的原因，由于运放输入的信号过大或受强干扰信号的影响，使运放的内部某一级的共射极电路管子的集电结由反偏变成了正偏，因此这一级集电极的输出信号与输入信号的极性关系与原来相反，从这级之后直至输出级的集电极的输出信号极性都与原来信号相反，使运放负反馈变成了正反馈，导致运放输出端管子处于饱和状态，使输出电压幅值近似达到正电源或负电源电压，造成运放工作“自锁”。若双极型运放“自锁”后没有损坏，断电后经过一段时间后重新通电，再加入输入信号又能恢复正常。“自锁”现象严重时，也可能造成运放烧毁。

27 电荷陷阱

静电放电产生的高压瞬时脉冲会破坏器件芯片表面上的电荷平衡，从而形成电荷陷阱。大量的电荷聚积在器件芯片表面上形成反型层，该反型层提供了电流泄漏通路。反型层电流泄漏是一个与时间和温度有关的退化现象，会导致器件完全失效。

28 金属腐蚀

金属与周围介质接触时，由于发生化学反应（干燥气体等介质）或电化学反应（大气、土壤、海水、电解液等介质）作用引起金属的破坏称为金属腐蚀。腐蚀类型有：化学腐蚀、电化学腐蚀、原电池腐蚀和外加电压腐蚀等。环境温度对化学腐蚀影响最大。

金属腐蚀现象十分普遍，在元器件的外引线及金属封装外壳，因化学反应或电化学反应作用引起外引线断裂和金属外壳腐蚀。

29 应力腐蚀

它是指在腐蚀介质（卤族元素和水汽）和机械应力（交变应力或固定应力）同时作用下，材料的疲劳极限大大下降，过早地出现脆性的破裂或胀裂的现象称为应力腐蚀。破裂多发生在靠元器件引线根部的位置或距离引线根部 10 mm 以内的范围，断口平直且与引线轴向垂直。

30 镀金柯伐合金引线应力腐蚀断裂机理

镀金柯伐合金外引线的腐蚀，本质上是异金属接触所造成的电化学腐蚀。腐蚀内因是

Au 镀层缺陷处（如孔隙）裸露的 Ni 底镀层或铁镍合金基体构成了电偶对。在 Au—Ni 电偶对中，Au 是阴极，Ni 是阳极，二者电位差为 1.75 V。在 Au—Ni—铁镍合金电偶对中，Au 和 Ni 是阴极，铁镍合金基体是阳极，Au 与 Fe 电位差为 1.94 V，Ni 与 Fe 电位差为 0.19 V。

当有腐蚀介质（如二氧化硫、氮气及水蒸气等）存在时，腐蚀介质从镀金层缺陷微孔渗透到下面的镀镍层发生电化学腐蚀。当镀镍层被腐蚀穿后，腐蚀介质又渗透到下面铁镍合金基体，造成铁镍合金基体电化学腐蚀。该局部腐蚀区域又在机械应力作用下形成应力集中，造成镀金柯伐合金的引线应力腐蚀断裂。

31　引线疲劳断裂

元器件引线疲劳断裂是在振动条件下，引线承受循环交变载荷反复作用的结果。疲劳断裂的过程包括裂纹的萌生、裂纹的扩展及最后断裂三个阶段。因此引线疲劳断裂需要经历一个时间过程，即是一定的循环交变载荷次数过程。

疲劳断裂由于其承受交变应力性质的不同可分为：拉压疲劳、抗拉疲劳、扭转疲劳和弯曲疲劳等。疲劳断裂典型特征，有明显的疲劳条带或断口表面有明显的磨损痕迹等。引线疲劳断裂与引线材质缺陷有关。

32　引线过应力断裂

元器件引线承受机械应力超过引线材料本身的屈服强度时，将会使引线发生塑性变形，如果承受机械应力进一步增强，将导致引线塑性断裂。塑性断裂的断口具有明显的特征，在断裂位置将会出现缩颈现象。引线应力断裂未见材质本身缺陷，纯粹是受过机械应力所致。还有元器件的引线焊接不良而引起引线断裂。

33　二极管反向击穿特性曲线异常及其机理

（1）反向软击穿

反向软击穿曲线上没有明显的转折点，在这种情况下，取反向电流达到某一数值（通常 100 μA）时的电压就规定为反向击穿电压 $V_{(BR)}$。

反向软击穿实际上是与二极管的反向漏电流大联系在一起的。它的可能原因比较多，例如芯片表面的钠离子沾污，壳内潮气，扩散杂质浓度不高而没有形成的良好 PN 结，外延层的杂质补偿较严重，PN 结中重金属杂质，PN 结受到过电应力和静电的损伤以及辐射等都可以造成反向软击穿。

（2）反向低电压击穿

在反向电压很低，远远低于理论计算值时，就已经发生击穿。

反向低电压击穿往往是一种由于工艺缺陷所造成的局部 PN 结击穿。例如光刻图形边缘出现毛刺、锯齿或划痕，扩散时产生的表面破坏点，外延层中的缺陷过多等都可以造成局部 PN 结击穿。

(3) 反向管道型击穿（分段击穿）

反向管道型击穿在第一次击穿发生后，反向电流上升较缓慢，呈大电阻特性；当反向电压继续升高，整个 PN 结面发生击穿，反向电流就迅速上升，出现第二次击穿。

反向管道型击穿也是一种局部 PN 结击穿，可能是由于材料的缺陷和杂质分布不均匀性，光刻时形成的针孔和小岛，扩散时产生的表面合金点等，造成 PN 结的面不平整，局部呈尖峰状，因而形成管道。外加反向电压后，首先在管道处发生 PN 结击穿。但因管道的截面积很小，所以反向电流上升不快，呈大电阻特性。当外加电压继续升到整个 PN 结面发生击穿时，电流才迅速上升，出现第二次击穿。

反向管道型击穿的另一种机理，由于晶体管的基区很薄或者杂质浓度较低时，在发生雪崩击穿之前，集电极 PN 结耗尽层占满了整个基区而与发射结连通。此时，分隔集电区与发射区的基区的消失，发射区中的电子便直接受集电结势垒电场作用，吸引到集电区。由于穿通电压具有电阻的性质，当外加电压大于穿通电压以后，电流随电压线性地增长，一直集电结达到雪崩击穿时，电流才迅速增大，出现第二次击穿。

(4) 反向沟道漏电击穿（靠背椅子）

在很小的反向电压下，反向电流就上升到一个饱和值（约为几百微安到几毫安），然后随反向电压增加，出现真正的击穿。

反向沟道漏电击穿由于管子芯片表面氧化层中的可动钠离子 Na^+，产生表面的反型层引起了表面沟道漏电流。如果 PN 结的 P 区的杂质浓度过低，表面反型层容易生成，产生表面沟道漏电的机会就多。

(5) PN 结间存在“并联电阻”击穿曲线（台阶击穿）

反向击穿曲线从施加反向电压开始就呈现电阻特性。当反向电压继续升高，反向电流就迅速上升，出现真正的击穿。

该击穿曲线的特性是多由于器件腔体内的水汽超标、芯片表面污染和表面处理不当所引起的。

(6) 反向负阻特性

当外加反向电压增加某一个值时，PN 结两端的电压突然降低到一个比 V_B 小得多的数值，并击穿电流迅速增大。

负阻击穿曲线特性是由于器件反向击穿特性存在负阻效应，并伴有二次击穿。它也是一种局部击穿。

(7) 反向击穿特性曲线蠕动

在击穿以后，反向击穿特性曲线发生蠕动。

反向击穿特性曲线蠕动是由于管芯表面沾污。在电压击穿以前，反向电流很小，而击穿以后，反向电流很大，引起了表面状态的变化，导致反向漏电流增大，击穿电压降低；

当击穿电压降低后，表面状态又复原了，击穿电压恢复原来情况。

(8) 反向双线击穿

反向击穿特性曲线出现双线击穿。形成的原因主要是管芯表面上存在导电离子性物质沾污和芯片破裂所引起的击穿，在温度和横向电场的作用下发生移动，引起表面势能变化，造成性能不稳定。

34 晶体管输出特性曲线异常及其机理

(1) 输出特性曲线倾斜

输出特性曲线在放大区域内，随集电极电压 V_{CE} 增加而较大倾斜，并随注入基极电流 I_B 增大，曲线倾斜度也更大。一般还伴随着 β 增大和击穿电压低的特点。输出特性曲线倾斜造成对信号放大的线性变较差，容易失真；β 太大，管子工作稳定性能也较差；击穿电压降低，也是不希望的。

造成晶体管放大区的输出特性曲线倾斜主要原因是由基区太薄，有显著的基区调变效应，随着 V_{CE} 增大，集极结空间电荷区的宽度逐渐扩宽，使有效的基区的宽度进一步减薄，在基区内载流子的复合机会减少，导致 β 增大，即在 I_B 不变的条件下，I_C 随 V_{CE} 增大而上升。这种情况在基区比较窄时特别显著。

(2) 输出特性曲线上升部分不陡（饱和压降大）

输出特性曲线在饱和区的上升不陡，即集电极串联电阻大，饱和压降大。饱和降压大，不适用晶体管作开关应用。

饱和压降大主要原因是由于管芯与底座烧结不良，焊料热疲劳，内引线键合不良，接触引线孔内的氧化层未刻干净，隐埋扩散的薄层电阻太高，蒸铝后合金化工艺不良而未形成良好的欧姆接触，集电区外延层的电阻率太高，外延层太厚，外延层中存在高阻夹层，掺金浓度过高等。

(3) 输出特性曲线两段饱和区

输出特点是低压大电流区域的特性曲线密集倾斜，在饱和区与工作区之间出现一个准饱和区。放大系数 β 随着集电极 Ic 增大而很快下降。

产生两段饱和区的原因是集电区材料的电阻率太高，外延层有高阻夹层，N^+-N^-交界处的电阻率过大，外延层太厚等。

(4) 二次击穿输出特性曲线

晶体管在发射结正向偏置时，当集电极—发射极电压和集电极电流增加到某一值时，出现电压和电流的突跳（即管子上电压迅速减小，电流迅速增大），此现象称为正偏二次击穿。正偏二次击穿电压 V_{SB} 随管子基极电流 I_B 增大而降低；正偏二次击穿电流 I_{SB} 随管子集电极电压 V_{CE} 增大而下降。

二次击穿发生有两种情况：一种是晶体管工作在高压雪崩区并保持大电流，则可能出现二次击穿；另一种是发现晶体管工作在未超过高压雪崩区，则也可能出现二次击穿。这因为 PN 结势垒区各处的电场强度并不是均匀的，电场强度高的局部 PN 处首先引起 PN 结击穿。二次击穿是大功率晶体管制造和使用中的严重问题。

产生二次击穿的原因至今尚不完全清楚。一般来说，二次击穿是由于晶体管的电流密度不均匀和晶体管反馈效应，造成在半导体结局部过热点扩展，非本征半导体变成本征半导体，因而造成二次击穿。造成二次击穿原因如下之一者：

1）制作晶体管的单晶或外延材料本身离散性、局部缺陷；

2）制作过程工艺的离散性，如基区宽度不均匀性、PN 结不均匀性、蒸发电极的欧姆电阻离散性等；

3）晶体管反馈效应，如基区横向电位差所产生的发射极电流的趋边效应和反偏情况下发射极电流的趋中效应；

4）线路设计不合理，或散热器安装不合理而引起的热不均匀性等。

抗二次击穿性能取决于管芯的结构。通常，高频晶体管比低频晶体管容易发生二次击穿；大功率晶体管（特别是外延型功率管）比小功率晶体管易发生二次击穿；晶体管工作于脉冲并具有感性负载电路中容易发生二次击穿；晶体管工作在高温环境下，容易发生二次击穿；电源电压波动时，容易发生二次击穿；负载开路或短路，容易发生二次击穿；瞬态辐射感应光电流时，容易发生二次击穿。

为了避免二次击穿的发生，从电路方面来说，可以采用如下具体措施：

1）在设计电路时，要设法使三极管工作在安全区以内，而且还要留有余地。

2）使用时要尽量避免产生过压和过流的可能性，不要将负载开路或短路，也不要突然加强信号，同时不允许电源电压有很大波动。

3）为了防止由于感性负载而使管子产生过压或过流，可在感性负载两端反向并联一只二极管。此外，也可对三极管加以保护，如在管子的 C、E 极两端上反向并联一只二极管，可以吸收瞬时的过压。

35 三极管直流电流放大 h_{FE} 退化机理

三极管共发射极直流电流放大器系数 h_{FE} 退化的主要机理：在管子芯片表面或二氧化硅层中的碱离子沾污，制造工艺缺陷，管子老化，小功率超高频三极管的热载流效应，管子的发射结空间电荷区的界面态的表面复合，电荷陷阱，高温（300 ℃以上）加电下铝—硅相互扩散使发射结退化，铝—二氧化硅反应（500 ℃）使发射结退化和中子及离子辐射损伤等。

36 电解质电容器的自愈机理

若电解质电容器的氧化膜介质存在微小孔缺陷，当电解质电容器施加上正向电压时，通过这些氧化膜介质微小孔缺陷的漏电流就会形成很大电流密度，瞬时发生高热。对于非固体铝电解电容器或非固体钽电解电容器来说，瞬时高热会使这微小孔缺陷区域的电解液散发氧气而与铝或钽发生氧化反应，产生氧化铝（Al_2O_3）膜或氧化钽（Ta_2O_5）膜覆盖在介质微小孔缺陷的部位，实现非固体铝或钽电解电容器“自愈”功能；对于固体钽电解电容器来说，瞬时高热会使这微小孔缺陷区域的固体电解质二氧化锰（MnO_2）放出氧气而与钽发生氧化反应，产生氧化钽膜。同时，新形成的氧化钽膜与已经放出氧气的二氧化锰分解为非良导体三氧化二锰（Mn_2O_3）成为绝缘性的化合物，这些绝缘性化合物覆盖在氧化膜介质微小孔缺陷的部位，实现固体钽电解电容器“自愈”功效。

铝电解电容器工作电压小于额定电压的75%时，不能修补有缺陷氧化铝膜介质，就失去“自愈”功效。钽电解电容器在电路中，若电路的回路电流小于330 mA时，钽电解电容器可“自愈”；若电路的回路电流大于1 A时，自我修复作用不及绝缘膜被破坏作用时，钽电解电容器就可能失去“自愈”功效。

自愈：电容器在介质局部击穿后，立即本能地恢复到击穿前的电性能现象。

37　金属化有机薄膜电容器的自愈机理

金属化有机薄膜电容器的局部有机介质被击穿时，若凭借局部有机介质击穿部位的短路电流所产生的足够放电能量（100～500 μJ）产生高温，可足以使局部有机介质击穿部位的电极金属膜熔化蒸发，使电容器的局部有机介质击穿部位被隔离，造成局部有机介质击穿点重新开路，电容器电性能得以恢复的现象，即产生了“自愈”功能。

金属化有机薄膜电容器若工作电压过度降额或电路回路电阻大于1 kΩ时，局部有机介质击穿部位的短路电流所产生的放电能量不足以维持电容器的“自愈”，金属化有机薄膜电容器失去“自愈”功效。此外，严重地“自愈”会使金属化有机薄膜电容器的电容量变小、tgδ变大。

金属化有机薄膜电容器的“自愈”不会起到修补有机介质作用，这与电解质电容器的“自愈”机理不同。金属化有机薄膜电容器这类“自愈”是属于瞬时大电流快速型的自我修复模式，由于大电流产生的噪声，有可能对定时或记忆（存贮）电路的功能遭到破坏。

38　膜型电阻器主要失效模式及失效机理

膜型电阻器的主要失效模式：阻值参数漂移（一般阻值增大）、开路和短路（少见）。

1）膜型电阻器的阻值漂移失效的主要机理：生产工艺缺陷造成电阻膜局部脱落（阻值增大）；电阻器的包封缺陷而水汽渗入电阻瓷体，引起电化学腐蚀，造成电阻膜局部脱落（阻值增大）或水汽造成泄漏通路（阻值下降）；电阻膜刻槽处金属电子迁移，造成电阻膜的有效面积减小（阻值增大）；电极帽与电阻瓷体接触不良（阻值增大）；无定形电阻膜体结构的晶化（阻值下降）；电阻膜晶粒间吸附气体（阻值变化1%～2%）；电阻膜的氧化、腐蚀（阻值增大）；电阻膜受到极小量氯、钠、钙等元素污染（阻值增大）和静电损伤（阻值增大）等。

2）膜型电阻器的开路失效的主要机理：过压、过流或静电，造成的电阻膜烧毁，烧毁后电阻膜表面存在明显的熔化、起泡痕迹；在电阻瓷体表面上受到沾污时，导致电阻膜附着力差，造成电阻膜大块脱落；电阻瓷体与电阻膜热不匹配，造成电阻膜开裂；电阻膜刻槽不均匀而烧毁；引线疲劳断裂、引线与电极帽虚焊；电极帽与电阻瓷体上的尺寸配合不良，造成电极帽脱落；电极帽与电阻瓷体装配不良，引起电极帽内电阻瓷体断裂；电阻器的瓷材料有杂质或外部应力过大，造成电阻瓷体中部断裂等。这些因素都会造成膜型电阻器的开路。

外部应力来源主要三方面：印制板变形而使电阻瓷体承受一定的应力，电阻瓷体表面上三防漆的膨胀系数较大而使电阻瓷体承受一定弯曲应力，电阻瓷体表面温度与内部温度不一致而产生的热应力。

3）膜型电阻器的短路失效的主要机理：电阻网络和片式电阻器工作在高温、高湿环境条件下，易发生金属离子迁移，造成这种电阻器的电极之间短路；工作电压超过极限电压，也会造成这种电阻器的电极之间击穿而短路。

39 独石瓷介电容器主要失效模式及失效机理

独石瓷介电容器的主要失效模式：短路或呈阻性、开路和参数漂移等。电容器短路失效是最常见的，其电气特性表现为完全失去电容特性或呈现低阻抗状态。电容器开路失效的电气特性表现为直流阻抗（通常在MΩ级以上，且不稳定）或呈开路状态。电容器参数漂移失效主要表现为绝缘电阻、耐电压和电容量发生了较明显的变化。

1）独石瓷介电容器的开路失效的主要机理：在高温、高湿环境下，外部电极可能从端电极上脱落；端电极与电容体之间附着力较差，或端电极金属化缺损导致端电极与电容体脱开；端电极的锡铅表面与阻挡层镍接触不良；安装不当受到较大的冲击和振动应力作用，导致在焊点根部附近的电容体断裂；引出线搪锡、焊接温度过高，时间过长或温度突变时，可造成电容体端头部位断裂；电容器本身与印制线路板之间膨胀系数相差较大，温度变化过程中使电容体开裂；生产加工过程中，电容器的端头材料产生卷边，而不能将内电极很好的暴露出来，使端电极与内电极之间不能形成良好连接；电容器工作电压过高，导致电容器的瓷介质击穿烧毁。这些因素都造成电容器的开路。

2）独石瓷介电容器的短路失效的主要机理：电容器的电容体开裂或瓷介质贯穿性气孔，在工作一段时间后，镀银层内电极的银离子迁移将使内电极之间搭接，造成电容器的短路；电容器的瓷介质的裂纹、龟裂、空洞和针孔，以及芯组沾污等，工作在潮湿环境中，都可能造成电容器的短路；电容器的瓷介质的留边溅落焊料，造成电容器的短路；电容器的引出线搪锡、焊接温度过高，时间过长会引起电容器的内部焊料熔化，造成电容器的短路；电容器工作电压过高，导致电容器的瓷介质击穿，造成电容器的短路。

3）独石瓷介电容器的电参数漂移的主要机理：电容器的吸潮气和有机物污染，使其绝缘电阻和耐电压下降；电容器的瓷介质的非贯穿性气孔，镀银层内电极的银离子迁移将内电极之间的距离缩小，使其绝缘电阻和耐电压下降；电容器的端电极与内电极接触不良，使其电容量减小；电容器的界面分层，瓷介质空洞和裂纹等，都可能使其绝缘电阻下降，电容量减小；电容器的端电极与内电极接触不良导致电容减小；使用中热胀冷缩，使电容器的部分内电极板出现断裂，从而减小电极板有效面积，导致电容量减小。

40　云母电容器主要失效模式及失效机理

云母电容器的主要失效模式：短路、开路和参数超差等。

1）独石云母电容器在高温、高湿环境中容易吸潮气，外部焊接过程中产生过热引起电容器的内部焊料熔化，镀银层内电极的银离子迁移等，都会造成独石云母电容器的短路。

2）外部强的机械振动、冲击和温度冲击，都会引起电容器的内部薄弱的连接处断裂而造成云母电容器的开路。电容体与印制板热膨胀系数相差较大，在温度变化过程中可能发生电容体断裂而造成云母电容器的开路。

3）卡子结构 CY 型云母电容器工作在毫伏级的低压时，由于低电平不能将卡子与内电极铜箔之间的氧化膜击穿，可造成 $\tan\delta$ 增大，静电容量减小，甚至开路。云母电容器工作在高温、高湿环境中，容易引起漏电流增大，尤其是引脚部位包封材料有损伤的电容器更加严重。独石云母电容器，由于受热膨胀，造成部分电容器的电极板会出现断裂，从而减小电极板有效面积，导致静电容量减小，甚至开路。

41　玻璃釉电容器主要失效模式及失效机理

玻璃釉电容器的主要失效模式：开路、短路和参数漂移等。

1）电容器引线与印制线路板的焊接不良，电容器的内部焊点断开和电容器受到机械损伤等，这些因素都会造成电容器的开路。

2）外部焊接过程中产生的过热，会引起电容器的内部焊料熔化造成电容器的短路或开路。

3）此类电容器在 45 ℃以下贮存时，会使介质的晶体结构特性下降（介质常数 ε 变小），电容量将随介电常数的变小而减小。

42　纸介和有机薄膜电容器主要失效模式及失效机理

这类电容器的主要失效模式：开路、短路和参数漂移等。

1）在过机械应力和温度冲击作用下，会引起电容器的内部的薄弱连接处发生断裂，造成电容器的开路。纸介和有机薄膜电容器，通常都存在一个缓慢的老化过程，介质材料会逐渐变脆，再加上温度循环应力作用下，介质材料就发生断裂，造成电容器的开路。过电压引起电容器介质击穿而烧毁，造成电容器的开路。

2）焊接的温度过高、时间过长，会引起电容器的内电极焊料熔化和有机薄膜熔化；电容器的有机薄膜介质污染引起的瞬时击穿产生高温而导致有机薄膜碳化；开关瞬间产生浪涌电压或过电压导致电容器的介质击穿；电容器的有机薄膜介质上附着了尘埃压迫有机薄膜，造成有机薄膜介质损伤；金属化有机薄膜电容器本身缺陷若不能自愈等。这些因素都会造成电容器的短路。

3）纸介和塑料薄膜有机电容器受潮后，会降低绝缘电阻和耐电压。金属化有机薄膜电容器在高温、高湿环境中长期试验或工作后，作为内电极金属膜会变成氧化物或氢化物，使局部金属化电极被消除，导致静电容量急剧减小。金属化有机薄膜电容器，过度自愈会使电容量减小、$tg\delta$ 增大。

43　固体钽电解电容器主要失效模式及失效机理

固体钽电解电容器的主要失效模式：大多数短路、开路和电容量下降等。

1）固体钽电解电容器的短路失效的主要机理：当钽电解电容器的氧化钽介质缺陷较严重时，绝缘膜自我修复作用不及绝缘膜被破坏作用时，导致钽电解电容器的短路。钽电解电容器在封装阳极引线处的密封孔时，有过量的焊锡流入钽电容腔体或腔体内有金属多余物，将阳极与壳体搭接，造成钽电解电容器的短路。钽电解电容器安装结构的缺陷有可能在振动过程中使钽体与壳体碰撞而破坏氧化钽膜介质，导致钽电解电容器的短路。钽电解电容器焊接外引线的过程中，焊接温度过高、时间过长，可使密封口处的焊锡熔化而流入腔体，导致钽电解电容器的短路。钽电解电容器工作在高温环境下，漏电流明显增大，漏电流增加又使温度升高，这样漏电流随温度升高发生雪崩效应，导致钽电解电容器的短路。瞬时电压过高，产生瞬时大电流（大于 1 A），容易在氧化钽膜介质的薄弱区域发热而使无定形氧化钽膜结构的晶化而使电流雪崩，导致钽电解电容器的短路。钽电解电容器工作电压超过氧化钽介质的击穿电压，导致钽电解电容器的短路。电源的内阻抗较低时，瞬时充电电流很大，导致钽电解电容器的短路。

2）固体钽电解电容器的开路失效的主要机理：钽电解电容器的阳极引出线的点焊工艺的稳定性较差，致使焊点焊接强度不高，在安装应力及振动过程中的机械应力作用下，使焊点脱开，造成电容器的开路。钽体（钽块）固定是依靠焊锡的包裹而形成限位，当钽体内的焊锡量较少或焊锡偏向一边时，在安装应力作用下而使钽体与焊锡之间脱开，造成电容器的开路。钽电解电容器的氧化钽介质具有单向导电性，当误加反向电压时，就有很大反向电流通过，导致钽电解电容器的氧化钽介质烧毁而开路。

3）固体钽电解电容器的电容量减小失效的主要机理：随钽电解电容器工作或贮存时间增长，电容量就会减小和漏电流增大。随工作温度升高，漏电流就会增大。随工作温度下降，电容量就会减小。钽电解电容器过度“自愈”，电极板有效面积将减小，导致电容量减小。

44 铝电解电容器主要失效模式及失效机理

铝电解电容器的主要失效模式：电容量减小、损耗角正切 tgδ 和等效串联电阻 ESR 增大、开路和短路等。

1）铝电解电容器的电容量减小、损耗角正切 tgδ 增大和等效串联电阻 ESR 增大等失效的主要机理：铝电解电容器工作在极低温环境中（低于－20 ℃），由于电解液的离子移动迟钝，电解液冻结，导致电容量减小、等效串联电阻 ESR 增大和 tgδ 增大，甚至导致电容失效。铝电解电容器在额定温度下连续工作下可引起电解液干涸，导致电容量减小、等效串联电阻 ESR 增大和 tgδ 增大。铝电解电容器反复充放电将出现瞬时电压产生逆向电流，在其阴极铝箔表面生成氧化铝膜，在阴极铝箔与电解液之间存在氧化铝箔，所以阴极铝箔自身形成电容，并与阳极的电容串联，导致静电容量减小。铝电解电容器过度降额使用，会引起未用电容量部分的损失，导致电容量减小。铝电解电容器的安全孔密封失效，引起电解液蒸发或流出，导致电容量减小、等效串联电阻 ESR 增大和 tgδ 增大。铝电解电容器若长期不使用，则其内部电解液将出现硬化，导致电容量减小、等效串联电阻 ESR 增大和 tgδ 增大。铝电解电容器过度“自愈”，从而减小电极板有效面积，导致电容量减小。

2）铝电解电容器的开路失效的主要机理：铝电解电容器焊入印制线路板后，若铝电解电容器的电容体受到外应力扭转，则其内部正电极焊接的部位可能发生断裂，造成铝电解电容器的开路。铝电解电容器引出腿的锈蚀、疲劳和接触不良等都会造成铝电解电容器的开路。铝电解电容器的工作温度超过额定温度、工作电压过高、纹波电流过大和误加反向电压等都可以导致铝电解电容器内部的温度升高、内气压增强，引起铝电容器爆裂，造成铝电解电容器的开路。

3）铝电解电容器的短路失效的主要机理：铝电解电容器工作过度降额（低于额定电压的 75％）时，造成其有缺陷氧化铝介质不能自愈而使铝电解电容器发生的短路。铝电解电容器工作电压超过额定工作电压时，导致氧化铝介质击穿而使铝电解电容器的短路。铝电解电容器的铝箔上附着了重金属粒子，经过一定时间后，氧化铝介质被破坏而使铝电解电容器的短路。在铝电解电容器的电容体中混入了极微量的氯元素，发生氧化铝介质的腐蚀而使铝电解电容器的短路。铝电解电容器的氧化铝介质会在电解液中溶解而使铝电解电容器的短路。铝电解电容器瞬时施加反向电压，就有很大电流通过，造成铝电解电容器的氧化铝介质烧毁而短路。

45 电感器主要失效模式及失效机理

电感器的主要失效模式：参数超差、开路和短路等。

1）对于模压绕线片式电感器，磁芯在加工过程中产生的机械应力较大，未得释放；

磁芯内部有杂质或空洞、磁芯材料本身不均匀，影响磁芯的磁场状况，使磁芯的导磁率发生了偏差；工作频率不在电感器设计频率范围；工作温度过高会引起磁效应的变化等。这些因素都可造成线圈参数超差。

铜线与铜带的浸焊连接时，线圈部分溅上锡液，熔化了漆包线的绝缘层；受潮霉锈破坏绝缘层等，都可造成线圈的短路。

磁芯裂纹、线圈受潮腐蚀而断裂和线圈引出端虚焊等，都可造成线圈的开路。

2）对于叠层片式电感器，采用银导电浆料制作内电极的线圈，而铁氧体与银的热胀系数相差大（约 2 倍），在温度发生变化时产生热失配，造成叠层片式电感器的内电极开路。

46 变压器主要失效模式及失效机理

变压器的主要失效模式：大多线圈断路、线圈短路和少量电参数超差等。

1）变压器的线圈断路的主要机理多指变压器的初、次级线圈断路：线圈方面，使用线圈质量较差，当变压器在满负载使用时，电流就会烧断线圈薄弱处，造成线圈断路故障；变压器长期存放在潮湿环境中，线圈受潮霉烂，造成线圈断路故障；在搬运和储存时，变压器之间或一个其他器物会发生碰撞，造成线圈断路故障。引线方面，引线的外露部分与其他物体碰撞或与变压器之间碰撞而使引线与引脚之间脱焊，引线端头裸线受潮湿腐蚀而断裂等，都会造成引线断路故障。使用方面，使用过程中受到过电应力，造成线圈烧毁而断路故障。

2）变压器的线圈短路的主要机理多指变压器的初、次级线圈中圈与圈之间短路：初级或次级的某个线圈相邻两圈或几圈挨连，造成线圈局部短路故障；较多线圈出现挨连，造成线圈短路故障；变压器线圈的受潮湿腐蚀，使绝缘漆层遭到破坏导致相邻的线圈挨连，造成线圈短路故障。使用中变压器，如果负载过重或短路，就会导致电流过大，使变压器线圈的温升过快或温度过高，也能使变压器的线圈绝缘层遭到破坏，造成线圈短路故障。

3）变压器的漏电流超差的主要机理：变压器长期在潮湿环境中存放和使用，线圈的绝缘层受到潮湿腐蚀，使线圈与线圈间的绝缘电阻降低；变压器绝缘层的自然老化，包括绝缘纸和绝缘漆层的老化，使线圈与线圈间的绝缘电阻降低等。这些因素都可以造成变压器的漏电流超差。

4）变压器的输出电压超差的主要机理：变压器工作频段不在变压器的规定工作频带范围内和漏电感较大等，都会造成变压器的输出电压超差。

47 电磁继电器主要失效模式及失效机理

电磁继电器故障分布约有 80％发生在触点上，触点故障已成为目前电磁继电器工作最不可的原因之一。

电磁继电器的主要失效模式及机理可归纳为如下几种。

1）常闭触点开路失效的主要机理：有机多余物卡在簧片动、静触点之间或接触簧片之间，触点表面上有机多余物沾污，触点压力不足，接触簧片变形及偏离和结构缺陷等。

2）加电后常开触点不吸合失效的主要机理：有机多余物卡在簧片动、静触点之间或接触簧片之间，多余物卡在推动杆与衔铁之间，触点表面上有机多余物沾污，常闭触点粘连，触点间隙调整不当，衔铁运动不到位或卡死，磁极面夹持多余物，推动杆断裂或推动杆蠕变或推动杆与簧片之间的间隙调整不当，放电燃弧而触点表面氧化、碳化和线圈开路或短路等。

3）断电后常开触点不释放失效的主要机理：常开触点粘连，多余物卡在簧片动、静触点之间或接触簧片之间，受到过机械应力导致接触簧片变形，衔铁轴、孔之间配合不良和衔铁及扼铁卡滞等。

4）线圈断路失效的主要机理：线圈漆包线与引出杆的焊点虚焊，引出端焊点受振动疲劳而脱落，线圈受潮锈蚀或电解腐蚀而断裂，漆包线去漆皮时受损伤而断裂，线圈受到过机械应力而产生疲劳断裂，漆包线线圈短路而烧毁，在高温下线圈骨架变形造成线圈的断裂，引出线焊接到引出杆时，绷得过紧而使引出线焊接处断裂和线圈过电压引起的线圈过热老化而烧毁等。

5）线圈短路失效的主要机理：内引出线未绝缘好，与绕组匝层、外引线的短路；漆包线的漆皮老化受损造成线圈之间短路；漆包线与引出线的焊接处不光滑、有毛刺，刺破引出线包扎的绝缘薄膜而发生短路等。

6）触点接触电阻增大失效的主要机理：壳内水汽含量超标，触点表面的有机物或无机物沾污、有机吸附膜及碳化膜，触点的表面镀层不良或被氧化，接触簧片应力松弛，触点的电和机械磨损和触点压力下降等。

7）触点粘连失效的主要机理：火花、电弧引起的触点熔焊，范德瓦尔斯力冷焊，触点工作电流过大或起始冲击电流较大或大容量容性负载瞬时充电电流所引起触点熔焊，在0 ℃以下的低温存放引起继电器的内部结冰而使触点凝结、触点咬合锁紧和在极干燥环境条件下可能使触点粘连等。

8）触点对触点之间、线圈对触点、触点或线圈对壳体的耐电压和绝缘电阻下降失效的主要机理：触点间隙太小，金属多余物、焊接飞溅、熔瘤连接，壳内水汽含量超标，线圈引出线套管破裂，线包与铁芯短路，玻璃绝缘子的表面沾污、吸附潮气和银离子迁移，线圈骨架的绝缘膜破损，电气间隙（或电爬距离）过小和超过规定的低气压条件下使用等。

9）触点抖动（抖动时间超过10 μs或100 μs）失效的主要机理：接触簧片谐振，结构及衔铁谐振，接触簧片应力松弛及触点压力下降，电磁保持力不足，衔铁轴孔配合过松，受外部过应力振动、冲击，线圈电压或电流瞬变，继电器安装耳不平及装夹后产品受扭曲应力和继电器安装部位振动量级放大等。

10）吸合电压或电流、释放电压或电流超差和触点不转换失效的主要机理：触点压力下降，电磁保持力降低，返回弹簧反力或永久磁铁吸力变化，磁间隙变化，衔铁轴孔摩擦力增大或衔铁运动受阻，在振动下可动衔铁和其支撑部分的相对位移，线圈阻值变化或断路或短路，在 0 ℃以下结冰而使触点凝结，继电器安装部位有漏磁或有磁干扰和线圈欠压工作等。

11）密封漏气失效主要机理包括：搬动引出杆使玻璃绝缘子开裂，热胀冷缩使外壳焊缝及玻璃绝缘子开裂和受机械应力作用等，都会造成继电器的密封漏气。

48 电连接器主要失效模式及失效机理

电连接器主要失效模式：接触不良及开路、短路、参数漂移和机械损伤等。

1）接触件的表面上有机多余物沾污、有害气体吸附，玻璃绝缘子破裂或插针相接处存在缝隙而使基体金属外露产生腐蚀，接触件的表面涂覆不良（镀层过薄、针孔）或腐蚀，插孔内摩擦脱落粉末堆积，插孔和插针的表面上存在有机多余物，接插件频繁插合和分离，孔内簧片应力松弛，插针缩针、插孔缩孔或插针变形、插孔簧片断裂和操作不当等，都可以导致电连接器的接触不良甚至开路。

2）电晕放电、电弧烧灼使绝缘体碳化，接插件之间绝缘体中夹有金属杂物，接插件内部存在金属多余物，引出脚的玻璃绝缘子表面的金属离子迁移，受温度、湿度影响和绝缘体变质老化等，都会可以导致电连接器的相邻插针之间、插孔之间的短路。

3）接插件表面上有尘埃污染且受潮、长霉，有害气体吸附与表面水膜形成导电通道和塑料结构内及引出脚玻璃绝缘子中夹有金属杂物等，都可以导致电连接器的芯与壳之间、芯与芯之间的绝缘电阻下降，甚至短路。电连接器工作在高温、高湿和盐雾环境中，可使接触件的接触电阻增大和绝缘电阻下降。低气压条件下，会使绝缘体的绝缘电阻和耐电压下降。插针、插孔表面上存在有机多余物或镀金层不良及镀层脱落，会使接触件的接触电阻增大，甚至开路。接插件反复插拔也会使接触件的接触电阻增大。

4）结构件制造工艺控制不严，塑料结构件材料疏松，装调过程应力过大，安装不正确，承受强的冲击或振动和不正确的浮动、啮合等，都可以导致电连接器的绝缘安装体、接插件和外壳的机械损坏。

49 机械开关主要失效模式及失效机理

机械开关控制线路的接通、断开和转换是通过内部的机械接触而实现的，使得此类开关容易出现开路、短路、参数变化、粘连和无法控制等失效模式。

1）开关的机械运动部件磨损，弹性部件老化而失去弹性，有机多余物卡在开关触点之间，开关触点电镀不良或镀层破损和工作电流超过开关触点额定电流而烧毁等，都会造成机械开关开路。

2）金属多余物卡在开关触点之间，开关触点之间电拉弧而使触点烧焊，低温湿气冷凝而使开关触点粘连等，都会造成机械开关短路。

3）开关触点有机多余物沾污和腐蚀性气体污染，开关触点锈蚀、氧化和开关触点电拉弧等，都会造成机械开关触点电阻增大，甚至开路。工作在高温、高湿和低气压环境中，可使机械开关绝缘电阻和耐电压降低。

4）使用不当产生瞬时启动大电流，感性负载的反向电动势等，都会造成机械开关触点烧熔而粘连。

5）开关的静触点与动触点之间配合不好等结构缺陷，机械运动部件卡死等，都会造成机械开关无法控制。

50　石英晶体主要失效模式及失效机理

石英晶体的主要失效模式：主要开路、频率漂移和短路等。

1）石英晶体受到较大的振动、冲击等机械应力而导致其内电极支架疲劳断裂、银内电极脱落和石英晶片断裂；石英晶体当受到过高的电压时，压电效应产生了机械振动应力引起石英晶片运动超过了石英晶片的弹性极限而导致石英晶片破裂；极支架与银内电极连接部位接触不良或外电极断裂等。这些因素都会造成石英晶体的开路或停振。

2）石英晶体吸附或释放污染物而使石英晶体表面质量发生了变化，安装结构内或石英晶体与电极界面之间的应力释放，较大的驱动电流或较高的电压都可以引起机械应力使石英晶片变形，工作于高温、高湿或温度环境变化和静电放电损伤等。这些因素都会造成石英晶体的频率漂移。

3）石英晶体的内电极支架安装不当，支架存在明显的倾斜或变形，稍受外机械应力作用，内电极支架便会与其壳体发生接触而短路；石英晶体的内部有较大尺寸的活动金属多余物；导致其内电极与壳体短路。这些因素都会造成石英晶体的短路。

51　分立半导体器件主要失效模式及失效机理

分立半导体器件的主要失效模式：开路、短路、电参数漂移和机械缺陷等。

1）开路失效的主要机理：金属化互连线断开（金属电子迁移，金属铝互连线的划伤、缺损、腐蚀和台阶处断铝等），管芯脱落（管芯与管座烧结或粘接不良，管芯与管座之间膨胀系数不一致等引起管芯脱落）或管芯断裂，内引线键合丝损伤和腐蚀而断裂，键合脱落（Au—Al 键合失效、键合界面的氧化、有机物沾污和腐蚀等引起脱键），引出管脚与外壳封口处脆裂，焊料热疲劳，过电应力（过电压、过电流和过功率）、过热应力、过机械应力损伤和静电放电损伤等。

2）短路失效的主要机理：外延层偏错或层错的缺陷，PN 结缺陷，PN 结穿钉、引出管脚玻璃绝缘子污染，壳内的可移动导电多余物，内引线键合丝搭接，二次击穿，过电应力、过热应力损伤和静电放电损伤等。

3）电参数漂移失效的主要机理：热载流子效应，热电子注入效应，钝化层缺陷（龟裂、针孔、小岛和厚度不均匀等），氧化层缺陷（不均匀、针孔和过薄等），氧化层的电荷聚集，金属化层缺陷（划伤、空隙和腐蚀等），扩散和光刻缺陷，受潮或器件内部气氛不良（水汽含量超标），有机碳化物沾污，钠离子沾污，管芯与管座烧结或粘接不良，管芯裂纹，内引线键合不良，焊料热疲劳，欧姆接触退化，器件老化，过电应力损伤，静电放电损伤和中子或电离辐射损伤等。

4）机械缺陷：管脚材料的氧化、锈蚀和腐蚀而使管脚断裂；机械结合性差而使焊接不良和密封性能退化等。

52 集成电路主要失效模式及失效机理

集成电路的主要失效模式：开路、漏电或短路和参数漂移等。

1）开路失效的主要机理：过电应力（EOS）损伤（包括 CMOS 电路的闩锁效应），静电放电损伤，过热应力损伤，过机械应力损伤，金属化互连线断开（金属电子迁移，应力迁移，金属铝互连线的划伤、缺损、腐蚀和台阶处断铝等），内引线键合丝损伤及腐蚀而断裂，键合脱落，芯片脱落或断裂和塑封基体开裂等。

2）短路失效的主要机理：静电放电损伤，过电应力损伤，过热应力损伤，PN 结缺陷，PN 结穿钉，氧化层缺陷（氧化层过薄、夹杂物、针孔、层厚度不均匀和裂纹等），金属电子迁移，金属离子迁移，晶须生长和活动金属多余物等。

3）电参数漂移失效的主要机理：芯片裂纹，氧化层缺陷，金属化层缺陷，钝化层缺陷，扩散及光刻缺陷，氧化层的电荷聚集，钠离子沾污，有机碳化物沾污，静电放电损伤，热载流子效应，热电子注入效应，中子或电离辐射损伤，封装内部水汽凝结，壳体外表面沾污和欧姆接触退化等。

53 塑封半导体器件的损伤部位及失效机理

塑封半导体器件有三种独特的失效机理：湿气渗透、器件包封爆裂的“爆米花效应”和金属变形/钝化层开裂。

1）芯片上金属化互连线腐蚀：塑封半导体器件属于非气密性封装，随着存放或工作时间的推移，潮气浸入至芯片与离子沾污物以及模塑料析出的杂质离子成了电解质，或钝化膜 PSG 中的磷与水反应生成磷酸都会与金属化互连线发生电化学反应，导致芯片上金属化互连线腐蚀而断裂。尤其是金丝球焊区域无钝化层，极易受腐蚀。

2）引线框架腐蚀：工作在潮湿和污染环境中，引线框架镀层表面的裂纹、空洞或开口都会先被腐蚀，最敏感的区域是塑封材料与引线框架间的界面。

3）芯片裂纹、封装裂纹、界面分层、键合脱落和键合丝断线等：由于构成塑封器件的不同材料（硅片、金丝线、引线框架、塑封材料等）的热膨胀系数和弹性系数不同，在环境温度发生变化时，就会产生内机械应力，这内机械应力容易引发芯片裂纹、封装裂纹、界面分层（塑封材料与芯片分层、塑封材料与引线框架分层、塑封材料与基体板分层和芯片与基体板分层）、键合脱落和键合丝断线等。

4）封装爆裂（爆米花）：由于塑封器件的塑封材料内部的水分在高温下受热发生膨胀，在一定条件下热膨胀蒸汽的压力会导致塑封器件封装爆裂。

5）芯片上金属化互连线熔断：由于塑封器件大多数采用的小几何尺寸和厚栅极氧化层（MOS），因此更容易被过电应力损伤和静电放电损伤，造成芯片上的金属化互连线熔断。

54　混合集成电路的损伤部位及失效机理

混合集成电路的失效分为两大类，一类是使用过程中引入各种应力（电应力、热应力、机械应力等），造成混合集成电路的失效。另一类是电路本身的制造工艺缺陷，造成混合集成电路的失效。

现仅对混合集成电路本身的制造工艺缺陷，引起的失效进行介绍。常见，本身制造工艺缺陷的主要失效模式：陶瓷基片开裂、导带开路、键合开路和芯片粘接脱落等。这些制造工艺缺陷，都会导致混合集成电路失效。

（1）陶瓷基片开裂失效的主要机理

在混合集成电路中陶瓷基片是用来作为实现电路的电互连和绝缘载体。引起陶瓷基片开裂失效的主要机理包括以下两个方面因素：

1）由于混合集成电路的外形结构设计不合理而引起陶瓷基片的开裂。这因为陶瓷基片的面积较大，重量较大，由于设计电路的金属外壳太薄且软，无足够的刚性，这样使安装应力很容易地传递到陶瓷基片上而使陶瓷基片开裂。可在混合集成电路的结构设计中选用适当金属外壳厚度保证其刚性，且留出适当的安装耳等，可免于陶瓷基片开裂。

2）由于热膨胀系数差异较大而引起陶瓷基片开裂。在功率混合集成电路中的陶瓷基片与功率晶体管的铜外壳之间采用烧结工艺连接。电路在温度循环过程中或在工作过程中，功率晶体管的温升较高，由于陶瓷基片与管子铜外壳之间热膨胀系数相差较大，使陶瓷基片受到很大的内机械应力，经多次作用后致使陶瓷基片开裂。可采用在功率晶体管的铜外壳与陶瓷基片之间加了一层钼片作为过渡层而缓解热膨胀系数相差过大而产生的过大内机械应力，从而免于陶瓷基片开裂。

（2）导带开路失效的主要机理

在混合集成电路中的导带是用来作为混合集成电路的内部各元器件的电互连。导带分为薄膜导带和厚膜导带两种。

1）薄膜导带开路的主要机理是由于导带在真空蒸镀工艺过程中受到划伤或在光刻过程中缺损，从而使导带载面积减小。电路工作过程中在该处的电流密度增大。在电路工作一段时间后，由于金属电子迁移造成薄膜导带开路。

2）厚膜导带开路的主要机理是由于导带印刷不均匀所致。经过多次印刷后丝网冲洗不净，致使局部一些丝网孔堵塞，从而使印刷的导带在该处变薄或者不连续。电路工作过程中在该处的电流密度增大。在电路工作一段时间后，由于金属电子迁移造成厚膜导带开路。

3）在印制线路板多层布线时，由于各层之间搭接处存在对准偏差，致使在搭接处连接面积非常小，在工作一段时间后，导致布线搭接处开路。

（3）键合开路失效的主要机理

在混合集成电路中键合开路所引起的失效很多，失效机理也多种多样。键合开路的主要机理包括以下四个方面因素：

1）Au—Al 键合的失效是由于 Au—Al 之间在一定温度下，产生 Au 和 Al 之间互扩散，并形成金属间化合物，且在扩散过程中由于柯肯德尔效应的存在，即 Au 向 Al 中扩散速度快，而 Al 向 Au 中扩散速度慢，这样不可避免地在金属间化合物与 Au 层一侧留下部分原子空隙形成孔洞。当孔洞增大到一定程度后，将会使键合界面强度急剧下降，接触电阻增大，最终引起键合脱落而失效。

2）键合界面上氧化物或有机污染引起的键合脱落失效。由于键合界面上存在氧化物或有机沾污，这就使键合后的结合界面强度降低，承载能力下降，接触电阻增大。在电路工作过程中，由于接触电阻较大，键合位置温升较高，从而加快氧化速度，使键合界面承载能力进一步下降，如此恶性循环，最终导致键合脱落失效。

3）内引线键合丝腐蚀引起的键合开路失效。内引线键合丝产生腐蚀的机理包括两个方面：一是电路内部水汽含量超标，导致键合丝腐蚀，键合丝腐蚀位置通常位于键合点颈部。二是芯片表面的键合区含有 Cl 元素腐蚀性介质存在，在吸附部分水汽后也会导致键合丝腐蚀。

4）内引线键合丝受损引起的键合开路失效。内引线键合丝在键合过程中受到损伤而产生的失效。产生这种现象的主要原因是由于键合的压力过大或键合刀具形状存在缺陷，造成键合丝被压得过扁或键合丝颈部受到损伤，使其承载能力下降，在外界机械应力作用而使内引线键合丝断裂。

（4）芯片粘接脱落失效的主要机理

1）在混合集成电路中，小功率晶体管的管芯与基片之间的连接和固定采用导电或不导电的胶粘剂的粘接方式。胶粘剂与管芯之间粘接不良而导致芯片脱落的主要原因是管芯背面或基片上存在沾污，导致管芯背面或基片与胶粘剂界面结合强度下降，在外界冲击或振动条件下使管子的管芯与基片脱落而失效。

2）在混合集成电路中，大功率晶体管的管芯与基片之间的连接和固定则采用烧结方式。大功率晶体管的管芯与基片的烧结主要采用金基焊料和 Pb－Sn 焊料，其中金基焊料烧结方式出现失效的情况极少，大多数失效出现于 Pb－Sn 焊料烧结方式中。其原因是 Pb－Sn 焊料在大功率晶体管工作过程中，由于温升较高，致使 Pb—Sn 焊料的共晶组织不断长大且产生偏聚，同时 Pb－Sn 焊料吸附电路的腔体内的氧气和潮气使 Sn 氧化，这样将降低管子的管芯与基片的焊接界面强度且热阻增大，热阻增大导致管子进一步温度升高而加速 Sn 氧化，形成恶性循环，最终引起管子的管芯与基片的烧结接触界面脱落而失效。从失效统计结果来看，采用 Pb－Sn 焊料烧结应慎重选用。

第九部分　制造工艺

1　PN 结制造工艺

一般采用掺杂补偿制造工艺能获得 PN 结，常用方法有合金法、电形成法和平面扩散（或离子注入）法。

1）合金法：在一块 N 型硅半导体上放一块铝金属，然后在高温炉中加热至 680～700 ℃，铝金属便和 N 型硅在接触处相互熔合、渗透形成合金。在烧结过程中，3 价铝受主杂质熔入 N 型硅后，熔合了铝的那部分 N 型硅转变为 P 型硅，于是在 P 型硅和 N 型硅交界处就得到了 PN 结。

2）电形成法：在一块 N 型锗半导体上放一根很细的 S 型金属丝（镓的合金材料），并保持良好接触，然后通入脉冲电流，保证脉冲电流在几安内，通电时间为 0.01～0.4 s。在脉冲电流作用下加热，3 价镓受主杂质的金属丝尖端就熔化掺入 N 型锗中，熔入镓的那部分 N 型锗就转变成 P 型锗，从而制得 PN 结。

3）平面扩散（或离子注入）法：在一块外延 N 型半导体上氧化→光刻扩硼窗口→硼扩散（或离子注入）。扩散硼后，N 型半导体就转变成 P 型半导体，从而制得 PN 结。

2　肖特基势垒二极管制造工艺

在重掺杂的 N^+ 型 Si 或 GaAs 或 SiC 半导体衬底上生长一层薄的低掺杂 N^- 型 Si 或 GaAs 或 SiC 外延层，在 N^- 型外延层的表面利用氧化工艺形成二氧化硅保护层，并用光刻工艺在二氧化硅的表面开一个小孔（几微米到几十微米），蒸发一层金属膜（镍、铂、钼、铬、钛等），于是在小孔内金属膜与 N^- 型外延层半导体的交界面就形成了金属－半导体结（肖特基势垒结）。然后，在金属膜的表面再蒸发其他的金属膜（如金、银、铬等），将这个金属膜刻蚀成一定形状的电极，在电极上焊上引线，最后封装成实用的肖特基势垒二极管。

3　双极性集成电路晶体管制造工艺流程

半导体集成电路制造工艺是在硅平面晶体管制造工艺基础上发展起来的，其典型的晶体管的制造工艺流程如下：

1）衬底制备 2）埋层氧化 3）埋层光刻 4）埋层扩散 5）外延 6）隔离氧化 7）隔离光刻 8）隔离扩散 9）背面蒸金 10）基区氧化 11）基区光刻 12）基区扩散 13）发射区光刻 14）发射区扩散 15）集电区光刻 16）集电区扩散 17）刻引线孔 18）蒸铝 19）铝反刻 20）合金化 21）表面钝化 22）后工序（芯片装架和封装）：装架工艺包括中间测试、划片、装片烧结和引线焊接（即热压或超声键合）；封装包括管壳制备、封帽 23）总测等 24）筛选 25）包装入库。

4　金属栅 CMOS 集成电路制造工艺流程

金属栅 CMOS 集成电路制造工艺流程如下：

1）衬底材料〈100〉的 N 型单晶硅的制备 2）生长场氧化层 3）制作低掺杂的 P^- 阱区 4）制作 PMOS 管的源区 P^+、漏区 P^+ 和 N^+ 型隔离环区 5）在 P^- 阱区内制作 NMOS 管的源区 N^+、漏区 N^+ 和 P^+ 型隔离环区 6）制作栅氧化层 7）制作栅电极和互连引线 8）芯片装配和外壳封装 9）成品测试 10）筛选 11）包装入库。

5　混合集成电路主要工艺

混合集成电路主要工艺：厚、薄膜基板制作工艺，表面贴装工艺，裸芯片贴片工艺，裸芯片键合工艺，芯片凸点倒扣焊工艺，微焊接工艺，激光动态修调工艺，特种管壳制备工艺和密封工艺（激光焊、平行焊、储能焊）等。

混合集成电路设计包括各种各样的封装技术，例如积木式封装、叠放扁平封装、格子化模块、多层叠放基片、条状模块和折叠式组件等。混合集成电路有平面阵列和叠放阵列的两种基本封装。

6　扩散工艺

将杂质原子扩散到本征半导体晶体中，形成 P 型或 N 型半导体导电率区域的过程。

7　金属化膜条

它是指淀积一层金属膜，通常采用真空蒸发的方法，即在较高真空的系统中，通过加热源，将源金属加热到足够高的温度使其全汽化，汽化后金属分子在重力作用下均匀淀积在基片衬底上，形成厚薄均匀的金属膜，再经过光刻工艺过程形成金属化膜条（互连线）。

8 薄膜技术

采用真空蒸发、溅射或其他制造薄膜工艺，在绝缘基片上形成薄膜元件或薄膜电路的技术。

9 厚膜技术

将导体和/或介质浆料，用丝网印刷工艺在绝缘基片上印制出所需图形，然后进行烧结，从而形成厚膜元件和互连线或厚膜电路的技术。

10 外延工艺

是在一块单晶片上，沿着原来的结晶轴方向，再生长一层厚度和电阻率都符合要求的新单晶片。这样的单晶层好象是原单晶片向外延展一样，所以称为外延工艺。

11 光刻工艺

利用曝光、显影、刻蚀等技术，在表面涂敷有光致抗蚀剂膜的晶片上，制作出所需图形的过程。

12 丝网印刷工艺

把浆料通过丝网压印在基片上形成膜的淀积过程的工艺。

13 离子注入

将被加速的离子（杂质作为离子）注入到半导体晶体中，在该晶体中形成 P 型、N 型或本征导电区。

14 离子注入工艺

将把杂质作为离子，按规定的速度加速，注入半导体晶片中的工艺。离子的速度可用加速电压控制，离子的数量可用离子电流控制。注入半导体晶片的速度、数量和深度可自由调整。

15 离子镀膜

将真空蒸发和溅射两种技术结合在一起，制备薄膜的工艺方法。

16 等离子清洗

等离子体通过化学或物理作用对工件（元器件、半成品、零件、PCB板和载体等）表面进行处理，实现分子水平的沾污去除（一般厚度在30～300埃），提高工件表面活性的工艺叫做等离清洗。被清除的沾污可能有：有机物、环氧树脂、光刻胶、焊料、金属盐、氧化物等。

等离子体：电子和正离子密度接近相等的电离气体媒质。

17 等离子体刻蚀

利用气体变成等离子状态，一旦接触在物质的表面，由等离子体变成离子的原子撞击物质，把物质的原子弹射出来，进行刻蚀。它是在干燥状态下腐蚀硅、氧化硅、铝和磷硅玻璃钝化层等的一种工艺。由于等离子区能够施加电场、磁场，就能选定离子的冲击方向，就能开一个垂直于对象物的孔。

18 等离子体化学气相沉积

它是制作薄膜材料的一种工艺，通常是用射频辉光放电等物理方法将气相化合物解离为等离子体后沉积成薄膜的工艺。

19 汽相淀积技术

采用物理淀积或化学反应方法将呈汽相状态的源材料淀积在固体基片上，以形成导电、绝缘或半导体膜的技术。

20 阳极氧化

利用电化学方法，使导电膜表面氧化，以便调整导电膜电阻值或制备绝缘介质膜的工艺方法。

21 钝化

直接在电路芯片表面上或其元器件表面上形成绝缘保护层的过程。半导体器件为了防止外部的碱性离子侵入、污染和静电击穿，在半导体芯片表面上（除键合区外）钝化一层磷硅玻璃膜（PSG），或钝化一层氮化硅膜（Si_3N_4），或在已钝化一层 PSG 膜上再钝化一层 Si_3N_4 膜。

塑封器件的钝化层，不建议使用磷硅玻璃（PSG）。这因为 PSG 钝化膜中的磷与塑封器件内部的水汽反应生产磷酸，腐蚀了铝互连线而断裂，造成塑封器件失效。

PSG 优点，PSG 很软，膜质良好，很少有龟裂、孔隙等。PSG 缺点，PSG 中含磷量多时，短时间内，器件内的水汽与磷反应，生成磷酸而使铝互连线腐蚀。Si_3N_4 优点，Si_3N_4 细密精致而不允许不纯的离子等贯穿其中。Si_3N_4 缺点，Si_3N_4 使用过量时，纯化膜较硬，容易造成纯化膜龟裂等。

22 蒸铝烧结

表面蒸过铝层的硅片，在一定温度下，使硅铝界面处合金化的一种工艺方法。

23 气密性封装

为了抵抗机械、物理和化学应力，用某种防护介质（金属、陶瓷、低熔点玻璃等）密封电路和元器件的通用工艺方法。

气密性封帽有很多工艺方法，如电阻焊（储能焊、平行焊、点焊）、冷挤焊、玻璃熔焊、各种合金焊料熔焊、激光焊和超声焊等。

气密性封装的可靠性与外壳材料、封装工艺及检测和试验方法等均有相关联的。

目前，以激光焊为主的全熔焊密封方法，在军用继电器厂家得到推广应用。激光焊是全熔焊，即不需焊料，而靠被焊金属熔化实现密封，且热影响小，不会有焊渣，不会引起沙眼漏孔隐患。激光焊密封性好，漏气率可达到 1×10^{-3} Pa · cm^3/s 的水平。

24 超声键合

电子器件的内引线键合，目前常用超声键合和热超声键合（金丝球焊）两种方法。

（1）超声键合（U/S）

在常温下，利用超声能量和压力连接两种材料的工艺。

超声键合适用于气密封装和大电流器件的内引线铝丝或硅铝丝键合。第一键合点是硅铝丝与芯片键合区的铝膜表面间的键合；第二键合点是硅铝丝与外壳内键合点的镀金/镍层、镀银/镍层或镀镍层间的键合。

(2) 热超声键合（T/S）

在高温（150～200 ℃）下，利用超声能量、热能和压力连接两种材料的工艺。

热超声键合适用于塑封电子器件的内引线金丝键合。第一键合点是金丝与芯片键合区的铝膜表面间的键合；第二键合点是金丝与外壳内键合点的镀金层或镀银层间的键合。金丝球热压焊比铝丝劈刀的焊接速度快了 3 倍至 5 倍。

25 波峰焊

波峰焊原理是让组装件与熔化焊料的波峰接触，实现钎焊连接。这种方法最适宜成批和大量焊接一面插有分立元器件的印制线路板。

通常，将波峰焊设备安置在印制线路板组装自动线之内，它保证线路板在焊接时能连续移动和局部受热，并且凡与焊接质量有关的重要因素，如焊料和焊剂的化学成分、焊接温度、速度、时间等，在波峰焊时都可以得到完善的控制。

26 再流焊

在焊接以前，将片状结构的无引线（或超短引线）元器件，用相应的焊膏（焊料），直接贴在印制线路板表面上的相应位置。然后，经过的加热气体，使焊料重新熔化而实现双面的印制线路上元器件焊接过程的工艺。

再流焊分为红外热熔焊和汽相热熔焊。其他还有特殊场合应用时，如采用的激光热熔焊、热空气热熔焊等。

再流焊的焊接温度比波峰焊低，焊接时间比波峰焊长。

27 元器件电装工艺

元器件在印制板上的安装、布置应从电磁兼容、抗力学环境应力、散热等诸多方面统筹考虑。元器件应安装牢固、易于装配和维修，还要利于散热。合理电装是提高元器件的使用质量的重要措施之一。

电装工艺按安装方法，可分为通孔安装和表面安装（表贴装）两种方式。按焊接主要方法，可分为手工焊接和自动焊接（波峰焊和再流焊等）两种方法。

电装工艺过程中应注意如下事项：

(1) 安装—消除机械应力

1) 电阻器、电容器等的引线应尽量短，以提高其固有振荡频率，免于振动时引线断裂。

2) 对尺寸较大一些电阻器、电容器尽可能卧装，以利于抗振和散热，并将电阻器、电容器与底板之间用胶粘住。

3）对大型的电阻器、电容器等元件应采取加紧固的装置。

4）对陶瓷或易脆裂元件应与底板（印刷线路板）之间加橡胶垫或其他衬底。

5）电磁继电器的安装应避免衔铁和簧片的运动方向与设备振动方向一致，以免触点簧片误动作。带固定螺钉头的继电器，应适当固紧，但不要过紧。

6）设备插座之间的连线以及元器件之间的连线应分段固定，提高线束或连线的固有振荡频率。

7）对插座安装的晶体管、集成电路应压上防护圈，防止松动。

8）对产生干扰的元器件或对干扰敏感的元器件的安装时应采取加屏蔽装置。

9）两块印制线路板之间距离不应过小，以免振动时，使安装在印制线路板上元器件与安装在另一块印制线路板上元器件相碰撞。

（2）安装—消除热应力

由于元器件引线与印制线路板及焊点材料的热膨胀系数不一致，在温度循环试验或高温工作条件下会引入机械应力，有可能导致焊点的拉脱、印制线路板的翘起、元器件破裂和短路等问题。所以元器件的引线成形和安装印制线路板上时，应采取消除热应力的措施。

（3）安装—有利散热

1）无源元件、温度敏感元件要放置在印制线路板下方，并远离发热元器件；发热量大的元器件要放置在印制线路板的上方，尽量靠近机壳或框架。

2）发热元器件，必要时可单独放置或安装散热器。

3）元器件在印制线路板上的位置应均衡，尽可能间隙一致，利于对流散热。

4）元器件、部件的引线脚的横截面应大，长度应短。

5）元器件安装印制线路板应垂直放置，利于散热。

（4）焊接方面

1）尽可能采取失效率低的焊接方法，如再流焊的元器件基本失效率 λ_b 比其他焊接方法低。

2）手工浸锡、焊接要注意焊接温度和时间，避免元器件的内部连线焊接不良或焊点脱开、引出端玻璃绝缘子炸裂等。

3）印制线路板的焊接孔不应过大，应与焊接元器件的引出线直径大小相匹配，以免引起虚焊。

（5）连线方面

1）连线通常应排列整齐，集中走线，但应注意电磁兼容性问题。

2）除了对设备工作不利或造成电磁干扰的影响外，应将各单根导线编织在一起，以利固定，防止拉断。

3）对大型插头座的连接线的中间应短些，外围应长些，以免在成束或弯曲时外围连接线受应力过大而拉断脱开。

（6）电装操作方面

1）对静电放电敏感元器件安装时，要采取防静电措施，如防静电工作台、防静电腕带、电烙铁接地等。

2）电阻器、电容器等元件的引线弯曲要有适当的弯曲半径，并且弯曲时不应使引线弯曲处受伤。

3）连线焊接端的剥去绝缘皮的长度不应过长，以免引起与邻近导线间的短路。

28 塑封器件开封技术

塑封器件常用的开封方法有激光开封和化学湿法开封两种。

1）激光开封是物理开封的改进，利用高能激光脉冲对样品的预定区域内的塑封材料进行烧蚀，使塑封器件的芯片暴露，以达到快速、精确开封的目的。

激光开封的缺点，由于芯片表面钝化层具有透明的特性，当开封至芯片表面时，激光会透过芯片表面的钝化层进入芯片内部，从而将芯片内部烧蚀，损坏芯片内部电路结构，还会对器件的键合丝造成损坏。

2）化学湿法开封技术利用浓硫酸或发烟硝酸的强氧化剂，在加热的条件下将对塑封材料进行腐蚀，使塑封器件的芯片暴露，以达到开封的目的。

塑封器件酸开封机利用发烟硝酸或浓硫酸或两种酸的混合溶液，通过掩膜的保护，在高温和气体动力作用下对样品的预定区域的塑封材料进行冲击、腐蚀，以达到去除器件芯片表面塑封材料的目的。

酸开封缺点，由于酸气体对各个方向都会进行腐蚀，且在各个方向上腐蚀速率各不同，从而会造成被预定开封区域扩大或开封不完整。

3）将激光开封和酸开封相结合起来，发挥各自优点，可以达到快速、精确开封的目的，同时又不损伤芯片内部电路结构和键合丝。

首先利用激光开封方法，对塑封器件的预定区域内进行预开封至芯片表面的键合丝位置时立即停止激光开封，然后利用酸开封方法对激光预开封后的芯片器件再进行酸腐蚀开封，将芯片及键合丝完整无损地暴露出来。

29 固体钽电解电容器制造工艺

它的正极的制造过程为：用高纯钽粉与钽丝压缩成钽块，将钽块在 2000 ℃左右高温真空炉烧结成多孔的钽基体为电容器的正极。它的绝缘介质的制造过程为：将烧结好多孔的钽基体置于硝酸溶液中，以钽基体接阳极，硝酸溶液接阴极，进行通电流。硝酸分解出氧气与多孔的钽基体中钽发生氧化反应，生成氧化钽。这样在多孔的钽基体表面就被覆盖了一层氧化钽膜（Ta_2O_5）为电容器的绝缘介质。它的负极的制造过程为：将多孔的钽正极基体浸入硝酸锰溶液中，加热（250～300 ℃）后，硝酸锰分解出二氧化锰（MnO_2），此过程须重复多次（约 10 次），直到多孔钽正极基体的内部间隙充满了导电 MnO_2，便成了负极。再经过在 MnO_2 层上被覆石墨和铅锡合金导电层，便构成了电容器芯子。将电容器芯子焊上引线装入外壳内，然后用橡胶塞密封，或采用环氧树脂包封。到此，以正极为金属钽块，绝缘介质为 Ta_2O_5，负极为 MnO_2，构成固体钽电解电容器。

30 铝电解电容器制造工艺

电容器的正极为一侧化学刻蚀的铝箔。然后将其浸在电解液中进行阳极氧化处理，使其表面生成氧化铝薄膜为电容器的绝缘介质。电容器的负极为浸过电解溶液（硼酸、氨水、乙二醇等）电容纸，再用一条原生态铝箔贴合在一起。将上述的正、负极按其中心轴卷绕，便构成了电容器的芯子，然后将芯子放入铝外壳筒内并按一定高度灌胶固定，筒口用橡胶塞进行密封，在铝壳外表面再套一层塑料绝缘层，这样铝电解电容器便制成了。

附　表

附表1　部分常用元器件的国军标总规范及“七专”技术条件

附表1-1　半导体分立器件、集成电路的国军标总规范和“七专”技术条件

序号	国军标总规范和“七专”技术条件编号	国军标和“七专”技术条件名称	等效美军标编号
1	GJB33—85 GJB33A—97	半导体分立器件总规范	MI-S-19500
2	GJB597—88 GJB597A—96	半导体集成电路总规范	MIL-M-38510
3	GJB2438—95 GJB2438A—2002	混合集成电路通用规范	MIL-PRF-38534
4	GJB2146—94	发光二极管固体显示器总规范	
5	GJB3519—99	半导体激光二极管总规范	
6	QZJ840611	半导体二、三极管“七专”技术条件	
7	QZJ840611A—87	半导体分立器件“七专”技术条件	
8	QZJ840612	中小功率N沟道耗尽型场效应管“七专”技术条件	
9	QZJ840613	光敏二、三极管“七专”技术条件	
10	QZJ840614	半导体数字集成电路“七专”技术条件	
11	QZJ840615	半导体模拟集成电路“七专”技术条件	
12	QZJ840616	混合集成电路“七专”技术条件	

附表1-2　石英晶体、滤波器和声表面波器件的国军标总规范和“七专”技术条件

序号	国军标总规范和“七专”技术条件编号	国军标和“七专”技术条件名称	等效美军标编号
1	GJB2138—94	石英晶体元件总规范	
2	GJB1648—93	晶体振荡器总规范	
3	GJB1508—92	石英晶体滤波器总规范	
4	GJB1511—92	压电陶瓷滤波器总规范	
5	GJB1518—92	射频干扰滤波器总规范	

续表

序号	国军标总规范和“七专”技术条件编号	国军标和“七专”技术条件名称	等效美军标编号
6	GJB264—87	机械滤波器总规范	
7	GJB2600—96	声表面波器件总规范	
8	QZJ840621	石英谐振器“七专”技术条件	
9	QZJ840622	(G)JA37 型石英谐振器“七专”补充技术条件	

附表 1-3　电阻器、电位器的国军标总规范和“七专”技术条件

序号	国军标总规范和“七专”技术条件编号	国军标和“七专”技术条件名称	等效美军标编号
1	GJB244—87	有可靠性指标的薄膜固定电阻器总规范	MIL-R-55182
2	GJB244A—2001	有质量等级的薄膜固定电阻器总规范	MIL-R-55182E
3	GJB1929—94	高稳定薄膜固定电阻器总规范	MIL-R-10509
4	GJB1862—94	有可靠性指标的精密线绕固定电阻器总规范	MIL-R-39005
5	GJB3017—97	膜式高压固定电阻器总规范	
6	GJB1432A—99	有可靠性指标的膜式片状固定电阻器总规范	MIL-R-55342
7	GJB2828—97	功率型线绕固定电阻器总规范	MIL-R-26
8	GJB4154—2001	散热器安装功率线绕固定电阻器总规范	
9	GJB920A—2002	膜固定电阻网络、膜固定电阻和陶瓷电容的阻容网络通用规范	MIL-R-83401
10	SJ20794—2000	表面安装膜固定电阻网络总规范	
11	GJB265—87	合成电位器总规范	MIL-R-94
12	GJB917—90	线绕预调电位器总规范	MIL-R-27208
13	GJB1523—92	精密线绕电位器总规范	MIL-R-12934
14	GJB2149—94	有可靠性指标的螺杆驱动线绕预调电位器总规范	MIL-R-39015
15	GJB918—90	非线绕预调电位器总规范	MIL-R-22097
16	GJB1865—94	非线绕精密电位器总规范	MIL-R-39023
17	GJB3015—97	有可靠指标的非线绕预调电位器通用规范	
18	GJB601A—98	热敏电阻器总规范	MIL-T-23648
19	GJB1782—93	压敏电阻器总规范	
20	QZJ840629	普通金属膜电阻器“七专”技术条件	
21	QZJ840630	精密金属膜电阻器“七专”技术条件	
22	QZJ840631	(G)RJ72 型精密金属膜电阻器“七专”技术条件	
23	QZJ840632	有机实芯电位器“七专”技术条件	
24	QZJ840633	微调线绕电位器“七专”技术条件	

附表 1-4 电容器的总规范和“七专”技术条件

序号	国军标总规范和“七专”技术条件编号	国军标和“七专”技术条件名称	等效美军标编号
1	GJB2442—95	有可靠性指标的单层片式瓷介电容器总规范	
2	GJB468—88	有可靠性指标的和没有可靠性指标的1类瓷介电容器总规范	MIL-C-20
3	GJB924—90	有可靠性指标的2类瓷介电容器总规范	MIL-C-39014
4	GJB1314—91	2类瓷介电容器总规范	MIL-C-11015
5	GJB192A—88	有可靠性指标的无包封多层片式瓷介电容器总规范	MIL-C-55681
6	GJB1940—94	有可靠性指标的高压多层瓷介电容器总规范	
7	GJB4157—2001	高可靠瓷介固定电容器总规范	MIL-C-123B
8	GJB191A—97	有可靠性指标的云母固定电容器总规范	MIL-C-29001
9	GJB191B—2009	含宇航级云母固定电容器通用规范	
10	GJB1313—91	云母电容器总规范	MIL-C-5
11	GJB732—89	有可靠性指标的塑料膜(或纸一塑料膜)介质(金属、陶瓷或玻璃外壳密封)固定电容器总规范	MIL-C-39022
12	GJB972A—2002	有或无可靠性指标的塑料膜介质交直流固定电容器通用规范	MIL-C-55514
13	GJB1214A—2009	含宇航级金属化塑料膜介质密封固定电容器通用规范	MIL-C-83421
14	GJB733B—2011 GJB733A—96	有可靠性指标的非固体电解质固定钽电容器总规范	MIL-C-39006
15	GJB1312—91 GJB1312A—2001	非固体电解质钽电容器总规范	MIL-C-3965
16	GJB63A—91 GJB63B—2001	有可靠性指标的固体电解质钽电容器总规范	MIL-C-39003
17	GJB2283—95	有可靠性指标的片式固体钽电容器总规范	MIL-C-55365
18	GJB1520—92	非气密封固体电解质钽电容器总规范	MIL-C-83500
19	GJB603A—2009	有可靠性指标的铝电解电容器总规范	
20	GJB3516—99	铝电解电容器总规范	MIL-C-39018
21	GJB1433—92	瓷介微调可变电容器总规范	MIL-C-81
22	GJB728—89	玻璃介质微调可变电容器总规范	
23	QZJ840624	瓷介电容器“七专”技术条件	
24	QZJ840625	固定云母电容器“七专”技术条件	
25	QZJ840626	有机介质电容器“七专”技术条件	
26	QZJ840627	漆膜电容器“七专”技术条件	
27	QZJ840628	钽电解电容器“七专”技术条件	
28	QZJ840634	铝电解电容器“七专”技术条件	

附表 1-5　电感器、变压器的国军标总规范

序号	国军标总规范编号	国军标名称	等效美军标编号
1	GJB675—89	有可靠性指标的模制射频固定电感器总规范	MIL-C-39010
2	GJB1864—94 GJB1864A—2011	射频固定和可变片式电感器总规范	MIL-C-15305
3	GJB1660—93	阴极射线管用偏转线圈总规范	
4	GJB1521—92	小功率脉冲变压器总规范	MIL-T-21038
5	GJB1661—93	中频、射频和鉴频变压器总规范	MIL-T-55631
6	GJB2829—97	音频、电源和大功率脉冲变压器和电感器总规范	MIL-T-27
7	GJB1435—92	开关电源变压器总规范	

附表 1-6　继电器的国军标总规范和"七专"技术条件

序号	国军标总规范和"七专"技术条件编号	国军标和"七专"技术条件名称	等效美军标编号
1	GJB1461—92	含可靠性指标的电磁继电器总规范	MIL-R-6106J
2	GJB65B—99	有可靠性指标的电磁继电器总规范	MIL-R-39016E
3	GJB2888—97	有可靠性指标的功率型电磁继电器总规范	MIL-R-83536
4	GJB1042A—2002	电磁继电器通用规范	MIL-R-5757H
5	GJB1515—92 GJ1515A—2001	固体继电器总规范	MIL-R-28750
6	GJB1517—92	恒温继电器总规范	MIL-R-24236B
7	GJB1513A—2001	混合和固体延时继电器总规范	MIL-R-83726
8	GJB1434—92	真空继电器总规范	MIL-R-83725B
9	GJB1436—92	干簧继电器总规范	MIL-R-83516A
10	GJB1429—92	热延时继电器总规范	MIL-R-19648C
11	GJB1514—92	水银湿簧继电器总规范	MIL-R-83407
12	GJB2820—97	舰用控制继电器总规范	
13	GJB1930—94	干簧管继电器总规范	
14	GJB2449—95	塑封通用电磁继电器总规范	
15	QZJ840617	密封电磁继电器"七专"技术条件	
16	QZJ840618	密封温度继电器"七专"技术条件	

附表 1-7　电连接器的国军标总规范和"七专"技术条件

序号	国军标总规范和"七专"技术条件编号	国军标和"七专"技术条件名称	等效美军标编号
1	GJB101A—97	耐环境快速分离小圆形电连接器总规范	MIL-C-26482G
2	GJB142A—94	机柜用外壳定位小型矩形电连接器总规范	MIL-C-24308C
3	GJB143-86	3CX 型气密封耐辐照圆形电连接器总规范	
4	GJB176A—98	J7 系列耐环境线簧孔矩形电连接器总规范	

续表

序号	国军标总规范和"七专"技术条件编号	国军标和"七专"技术条件名称	等效美军标编号
5	GJB177A—99	压接接触件矩形电连接器总规范	MIL－C－81659B
6	GJB598A—96	耐环境快速分离圆形电连接器总规范	MIL－C－26482H
7	GJB599A—93	耐环境快速分离高密度小圆形电连接器总规范	MIL－C－38999J
8	GJB600—88 GJB600A—2001	螺纹连接圆形电连接器总规范	MIL－C－5015
9	GJB681—89 GJB681A—2002	射频同轴连接器总规范	MIL－C－39012
10	GJB680—89	射频同轴连接器、转接器总规范	MIL－C－55339
11	GJB970—90	防水快速分离重负荷电连接器总规范	
12	GJB976—90	同轴、带状或微带传输线用的射频同轴连接器总规范	
13	GJB978A—97	单列、双列插入式电子元器件插座总规范	
14	GJB1212—91	射频三同轴连接器总规范	
15	GJB1438—92 GJB1438A—95	印刷电路连接器及其附件总规范	MIL－C－55302
16	GJB1784—93	电连接器附件总规范	
17	GJB2281—95	带状电缆电连接器总规范	MIL－C－83503
18	GJB2444—95	双芯对称系列射频同轴连接器和附件总规范	
19	GJB2445—95	电子元器件引线端插座总规范	
20	GJB2446—95	外壳定位超小型矩形电连接器总规范	MIL－C－83513
21	GJB2447—95	耐振音频连接器总规范	
22	GJB2889—97	XC系列高可靠小圆形线簧孔电连接器规范	MIL－C－26482
23	GJB2905—97	耐环境推/拉式快速分离圆形电连接器总规范	
24	GJB3016—97	单芯光纤光缆连接器总规范	
25	GJB3159—98	机柜和面板用矩形电连接器总规范	MIL－C－28748B
26	GJB3234—98	耐环境复合材料外壳快速分离高密度小园形电连接器及附件总规范	MIL－C－29600
27	GJB1717—93	通用印制电路板电连接器总规范	MIL－C－21097
28	GJB1920—94	耐环境小型同轴连接器总规范	MIL－C－83513
29	GJB3593—99	耐强冲击螺纹连接圆形电连接器总规范	MIL－C－28840
30	GJB3780—99	组合式电连接器及其零部件总规范	MIL－C－28754D
31	GJB3302—2008	J63微矩形电连接器总规范	
32	GJB5103—2002	耐高温圆形电连接器通用规范	
33	GJB5181—2003	复合材料外壳矩形电连接器通用规范	
34	GJB5299—2004	XCD系列圆形线簧孔电源连接器总规范	
35	GJB5300—2004	GP系列圆形线簧孔电连接器总规范	
36	QZJ840619	低频插头座"七专"技术条件	

续表

序号	国军标总规范和"七专"技术条件编号	国军标和"七专"技术条件名称	等效美军标编号
37	QZJ840620	射频插头座"七专"技术条件	

附表2 与元器件有关的部分国军标基础标准（基础规范）

序号	国军标基础标准编号	国军标名称	等效美军标编号
1	GJB128A—97	半导体分立器件试验方法	MIL-STD-7504H
2	GJB548A—96 GJB548B—2005	微电子器件试验方法和程序	MIL-STD-883
3	GJB360A—96 GJB360B—2009	电子及电气元件试验方法	MIL-STD-202
4	GJB1217—91	电连接器试验方法	MIL-STD-1344A
5	GJB2650—96	微波元器件性能测试方法	
6	GJB616A—2001	电子管试验方法	
7	GJB1032—90	电子产品环境应力筛选方法	
8	GJB4027—2000 GJB4027A—2006	军用电子元器件破坏性物理分析方法	MIL-STD-1580
9	GJB3157—98	半导体分立器件失效分析方法和程序	
10	GJB3233—98	半导体集成电路失效分析程序和方法	
11	GJB3404—98	电子元器件选用管理要求	
12	GJB4041—2000	航天用电子元器件质量控制要求	
13	GJB546A—96	电子元器件质量保证大纲	
14	GJB179A—96	计数抽样检验程序及表	MIL-STD-105E
15	GJB2649—96	军用电子元件失效率抽样方案和程序	MIL-STD-690C
16	GJB2118—94	军用电气和电子元器件标志	MIL-STD-1285
17	GJB1209—91	微电路生产线认证用试验方法和程序	
18	GJB1208—91	微电路的认证要求	
19	GJB2439—95	混合集成电路生产实施和生产线的认证要求	
20	GJB1941—94	金电镀层规范	
21	GJB2293—95	电连接器接触件配合尺寸和要求	
22	GJB1649—93	电子产品防静电放电控制大纲	
23	GJB415A—2005	可靠性、维修性、保障性术语	
24	GJB1437—92	元器件引线	

附表 3　与元器件有关的部分国军标指导性技术文件

序号	国军标指导性技术文件编号	国军标名称	等效美军标编号
1	GJB/Z299B—98 GJB/Z299C—2006	电子设备可靠性预计手册	MIL - HDBK - 217
2	GJB/Z 35—93	元器件降额准则	
3	GJB/Z 89—97	电路容差分析指南	
4	GJB/Z 27—92	电子设备可靠性热设计手册	
5	GJB/Z 105—98	电子产品防静电放电控制手册	MIL - HDBK - 263A
6	GJB/Z 123—99	宇航用电子元器件有效贮存期及超期复验指南	
7	GJB/Z 128—2000	宇航用电子元器件选用指南 继电器	MIL - HDBK - 978B
8	GJB/Z55—94	宇航用电子元器件选用指南 半导体分立器件	
9	GJB/Z56—94	宇航用电子元器件选用指南 半导体集成电路	
10	GJB/Z112—98	宇航用电子元器件选用指南 电容器	
11	GJB/Z79—96	接口电连接器选型指南	
12	GJB/Z221—2005	军用密封元器件检漏方法实施指南	
13	GJB/Z39. 2—2001	军用继电器系列型谱 密封电磁继电器	
14	GJB/Z 52—94	功率型密封电磁继电器系列型谱	
15	GJB/Z39. 1—93	军用继电器系列型谱 固体继电器	
16	GJB/Z37—93	军用电阻器和电位器系列型谱	
17	GJB/Z38—93	军用电容器系列型谱	
18	GJB/Z41—93	军用半导体分立器件系列型谱	
19	GJB/Z42—93	军用微电路系列型谱	
20	GJB/Z 9—89	军用微电路系列和品种	

附表 4　部分生产厂（所）企业标准代号

序号	生产厂(所)	企业标准代号	序号	生产厂(所)	企业标准代号
1	718 厂(友谊)	Q/RV	42	电子 11 所	Q/AF
2	893 厂	Q/RU	43	电子 12 所	Q/AG
3	贝蒂斯公司	Q/BDS	44	航天 771 所	Q/AQ 或 Q/AID. J
4	4326 厂	Q/MM	45	航天 772 所	Q/Zt
5	895 厂	Q/CC	46	777 厂	Q/DM
6	715 厂	Q/RQ	47	北器三厂	Q/QGC
7	795 厂	Q/RW	48	北器五厂	Q/QHE

续表

序号	生产厂(所)	企业标准代号	序号	生产厂(所)	企业标准代号
8	4320 厂	Q/MK	49	北光厂	Q/QHLJ
9	福建火炬	Q/HJ	50	石家庄无线电二厂	Q/BHA
10	798 厂	Q/RB	51	济半所	Q/RBJ QJ/01RBJ
11	北京元六中心	Q/QYL	52	970 厂	Q/FH
12	793 厂	Q/RT	53	877 厂	Q/CD
13	株洲宏达	Q/PWV	54	746 厂	Q/FX
14	振华富	Q/ZHF	55	哈晶厂	Q/IHB
15	贵州迅达	Q/XEC	56	辽晶厂	Q/LGJ
16	航天 165 厂	Q/RY	57	873 厂	Q/FR
17	891 厂	Q/RJ	58	4433 厂	Q/FA
18	792 厂	Q/RG	59	749 厂	Q/CA
19	3412 厂	Q/LJ ·J	60	871 厂	Q/ER
20	北京科通	Q/QHI	61	苏半厂	Q/GGC
21	航空 315 厂	Q/HB	62	朝阳元件厂	Q/CYG
22	855 厂	Q/MU	63	航天 203 所	Q/F_X
23	航天 825 厂	Q/Ag	64	4321 厂	Q/MN
24	航天 693 厂	Q/J_C	65	3419 厂	Q/Ln
25	航空 158 厂	Q/21E	66	三水日明	Q/RME
26	航空 117 厂	Q/3E	67	北京 707 厂	Q/RS
27	796 厂	Q/RR	68	850 厂	Q/RE
28	853 厂	Q/MB	69	电子 43 所	Q/HW
29	电子 23 所	Q/YC	70	电子 18 所	Q/VE
30	电子 40 所	Q/UP	71	电子 21 所	Q/BV
31	贵州航天	Q/Lk	72	电子 26 所	Q/UE
32	泰兴航天	Q/HD	73	电子 49 所	Q/UN
33	泰兴航联	Q/HL	74	航天 23 所	Q/FP
34	杭州星航	Q/XH	75	4310 厂	Q/RY
35	杭州灵通	Q/RQ	76	厦门宏发	Q/FVF
36	电子 58 所	Q/FC	77	742 厂	Q/FC
37	电子 47 所	Q/UL	78	沈阳飞达半导体器厂	Q/LSGR
38	电子 24 所	Q/UC	79	辽阳鸿宇晶体有限公司	Q/LHY
39	电子 55 所	Q/UD	80	艾立特	Q/EL
40	电子 13 所	Q/AT	81	南京半导体器件总厂	Q/ZXK
41	电子 44 所	Q/UH	82	航天 3401 厂	Q/FZ

附表 5　主要军用元器件产品规范中质量等级与 GJB/Z299 标准中可靠性预计质量等级对照表（举例）

序号	元器件质量级别	元器件类别	依据产品标准	质量保证等级或失效率等级标志（从高到低）	质量等级（可靠性预计质量等级）	
					GJB/Z299B	GJB/Z299C
1	民用级	元件、电子器件	相应国家标准(GB)、行业标准、企业标准	M 或不做标志	B_2	B_2
2	普军级	元件、电子器件(除了分立器件外)	凡在相应国家标准(GB)、行业标准、企业标准基础上，按照国军标筛选要求等的筛选或附加质量技术条件	J(认定普军级)	B_1 或 B(认定)	B_1 或 B(认定)
3	“七专”级	半导体、二、三极管，中小功率 N 沟道耗尽型场效应管，光敏二、三极管	QZJ840611～13—84	G	A_4	A_5
		数字集成电路、模拟集成电路	QZJ84014、15—84		A_4	A_4
		混合集成电路	QZJ840616—84		A_4	A_6
		石英晶体振荡器				A_2
		相应元件	QZJ840617 ～ 20、24～34—84		A_2	A_2
			QZJ840621、22—84		A	A_2
4	“七专”加严级	半导体分立器件	QZJ840611A—87 或“七专”加严技术条件	G^a 或 G^+	A_3	A_4
5	企业军标级	半导体单片集成电路	参照相应国军标、行业军标并满足航天产品的质量要求而制定企业军标	Q/J(认定)	A_3 或 A_4(认定)	A_3 或 A_4(认定)
		混合集成电路			A_3 或 A_4(认定)	A_4 或 A_5(认定)
		相关元件			A_2(认定)	A_2(认定)

续表

序号	元器件质量级别	元器件类别	依据产品标准	质量保证等级或失效率等级标志（从高到低）	质量等级（可靠性预计质量等级）	
					GJB/Z299B	GJB/Z299C
6	国军标级	半导体集成电路	GJB597A—96	S 级、B 级、B1 级	A_1、A_2、A_3	A_1、A_2、A_3
		混合集成电路	GJB2438—95	K 级、H 级、H1 级	A_1、A_2、A_3	
			GJB2438A—2002	K 级、H 级、G 级、D 级		A_1、A_2A_3、A_4
		半导体分立器件（二极管、晶体管、光电子器件）	GJB33A—97	JCT（超特军级）、JT(特军级)、JP(普军级)	A_1、A_2、A_3	
				JY（宇航级）、JCT(超特军级)、JT（特军级）、JP（普军级）		A_1、A_2、A_3、A_4
		声表面波器件	GJB2600—96	S 级、B 级、B1 级		A_1、A_2、A_3
		石英谐振器、石英晶体振荡器	GJB1648—93	J 级(军标认证)		A_1
		固体继电器	GJB1515A—2001	Y 级(筛选级) W 级(筛选级)	A_1、A_2	A_1、A_2
		有可靠性指标的元件	相应有可靠性指标的元件国军标总规范或通用规范	失效率等级：S 或 B(八级)、R 或 Q(七级)、P 或 L（六级）、M 或 W（五级）、	A_{1S}、A_{1R}、A_{1P}、A_{1M}、	A_{1S}、A_{1R}、A_{1P}、A_{1M}、
				L 或 Y(亚五级)	A_2	A_{1L}
		无可靠性指标的元件（列入 QPL 或 QML 目录）	相应无可靠性指标的元件国军标总规范	J 级(军标认证)	与同类有可靠指标最低一个级相同	与同类有可靠指标最低一个级相同
		其他类别的器件（列入 QPL 或 QML 目录）	相应器件国军标总规范	J 级(军标认证)	A 或 A_1	A 或 A_1

注：1. GJB2649—96 规定中的失效等级代号 L、M、P、R、S，GB/T1772—79 规定中的失效率等级代号 Y、W、L、Q、B。

2. GJB/Z299 中无企军标级的质量保证等级和可靠性预计等级标志，因此企军标的质量保证等级和可靠性预计等级标志加注“认定”。

3. 未列入上表的元器件类别，质量保证等级与可靠性预计等级对应关系见 GJB/Z299B 或 GJB/Z299C 标准。

附表 6　美军标元器件质量分级

序号	元器件类别	依据产品标准	质量等级(从高到低)
1	半导体分立器件	MIL - S - 19500	JANS(宇航级)、JANTXV(超特军级)、JANTX(特军级)、JAN(普军级)
2	微电路	MIL - M - 38510	S 级、B 级、B - 1 级(883 级)(1994 年 6 月前有效)
3	混合集成电路	MIL - PRF - 38534	K 级、H 级、G 级、E 级、D 级
4	半导体集成电路	MIL - PRF - 38535	V 级、Q 级、M 级、N 级、T 级(1995 年 5 月后有效)
5	有可靠性指标的元件	相应的美军标总规范	失效率等级: T(九级)、S(八级)、R(七级)、P(六级)、M(五级)、L(亚五级)

附表 7　元器件下厂验收工作报告表

<table>
<tr><td colspan="11">验收工作报告编号:</td></tr>
<tr><td colspan="2">承制单位</td><td colspan="2"></td><td colspan="2">验收人员</td><td colspan="2"></td><td>所属工程</td><td colspan="2"></td></tr>
<tr><td colspan="2">出差地点</td><td colspan="2"></td><td colspan="2">验收日期</td><td colspan="2"></td><td>联系电话</td><td colspan="2"></td></tr>
<tr><td>序号</td><td>订货单位</td><td>合同号</td><td>工程代号</td><td>元器件名称</td><td>型号规格</td><td>生产日期/批次号</td><td>执行标准及附加条件</td><td>质量等级</td><td>订货数</td><td>接收数</td></tr>
<tr><td>1</td><td></td><td></td><td></td><td></td><td></td><td></td><td></td><td></td><td></td><td></td></tr>
<tr><td>2</td><td></td><td></td><td></td><td></td><td></td><td></td><td></td><td></td><td></td><td></td></tr>
<tr><td>3</td><td></td><td></td><td></td><td></td><td></td><td></td><td></td><td></td><td></td><td></td></tr>
<tr><td colspan="2">交收试验情况</td><td colspan="9">1、验收过程:常温测试□、三温测试□、PIND□、密封(细检□、粗检□)、外观检查□;
2、提供资料:交验接收与否□ 、合格证□、筛选报告□、例试报告□、质量一致性报告□、DPA 报告□、测试记录□、交收报告□
3、遗留问题记录:</td></tr>
<tr><td colspan="2">验收人员
签字</td><td colspan="4"></td><td colspan="2">主管领导
审核</td><td colspan="3"></td></tr>
</table>

注:产品生产批号是产品批投产前给定一个识别号,并在整个生产周期中保持批的识别代号;产品生产日期是表示该检验批的产品进行密封的最后一个历周或筛选完成日期,一个数量较多的生产批号可能有许多批生产日期。

附表8　贮存环境条件分类

分类代号	温度℃	相对湿度 %
Ⅰ	10～25	25～70
Ⅱ	－5～30	20～75
Ⅲ	－10～40	20～80

附表9　不同种类元器件基本有效贮存期

半导体器件的基本有效贮存期				
	贮存环境类别			说明
	Ⅰ	Ⅱ	Ⅲ	
非密封片状半导体分立器件	12	8	6	应存放在充有惰性气体的密封容器内，或存放在采取有效防氧化措施的密封容器内
塑料封装半导体分立器件	18	12	8	—
玻封、玻璃钝化半导体分立器件 非塑料封装的半导体光电子器件 非气密封装的半导体分立器件	24	18	12	—
金属或陶瓷封装半导体分立器件 金属或陶瓷封装半导体集成电路 金属气密封装混合集成电路	30	24	20	金属气密封固体继电器的基本有效贮存期与金属气密封装混合集成电路相同
电阻器、电容器和电感器的基本有效贮存期				
非密封片状电阻器、电容器、电感器	20	12	8	应存放在充有惰性气体的密封容器内，或存放在采取有效防氧化措施的密封容器内
可变电阻器(电位器)、电容器、电感器 非固体电解质钽电容器(银外壳) 非密封塑料薄膜介质电容器	24	20	18	—
全密封固体电解质钽电容器 非固体电解质钽电容器(钽外壳) 无机介质电容器 密封塑料薄膜介质电容器	30	24	20	—
固定电阻器、固定电感器	36	30	24	—
机电元件和其他元器件的基本有效贮存期				
熔断器(保险丝)	24	18	12	—

续表

半导体器件的基本有效贮存期				
	贮存环境类别			说明
	Ⅰ	Ⅱ	Ⅲ	
微动开关	30	24	20	—
熔断器(厚膜工艺)				
密封电磁继电器				
微电机				
真空电子器件				
密封石英振荡器				
电线(含漆包线)、电缆				
密封石英谐振器	36	30	24	—
电连接器				

附表 10　元器件贮存期调整系数

贮存质量等级	质量保证要求及补充说明	使用级别	
		C_{SA1}	C_{SA2}
		1 级	2 级
Q1	按国家军用标准进行质量认证,并已列入合格产品目录或合格制造厂目录的元器件;或已通过可靠性增长工程鉴定合格的元器件。	1.50	2.00
Q2	按国家军用标准进行质量控制,但未列入合格产品目录或合格制造厂目录的元器件;或已按“七专”技术条件及航天用户质量控制补充协议组织生产的元器件	1.25	1.50
Q3	按国家标准进行质量控制的元器件;或按“七专”技术协议或技术条件组织生产的元器件。	1.00	1.25
Q4	按其他标准进行质量控制或质量控制情况不明的元器件	0.75	1.00

注:凡是使用在重点工程或一般工程关键部位的为 1 级使用;一般工程的非关键部位为 2 级使用。

附表 11　不同种类元器件继续有效期
(适用于第一次和第二次超期复验继续有效贮存期)

半导体器件的继续有效贮存期

半导体器件类别	超期复验分类									说明
	A			B			C			
	Ⅰ	Ⅱ	Ⅲ	Ⅰ	Ⅱ	Ⅲ	Ⅰ	Ⅱ	Ⅲ	
非密封片状半导体分立器件	5	4	3	4	3	2	3	2	1	应存放在充有惰性气体的密封容器内，或存放在采取有效防氧化措施的密封容器内
塑料封装半导体分立器件	24	18	12	18	12	6	12	6	3	—
玻封、玻璃钝化半导体分立器件										
非塑料封装的半导体光电子器件										
非气密封装的半导体分立器件										
金属或陶瓷封装半导体分立器件	30	24	18	24	18	12	18	12	6	—
金属或陶瓷封装半导体集成电路										
金属气密封装混合集成电路										

电阻器、电容器和电感器的继续有效贮存期

元件类别	超期复验分类									说明
	A			B			C			
	Ⅰ	Ⅱ	Ⅲ	Ⅰ	Ⅱ	Ⅲ	Ⅰ	Ⅱ	Ⅲ	
非密封片状电阻器、电容器、电感器	24	18	12	18	12	6	12	6	3	应存放在充有惰性气体的密封容器内，或存放在采取有效防氧化措施的密封容器内
可变电阻器(电位器)、电容器、电感器	24	18	12	18	12	6	12	6	3	—
非固体电解质钽电容器(银外壳)										
非密封塑料薄膜介质电容器										
全密封固体电解质钽电容器										
非固体电解质钽电容器(钽外壳)	30	24	18	24	18	12	18	12	6	—
无机介质电容器										
密封塑料薄膜介质电容器										
固定电阻器、固定电感器	36	30	24	30	24	18	24	18	12	—

续表

<table>
<tr><th colspan="11">机电元件和其他元器件的继续有效贮存期</th></tr>
<tr><th rowspan="3">元件类别</th><th colspan="9">超期复验分类</th><th rowspan="3">说明</th></tr>
<tr><th colspan="3">A</th><th colspan="3">B</th><th colspan="3">C</th></tr>
<tr><th>Ⅰ</th><th>Ⅱ</th><th>Ⅲ</th><th>Ⅰ</th><th>Ⅱ</th><th>Ⅲ</th><th>Ⅰ</th><th>Ⅱ</th><th>Ⅲ</th></tr>
<tr><td>熔断器(保险丝)微动开关</td><td>24</td><td>18</td><td>12</td><td>18</td><td>12</td><td>6</td><td>12</td><td>6</td><td>3</td><td></td></tr>
<tr><td>密封电磁继电器</td><td rowspan="5">30</td><td rowspan="5">24</td><td rowspan="5">18</td><td rowspan="5">24</td><td rowspan="5">18</td><td rowspan="5">12</td><td rowspan="5">18</td><td rowspan="5">12</td><td rowspan="5">6</td><td rowspan="5"></td></tr>
<tr><td>微电机</td></tr>
<tr><td>真空电子器件</td></tr>
<tr><td>密封石英振荡器</td></tr>
<tr><td>电线(含漆包线)、电缆</td></tr>
<tr><td>密封石英谐振器</td><td rowspan="2">36</td><td rowspan="2">30</td><td rowspan="2">24</td><td rowspan="2">30</td><td rowspan="2">24</td><td rowspan="2">18</td><td rowspan="2">24</td><td rowspan="2">18</td><td rowspan="2">12</td><td rowspan="2"></td></tr>
<tr><td>电连接器</td></tr>
</table>

附表 12 基本失效率 λ_b 等级

基本失效率 λ_b 等级名称	基本失效率 λ_b 等级代号	基本失效率 λ_b 范围 (1/小时或 1/10 次)
亚五级	L 或 Y	$1\times10^{-5}\leqslant\lambda_b\leqslant3\times10^{-5}$
五级	M 或 W	$0.1\times10^{-5}\leqslant\lambda_b\leqslant1\times10^{-5}$
六级	P 或 L	$0.1\times10^{-6}\leqslant\lambda_b\leqslant1\times10^{-6}$
七级	R 或 Q	$0.1\times10^{-7}\leqslant\lambda_b\leqslant\times10^{-7}$
八级	S 或 B	$0.1\times10^{-8}\leqslant\lambda_b\leqslant1\times10^{-8}$
九级	J	$0.1\times10^{-9}\leqslant\lambda_b\leqslant1\times10^{-9}$
十级	S	$0.1\times10^{-10}\leqslant\lambda_b\leqslant1\times10^{-10}$

注:1. L、M、R、P、S、是 GJB2649 标准中的基本失效率 λ_b 等级代号,Y、W、L、Q、B、J、S 是 GB/T1772 标准中的基本失效率 λ_b 等级代号。

2. 失效率单位一般用 1/小时,对继电器等按动作次数计算寿命的元器件失效率单位用 1/10 次

附表 13 部分静电放电敏感元器件的静电敏感度范围

器件类型	实例	静电敏感度范围(kV)
MOSFET	3CO、3D 系列	0.1～0.3
JFET	3CT 系列	0.1～6
GaFET		0.1～0.3

续表

器件类型	实例	静电敏感度范围(kV)
CMOS	C000、CC4000 系列	0.2～2.0
HMOS	6800 系列	0.05～0.5
E/D MOS	Z80 系列	0.2～1.0
PROM		0.03～1.8
ECL 电路	E000 系列	0.5～1
SCR(可控硅)		0.68～1.0
LSTTL 数字电路	54 LS、74 LS 系列	0.3～1.5
DTL	54、74 系列	0.3～6
VMOS		0.03～1.8
双极型晶体管		0.3～6
石英及压电晶体		<10.0
运算放大器		0.3～2.0
精密电压调整二极管		0.1～2.0

附表 14 部分各级别静电放电敏感元器件

附表 14-1 部分 1 级静电放电敏感元器件

序号	元器件名称
1	不加保护电路或具有 I 级敏感度的保护电路的 C、D、N、P、V-MOS 器件和其他 MOS 结构工艺的器件
2	声表面波(SAW)器件
3	含有 MOS 结构工艺电容但无保护电路的运算放大器(OPAMP)
4	结型场效应管(JFET)
5	可控硅整流器(SCR):环境温度 100 ℃时,电流小于 0.175 A
6	精密电压调整器微型电路:线性或负载调整率小于 0.5%
7	微波和超高频半导体器件和微电路:频率大于 1 GHz
8	薄膜电阻器:公差小于等于 0.1%,功率大于 0.05 W
9	薄膜电阻器:公差大于 0.1%,功率小于等于 0.05 W
10	不加保护电路或具有 I 级敏感度保护电路的微处理器和存贮器的大规模集成电路(LSI)
11	电荷耦合器件(CCD)
12	使用 1 级 ESDS 器件的混合电路。

附表 14-2 部分 2 级静电放电敏感元器件

序号	元器件名称
1	具有 2 级敏感度保护电路的 C、D、N、P、V—MOS 器件或其他 MOS 结构工艺的器件
2	肖特基二极管、肖特基器件

续表

序号	元器件名称
3	精密电阻网络
4	低功率双极型晶体管，P_{tot} ≤100 mW、I_C ≤100 mA
5	传输延迟小于等于 1 ns 的高速发射极耦合逻辑电路(ECL)微电路
6	肖特基、低功率、高速和标准的晶体管—晶体管逻辑电路(TTL)微电路
7	具有 2 级敏感度保护电路的含有 MOS 结构工艺电容的运算放大器(OPAMP)
8	加有 2 级敏感度输入保护的 LSI
9	高输入阻抗的线性微电路
10	使用 2 级 ESDS 器件的混合电路
11	光电器件(发光二极管、光敏器件、光电耦合器)

附表 14-3 部分 3 级静电放电敏感元器件

序号	元器件名称
1	片状电阻器
2	小信号二极管，除齐纳管外，P_{tot}≤1 W 或 I_0≤1 A
3	一般用途的硅整流二极管和快速恢复式二极管
4	小功率硅晶体管在 25 ℃时，功率小于等于 5 W
5	1 级和 2 级中未包括的所有其他微电路
6	厚膜电路(10 W 以上的微电路)
7	压电晶体(声表面波器件除外)
8	使用 3 级 ESDS 器件的混合电路